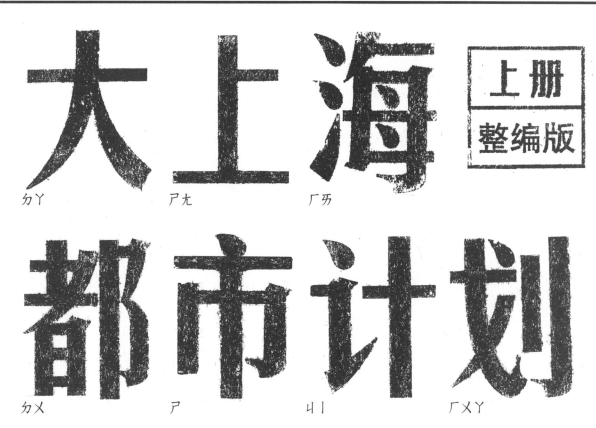

大上海

ㄉㄚ　ㄕㄤ　ㄏㄞ

都市计划

ㄉㄨ　ㄕ　ㄐㄧ　ㄏㄨㄚ

上册
整编版

GREATER SHANGHAI PLAN
(COMPILING EDITION)

U0359349

上海市城市规划设计研究院　编
Shanghai Urban Planning & Design Research Institute

同济大学出版社
TONGJI UNIVERSITY PRESS

著作权人 上海市城市规划设计研究院

编委会 主　　任　张玉鑫
　　　　　　副 主 任　熊鲁霞
　　　　　　编　　委　俞斯佳　张玉鑫　熊鲁霞　骆　悰　曹　晖　沈果毅　乐晓风
　　　　　　顾　　问（按姓名笔划为序）
　　　　　　　　　　　毛佳樑　史玉雪　冯经明　伍　江　庄少勤　李德华　张绍樑
　　　　　　　　　　　郑时龄　郑祖安　赵天佐　赵　民　俞斯佳　耿毓修　夏丽卿
　　　　　　　　　　　柴锡贤　徐毅松　陶松龄　董鉴泓　薛理勇
　　　　　　文字整编　熊鲁霞　乐晓风　曹　晖　沈　璐　沈果毅　王　莉　杨英姿
　　　　　　　　　　　杨秋惠　邹林芳　赵　爽　刘敏霞　王周杨
　　　　　　文字撰写　熊鲁霞　骆　悰　乐晓风　杨秋惠　杨英姿
　　　　　　英文翻译　柴锡贤　沈　璐
　　　　　　图表整编　汪子隽　毛　岩　王恺骏　黄舒婷

大上海都市计划

上册
整编版

ㄉㄚ　　ㄕㄤ　　ㄏㄞ

ㄉㄨ　　ㄕ　　ㄐㄧ　　ㄏㄨㄚ

GREATER SHANGHAI PLAN
(COMPILING EDITION)

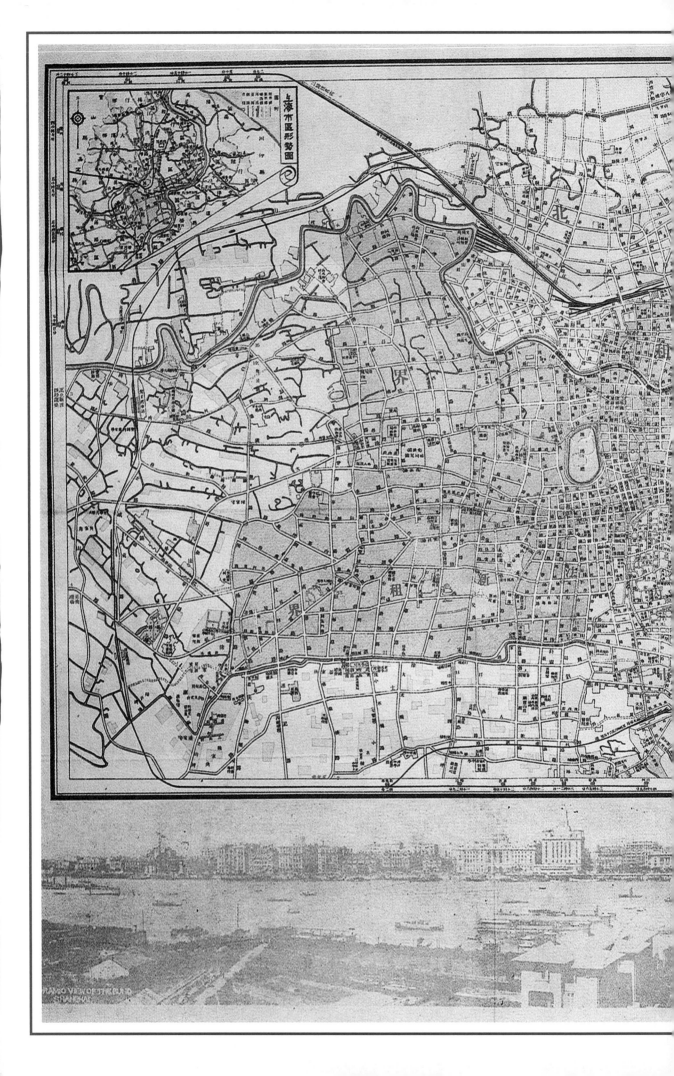

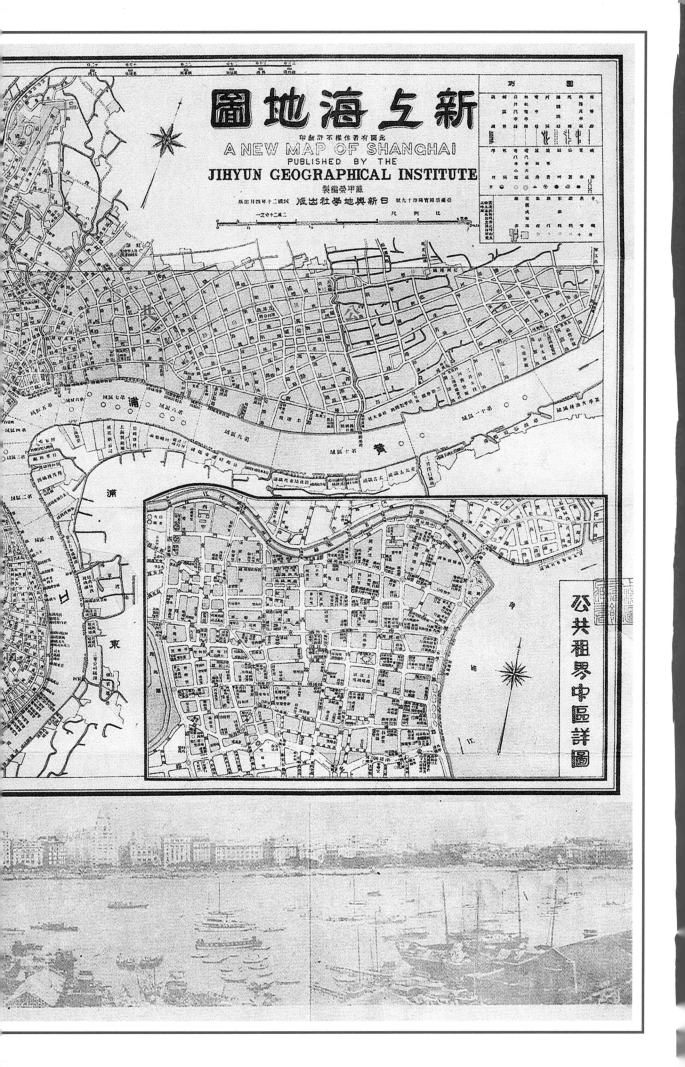

新上海地圖

此圖有著作權不許翻印

A NEW MAP OF SHANGHAI
PUBLISHED BY THE
JIHYUN GEOGRAPHICAL INSTITUTE

蘇甲榮編製

公共租界中區詳圖

浦 東

黃浦

黃浦

20 世纪 20 年代南京路

左上：20 世纪 20 年代黄浦江苏州河交汇处

左下：20 世纪 30 年代苏州河

右上：老城厢

右下：20 世纪 30 年代福州路

左上：20 世纪 20 年代末跑马场

左下：20 世纪 20 年代闸北宝山路商务印书馆

右上：20 世纪 20 年代杨树浦水厂

右下：20 世纪 20 年代南京路中段有轨电车

编 者 的 话

一、"大上海都市计划"的历史意义

"大上海都市计划"是 1945 年抗战胜利后，上海市政府（战后 1945 年 9 月恢复）为指导战后城市建设组织编制的，是上海结束 100 年租界历史后、首次编制的上海市完整的城市总体规划，也是二次大战后中国大城市编制的第一部现代城市总体规划。

规划编制工作从 1945 年 10 月开始至 1949 年 6 月，历经初稿、二稿、三稿（1946 年 6 月拟成初稿，1946 年 12 月编印初稿；1947 年 5 月拟成二稿，1948 年 2 月编印二稿；1949 年 6 月完成三稿）。1949 年 5 月，上海解放；1950 年 7 月，经时任上海市市长陈毅批准，特予刊印三稿。

现存于上海市城市规划设计研究院档案室的"大上海都市计划"成果为《上海市都市计划委员会报告记录汇订本》，包括《大上海都市计划总图草案报告书》（简称"初稿"）、《大上海都市计划总图草案报告书（二稿）》（简称"二稿"）和《上海市都市计划委员会会议记录初集》（简称"会议记录初集"）、《上海市都市计划委员会会议记录二集》（简称"会议记录二集"），以及《上海市都市计划总图三稿初期草案说明》（简称"三稿"）。其中的彩色表现图已毁于"文革"期间，十分可惜。

大上海都市计划虽然没有完全付诸实施，但其中很多规划思想和理念传承至今，对上海日后的城市规划和建设产生了深远的影响。当时参加规划修编、并承担会议记录工作的同济大学教授李德华先生说："其中所闪耀着的理性主义光辉意味深长"，对今天的城市规划来说，仍具有极其重要的现实意义。"大上海都市计划"在我国规划学科发展历程中有着重要的历史地位，对研究我国城市规划学科发展以及城市发展具有非常重要的意义和作用。

二、整理与出版的必要性

党的十八大明确提出"在中国共产党成立一百年时全面建成小康社会，在新中国成立一百年时建成富强、民主、文明、和谐的社会主义现代化国家"的两个"一百年奋斗目标"。当前我国社会经济发展正处于实现中华民族伟大复兴目标的重要历史时刻；上海城市发展处在创新驱动发展、经济转型升级的关键时期。市委、市政府明确了新一轮上海市城市总体规划编制的部署和要求，以促进上海的全面、协调、可持续发展。上海市规划和国土资源管理局已经启动上海市城市总体规划的研究和组织编制工作。"大上海都市计划"的整理出版，将对新一轮上海市城市总体规划编制起到积极的作用，这是伴随民族梦想、跨越世纪的规划理想的延续与发展。

上海市城市规划设计研究院现今保存的"大上海都市计划"版本[1]已有近七十年的历史，受限于当年的印刷、装订技术以及保存条件，原稿已显残破，纸张泛黄、索线脆断，书页也渐次脱落，部分文字与图纸模糊难辨。虽然自 2010 年起就决定原稿不再外借与调阅，以影印本替代使用，在一定程度上保护了原稿，但是文献流传仅限于小范围。因此，将这一历史文献整理、出版显得尤为重要与紧迫。经多次研究讨论，2013 年初经报请审核，同意尽快将"大上海都市计划"予以整理出版。这将展现近代上海城市规划的历程和城市规划学科的理念、价值导向，为更多的城市规划工作者、城市历史研究者、广大关心上海城市发展的人们提供一个了解认识历史、学习借鉴历史和传承发展历史的基础平台。这不仅仅是对于规划历史的记录，也将不断激励后来者承前启后、代代相传，推进规划事业不断向前发展。

---

1. "大上海都市计划"在上海图书馆等处也有收藏，但均不完整。

三、整理出版的基本原则与框架

整理、出版工作，本着客观、真实、再现的宗旨，以"尊重史实、保护文献、还原历史"为目的，力求准确、完整地反映历史文献。

整理工作于 2010 年 6 月开始，2011 年 8 月主要完成了两部分工作：一是将原稿扫描后制作成册，以便有需要的人士借阅学习，从而更好地将珍本加以保护；二是将原稿数字化，进行文字输入与表格制作，并打印成册，以便使用。同时将《上海市都市计划委员会报告记录汇订本》拆分为初稿、二稿和会议记录初集、二集四本，与三稿一起制作成单行本（共五本），以方便阅读。在上述工作的基础上，2013 年按照出版的要求，又集中开展了进一步的编辑工作。

本次整理出版成果分为两部分，即上册整编版和下册影印版。

"大上海都市计划"整编版，从保持历史原真性，并有利于当代读者阅读及研究的角度出发进行整理。由于三个规划稿的内容具有不可替代的价值，为了能让读者看到一个发展、变化的轨迹，在将全部文字予以保留的同时，对初稿至三稿的内容进行对照比较，并对文字中的错漏加以说明；按照现代阅读方式对表格进行了整理；删除了内容重复的图；增加了背景、人物介绍（详见附录）、历史地图与历史照片等内容。为方便读者对照，在整编版的侧栏中标注了该段内容在影印版中的页码（此页码用汉字表示，以示与整编版阿拉伯数字页码的区别）。

"大上海都市计划"影印版，包括初稿、二稿、三稿、专题研究和会议记录初集、会议记录二集，这是珍贵的中国近代规划历史史料。本次出版的"大上海都市计划"影印版以保证其历史的原真性为首要原则，力求展现原貌，原汁原味呈现史料，通过高精度扫描复制，图文全部以 1:1 的方式排版印刷，尽可能真实地将原稿奉献给读者。

四、整编版的内容组成

1. 初稿、二稿、三稿

纵观大上海都市计划的编制历程和三份报告的内容，初稿至三稿是一个不可分割的整体，初稿、二稿、三稿的内容是延续、细化与补充的关系，一脉相承。

初稿的框架体系最为完整，其规定的规划原则和理念在此后两稿报告书中得到了很好的继承。二稿对初稿中的总论、历史、地理、基本原则和市政公用事业、卫生、文化等都予以继承，并不再重复，重点对人口、土地区划、道路交通进行了深化。三稿对二稿的区划进一步深化，修改、调整、确定了道路交通中的主要结论，同时进行了关于工业、住宅和建设方式等问题的讨论。

基于此认识，整编版以初稿的文本结构为框架，对初稿、二稿、三稿中的相关内容进行了整编，便于读者进行比较研究。此为第一编。

2. 专题研究

上海都市计划委员会在大上海都市计划二稿之后又完成了上海市建成区暂行区划计划说明、上海市区铁路计划、上海港口计划、上海绿地系统计划初步研究报告等工作，此为第二编的内容。

3. 会议记录初集、二集

贯穿初稿与二稿的会议记录反映了规划最终成果的核心思想，历史地记录了规划编制的整个组织与决策过程，包括围绕规划主要结论的思想交锋与激烈讨论，也体现了当时重大决策时少数服从多数的程序方式（据李德华先生回忆，当时会议是用英语进行交流的，会议记录的初稿也是英文的）。

本次整理工作，主要是：

（1）对会议记录初集进行断句。

（2）对会议记录初集和二集的内容按会议类别进行归类合并，分为：

①上海市都市计划委员会会议（包括初集中的第一次与第二次会议及其附件）；

②上海市都市计划委员会秘书处处务会议（包括初集中的第一至第八次会议，二集中的第九至第二十三次会议等及其附件）；

③上海市都市计划委员会秘书处联席会议（包括初集中的第一至第三次会议，二集中的第四至第八次会议等及其附件）；

④上海市都市计划委员会秘书处技术委员会会议（包括二集中的第一至第十次会议等及其附件）；

⑤上海市都市计划委员会各组会议（包括初集中的土地组、交通组、区划组、房屋组、卫生组、公用组、财务组等会议及其附件）；

⑥上海市都市计划委员会闸北西区计划委员会会议（包括二集中的第一至第九次会议等及其附件）。

此为第三编。

4. 增加的内容

为使读者更好地理解"大上海都市计划"，整编版增加了以下内容：

（1）"大上海都市计划"编制背景简介。

（2）"大上海都市计划"编制大事记。

（3）会议记录年表。

（4）主要人物及小传。

（5）历史道路名与当前道路名的对照表。

（6）城市历史地图与历史照片。

五、整编体例

从便于读者阅读、理解和日后研究的角度出发，整编版以注释的方式对原稿文字进行处理，既保持了文献的原貌，也留给读者一个自主解释的空间。重点处理的内容包括：

（1）原稿为竖排版，现改为横排版。

（2）原稿繁体字，现改为简体字。

（3）对章节序号进行统一编排。

（4）将数字从汉字调整为阿拉伯数字。

（5）将民国纪年转换为公元纪年，用（ ）标注。

（6）将英制计量单位换算为公制单位，用（ ）标注。

（7）对英文进行翻译与注释：

①只有英文：用（ ）注明中文词义；

②已有译文但与今日翻译规范不同：用（ ）注明今名，如"鹿脱丹（鹿特丹）"、"赛因河（塞纳河）"。

（8）对路名、地名、专业名词、人名等进行注释：

①路名、地名：用（ ）注明今名，如有进一步解释用脚注；

②区域名称：用脚注介绍区域范围；

③专业名词：一种用脚注解释；一种用（ ）直接标注，如"绿面积（绿地）"、"段分（细分）"；

④涉及人名的代称后用（ ）标注全名。

（9）对错别字、句子等进行注释：

①缺字、词、短语：用「 」表示增字；

②多字、词、短语：用〈 〉表示删字；

③错字及字序颠倒：用〔 〕表示替代；

④通假字：用〖 〗表示；

⑤难懂的字、词、短语及句子成分调整：加脚注。

（10）对本书中具有关联性的内容用（ ）进行标注，方便读者对照。

（11）对表格及以行列式出现的文字按照现代阅读习惯进行调整：

①某些体积庞大的表格分页呈现，以图例标示组成，如"上海市将来职业人口比例及土地使用分配估计表"、"新计划区区划表"等；

②将某些内容相近的表格进行合并，如"建成区最低绿地标准计算表"与"上海市建成区最低绿地标准计算表"；

③数字采用阿拉伯数字，单位采用国际符号；

④以注释标明原表中内容的错漏。

（12）对图片的加工与修改：

①将地图的路名、地名、河流名称、图例等用简体字清晰标示；

②在保留原有数据信息的基础上重新绘制统计图；

③原稿中"上海市建成区营建区划图"、"上海市建成区干路系统图"与"上海市建成区营建区划道路系统图"三图，虽然图名不同，但内容一致，因此在整编版中仅出现后者；"上海市工厂设厂地址分布图"出现了两次，仅署名不同，分别为上海市都市计划委员会和上海市工务局，在整编版中也仅出现一次；"中区道路出入口现状"出现了两次（第二次出现无图名），在整编版中仅保留第一次出现的图片。

"大上海都市计划"的整理与出版工作前后历时近四年，编者所做修订必有不当之处，敬请读者批评指正。

编者

2014 年 3 月

The Editorial Words

I. The Historical Significance of the Greater Shanghai Plan

GREATER SHANGHAI PLAN was formulated by the former Shanghai Municipality Government, recovered since the victory of Anti-Japanese War in September 1945. It was regarded as the guidance of the re-construction of the city. It is not only a general plan covering all jurisdictions of the city after the 100-year foreign concession history, but also the first modern master plan after World War II.

The planning project processed from October 1945 to June 1949, including the first draft formulated by June 1946 and its report published in December 1946, the second draft compiled in May 1947 and its report published in February 1948, and the third draft completed in June 1949. In July 1950, over one year after the emancipation of Shanghai in May 1949, the third draft was reviewed and announced by the then-Shanghai Mayor CHEN Yi.

Shanghai Urban Planning and Design Institute (SUPDRI) keeps the "Archives of the Greater Shanghai Plan Committee", including the "Report on the General Layout of the Greater Shanghai Plan" (hereinafter referred to as the "First Draft"), "Report on the General Layout of the Greater Shanghai Plan (Second Draft)" (hereinafter the "Second Draft"), the "First Collection of the Meeting Protocols of the Greater Shanghai Plan Committee" (hereinafter the "First Protocol Collection"), the "Second Collection of the Meeting Protocols of the Greater Shanghai Plan Committee" (hereinafter the "Second Protocol Collection"), and "The Preliminary Report Draft on the General Layout of the Greater Shanghai Plan (Third Draft)" (hereinafter the "Third Draft"). Regrettably, the colored illustrations were destroyed in the "Cultural Revolution".

Although the Greater Shanghai Plan was not put into effect, its most parts of the thoughts and ideas has been carried forward, which has continuous positive influence on the Planning academia and practice in Shanghai. Professor LI Dehua from Tongji University, who took part in the plan revision and served as the conference recorder, spoke highly of the Greater Shanghai Plan as a milestone in the Chinese planning history.

II. The Necessity of the Re-publication

The 18th CPC National Congress has put two "One-Hundred-Year-Goals" forward, namely "becoming a wealthy society till the 100th birthday of CPC" and "becoming a strong, democratic and harmonious country till the 100th Jubilee of PRC". China is now standing at the historical moment of the rejuvenation of the whole nation. Shanghai is now in the critical period of accelerating the implementation of "Innovation-driven and transformation development". The Municipality Government has reached the decision to prepare the new version of the master plan, which is also the most important work for Shanghai Planning and Land Resource Administration Bureau. The publication of this book serves as the preparation of the master plan, which carries the dreams and the ideologies of all planners.

By now, SUPDRI keeps the most complete version of the Greater Shanghai Plan Collection. Due to the printing and binding technology and storage conditions, the nearly 70-year old original print is partly dilapidated, with yellowish paper, broken cords and coming off pages, and some of the texts and drawings are difficult to distinguish. Although the original is not allowed to be lent since 2010, in order to protect the manuscripts. Yet, the circulation of the literature has been limited.

Hence, it is particularly important to compile and publish the collection at the earliest possible time in order to protect historical literature on the one hand, and, as many experts suggested, to establish a research platform for the next planner and historian generation, to continue the study on the other hand. Greater Shanghai Plan reflects the continuation of the academic ideologies and value adoption from generation to generation. The publication serves not only the conservation of the documents but also agitate planner their solid responsibilities for the planning career.

III. Principles and Framework of the Compiling and Publication

The compiling work respects and protects fully the historical facts by dealing with the objective truth of the literature and documents. The project started in June 2010. The SUPDRI-Team got the whole collection photocopied with the high resolution in the first stage. In the meanwhile, the archive was divided into volumes, waiting for further operation. In the second stage of the work, the team digitalized the collection manually, including the tables and charts. The team then re-arranged the collection into five single volumes as the basis for the further studies, including the first and second draft, the first and second meeting protocols, together with the third draft.

This publication has been divided into two parts with the compiling and original edition. The compiling edition is prepared with up-to-date reading and writing style to improve the readability. The contents of the three draft plans have their own irreplaceable value. To present a track of evolution and changes, all the texts are reserved, the contents of the three drafts are compared, and clerical errors in the text are explained. Forms are rearranged according to modern reading mode. Background information, personage introduction and historical maps are added.

The original edition is a precious historical data on China's modern history. Through high-precision scanning, all the texts and images are printed at 1:1 ratio so as to provide the original to the readers in the most factual way.

IV.Contents of the Compiling Edition
1.The Three Drafts
The three drafts constitute an inseparable entity, and their contents are described in the same strain of continuation, elaboration and supplement. Those are integrated as a whole. The first draft has the most complete planning framework. The planning principles and concepts are carried forward on the following two drafts. The second draft carries forward without repetition such sections as general instruction, history, geography, planning principles, public works, utilities, hygiene and culture, focusing on the subjects of population, zoning as well as road and transportation. The third draft drives more details in the zoning application in the second draft, modifies, adjusts and confirms main conclusions about road and transportation, and discusses such problems as industrial, residential and construction mode.

2.Special Studies
After the completion of the second draft, the Greater Shanghai Plan Committee finished research reports on diverse issues, such as the temporary zoning plan of the built-up area of Shanghai, railway system plan, port and harbor plan, green space system plan, etc.

3.Meeting Protocols
The meeting protocols reflect the core concept of the final result of the planning, and constitute a historical record of the whole organizational and decision-making process for the plan formulation, including thought confrontation and intense discussion about the main conclusions in the plan. They also embody the procedural manner of the minority being subordinate to the majority when major decisions are made. (As recalled by Professor LI Dehua, the official meeting language is English.) The compiling work mainly includes:

(1)Punctuation in the meeting protocols.

(2)Sorting out/combining of the contents of the first and second meeting protocols by their contents:

① Meeting Protocols of the Greater Shanghai Plan Committee (including two meetings and the attachments);

② Secretariat Meeting Protocols of the Greater Shanghai Plan Committee (including the 1st-8th meetings in the first meeting protocols, the 9th-23rd meetings in the second meeting protocols and the attachments);

③ Secretariat Joint Conference Protocols of the Greater Shanghai Plan Committee (including the 1st-3rd meetings in the first meeting protocols, the 4th-8th meetings in the second meeting protocols and the attachments);

④ Technical Board Meeting Protocols of the Secretariat of the Greater Shanghai Plan Committee (including the 1st-10th meetings in the second meeting protocols and the attachments);

⑤ Meeting Protocols of the diverse groups of the Greater Shanghai Plan Committee (including Group for Land Use, Transportation, Housing, Public Hygiene, Public Utility and Financing, and the attachments);

⑥Meeting Protocols of the West Zhabei District Planning Committee of the Greater Shanghai Plan Committee (including the 1st-9th meetings in the second meeting protocols and attachments).

4. Additions

For better understanding, the compiling edition includes following additional contents:

(1)General historical background.

(2)Chronicle of events.

(3)Meeting list.

(4)Brief biography and portraits of key personnel.

(5)Historical road names and the reference of the contemporary names.

(6)The historical city maps and photos.

5. Compiling mode

For the purpose of better reading, the compiling edition includes the following modifications:

(1)Original vertical setting is changed into cross line setting.

(2)Original complex Chinese characters are changed into simplified ones.

(3)Serial numbers of chapters and sections in the original are rearranged.

(4)Figures in Chinese characters are changed to Arabic numerals.

(5)The year numbering of the Republic of China in the original is changed into that of the Christian era, marked by ( ).

(6)The British unit of measurement in the original is converted to the metric unit, marked by ( ).

(7)English terms are translated and annotated:

① If the term is written only in English, corresponding Chinese is given in ( );

② If available translation used different norms, present terms are given in ( ).

(8)Road names, place names and professional nouns are annotated:

① Road and place name: Present names are given in ( ), and footnotes are used for further explanation;

② Area name: The scope of respective areas is given in footnotes;

③ Professional terms: explained in footnotes or by remarks;

④ Antonomasia related to personal names is followed by full name in ( ).

(9)Wrongly written characters and sentences are annotated:

① Missing characters, words or phrases: added in 「 」;

② Superfluous characters, words or phrases: deleted in 〈 〉;

③ Wrong character and reversed word order: replaced in 〔 〕;

④ Interchangeability character: put into [ ];

⑤ Characters, words, phrases or sentences, which are difficult to understand, as well as adjustment of sentence constituents: footnotes added;

(10)Related information noted in ( ).

(11)Graphs in vertical layout are changed into horizontal setting:

① The originally folded tables are re-layouted;

② Similar tables are combined;

③ Figures in Chinese characters are changed to Arabic numerals, as well as the units are expressed with international symbols;

④ Wrong character and reversed word order is noted in the footnote.

(12)Pictures and maps are reproduced and repaired:

① Streets, places and Rivers are labeled in simplified Chinese;

② Statistic charts are newly painted with original contents remained;

③ Same pictures and maps with different names and labels show only once up.

In view of limited understanding of the editors, suggestions, corrections and improvements of any kind are highly welcome.

Editors

March 2014

序 言

  1945 年的上海，抗战胜利，百废待兴。长时间的战争动荡，大量人口的涌入，城市规模的不断扩大和老城区越来越高的人口密度，以及租界用地的长期分割，使得上海城市建设面临着严峻挑战。如何正确应对未来发展的需求，合理布局城市空间，是当时迫切需要解决的问题。

  此时，一批有识之士积极倡议编制上海都市计划，当时的上海市政府责成工务局聚贤引智，共谋都市计划。参加编制工作的学者大都有现代主义和理性主义的学术背景，又正值英国大伦敦规划完成不久，大上海都市计划的编制和方案体现了现代主义思想和大伦敦规划的深刻影响。

  由于种种原因，大上海都市计划没有完全付诸实施，但它将现代城市规划所承载的思想、理念和科学原则引入了中国，其中所闪耀着的理性主义光辉意味深长。大上海都市计划中的一些重要规划思想传承至今，对上海的城市规划和城市建设有着重要影响；可以说时至今日都具有重要的现实意义。

  特别要提到的是贯穿初稿与二稿的会议记录，它们反映了规划的核心思想和理念交锋，历史性地记录了规划编制的整个组织与决策过程，其中的一些重要议题至今读来仍发人深省。譬如 1946 年的会议记录中关于天目路火车站的迁与留的辩论，实质上反映了对于铁路客运站与城市发展关系的不同认识；关于浦东发展功能的讨论，反映了对城市发展方向、城市与农村关系如何把握和协调的不同取向。

  1949 年新中国成立以来，中国的社会经济发展进入一个新的时代，上海的城市规划建设也迈入了新的历史时期。特别是改革开放以来，上海城市快速发展。随着浦东开发开放、旧区改造、基础设施建设、城市环境改善、黄浦江两岸开发建设、世博会召开等一系列发展部署的实施，上海经历了从远东国际都会迈向国际经济中心城市的发展历程。当前，党的十八大明确了未来中国社会经济发展的新部署与新要求，上海城市发展和城市规划面临新的形势与任务，进入新的重要战略阶段。

  如今再次翻阅大上海都市计划方案和会议记录等文献，可以体会到历史有时竟是这样的相似，当时讨论的一些重要问题，在跨越了近 70 年后的今天，仍然是上海城市发展所面临的突出问题，而贯穿其中的理念与价值观念延续至今。阅读前人的规划，能帮助我们更好地认识历史演变的轨迹、更深刻地理解当今现实的本质、更准确地把握未来发展的趋势。

  历史告诉我们，人们的思想观念、价值取向，是城市发展的根本和核心因素。在这个基点上，保护、整理历史文献的意义便显得尤为重要。上海市城市规划设计研究院开展的《大上海都市计划》历史文献整理工作，不仅仅是对规划理论、方法、技术和成果的记录、存史、留鉴，更是对规划工作者的社会责任感和规划价值理念的回溯与传承。

  热忱地希望有更多的同仁和力量能加入到规划历史档案的挖掘和整理工作中来，既是将上海城市规划历史研究工作不断推向深入，更是为城市发展、城市规划理念的传承与弘扬作出新的贡献。祝城市规划事业继续健康发展。

李德华

2014.4.3

同济大学教授，"大上海都市计划"参与者

Preface

1945, after the victory of the Anti-Japanese War, destroyed city was waiting for revival. Since the war lasted a long-duration, there are abundant immigrants rushed into Shanghai. The city expanded and the population number rose. The long-time occupation of the foreign concessions and settlements enhanced the odd development. Shanghai's urban construction is confronted with serious challenges. How to meet the demands of the future development? The city required an urgent solution of rational urban structure.

There was a group of intelligence suggesting to prepare a Shanghai master plan. The Bureau for Public Works, belonging to Shanghai Municipality Government, was appointed to lead the project team. The Bureau accumulated both domestic and foreign experts. Most scholars and experts attending the team enjoyed the background of modernism and rationalism. By then, the Greater London Plan was accomplished, by which the Greater Shanghai Plan was more or less influenced.

For different historical reasons, GREATER SHANGHAI PLAN was not implemented ultimately. Yet, it carried on the thoughts and scientific principles of the modern city planning to China. Among them, some relevant planning ideas in the Greater Shanghai Plan still have the realistic meanings.

The meeting protocols, which covered the first and second draft, are specially worth to mention in this place. They reflected the organizational and decision-making process completely and documented deputes of different ideas and concepts. For example, the discussion on the removal of Railway Station Tianmu Road demonstrated the different understandings of the interrelations between the rail-passengers and urban development. Furthermore, the debate on Pudong Development reflected the deep consideration how to balance the development in urban and rural area.

Since the establishment of the People's Republic of China in 1949, Shanghai has experienced a new era of social and economic development. Especially since the reform, Shanghai is going through a rapid development process to be an intersection of the global city network. There are many achievements, which characterize the development period, such as Pudong New District, regeneration of the old town, comprehensive redevelopment of the Huangpu riverside, Expo 2010 etc.

When we re-open the plans and protocols today, we come to realize that history appears so repeating. Some major issues proposed nearly 70 years ago play still important roles in the urban development nowadays. Thoughts and idea adoption lasted continuously up today. Looking past helps us to understand the orbit of the historical evolution, and furthermore to hold the tendency and the future.

Historical experiences tell us that human are the core value of the urban planning and development. From this point of view, conservation and re-edit the documents hold very important meaning. Shanghai Urban Planning and Development Research Institute (SUPDRI) contributed to publish this significant planning work with the accumulation of planning theories, methodologies, techniques and results in order to preserve historical retrospective and heritage. Last but not least, I sincerely hope that more people, who share the same mind of planning history, will join us to achieve new success in planning development and innovation.

LI Dehua

目　录

附录

下　册
大上海都市计划影印版

Contents

Volume One
Compiling Edition

Part One: The First, Second and Third Draft of the Greater Shanghai Plan

Part Two: Diverse Studies of the Greater Shanghai Plan

Part Three: Meeting Protocols

Appendix

Volume Two
Original Edition

大上海区域计划总图初稿

扬

子

崇

明

岛

江

湾

杭 州

往南京

往南京 苏州

往湖州

往严墓镇

往杭 州

往海宁

往杭 州

往江阴

往扬

往往江 阴

往无锡

天生港

狼山

南门

友埭

久埭

启东

万家

崇明城

西塘镇

金山

嘉善

界 界 流
区 省 河 山
界 市 界 脉
铁 铁 公 公
路 路 路
干 干
道 道

工 住 铺 业
居 店 业 口
商 港 城 机
镇 场
飞机场

扬

子

江

上海市土地使用总图初稿

一九四六年七月

北

工业　住宅　商业 店铺　港口

500 0 1000 2000 3000 4000 5000 米

比 例 尺

杨行镇

大场镇

江湾镇

殷行镇

高桥镇

彭浦镇

引翔港镇

高行镇

黄

虹镇

金家桥镇

陆行镇

真如镇

沃字寺

洋泾镇

华曹镇

北新泾镇

塘桥镇

诸翟镇

浦

六里桥镇

陈家桥镇

虹桥镇

漕河泾镇

龙华镇

杨思镇

东三林塘镇

七宝镇

西三林塘镇

朱家行镇

华泾镇

辛庄镇

中心河镇

曹行镇

陈行镇

颛桥镇

塘湾镇

北桥镇

马桥镇

吴会镇

荷巷桥镇

扬子江

上海市干路系统总图初稿

一九四六年七月

比例尺

上海市土地使用及干路系统总图二稿

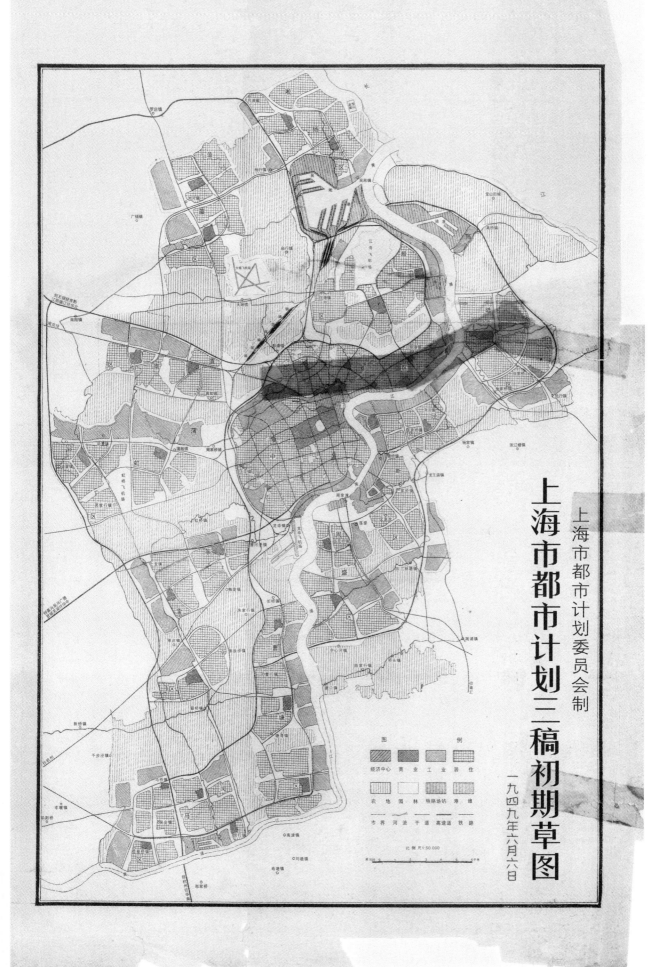

上海市都市计划委员会制

上海市都市计划三稿初期草图

一九四九年六月六日

图 例

经济中心　商业　工业　居住

农地　园林　铁路场站　薄埠

市界　河流　干道　高速道　铁路

比例尺1:50.000

第一编

ㄉㄧ ㄧ ㄅㄧㄢ

大上海都市计划初稿、二稿、三稿

引言

溯自抗战胜利，上海市政府于 1945 年 9 月复员，秩序初定，百废待举，整理固不容少缓，建设尤关重要。遂由各局进行恢复工作，以为应急措施，兼由工务局负责筹办都市计划工作，以树通盘久远之大计。

是年 10 月，工务局邀集本市市政及工程专家，举行技术座谈，集思广益，奠立始基。1946 年 1 月，改组为技术顾问委员会，充实研究机构，分工合作，连续商讨。同年 3 月，筹备事宜，渐告就绪，爰更成立都市计划小组，积极推动设计工作。同年 6 月，大上海区域计划总图草案——暨上海市土地使用及干路系统计划总图草案初稿拟成，以立本市都市计划之范畴。事属草创，其间因调查事项之繁赜，统计数字之不足，参考资料之残缺，重要设备之未全，设计工作，自难遽跻于尽善尽美之域，盖无待言。顾以 3 月光阴，有此初步收获，非赖在事人员殚心竭力，共策进行，曷克臻此。主其事者为名建筑师陆谦受暨都市计划专家鲍立克两君，及工务局延聘之建筑师工程师 6 人。陆君现任中国建筑师学会理事长，鲍立克君为圣约翰大学教授。

本年 8 月，本市都市计划委员会正式成立，委员 20 余人。除市府各局局长为当然委员外，并聘请本市工商、金融、政法、技术专家为委员，由吴市长兼任主任委员，祖康以委员兼任执行秘书。设秘书处，分会务、设计两组，由姚君世濂、陆君谦受分掌组务。8 月 24 日，举行第一次大会，开始确立纲领、决定政策之工作。11 月 7 日，召开第二次大会，当由祖康先嘱设计组就所拟总图草案，参考 6 月以后历届会议之结论，编撰《大上海都市计划总图草案初稿报告书》，以供提会讨论之需，且便社会人士对于本市都市计划获得具体而有系统之认识，以惠予充分之宣导。兹以各方索阅者多，用特商承吴兼主任委员，付诸剞劂，且为略述经过梗概，并附在事人员名录，以志设计诸君之辛劳，兼以谢计划委员会各委员及参加诸君协助之盛意。

1946 年 12 月，赵祖康序于上海市工务局

1. 序

上海市都市计划，于 1946 年 6 月完成计划总图草案初稿。是年 12 月，其报告书刊以问世。1947 年 5 月，二稿及报告书复经都市计划委员会秘书处设计组同人制订竣事，由委员会呈请市政府送经市参议会大会讨论审查，并指示修改原则若干项，其郑重可知也。

本都市计划，我人从事愈久，而愈觉其艰难。国家大局未定，地方财力竭蹶，虽有计划，不易即付实施，其难一也；市民谋生未遑，不愿侈言建设，一谈计划，即以为不急之务，其难二也；近代前进的都市计划，常具有崭新的社会政策、土地政策、交通政策等意义在内，值此干戈遍地、市廛萧条之际，本市能否推行，要在视各方之决心与毅力而定，其难三也。但自计划二稿脱稿以来，我人在确认"理想与事实兼顾"、"全局从小处着手"为推进计划之两大原则下，多方研究，继续工作，卒于最近完成：①全市工厂设厂地址之规定；②建成区营建区划之拟订；③建成区干线道路系统之规划，等等。先后送请市参议会审核，而市政府与市参议会亦以计划渐趋具体实际为喜。盖计划同人，已能于艰难环境之中，独辟一捷径矣。

溯自 1947 年 5 月至于今，一年有半，计划进展，由总图（Master Plan）而分图（Detail Plan），由整体而各别，益信二稿报告书中所建议各点，大体上当可与今后上海建设之方针相去不远。于是计划同人，咸以援初稿报告书之例为言，请付剞劂。余虽深韪之，顾于重读一过之后，窃愿有揭以与当代专家暨本会同仁商榷者，约举数则如左〔下〕：

（1）都市计划首重人口之推断，固已。我国今后全国都市总人口之有增无减，亦当为必然之事实。但工业化发达后，都市数亦将大增，是其每一都市人口之增加率，是否如本报告书所论者，似尚须续加研究。此应请计划同人及国内外人口专家注意者。

（2）都市计划，须有积极的土地政策，本报告书尝三致意焉。其所论市政府应获得市郊土地 20% ~ 25% 之所有权云云，根据国父平均地权之遗教与国民党中全会市地市有之决议，证诸往日德人

在我青岛之开辟，迩来荷人在其本国鹿特丹之复兴，似尚不无可取，而断非书生凿空之谈。惟究应如何实施，方可推行无阻，则尚有待于专家之研究。

（3）都市计划采用有机体的分散（Organic Decentralization）之原理，亦为本计划及报告书所注意者。以自然建设（Physical Development）加影响于社会建设与经济建设，本为吾都市计划者所最期望之企图；但此理想的自然建设，务需〔须〕与现行及所计划之社会组织及经济组织得到相当的配合，否则此建设将不能成功。英国花园市至今仅有 Letchworth（莱奇沃思）、Welwyn（韦林）等数处，可资借鉴。我国现行保甲制度，如能加以改善，当可与都市计划"邻里单位"之组织相配合。余在去年《"六·六"工程师节〈申报〉纪念专刊》上，尝论及此点。兹以为倘更详为分析，可得四个方面如下：

①基层社会组织——用直系小家庭制度（采潘光旦、李树青等之说）；

②基层经济组织——似可尽量用工厂机器工业，而一部分则用家庭机器工业；

③基层政治组织——用改良的保甲与保国民学校等制度；

④基层自然建设组织——用"邻里单位"及"段分（细分）管制"（Subdivision Control）制度。

以上四个方面，如能完全互相配合，则都市文化当可繁荣滋长、发扬光大而无疑。余故深望本报告书中土地区划一章（见本书第 029-063 页）所论者，能得当世社会学家、地方行政专家与夫本市民政人员恳切之指示。

（4）本报告书所提出一个新的道路系统，在我国尚属创论，其说是否可取，余在《工程报导》上尝为文论之。道路系统及区划制度（Zoning）为都市建设之两大要务，不论有否都市计划，均为近代都市势所必办之事；否则道路交通漫无系统，工厂住宅凌乱杂居，街道拥塞市肆栉比，卫生消防均受威胁，市民生活环境之不安与恶劣，将不堪闻问矣。惟此新的道路系统，应如何使市民了解，应如何分期实施，应如何筹集财源，其办法妥订之重要，初不减于理论之研究，是则又属道路与市政工程师之分内事也。

上列四则而外，他若港口与铁路计划，对于本市发展之重要，不待烦言。其事已不纯属于都市计划范围，现在由计划委员会与各方商订之中，故本报告书亦语焉而不详。要之，二稿之作，虽较初稿为具体为充实，但计划同人咸以为尚待修订补充，而愿以"三稿"为其定稿。至于本报告书訛谬〔纰缪〕疏漏之多，计划同人固自知其不能免也。

再若都市计划学名辞之尚未建立，本报告书于撰述时屡受其困，想读者当同余此感。而最大之缺憾，在乎意义相近之字，辄混淆而不明。例如：Region, District, Area, Zone 等字，均可译为"区"或"区域"或"地区"；Transportation, Communication, Transit, Traffic 等字均可译为"交通"。甚矣！我科学国[1]名辞之贫乏也。本报告书中于是有数辞〔词〕不得不从「新」创立者，如 Zoning 译为"区划"，Sub-division 译为"段分〔细分〕"，Nighborhood〔Neighborhood〕Unit 译为"邻里单位"等是。但亦有未经推敲暂拟译名者，甚或有前后译名不一致者，以限于时间，未能一一纠订，尚望读者指正。

参预计划总图二稿者，为陆谦受建筑师、鲍立克教授，暨甘少明、白兰德、黄作燊、郑观宣、王大闳、陆筱丹、钟耀华、程世抚、张俊堃诸君。而报告书之起草，则以鲍立克教授之力为独多。稿成后半年余，陆筱丹君复为之整理。至工务局同仁中协助最力者，设计处长姚君世濂也。

兹以得吴兼主任委员之许可，本报告书付刊有日。因序其缘起，并略抒所感，当世明达，幸垂教焉。

1948 年 2 月，赵祖康序于上海市工务局

2. 说明

去年（1946 年）12 月我们把大上海都市计划总图初稿报告发表之后，工作就集中在总图二稿的进行。经过 5 个月来的工作，在各种困难情形之下，终于把二稿完成了。在这二稿内，做了许多改进的工作；和初稿比较，自问是有着显著的进步的。

---

1. 疑为"我国科学"。——编者注

这二稿报告书，是从初稿的报告书发展而来的，所以在阅读的时候，最好能一同参考。

我们这次只把几个主要的问题，特别提出讨论，并将进一步研究所得的结果，具体地报告。至于许多关于原则上或理论上的引据，凡在初稿曾经提到的，都不重复申述。

都市计划是一桩何等重大的工作，欧美各国都在拿全副力量来应付。以我们这几个人些微的力量，在目前这种局面之下，曾〔更〕加上一点物质的设备都没有，能说不是螳臂当车吗？我们惟一的希望，就是借着这一点些微的力量，来引起全体市民的注意，从而产生更大的力量。民众的力量是伟大无比的，要是民众需要都市计划，都市计划一定能够成功。

所以这一个上海市都市计划总图的二稿，与其说是一种工作的完成，无宁说是一种工作的开始。其实，时代的巨轮，从来没有打住过；人类的进化，也从来没有停止过。但我们是不是能够和人家并驾齐驱，或者老是跟着后头跑呢？这就要看我们的选择和努力了！

---

[1] 在过去的 100 年中，上海从一个古旧的县城，发展而成为今日拥有 600 万人口的大都市；以人口计算，列为世界第四个大城。今日所谓的上海市，有 893km^2 的面积。然而称为市区的部分，仅占 56km^2。其中，36km^2 是以前的租界。这号称 600 万人口的都市，实际上多数人口就拥在这 36 平方里〔km^2〕当中。在这小范围里，拥了这许多人口，居住怎能不挤？交通怎能不乱？何况社会和经济发展都不正常，市民的健康与道德都受着严重的影响。

不平等条约开辟了上海两租界，因为以往国人仰仗外人的心理，在年年不靖的形势和国人技术低落的环境里，黄浦滩就成为华东重要的贸易中心。全部投资灌注在这弹丸之地，不但全市的工、商、居住都挤在这里，因为投机容易，更招来无数不事生产的人口。今天上海人烟稠密的地区，人口密度达 4 500 人 /hm^2 左右；今天上海市市区部分平均人口，亦达 640 人 / hm^2。和大伦敦计划所拟的最高密度 355 人 / hm^2，相去甚远。

在本市迅速长成时期，因为行政机构的不统一，一个辖区的设施非但不和邻区配合，有时反相互妨害，以互争"繁荣"。即租界当时本区的设施，全取决于洋商和少数人的利益。所以码头、仓库、工、商和居住的分配，道路的开辟，全然是没有合理的计划的。

上海既已形成这种不合理的"繁荣"，土地便成为投机的对象。即使有良好的市政设施，不是受到私人利益的冲突，就是被投机利用，所得的效果可以和原来目的完全相反。

上海的畸形"繁荣"正是经济衰落的表示。正当投资既不能获得合理的利润，股票、金银、外币便成为游资赌博的对象了。正当的职业工作者，生活反捉襟见肘，上海便成了冒险家的乐园。这种精神人力的浪费，是国家严重的损失。

货币贬值，造成普遍的囤货；弄堂堆栈，增加了房屋恐慌和交通紊乱。

所以谈到本市都市计划，不是市政方面片面的改良所能奏效。整个社会和经济的组织，都非澈底革新不可。

---

1. 该引言前页有说明文字："本说明书系于 1949 年上海解放前由前都市计划委员会编撰，为保存资料，特予刊印。以供参考。上海市人民政府工务局 1950 年 7 月。"——编者注

第一章
ㄉㄧ ㄧ ㄓㄤ

总 论
ㄗㄨㄥ ㄌㄨㄣ

1. 都市计划之目标

都市计划，以其基本概念及工作性质而言，实为一种科学与艺术之综合，包括自然与社会科学、工程学、建筑学及美学等在内。其计划范围，有属于物质者，有属于精神者，而目标则均一致。目标为何，则又可分为二：

（1）使都市居民各得安居乐业。

（2）使居民之生活及文化水准得以提高。

根据上开〔述〕目标，都市计划，乃藉科学之方法及艺术之腕手〔手腕〕，以寻求最适合于个别社会集团之生活方式所需条件，在与各种天然及其他因子配合之下，将全部机构及环境加以周详之设计，并努力促其实现。然则都市计划者，实以改进人类生活为目标，而以计划供应最适宜之机构及环境为方法者也。

2. 都市计划之方法

都市计划，既为一种科学与艺术之综合，故其所用方法亦同此性质。方法为何？曰调查统计，曰全盘设计，曰分期实施，是为都市划计〔计划〕之三部曲，其起迄过程，缺一不可。调查统计者，利用科学方法，将过去及现在之一切与都市建设有关材料，收集研究并加整理，使成各种有系统及有目的之事实记录，以为将来计划之基础者也。全盘设计者，根据实地调查所得之材料，而确定都市发展之趋向及范围；又依照优良生活方式之需要，而规定各种设计之标准，并利用以往及其他都市之经验，而决定各种方法之取舍，所谓以都市为一整个有机体，进而作全盘之计划者也。分期实施者，根据已定计划，配合都市实际发展情形，随机应变，因时制宜，以厘订工作推进步骤，并用各种方法，以求计划之分期实现者也。如上所述，此项程序，首尾相应，彼此关连，其逐层进展，按步〔部〕就班，莫容混乱。否则本末不分，因果倒置，欲其成功，实求鱼而缘木也。

然而此种因素，虽形复杂，仍属都市本身范围，弃取选择之权，操之在我，故处理尚易。惟都市计划之全部因子，绝不止此。都市计划，应以国策为归依，此项原则实至明显。然而国策与都市计划之间，应有区域计划为之联系，方得一气呵成，完成整个国家发展之程序。是以欧美各国，莫不先有国家计划及区域计划，然后以都市计划为国家计划发展之单位，意在此也。国家政策为何，区域计划为何，凡此问题，均非地方政府所能解答，盖权限所在，莫容越俎代庖。此种外在因子，遂为都市计划之先决条件。

3. 总图之意义

何谓总图？总者全部之谓，含有限制及指示之义。是以都市计划总图者，乃为规定及指示都市全部发展之图也。计划总图，所以别于计划详图者，乃在前者之作用，只在规定其发展之范围及指示其发展之途径；而后者则为根据上项方针，进而详拟实施方案者也。都市之发展，犹之船行大海，必须有一确定航线，方不至触礁失事。总图者，航线图也；详图者，船长所发之号令也。由此可知，总图之设计，一方面须含相当弹性，以适应时代进展所生之变化，不能过于呆板，致有削趾就履之弊；同时又须有确定之轮廓，以容纳都市之发展，使人口之增加与工商业之进步，得有机能性之整个配合，因而提高人民生活水准。是以都市计划之总图，每过相当年数，必须根据实际情形，重予考订，俾适应用。非如一般人所想像，以为此项计划，一经公布，即成永久不变者。盖都市计划总图之设计，必须走在时代之前，否则明日黄花，失去总图之意义矣。

初稿

九

4. 工作之难题

　　同人等在开始工作之初，即以种种条件之不足，而感莫大之困难。上而所谓国家计划及区域计划，尚未经政府明令公布；下而至本市之各项基本统计工作，亦多未办理。能获之资料，非欠完备，即已过时，或不可靠。苟欲澈底解决，从头做起，则经费、时间两不容许，用〔于〕是设计工作，几至无法进行。惟以工务局赵局长祖康之诚恳嘱托，勉以时机宝贵、稍纵即逝，而行从念起，事在人为；又谓应付非常之局面，应有非常之方法。同人等既深感赵局长提倡都市计划之热心，又以协助市政建设为每个市民之天职，乃不度德量力，黾勉从事。3月以来，殚思竭虑，以寻求进行之方法。第一步，先将本市历史之沿革及发展之过程，详加研究，以检讨过去。第二步，继将本市目前状况，如人口之分布、交通之系统与乎各项市政之利弊，加以分析，所以考察现在。第三步，又将以上二〔两〕步工作所得之结果，参考近代都市计划之趋势，进而配合本市之天然条件，以及政治、经济、社会及人文因子之要素，订为本市都市计划总图应用之主要基本原则若干条，所以计划将来。并在进行本市计划之前，先行计划附近区域之发展，从而将本市土地使用及交通系统计划总图，依次完成。其详细情形，当加说明于后。至此项计划，在目前阶段，虽稍嫌草率，但同人等认为，一切在原则上之措施，规模可称略备，苟能假以时日，当可逐渐发展完善。关于此点，非敢敝帚自珍，而为同人等所稍能自信者也。

初稿

—○

第二章

ㄉㄧ　ㄦ　ㄓㄤ

历史

ㄌㄧ　ㄕ

1. 上海历代之沿革

上海一地，东滨大海，古代寂寂无闻，大概为卑鄙渔盐之区，未见重要。考县志，谓向属吴郡，隶扬州。至梁天监间（502—519），置信义郡，上海乃信义之南郡云。大同初（约535）析信义地，置昆山县，上海乃属昆山，隶苏州。隋一度划入常熟境内。唐天宝十年（751）析昆山、海盐、嘉兴三县地，置华亭县，上海遂为华亭之东北海。其后迭经更易，至宋时属秀州，隶两浙路。熙宁七年[1]（1074），设市舶提举司及榷货场，是谓上海镇，又谓受涨亭，在市舶司西北，乃上海名称之肇始。元至元二十九年（1296〔1292〕），析华亭县之长人（今南汇等地），高昌（今川沙）[2]，北亭、新江、海隅（均今青浦等地）等五乡，立上海县，属松江府。辖境东至海，南至华亭（今松江、奉贤等地），西至昆山，北至嘉定，南北48里（24km），东西100里（50km）[3]，似为今市境之一部分及青浦、川沙、南汇三县土地之总和，其面积约3倍于今日，可谓广矣。

此后至明万历元年（1573）析上海县西境之新江、北亭、海隅三乡，立青浦县，是为析分之始。清雍正四年（1726）析县之东南滨海长人乡之一部，为南汇县。至嘉庆十五年（1810）又析东境高昌乡滨海十五图，为川沙县。于是，上海县境日蹙，无复当年形势矣。道光二十二年（1842）根据《江宁条约》（即《南京条约》）辟上海为五商埠之一。自此海禁大开，商业日繁，英租界、美租界、法租界相继成立，惟上海县属仍旧。至1926年，淞沪商埠督办公署成立，所辖区域，除上海县之外，益以宝山县属之吴淞、江湾、殷行、彭浦、真如、高桥等区。至1927年，国民政府乃立上海为特别市，更益以大场、杨行、七宝之一部及华庄、周浦、陈行等区，直属中央。1930年，国民政府公布组织法，改上海为市，直属行政院，辖境则仍旧贯焉。

1937年8月，日寇启衅，沪战以兴。上海市在我全体军民壮烈抵抗之后，终于沦陷，惟租界以外力所在，仍获苟存。至1941年12月，珍珠港事件发生，太平洋风涛涌起，于是上海市之全部，尽入敌手。至1945年8月，日寇战败乞降，黑暗孤岛，乃得光明重见。同年9月，市府既经正式接收成立，前此分崩离析之局面，乃得复定于一。租界名辞，遂成过去。溯自鸦片战争以来，人事沧桑，已历百有余岁矣。

2. 上海市发展之简史

道光二十二年（1842），《江宁条约》签订，上海列为开放五商埠之一。翌年9月，清廷正式核准和约，划英租界于洋泾浜北岸，东自外滩，西至今河南路，北至今北京路，占地830亩（约55.33hm²）。道光二十八年十一月（1844〔1848〕），划美租界于吴淞江北岸，即今之北区。同时，英租界扩充至今西藏路，增地2820亩（约188.00hm²）。翌年（1849）划法租界于洋泾浜南岸之城北区，为城厢九区之一，西沿八仙桥，北至爱多亚路（今延安东路），东临外滩，南迄城厢，为地986亩（约65.73hm²）。咸丰十一年（1861），又扩充至方浜路城北及东浦[4]一带，拓地138亩（约9.20hm²）。同治二年（1863），改英美租界为各国公共租界。光绪十九年（1893），继续扩张至杨树浦。光绪二十六年（1900），又推展至引翔区[5]南境，计7856亩（约523.74hm²），此外，又包括新闸区中一大部分，西迄静安寺延平路一带，共19233亩（约1282.21hm²）。至是，公共租界乃拓展至最大范围，而越界筑路之区，尚未估算入内也。同年，法租界亦以竞争所在，力事扩充，乃至新闸区之南境，即今吕班路（今重庆南路）一带，为地909亩（约60.60hm²）。1914年，法租界又加扩充，西达海格路（今华山路），南迄肇嘉路[6]，占地逾13001亩（约866.74hm²），法

---

1. 此处与史料不符，详见附录一"大上海都市计划"编制背景介绍。——编者注
2. 长人、高昌两乡，还包括后上海市区和上海县全境。——编者注
3. 与今日的研究结论不符，详见附录一"大上海都市计划"编制背景介绍及注释。——编者
4. 即小东门直通黄浦江的小河。——编者注
5. 位于今上海市区东北部。区境东濒黄浦江，南邻租界，西至闸北区、江湾区，北接殷行区、江湾区。——编者注
6. 肇嘉路位于今复兴东路，此处疑为"肇嘉浜"。——编者注

租界之地形，至是而定。

1915 年后，公共租界工部局又自定范围，越界筑路，北至虹口公园，西迄苏州河沿铁路至沪西一带，东达复兴岛，路长共 802km。

在行政方面，英、美、法等国，既以上海为远东商业发展之要点，乃大事经营，不遗余力；并利用不平等条约之掩护，树立管理机构，以确定其统治与经济之势力。咸丰四年（1854），英美法联合组织之工务局[1]成立，开始推动建设工作。同治元年（1862），法人退出工务局，自行组织管理机构。翌年，英、美租界合并，范围益广，声势益大，工务局改称工部局，统筹税务、警务等庶政，由此取得最基本之行政权利〔力〕。租界之特殊地位，于是形成。孔子曰："唯名与器，不可以假人。"[2] 以清廷之昏瞆，又安知影响所及，乃至百岁以后哉。

详考自 1843 年以来，上海之物质建设，逐年推进，实有可观。兹将较为重要各项，分别开录如左〔下〕：

1）交通方面

（1）招商局：同治十一年（1872）成立（商营后官商合办）。

（2）淞沪铁路：1876 年首次局部通车。后以肇祸伤人，群情愤慨，由政府收买。至光绪二十三年（1897），再行设轨通车。

（3）沪宁铁路：光绪二十九年（1903）通车（外款自办）。

（4）沪嘉铁路：宣统元年（1909）通车（苏省铁路公司）。1914 年收归国有，改名沪杭甬铁路。

（5）沪宁沪杭两路：1916 年接轨。是年北站落成。

（6）公共租界电车：宣统元年〔光绪三十四年〕（1908）开行。

（7）法租界电车：同年开行。

（8）航空：始于 1921 年，通北平经天津。

（9）港口：河道局，1905 年成立，展开改良港口业务，于 1912 年改组为浚浦局。

2）邮电方面

（1）文报局：光绪四年（1878）成立。

（2）邮政局：光绪二十二年（1896）脱离海关独立，三十一年（1905）分别与法、英、德订立邮约。

（3）电报：

①大北公司：丹麦人设于 1871 年，通日本及西伯利亚，1882 年改为国营。

②津沪线：光绪六年（1880），由大北公司代办。光绪八年（1882），改为官督商办，南北各线接通。

③外线：光绪七年（1881）通报。

④万国电报局：1921 年加入。

⑤无线电报：1915 年创设。

（4）电话：1881 年开始装设（大北公司）。

3）水电方面

（1）自来水：

①公共租界，光绪九年（1883）装设。

---

1. 此处名称疑有误，应为"工部局"。上海租界管理机构沿革详见附录一"大上海都市计划"编制背景介绍。——编者注
2. 见《左传·成公二年》："仲尼闻之曰……唯器与名，不可以假人。"——编者注

②法租界，光绪二十一年（1895）装设。

③内地自来水厂，光绪二十八年（1902）装设。

（2）煤气：

①公共租界，同治三年（1864）装设（英商）。

②法租界，同治五年（1866）装设。

（3）电力：

①法租界法商电力公司，光绪八年（1882）成立。

②英商电力公司，同年成立。

③华商电气公司，光绪三十三年（1907）成立。

④闸北水电公司，宣统二年（1910）成立。

⑤浦东电气公司，1919年成立。

　　民国纪元以后，因内乱频仍，富有阶级多避地上海，以求保障。租界之发展，乃愈见繁荣，竞争世界十大都市之一矣。

　　1929年，上海市政府划引翔、江北吴淞以南及东面沿江一带为市中心区，本迎头赶上之精神，作伟大规模之建设。历年成绩斐然可观，市政府、运动场、体育馆、博物馆及市立医院等，相继完成。又建设虬江码头，以为发展港口业务之根据。凡此种种，皆为国人计划建设之开端。惜以战争关系，未达原定目标，惟其奋斗进取之精神，实属难能可贵也。

　　总观上海市全部发展历史，以天时、地利、人材三项条件之优越，益以国内财富之集中，故其进展神速，规模广大。徒以过往行政系统上之畸形状态，造成鼎足局面，针锋相对，合作为难；一切建设，缺乏整个计划，以收全部发展之效。时至今日，此项障碍，藉八年抗战及千万人流血牺牲之代价，尽予消除：百年来在外力分割下之上海，终复完整。以本市在国际上之地位而论，自应把握时机，周详计划，以谋本市之全面发展，实为当前之急务也。

第三章

ㄉㄧ　ㄙㄢ　ㄓㄤ

地理

ㄉㄧ　ㄌㄧ

1. 大上海区域之概况

本计划之大上海区域，属于长江三角洲地域之一部，包括江苏之南、浙江之东。其界线为北面及东面均沿长江出口，南面滨海，西面从横泾[1]南行经昆山及滨湖地带而至乍浦，面积总计 6 538km²。以其在全国经济地理上之重要，特为说明如次。

大江东流，江阴以下，以冲积作用、海水遗留而成湖泊。本区湖沼，亦为此种遗迹。本区为冲积平原，地势平坦，河流纵错，遍地分布，一舟可达。黄浦江横贯其中，造成上海市东方大港之地位；苏州河直通苏州，接连运河水道，与内河货运打成一片。铁路有京沪、沪杭两路。公路除京沪、沪杭两干道外，尚有其他支线分布联系。是以交通便利，为全国冠。本区附近区域，雨量充足，土壤肥沃，自昔为渔米富庶之乡，桑蚕棉花，亦极重要。常熟、苏州，为江苏产米之中心。南通及上海附近，棉产丰富。江南农家，虽以种稻为主，但冬季亦种小麦与蔬菜。至太湖区域，又为国内最重要之蚕桑地域也。

2. 上海市地理上之位置

上海市面对太平洋，扼长江入海之咽喉。在交通方面，四通八达，为全国运输之枢纽。长江为世界通航最大河流之一，其流域面积，达 200 万 km²，包括人口 2 亿以上，几及全国人口之半。本市以地理上之优越，全域之精华，供其取用，进出货物，供其吞吐，其为重要，成因有自，非偶然也。本市位置在北纬 31° 15′，东经 121° 29′，跨黄浦江与长江合流要点，因浦江横贯而有浦东、浦西之别。城市之地，沿江约 8 海里（约 14.82km）。本市居我国东海岸线之中心，与西欧、东美之航程相等，而天然状况，适使成一深水港。即以长江口之高潮而言，亦恒在深度 9m 以上也。黄浦江在长江之右岸，自江口至张家塘[2]共长 39km，岸线距离自 330 ~ 885m，最低潮时亦有 305 ~ 730m 之宽。但以 7.31m（24 英尺）之深水航道计算，其江面平均宽度仅及 260m。

浦水含泥滓，大汛时占 0.5‰，以河流冲积关系，航行水道须予经常疏浚，方能维持需要深度。

本市每年平均温度为 15.12℃。以 7 月份为最高，平均 36.81℃；以 1 月份为最低，平均零下 6.81℃。全年最高温度达 39.4℃，最低温度为零下 12.1℃。

本市附近雨量，平均每年为 1 142mm。雨季从 6 月至 9 月，期内雨量约占全数 50%。

本市风向，由 4 月至 8 月为东南；由 9 月至 3 月，风向移动，从东北以至西北。故长年平均计算，应为在北与东、北东之间。本市亦偶受飓风中心之袭击，但幸次数不多，平均每隔 10 年一次，否则损失不堪设想，因本市飓风过境之最高速率为 107km/ 小时也。

初稿

一四

---

1. 今沙家浜镇，位于江苏省常熟市东南隅。——编者注
2. 张家塘港，位于闵行区中部，徐汇区南部。西起新泾港，东入黄浦江。长约 8km。——编者注

第四章
基本原则

1. 总则

（1）大上海区域，以其地理上之位置，应为全国最重要港埠之所在。

（2）本市一切计划，应为区域发展之一部，并与国策关连。

（3）针对国家在工业化过程之逐步长成，应有实施全面计划发展之必要。

（4）本计划以适应现代社会及经济之条件，进而调整本市之结构。

2. 人口 [1]

（5）全国人口之增加及乡村人口之流入都市，为国家在工业化过程所产生之主要人口动向。

（6）本计划之设计，以用良好生活标准容纳本市将来人口为原则。

（7）人口之数量，系于政治、社会及经济之背景。

（8）本计划应考虑区域人口与本市人口之关系。

3. 经济

（9）本市主要上为一港埠都市，但以其在国内外交通上所处地位之优越，亦将为全国最大工商业中心之一。

（10）本市之经济建设，应以推行有计划之港口发展及调整区域内工商业之分布完成之。

（11）本市工业之发展，以包括大部分轻工业、一小部分重工业及其所需之有关工业为原则。

4. 土地

（12）本计划以援用国家土地政策，为实施之推动。

（13）本市市界，应以整个区域与都市之配合及有机发展为目标，加以重划。

（14）人口密度，应受社会、经济及人文各因子之限制。

（15）本计划在各阶段之实施，以执行征用土地为原则。

（16）现行土地之划分，应加整理重划，以求更经济之利用。

（17）市政府应以领导地位，参加本市土地发展之活动。

（18）土地区划之设计，以规定土地之使用为原则。

（19）每区之发展，须有规定之程度。

（20）居住地点，应与工作、娱乐及在生活上所需其他地点，保持机能性之关系。

（21）区划单位之大小，应以其在经济上是否适宜决定之。

（22）工业分类，以其自身之需要及对公共福利之是否相宜为标准。

5. 交通

（23）水陆空三方运输，在交通系统上应取密切联系，并应先行计划港口之需要。

（24）港口设备，应予现代化，并集中于区域内适宜地点，以利高效率之运用。沿岸旧式码头及仓库等项，应分期废除。港口之业务，应予专业化，使在区域内有专业港口之设立。

（25）土地使用，应与交通系统互相配合，藉以减除不需要之交通。

（26）联系各区之交通路线，以计划在各区边缘通过为原则。

（27）地方交通及长途交通，在整个交通系统上应有机能性之联系。

（28）道路系统之设计，以功能使用为目标。

（29）客运与货运及长短程运输，应分别设站。

（30）客运总站，应接近行政区域及商业中心区，并须有适宜及充分之进出路线。

（31）公用交通工具，以各区之天然条件及经济需要决定之。

---

1. 此后各项原则序号参照原文连续排列，以便与会议记录对应。——编者注

初稿

第五章
ㄉㄧ ㄨˇ ㄓㄤ

人口
ㄖㄣˊ ㄎㄡˇ

人口问题，为研究都市计划之基本项目，其关系至为重要。都市之设计，最先受地理及地形之限制，其次则为人口问题。都市人口将有若干，能容若干及应为若干，凡此种种必须解答，设计工作方得进行。

根据同人等多方研究之结果，以为本市人口，在未来之 50 年内，将达 1 500 万之数字。以本市现行市界而论，最多只能容纳 700 万人之谱，过剩人口只得以卫星市镇方式，向附近区域发展。

此项人口数字，骤看之下，虽属惊人，然实非同人等所敢武断，或企图造成此超级都市之结果。数字之来源，盖为研究本市各种因子之结论，应予特别声明，以免引起一般误会，循至影响本市都市计划之推行者也。

详考影响都市人口消长之因子，共有三项，即政治、经济及交通是也。此数项因子，又能互相影响，且需经过相当时间之发展，才能发生作用。循是人口之估计，更形复杂矣。同人等在研究之初期，曾将自 1885—1935 年之人口增加数字，用复利公式计算，求得平均每年增加率；再以 1946 年人口数字为始点，应用上开〔述〕增加率求得曲线，而推知本市在公历 2000 年之人口，约为 1 500 万之数字。此外，同人等更旁征博考，引用欧美各国先例，并有种种理由，认为上开〔述〕估计，只偏于少。而就大体而言，实属比较准确之数字，足资为计划之根据，其理由如下：

（1）在国家工业化之过程，根据欧美国家之经验，均有人口激增之现象，其增加数量，在欧洲为 4 倍，在美洲为 8 倍。我国之工业化政策，既为政府已定方针，则人口之增加，乃为必然之结果。虽以国情不同，容有出入，然此亦纯属程度上之问题，其为增加，盖无疑义者也。

（2）我国人口之平均自然增加率，虽因缺乏全国性之统计，难以确定，但根据孙本文教授之统计，以国内 16 省之农村人口而论，其平均自然增加率为 11.8‰。现应用此率计算，而以《中国年鉴》第 7 期所发表 1944 年全国之人口数字（4.65 亿）为基数，推算在公历 2000 年时之全国人口，将达 9 亿之数。欧美各国，在工业化之过程，乡村人口流向都市，其比例约为 20 与 80 之比。以我国国情而论，恐难到达此数，惟 40 与 60 之比例，似可称为保守之估计。根据上开〔述〕1944 年之全国人口数字，而以目前农村与都市人口之比例（再依照孙教授之估计，约为 72 与 28 之比）计算，则农村人口为 3.35 亿人，都市人口为 1.3 亿人。假定我国工业化之程序能在 50 年内完成，则在公历 2000 年时，照农村 40 与都市 60 之比例计算，农村人口将为 3.6 亿人，都市人口 5.4 亿。此项计算可证明，我国都市人口在未来之 50 年内，将平均增加「到」4.16 倍。如以本市 400 万之人口计算，则约为 1 700 万之数。

（3）从人口年龄分组之研究，而知我国人口 75% 均在年龄 40 以下，40% 人口均属自 15—40 之繁殖年龄。由此可知以全国人口之年龄而论，我国乃为一青年国家，其繁殖之力强大，将为人口增加之要素。

（4）医药及公共卫生之进步，亦为人口增加之原因。我国药医〔医药〕及公共卫生程度，虽较幼稚，然经各方之努力，近年已有长足进步，则将来人口增加，实意中事也。

（5）由经济地理上之观点而言，本市以其优越之地位，亦为人口增加之因子。长江流域之广大区域，包含全国人口半数以上，均受本市经济之影响，以较之伦敦、纽约，其腹地之大，实有过之无不及也。

根据上文所述，本市之人口在未来 50 年内，将有急激上涨之趋势，似无疑义。虽有人以为，在工业化之过程中，将有一部分人口由沿海流入内地，并引证美国殖民之经验，但此项抵消本市人口增加之趋势，并不重要。盖前经提出，影响人口发展之因子，为政治、经济及交通三项，本市以其在经济及交通上所占之优越地位，其人口之增加，实属无法阻止之力量。惟以有计划之发展而言，应设法使其进展程度不致过速，以免无法应付，因而产生不良之后果也。

研究都市计划，首先要顾到自然环境的限制，其次是人口问题，这都是都市计划中的基本项目。没有土地，当然根本不会有都市；但仅有土地，没有人口，也就不成为都市。所以要谈都市计划，非先把人口问题解决不可。这里所谓人口，当然不能以目前的人口数字为依据。因为一个都市，时刻在生长之中，我们必须考虑到它将来发展的趋势和限度，才好及时准备。根据现在的情形来推测将来的结果，在科学上虽然不是没有办法，但这不过是一种预测。实际的情形，其所用的方法，亦有优劣精粗之别，往往因外来因子的影响，常发生很大的差别。所以研究得到的结论，仍须随时加以适当的调整。这个基本观念，我们必预先充分了解。

人口预测，是一门相当复杂的科学，许多人口学者，对于同一问题，常常提供不同的答案。一个都市在发展过程中，人口的变迁受着不同因子的支配，从而产生各种现象。假使用曲线表现出来，更进而研究这一曲线的典型和特点，所预测的数字，便有了根据，不至过于渺茫。但这只是预测方法的一种而已，全部方法却并不如此简单。支配人口消长的因子，依照陈达氏之《人口问题》一书内的说法，共有六种：①自然环境；②人种生活力；③政治与文化；④天然富源的利用；⑤民风；⑥人口状态。

我们曾把这些因子，再加分析归纳，而成下列系统：

（1）自然的势力：①地理的位置；②气候；③物产及富源；④人种繁殖及适应力；⑤人口状况。

（2）人为的势力：①政治；②经济；③交通；④文化。

这些因子，固然能单独发生作用，但同时又能互相影响，且须经过相当时间，才可看到这种影响的结果，由此可知人口的估计，确是一桩复杂的工作。

现在根据这些理论，试来解答本市将来人口的问题，即是我们对于本市将来的人口，究竟应该怎样处理，才能解决？

一个答案的出发点，往往就是问题的本身，所以这里有几个问题，得首先提出来讨论的。

（1）本市将来的人口，是增加抑或减少？

（2）人口消长的情形，可能发展到什么程度？

（3）依照目前的市界，最多能容纳多少人口？

（4）假如人口是过剩的，我们应该怎样来处理？

1. 将来人口增加抑或减少？

一个都市人口消长的趋势，最简单的方法可以从它每年的出生率与死亡率的差额和流入与流出人数的比例求得答案。从这方面的研究，曾把自 1885—1946 年本市人口消长的情形绘成曲线（图 5-1），人口增加的趋势就很容易看出。

以〔此〕外，我们就应该研究到影响人口消长的其他因子了。

第一，中国正在走上工业化大路的起点，政府也曾一再声明有推行工业化政策的决心。事实上工业化的问题，已成为我国图存于这世界惟一的办法了。欧美许多国家，在工业化的程度上，都在我们之前，我们可以从他们的经验对于人口问题得到启示。根据研究的结果，欧美各国在工业化发展的过程中，都有人口激增的现象；其增加数量，在欧洲为 4 倍，在美洲为 8 倍，而且增加的人数的分布，大都集中在都市。由此类推，本市将来的人口，无疑地只有增加的可能。

人口为何会集中在都市呢？这当然是一个复杂的问题，但最重要的因子，还是属于经济方面的。由于都市生活的高度集中化，加速了经济上的进步，从而给每个居民较大自由发展的机会，这对于雄心进取的人们的吸引力极大；而工业化之所以能使都市人口增加，亦可由此得到解释。

第二，从经济学和地理学的解释，因为有交通的便利的条件，商业才集中在地面上几个据点，发展成都市的型〔形〕式。上海市面对太平洋，位在长江入海的咽喉，所处地理上的地位是优越的。

本市在水陆空三方面的交通，都是非常便利，不特在国内堪称全国运输的枢纽，即使在世界的交通路线上，也占着一个所谓"钥匙"的位置。

同时，长江是我国最大产业之一，全部流域面积超过 200 万 km²，几乎容纳了全国人口之半。即就目前状况而论，五六千吨的船只可以溯江上行 600 英里（约 965km）而达汉口。将来三峡水库计划完成后，万吨巨轮可由上海直航重庆。那时长江的经济价值，将较前增加 10 倍。本市商业的发达和人口增加的程度，也必因长江航运发达，而更急速增加。

　　第三，人口繁殖力的盛衰也是人口消长的一个因子。人口繁殖的力量可以从人口年龄组的分配看出来。我们研究本市人口年龄分配的结果，发现 15 岁以下的人口占全数的 28.6%，15—50 岁的人口占全数的 60.9%，50 岁以上的人口占全数的 10.5%（表 5-1）。人口学专家宋德伯氏（Gustav Sundbärg）将人口年龄的分配分为三类（表 5-2），而本市及中国的人口年龄分配显属于进步类，未来的人口自然是要增加的。

　　第四，公共卫生及医药的进步，对于人口发展，有两种不同的影响。

　　（1）因为人口寿命的延长，老年人的数字增加，年龄组的比例随同发生变化，人口的平均年龄逐渐趋向老大。

　　（2）因为儿童死亡率的减少，人口增加的速度自然加大，青年人的数量也必随之增加。

　　这两种影响，虽使家庭人口的组织和状况发生变化，但整个人口的增加，乃是必然的结果。

　　根据上文讨论的结果，我们也许可以肯定地说，上海市将来人口是"一定增加"的。

图 5-1　上海市人口预测图

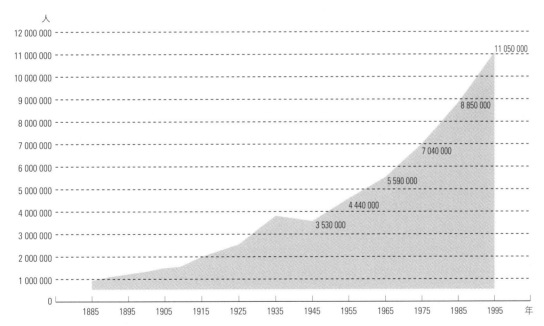

数据来源：上海市都市计划委员会秘书处制（1947 年 5 月）
注：1935 年至 1945 年为战争时期
　　依照增加率 0.024 预计以后 50 年人口
　　$A = P(1+i)n$
　　A——预计之人口；
　　P——1945 年人口；
　　i——增加率 =0.024；
　　n——经过 n 年。

表 5-1 上海市人口年龄组分配百分率与各国比较表（%）

年龄组	上海市	中国	美国	英国	印度	日本	法国	德国
15 岁以下	28.6	35.0	31.2	27.5	39.1	26.5	22.8	23.0
15—50 岁	60.9	52.0	51.2	53.4	49.5	65.8	48.0	56.9
50 岁以上	10.5	13.0	17.6	19.1	11.4	7.7	25.2	20.1

资料来源：上海市数据来自上海市公务统计报告（1947 年 10 月）；中国数据为许仕廉调查所得（1941 年）；美国数据来自 U.S. Bureau of Census（1930 年）；英国数据来自 Thompson（1931 年）；印度数据来自 Census of India（1921 年）；日本数据来自日本户部报告（1925 年）；法国数据来自 Thompson（1931 年）；德国数据来自 Prof. Paulick（鲍立克）。

表 5-2 宋德伯（Sundbärg）常态年龄分配表（%）

年龄组	进步类	停滞类	退步类
0—14 岁	40	33	20
15—49 岁	50	50	50
50 岁以上	10	17	30

2. 人口增加的程度

本市的人口，今后增加的程度究竟怎样呢？首先引起我们注意的，便是它天然的增加率，也就是出生超出死亡人数的比例。本市人口的天然增加率以前没有完全和可靠的统计数字可作根据，可是根据金陵大学卜凯（J. L. Buck）教授的统计，在 1929—1931 年全国每千人口之天然增加率为 11.2（见 Land Utilization in China）。同时，据中央大学孙本文教授的统计为 11.8（见《中国年鉴》第 7 期）。如果我们考虑到将来增加的情形，拿 12.0 的数字作计算的标准，也许较为适当。应用这一个增加率计算的结果，本市将来的人口在 25 年内，可增至 670 万；在 50 年内，可增至 960 万。但从我们研究本市过去人口发展的情形，人口的增减并非全系于天然增加率之大小。例如，在每次内战发生或四乡不靖的时候，许多人都来上海避难，人口于是急激上长〔涨〕，这是受政治因素的影响，与天然增加率无关。又如，农村经济情况不佳，上海工业发达，农民都改了业到本市来谋生，这是受经济因素的影响，和天然增加率也无关。其实这并不是单单上海市有此现象，在欧美各国许多都市，如战前的柏林，自 1925 年以来，就是全靠外面流入人口来维持它经常增加的数字。有人以为上海市过去人口的繁荣，全是因政治特殊的结果，这种畸形，现在已经除去，故以为今后本市人口只有减少的可能，而不会增加。并且拿太平天国事变平复后，本市人口急激下降，造成经济恐慌的先例来证明。这种见解，当然不是无理由的。但照我们的意见，这只是一种片面的看法，因为影响人口消长的因子，根据上文所述有九种之多，政治的因子不过是其中之一部分罢了。我们曾经指出，人口所以集中于都市的原因，最重要的还是属于经济一方面；而经济之繁荣，又以工、商两业之发达为基础。我们也曾经说过，欧美各国在工业化的过程，人口均有激增的现象。现在让我们对于这个重要问题再来一次比较精细的研究。

首先，我们得扩充研究对象的范围。近百年来，除欧美各国外，远东的苏联、日本、澳洲、纽西兰（新西兰）等国家，也无不推行工业化政策。在他们的情形，既和我们比较接近，他们的经验，当然更可以作为我们参考。我们先看苏联的情形。在表 5-3 内，我们把苏联的人口，在工业化过程中之增加及分配情形表示出来。在 1900 年，它的全国人口总数为 1.096 亿，农村人口为 9 550 万，都市 1 410

万。到 1939 年，在这短短的 39 年当中，全国人口增加了 56.6%〔55.6%〕[1]。而最值得注意的便是，农村人口只增加 20%，都市人口却几乎增加到 400%。假如我们再把他们的都市人口增加的过程加以研究，更可给我们一个深刻的印象。即自 1900 年开始，以至 1922 年为止，苏联都市的人口只增加了 50%，但自 1926 年第一个五年计划实施后，便以惊人的速率，扶摇直上而达上述的高峰。在 1939 年，苏联人口的分配为农村 67.2%，都市 32.8%（表 5-4）。这个比例，虽较英美落后，但我们要知道苏联的工业化，尚未到达完成的阶段。随着工业进展的程度，他们的都市人口，很可能还有惊人的增加。

表 5-3　苏联在工业化过程之人口增加及分配情况表（人数单位：100 万人）

年份	全国人口		农村人口		都市人口	
	人数	指数	人数	指数	人数	指数
1900	109.6	100.0	95.5	100.0	14.1	100.0
1910	130.4	119.0	111.8	117.0	18.6	132.0
1914	139.9	127.6	119.5	125.0	20.4	144.6
1917	141.1	128.7	113.3	118.5	27.8	197.0
1920	134.3	122.8	114.2	119.5	20.1	142.6
1922	131.7	120.0	110.5	116.0	21.2	150.0
1926	147.0	134.3	120.7	126.3	26.3	186.5
1929	154.3	141.0	126.7	132.8	27.6	196.0
1933	165.7	151.0	125.4	131.5	40.3	286.0
1939	170.5	155.6	114.6	120.0	55.9	297.0*

资料来源：J. L. Buck. *Land Utilizotion〔Utilization〕in China*.；K. G.〔J.〕Pelzer. *Population and「Land」Utilization*.
注：* 55.9×100.0÷14.1＝396.5，且原文"都市人口却几乎增加到 400%"，推测此处数据有误。——编者注

表 5-4　苏联在工业化过程之农村与都市人口比例变迁表（%）

年份	农村	都市
1900	87.2	12.8
1910	85.7	14.3
1914	85.4	14.6
1917	86.4	13.6
1920	85.0	15.0
1922	83.8	16.2
1926	82.1	17.9
1929	82.1	17.9
1933	75.7	24.3
1939	67.2	32.8

资料来源：J. L. Buck. *Land Utilization in China*.；K. G.〔J.〕Pelzer. *Population and Land Utilization*.

1. 表 5-3 数据为 55.6%。——编者注

其次，我们根据表 5-5 的数字研究近邻日本人口的情形。从 1909—1939 年这 30 年的工业化期内，日本全国的人口增加了 34%〔45.1%〕[1]，和苏联的情形，没有多大差别，这是值得我们注意的。在表 5-6 内，可以看到日本人口的分配。在 1915 年[2] 农村人口占 50.4%，都市人口占 49.6%，差不多势均力敌，但在 1935 年农村人口下降至 35.5%，都市人口却增加至 64.5%，便形成一面倒的趋势。

表 5-7 和表 5-8，都是表示着欧洲和美洲各国在工业化过程中人口激增的现象。1750—1930 年，欧洲的人口，一共增加了〔到〕4 倍；而美洲的人口，却增加了〔到〕8 倍。分开来看，英国增加了〔到〕7 倍，法国增加「到」2.3 倍，德国 4.2 倍，意大利 3.5 倍，美国 230〔23〕[3] 倍，加拿大 200〔20〕[4] 倍，中美 2.7 倍，南美 7 倍，澳洲及海洋洲（大洋洲）9.5 倍。这些数字，都是共同表示着这一个定律的必然性。

表 5-5　日本在工业化过程之人口增加情况表

年份	人数（100 万人）	指数	出生率（每千人口）
1909—1913	50.2	100.0	34.7
1925—1929	61.5	122.5	33.5
1930—1934	66.3	132.0	31.6
1935	69.3	137.9	31.6
1936	70.3	139.9	29.9
1937	71.3	141.9	30.7
1938	72.2	143.8	26.7
1939	72.9	145.1	/

资料来源：Karl. G.〔J.〕Palzer〔Pelzer〕. *Population and Land Utilization.*

表 5-6　太平洋区域近年农村与都市人口比例表（%）

国别	1910—1911 年		1920—1921 年		1930—1931 年		后期	
	农村	都市	农村	都市	农村	都市	农村	都市
日本[1]	50.4	49.6	48.4	51.6	39.9	60.1	35.5	64.5
苏联[2]	85.7	14.3	84.2	15.8	79.4	20.6	67.2	32.8
澳洲[3]	51.3	48.7	37.3	62.7	/	/	36.2	63.8
纽西兰[4]	49.4	50.6	43.6	56.4	/	/	40.4	59.6
加拿大	54.6	45.4	50.5	49.5	/	/	/	/
美国	54.2	45.8	48.6	51.4	/	/	/	/

资料来源：Kare〔Karl〕G.〔J.〕Pelzer. *Population and Land Utilization.*
注：① 日本后期为 1935 年数据。
　　② 苏联后期为 1939 年数据。
　　③ 澳洲后期为 1933 年数据。
　　④ 纽西兰（新西兰）后期为 1936 年数据。

1. 表 5-5 数据为 45.1%。——编者注
2. 表 5-6 数据为 1910—1911 年。——编者注
3. 表 5-8 数据为 23 倍。——编者注
4. 表 5-8 数据为 20 倍。——编者注

表 5-7　欧洲各国在工业化过程之人口增加情况统计表（人数单位：100 万人）

国别	1750 年	1800 年	1900 年	1930 年	1930 年各国指数
英国及爱尔兰	7.5	15	41	52	693
法国	18	27	39	42	234
德国	16	24	53	67	418
意大利	12	18	36	42	350
总计	53.5	84	169	203	/
总指数	100.0	157.0	315.8	380.0	/

表 5-8　美洲各国在工业化过程之人口增加情况统计表（人数单位：100 万人）

国别	1800 年	1925 年	1925 年各国指数
美国	5.0	114.0	2 300
加拿大	0.5	10.0	2 000
中美	14.5	40.0	276
南美	10.0	70.0	700
澳洲及海洋洲	1.0	9.5	950
总计	31.0	243.0	/
总指数	100.0	800.0	/

英国方面，亦有同样情形，据 1940 年著名的《"巴罗"报告》内所载，英国都市的人口单单在 7 个工业大城内，已经占了全国人口 71.3%，其余小城市及农村的人口只占 28.7%。

从上述所有工业先进国家的经验，我们实在用不着怀疑上海市将来人口的趋势了，且可以利用他们的经验，进而预测我们的结果（ Land Utilization in China ）。如果我们认为将来医药和公共卫生的进步，足为人口增加的因素，而采用上述孙氏所估较高的全国人口自然增加率数字 11.8 作为计算的根据，再依《中国年鉴》第 7 期所发表 1944 年全国人口数字（4.65 亿）为基数，来推算在公历 2000 年时之全国人口，可得 9 亿之数。关于农村与都市人口的比例，依据国情，设为 50 年后拟订〔定〕一个比较适中的 40 与 60 之比例，则在公历 2000 年的时候，农村人口应为 3.6 亿，都市人口应为 5.4 亿。至于目前农村与都市人口的比例，照表 5-9 内所示，采用 72 与 28 的比例加以计算，则农村人口应为 3.35 亿，都市人口应为 1.3 亿。由此可知在将来的 50 年内，我国的都市人口，将平均增加到 4.16 倍。再以 1946 年上海市人口 376 万作为基数，则本市在 50 年后的人口将达 1 500 万的数字。用同样方法计算在 25 年后的人口，应为 700 万左右。

3. 上海可能容纳的人口

目前本市的市界，照行政院的规定，应该包括 34 个行政区，面积共为 893km²。各区虽则现在还未全部接收，且将来或尚有其他的问题，可是我们不妨暂时拿做计算的根据。这 893km²，是包括河道等项面积在内的，实际上能应用的土地，最多不过 800km²。假定我们在浦东再保留着相当地亩作为农作地带，而以全市平均人口密度 1 万人 /km² 的数字计算，则本市最高的人口容量应为 700 万人。

4. 过剩人口的处理

这问题的答案比较简单，我们都知道一个都市不能无限制的〔地〕膨大发展下去，否则我们将要遭遇到严重的困难。伦敦、纽约目前拥挤的情形，实在足资我们警惕。我们预测将来的人口可达到 1 500 万，而本市最高容量只为 700 万，那么这些剩余人口，应当怎样处理呢？惟一的办法，只有把这些人口疏散，分布在我们市界之外，造成所谓"卫星市镇"来解决。这些"卫星市镇"，在功能上，每个都是一个独立的单位，但仍以本市作为它们经济及文化的中心。这种办法，伦敦已在实行，但这牵连到整个的区域计划问题，不在本章讨论范围之内。

表 5-9　国内近年农村与都市人口比例表（%）

资料编号	地域	农村	都市
1	江苏省	71.2	28.8
2	全国平均	73.3	26.7
3	全国平均	72.0	28.0
4	全国平均	75.0	25.0
5	全国平均	79.0	21.0
6*	全国平均	74.8	25.2

资料来源：资料 1、2 来自立法院统计局（1932 年）；资料 3 来自孙本文教授；资料 4 来自 *Land Utilizaton〔Utilization〕in China*（1932 年）；资料 5 来自 *Land Utilization in China*（1929—1933 年）。

注：* 为资料 2—5 之平均数。

二稿：人口问题

第六章
土地使用与区划

第一节 目标与原则

详考本市计划之主要目的，乃为造就最适宜之环境及配合一切必要设施，俾全体市民均能享受合理标准之生活，而在居处、工作及游憩上各得其所者也。然欲达到此项目的，必先有充裕之土地，再依使用性质，分别区划，以求根本解决目前之拥挤与混乱。其最低限度，应符下列条件：

（1）保留充分土地，以供市民居住、工作、游憩及交通各项之需要。

（2）将整个都市之面积妥为区划，使个别地区各在功能上保持密切联系。

（3）全市各级单位之发展，须为组织完备之独立单位，各就其个性与功能设计之。

本会所提供的计划总图，最主要的目标是：使本市市民能有舒适的生活。这就是说，使能在一个很适当和卫生的环境中生活和工作，并且给市民每天有各种很合理娱乐的机会。显然，这些最低的条件，最要有足够可用的土地，而且能够将这片土地划分成各个有确切功能的区域，为居住、工作或娱乐等，方才能够达到我们的目标。

（1）我们要有充足的居住、工作、娱乐和运输的土地面积。

（2）要算出一个城市的主要用途所需的土地面积是比较容易的事。可是以本市这样大的城市，就得有很大的土地面积，作为居住、工作和娱乐之用；而且这土地面积，还需要再度的划分和布置，务求地尽其用。

（3）有了充分的土地面积，各个区域都要在功能上能够相互配合，所以计划总图应表示都市中所需各种工业、交通、居住、店铺、商业、娱乐等的地区。

（4）各乡村和市镇，均应为一个单独的组织单位。如果没有组织，则使都市单位失却效用。故总图必需〔须〕依照市镇的大小和性质来决定它各部分间的组织系统。

区划根据下列诸点拟定：

（1）本市工商业发展趋势将由落后半封建状态逐渐改变成近代化企业。

（2）工业化过程中，本市生产事业人员之百分比增加，寄生剥削阶级及投机商人将遭淘汰；负贩手工业工人减少，效率较高的集体企业增加；窑矿从业人员将渐减少，公共服务人员增加。

（3）旧市区不断向外扩展，则阻碍合理的重建，增加交通困难，造成城市衰落的主要原因。所以设计中之中区予以一定的范围，限制扩展。除经济中心、行政中心及一部分工业以外，港口及一切不必要在中区之工业皆应移到新计划区。中区除与区内各种事业有关者外，过剩人口应迁出中区，以建设新计划区。

（4）新计划区中，假定工作人员全数居住本区以内，该区居民一切日常生活需要均能在区内求得，与中区及邻区间均用绿地隔离，而恃新交通系统作紧密的联系。

（5）新计划区发展系纯粹城市性质，各区间有隔离绿地、农地，不要不经济、不生产的"郊区"。

第二节 目前状况

本市以过去行政系统之分野，所有设施类皆各行其是，缺少整个计划。故就目前本市之组织而言，实不足符现代都市之条件。兹列举其缺点数端如下：

（1）本市以工商业及交通线之集中，造成人口过度挤拥之现象，一切发展几全部结集于中区狭小地域之内。抗战时，南市、闸北破坏甚烈，由是集中情形更趋严重，人口密度竟达 20 万人 /km² 以上之惊人数字。

（2）本市中区 300 万人口之集中，从未经配合为有机性之发展。循是一般状况复杂凌乱，毫无秩序可言。

（3）本市土地区划，未见有效推行。用是工商业及住宅之建筑纷然杂陈、随处可睹，而园林绿地几等于零（平均每一市民所有绿地，不足 2 平方市尺（约 0.22m²））。加以道路系统之凌乱无章，运输工具之新旧混合，遂致今日本市交通之拥挤，无可救药。

（4）由于已往建筑之漫无计划，本市一般房屋之型式〔制〕，在质、量两方面，均已无法适应优良生活之条件及作有效之管理。

（5）本市既无我国旧式城市在风景及艺术上之优点，又乏现代新式都市在建设及科学上之进步，实可称为世界最不优良都市之一者也。

目前本市的情形，在计划方面来说，都不是良好的。过去上海区域内，3 个行政机构各自为政，所以在组织方面来说，并不是一个完整的城市。主要的缺点是：

（1）现在的市区中心人口过多，工业和交通都很拥挤。以前畸形的政区界限，造成能利用作为市区的面积太小，所以形成在闹「市」区的人口密度过高的现象，甚至于有些地方竟达 24 万人 /km²。

（2）300 万人口密集在一块没有机灵性配合的区域之内，而只集中在全部土地 1/10 的地面上。

（3）目前，本市土地并没有按照功能上来分区，所以工厂、住宅、仓库和交通都与商业及店铺混杂，而绿地面积就简直是等于零，这现象使车辆都拥塞在陈旧的道路上。

（4）过去缺乏计划的〔地〕建造房屋，造成现在居住不能安适的情形，良好的管理无法实现。

（5）本市不能算是世界上优美的城市之一，因为既无中国古老城市的风致，又无现代都市所应有的舒适和生活上的便利。

第三节 工业应向郊区迁移

因此总图的计划，必须达到以下所述的几个目标：

（1）划分土地使用，这是一直到目前，都是混杂不分的。应即行制定中区的新的土地使用法规和交通行车规章。

（2）目前拥挤在中区和主要区域里的人口，应予疏散。

（3）在分配新的土地使用以减低人口密度时，应同时注意有充裕的土地和绿地面积。

（4）建成区中，建筑执照是根据建筑物面积及基地面积的比例核发，依各种不同的建筑物而异。此种比例大都陈旧，不再适用，应依照现代都市计划的要求修订。而建成区中的土地使用分区和人口密度的规则，都应符合上海和全国性的社会经济背景〈为〉原则。

美国目前的都市计划原理及实施，是尽可能范围，使每个区域人口疏散在 1.5 万 ~ 2.5 万人之间，而且常只有三四千人的区域。在美国，这种趋势是可能的，因为是配合着工业的迁移，一面复经过相当时期的经验，以及人民均使用汽车作为代步工具的缘故。

过去 50 年中，世界各大都市均有将工业远离城市中心，向城市四周发展的趋势。1885 年在纽约市中工作的工业区工人有 75.6%，1909 年降低到 67.5%，1939 年只剩了 60.4%。从 1989〔1889〕—1937 年，纽约市内的工人数目增加了 35.3%，而周围的 17 个乡镇却增加了 100%（节译自 *Economic states of The New York Region-1944*, Regional Planning Association〔*The Economic Status of the New York Metropolitan Region in 1944*, Regional Plan Association〕）。这一种在美国和欧州已实行或部分实行的工业和人口疏散情形，我们在以后 50 年中，也可能达到的。工业化的过程中，是要生产、设备、运输和人口都要集中到相当的程度，可是这并不是要造成一个和欧美各国在各阶段一样的老式城市。我们的计划，是要设法达到他们在社会发展的过程中每一个阶段的理想地步。因此，最显著的差别就在：必需〔须〕实行相当的疏散，而计划中的新居民区人数却不是 1 千或是 1 万，却在 50 万以上。要希望我国工业化成功，工业区务必具有公共、私人、公用以及所有工业企业发展所需要的设施，即电力、煤气、水、沟渠、交通、公共卫生和教育的设施。

依目前和最近将来的情形而论，单靠小的或不大的人群集团是不能供应这些设施的。因为自来水厂、电力厂、沟渠系统、公用、交通等事业，是需要有较大的人群集团投资，才能供给这些使城市生活更为舒适的设施。

疏散的办法，在本市是不能采用欧美各国所用的办法的。总图计划将新市区分布在现有城市的周围，而用绿地带将之分隔。这些新市区都是工业区，吴淞则是以港口收入和运输的经营来维持那一区居民的生计。这样，我们上面所说的将工业远离市区的计划才能够实现。同时，要各个地方区域有一切建设工业所需的设施，工人可以住在附近，并且交通迅速，则投资工业者当然会逐渐的〔地〕移到计划的地区了。

第四节 土地使用标准

本总图之设计，内含两种标准：一为适当之人口密度；一为合理之土地使用。兹再分别说明如下：

1. 人口密度

同人等对于本市人口之密度，建议采取下开〔述〕标准：

（1）本市全体平均人口密度，应为 1 万人 / km²。

（2）各区之人口密度，将各有不同，以中心区为最高，逐步向外递降。即以中心区而言，其人口密度，亦应稍有出入，约在 1 万人 / km² ~ 1.5 万人 / km² 之间。

（3）新市区内之人口密度，又类分为紧凑发展标准（1 万人 / km²），半散开发展标准（0.75 万人 / km²）及散开发展标准（0.5 万人 / km²）三种。

（4）卫星市镇之人口密度，亦照上条规定。盖卫星市镇，本为都市分子，其发展方向初无二致也。

2. 土地使用

同人等对本市土地之使用，经长期之讨论，暂为规定如左〔下〕：

（1）住宅地，占面积 40%，包括道路、商店、学校及其他集体设施所需面积在内。

（2）工业地，占面积 20%。

（3）绿地，占面积 32%，包括林荫大道、运动场所、各项社会福利设备及农作生产地在内。

（4）主要街道及交通路线，占面积 8%。

影响总图计划有二〔两〕个标准：①适当的人口密度；②各种土地使用的关系。

本会对于人口密度问题有下列的建议：

（1）黄浦西岸总平均人口密度是 1 万人 / km²，西岸总面积 630km²，容纳人口 630 万人。

（2）1946 年 12 月计划总图初稿报告中建议人口密度参见表 6-1。

根据我们继续研究的结果，初稿所建议的三种人口密度，似乎失之过小，对于 50 年内的上海发展并不适用，故暂定为总平均密度 1 万人 / km² 的数字。

（3）经长时期之考虑，并暂采纳左〔下〕列的相对土地面积使用标准：

表 6-1 总图初稿报告中建议人口密度标准

发展标准	人口密度（人 /km²）
密集发展	10 000
半开展发展	7 500
开展发展	5 000

①住宅 40%（包括住宅区的道路、人行道、商店、学校及其他社团生活的设备）。

②工业 20%。

③绿地面积 32%（包括道路、人行道、运动场、医院、学校等）。

④次干道及主要交通线 8%。

照这个土地使用比例，用 1 万人 / km² 的总平均密度，得到住宅区的净密度如下：

$$\frac{1km^2 \times 10\,000\,人/km^2}{0.4km^2} = 25\,000\,人/km^2$$

再假定绿地和道路面积的分配在住宅区的内外各为一半，为〔若〕增加这一半绿地和道路的面积（等于总面积 20%），平均密度便可以减低到 1.6666 万人 / km²。住宅面积中，如其将干道的 3% 面积减去不计，密度又须略加矫正，所以，住宅区中的平均密度为 1.75 万人 / km²，即 175 人 / hm²，或 708 人 / 英亩〔70.8 人 / 英亩〕。现且与英国、美国规定的标准作一比较如下。

$$\frac{1km^2 \times 10\,000\,人/km^2}{0.4km^2 + 0.2km^2 - 0.03km^2} = 17\,500\,人/km^2$$

照英美的规定，我们所得到的数字，当然是很高的密度，但在本市设计计划中，我们不能「不」认为这不过是一个较低的中等密度。这是因为我国在社会上、地理上的条件与英美不同的缘故。

（1）英美规定的密度标准是依据英美每户的平均人数，在他们的大城市社会中，每户平均人数是 3.2 ~ 3.5。上海每户平均人数是 5.35，所以我们的邻里单位中的住宅单位比他们少。依 74.8 人 / 英亩〔70.8 人 / 英亩〕推算，英美每英亩要住 20 ~ 22 户，而我们只要住 13.2 户。如此，在同等面积中，我们的住宅可以比他们少 35%，这是我们同英美情形一个主要不同之点。

表 6-2 是本市和美国不同条件之下，住宅区人口密度之比较，第 1—3 栏是依照美国邻里单位区划标准的一种评定，第 4 栏起是依本市总图二稿对于上海土地使用区划的建议标准（详记下文）。兹再将最近伦敦都市计划规定的标准列下，以资比较（表 6-3）。

（2）本市的住宅单位，无论在大小方面、沿路长度方面或分布方面，都与英美有不同的标准。照英美标准，每一个独家房屋需要 960 ~ 1 100 平方英尺（约 89.2 ~ 102.2m²）。Duelley Committee 的住宅设计报告，规定最低限度为 900 平方英尺（约 83.6m²）；英国皇家建筑师协会的报告中，建议最低限度为 950 平方英尺（约 88.3m²）。上海工人及普通人的住宅，远较此标准为低。固然我们希望能认真设法提高这个水准，追及英美的标准，然而这不是数十年中所能办到的。另一方面，提高住宅标准，需要整个生活水准的提高。所以，为 25 年或 50 年中的设计，我们采取比英美标准较小的住宅单位——弄堂房子或公寓，这又是影响住宅区人口密度的一个因子。

（3）地理上的因子可以影响住宅区的设计。近代的区划，除了人口密度及其他因子之外，还要包括阳光问题。一个房屋的阳光，与基地所在的纬度、房屋的方向和与对面房屋的距离都有关系。在这一方面，上海的条件即优于纽约等大都市，上海可用较高的人口密度，仍然得到充分的阳光。各城市所在的纬度（北纬）参见表 6-4。

在北回归线以北，位置较以南的城市，在全年中任何一日、任何时间，太阳高度比位置较北的城市为高。伦敦在冬至日，中午太阳升到地平线上 11°，纽约、北平升到 26.5°，上海升到 35°，广州升到 45°。所以上海房屋单位，经过有计划的发展，人口密度虽较伦敦、纽约为高，而仍能受到等量的阳光。

表 6-2　上海与美国人口总密度净密度标准比较表

美国		标准	人口密度水平		拟定标准	上海	
人口总密度（户/hm²）	人口净密度（户/hm²）①		人口总密度（人/hm²）②	人口净密度（人/hm²）		人口总密度（户/hm²）	人口净密度（户/hm²）
7.1	10.7	低密度	25	37.5	低密度	4.7	7.0
14.3	21.4		50	75.0		9.3	14.0
21.4	32.1		75	112.5		13.9	21.0
28.6	42.9	中密度	100	150.0		18.6	28.0
35.7	53.6		125	187.5		23.3	35.0
42.9	64.9		150	225.0	中密度	27.9	42.1
50.0	75.0	高密度	175	262.5		32.6	49.1
57.1	85.7		200	300.0		37.2	56.1
64.3	96.4		225	337.5		41.9	63.1
71.4	107.2	特高密度	250	375.0	高密度	46.5	70.0
78.6	118.0		275	412.5		51.3	77.0
85.7	128.7		300	450.0		55.9	84.0
92.9	139.4		325	487.5		60.5	91.0
100.0	150.0	过高密度	350	525.0	特高密度	65.2	98.0
107.1	160.8		375	562.5		69.8	105.0
114.3	171.5		400	600.0		74.5	112.1
121.4	182.3		425	637.5		79.5	119.2
128.6	193.0		450	675.0	过高密度	84.1	126.2
135.7	203.8		475	712.5		88.8	133.2
142.8	214.5		500	750.0		93.5	140.2

注：①人口净密度依据住宅面积占 66.6%、绿地面积占 33.3% 计算。
　　②在"户/hm²"与"人/hm²"之间进行换算的依据是，美国每户平均 3.5 人，上海每户平均 5.35 人。

表 6-3　伦敦都市计划规定的人口密度标准

	人口密度（人/英亩）	人口密度（人/hm²）
里圈	200	497
中圈	136	336
外圈	100	247

表 6-4　各城市所在的纬度

城市	纬度（北纬）
伦敦	51°　*
纽约	40°　40'
北平	40°
上海	31°　15'
广州	23°　23'

注：* 伦敦市的纬度相当于黑龙江省最北呼玛尔河。

回顾过去从业人口的趋势可以推测 1970 年各项职业人口所占百分比。按 1946 年统计，全部有职业人口是 56.2%；参照工业化国家城市有职业人口之百分比，估计 1970 年将增加到 60%。

表 6-5 说明估计将来职业人口比例和各类土地使用分配，第 3 项是按职业分类分别估计各业所占百分比；第 5、第 6 两项有几种职业人数必须集中在中区工作，但另几种分散在新计划区。工作和居住区的范围参照本市情形和环境限制拟定标准，所以中区建成部分的标准暂时只好低于新计划区，但是要避免以往缺陷。表 6-5 中，工作面积不能求得总和，因丙种往宅区和工业混合使用。

表 6-5　上海市将来职业人口比例及土地使用分配估计表

	1	2	3	4	5	6		7	
序号	职业种类	1946年职业人口比例（%）	1970年职业人口比例（%）	区别	职业人口	前项分析		中区	
						比例（%）	人口（人）	比例（%）	人口（人）
一	农业	7.36	2.50	农地	138 000	/	/	/	/
二	窑矿①	0.54	0.50	农地	27 600	/	/	/	/
三	制造工业	30.20	35.00	工业区	1 932 000	66.7	1 288 000	20	257 600
四	店铺作坊			混合区（丙种住宅区）		33.3	644 000	33.3	214 667
五	贸易金融	36.06	25.0	商业区	1 380 000	20	276 000	90	248 400
六	零售商			第一、二商业区，新商业、新住宅区		80	1 104 000	40	441 600
七	交通运输	7.30	12.00	港口，铁路，公路，航空场站	662 400	/	/	30	198 720
八	公众服务	6.80	8.00	工业区 商业区	441 600	/	/	40	176 640
九	自由职业	3.76	5.00	商业区 住宅区	276 000	/	/	40	110 400
十	人事服务	5.86	10.00	住宅区 商业区	552 000	/	/	33.3	184 000
十一	其他	2.12	2.00	/	110 400	/	/	40	44 160
十二	合计	100	100	/	5 520 000	/	/	/	1 876 187

序号	8 新计划区		9 农地	10	11	12	13	14	15
	比例（%）	人口（人）	人口（人）	中区标准	需要面积（km²）	新计划区标准	需要面积（km²）	农地标准	需要面积（km²）
一	/	/	138 000	/	/	/	/	每人5市亩	460.00
二	/	/	27 600	/	/	/	/	每人2市亩	36.80
三	80	1 030 400	/	每公项500人，外加道路及旷地100%	10.30	每公顷300人，外加道路及旷地100%	68.70	/	/
四	66.7	429 333	/	每户2人，每公顷100户，外加道路旷地50%	16.10	每户2人，每公顷100户，外加道路旷地50%	32.20	/	/
五	10	27 600	/	每人10m²房屋占基地50%（平均6层，下2层附设零售商，归（六）项计算）加道路旷地50%	1.86	每人15m²房屋占基地25%（平均4层，以2层附设零售商店，归（六）项计算）加道路旷地66.7%	1.38	/	/
六	60	662 400	/	每人10m²房屋占基地50%（除（五）项2层面积，商店区平均1.5层）加道路旷地50%	6.35	每人15m²房屋占基地25%（除（五）项2层面积，商店区平均1.5层）加道路旷地66.7%	42.32÷3=14.10②	/	/
七	70	463 680	/	商业区占1/3，标准同（五）项，交通场站占2/3，每公顷300人	0.50 4.42	交通场站每公顷150人	30.92	/	/
八	60	264 960	/	每公顷300人	5.88	每公顷300人	8.83	/	/
九	60	165 600	/	标准同（五）项（第一商业区占1/2，第二商业区占1/2）	0.42 0.42	标准同（五）项商业区	8.28	/	/
十	66.7	368 000	/	/	/	/	/	/	/
十一	60	66 240	/	/	/	/	/	/	/
十二	/	3 478 213	165 600	/	46.25	/	154.41③	/	496.80

注：①包括陶瓷、砖瓦、土石、手工业等。
②1/3 商店在商业区，2/3 在邻里中心。
③以上各项合计为"164.41"，疑此处数据有误。——编者注

三稿：设计标准

四九三

表 6-6 说明中区区划状况，因事实所限，仅作和缓、有限度的变动。关于新计划区的区划，可按地形和将来社会经济发展拟定较高标准。

表 6-7 依据各业薪级人数的居住情形加以分析，来定居住与工作地区的面积。在新计划区内外的绿地标准高于中区建成部分。在新计划区中增列丁种住宅，在永久建筑暂时不易办到时，专供临时居住现在与未来的移动人口。所以建议营造合理的临时棚屋，但严格注意区内卫生和消防设施。表 6-7 所列人口数字是 5 969 301，约为 6 000 000。关于土地面积分配可看表 6-8。

表 6-6　中区区划表

区别		面积（km²）		居民（人）	毛密度（人/hm²）
		分计	合计		
工业区	制造工业	10.3	16.18	/	/
	公众服务	5.88			
交通运输		/	4.42	/	/
第一商业区①	商业	1.86	2.78	/	/
	交通运输	0.50			
	自由职业	0.42			
第二商业区②	零售商店	6.35③	6.77	600 967	900
	自由职业	0.42④			
丙种住宅区	商店及手工业	/	16.10	751 331	480
甲种住宅区		/	10.88	326 400	300
乙种住宅区		/	29.00	1 276 000	440
共计		/	86.13	2 954 698	/

注：①第一商业区中附有零售商室内面积 1 240 000m²。
　　②第二商业区中附有住宅 113 390 家，共 600 967 人（每家 5.3 人）。
　　③④为编者所加。——编者注

表 6-7 新计划区区划表（人口分配）

职业	有职业人数（人）	就业者与家属人数（人）[1]	居住区之分布			
			甲种住宅区		乙种住宅区	
			人口分配（%）	人数（人）	人口分配（%）	人数（人）
制造工业	1 030 400	1 717 333	5	85 866	70	1 202 134
店铺作坊	429 333	715 555	5	35 777	15	107 333
贸易金融	27 600	46 000	30	13 800	40	18 400
零售商店	662 400	1 104 000	5	55 200	30	331 200
交通运输	463 680	772 800	3	23 184	50	386 400
公众服务	264 960	441 600	2	8 832	70	309 120
自由职业	165 600	276 000	20	55 200	30	82 800
人事服务	368 000	613 333	/	/	10	61 333
其他	66 240	110 400	20	22 080	10[2]	22 080
中区过剩人口[3]	103 368	172 280	30	51 684	50	86 140
总计	3 581 581	5 969 301	/	351 623	/	2 606 940
各区百分比（%）	/	/	/	6.4	/	47.0

续表

职业	居住区之分布						总计
	丙种住宅区		丁种住宅区		第二商业区		
	人口分配（%）	人数（人）	人口分配（%）	人数（人）	人口分配（%）	人数（人）	
制造工业	/	/	25	429 333	/	/	1 717 333
店铺作坊	60	429 335	10	71 555	10	71 555	715 555
贸易金融	/	/	/	/	30	13 800	46 000
零售商店	26.7	294 400	5	55 200	33.3	368 000	1 104 000
交通运输	/	/	27	208 656	20	154 560	772 800
公众服务	/	/	28	123 648	/	/	441 600
自由职业	/	/	/	/	50	138 000	276 000
人事服务	10	61 333	10	61 333	/	/	183 999[5]
其他	10[4]	22 080	20	22 080	20	22 080	110 400
中区过剩人口	/	/	/	/	20	34 456	172 280
总计	/	807 148	/	971 805	/	802 451	/
各区百分比（%）	/	14.5	/	17.6	/	14.5	5 539 967

注：①就业者与家属的人数估计，是依据有职业人数占总人口 60%。

②疑为"20"。——编者注

③根据表 6-6，中区可容纳人口共计 2 954 698 人，按工作人口占总人口 60%，中区可容纳工作人口
=2 954 698×60%=1 772 819 人。表 6-5 预计中区工作人口为 1 876 187 人，则中区过剩工作人口
=1 876 187 – 1 772 819=103 368 人。——编者注

④疑为"20"。——编者注

⑤从事人事服务者，其余 70% 住在工作地点。

表 6-8　新计划区区划表（面积分配）

区别	人口		毛密度（人/hm²）	总面积（km²）	净密度（人/hm²）
	比例（%）	人数（人）			
甲种住宅	6.4	384 000	150	25.60	300
乙种住宅	47.0	2 282 000	250	112.80	417
丙种住宅	14.5	870 000	400	21.75	600
丁种住宅	17.6	1 056 000	880	12.00	1 100
商业	14.5	870 000	525	16.60	920
工业	/	/	/	68.70	/
公众服务	/	/	/	8.83	/
交通运输	/	/	/	30.92	/
总计	/	6 000 000	/	297.20	/

续表

区别	道路及绿地					
	合计		道路		公共绿地	
	比例（%）	面积（km²）	比例（%）	面积（km²）	比例（%）	面积（km²）
甲种住宅	50	12.80	20	5.12	30	7.68
乙种住宅	40	45.12	20	22.56	20	22.56
丙种住宅	33.3	7.25	20	4.35	13.3	2.90
丁种住宅	20	2.40	20	2.40	/	/
商业	42.5	7.06	22.5	3.74	20	3.32
工业	50	34.35	25	17.18	25	17.17
公众服务	50	4.41	25	2.21	25	2.20
交通运输	25	7.73	25	7.73	/	/
总计	/	121.12	/	65.29	/	55.83

续表

区别	公私建筑						
	合计		建筑地面分配			建筑面积（km²）	私有绿地（km²）
	比例（%）	面积（km²）	系数[1]	最大建筑面积比例（%）	最少绿地面积比例（%）[2]		
甲种住宅	50	12.80	3	20	80	2.56	10.24
乙种住宅	60	67.68	6	30	70	20.30	47.38
丙种住宅	66.7	14.50	8	40	60	5.80	8.70
丁种住宅	80	9.60	4	40	60	3.84	5.76
商业	57.5	9.54	10	25	75	2.38	7.16
工业	50	34.35	14	70	30	24.05	10.30
公众服务	50	4.42	14	70	30	3.09	1.33
交通运输	75	23.19	14	70	30	16.23	6.96
总计	/	176.08	/	/	/	78.25	97.83

注：① "（建筑地面分配）系数"这一概念原文未予说明。依据表6-9的数据推测，该系数可能表示每公顷公私建筑用地上
建造房屋后所得室内面积，单位为1 000m²。例如，对甲种住宅而言，系数为"3"，表示每公顷住宅基地上建造住宅后所
得室内面积为3 000m²。——编者注
② "最大建筑面积比例"与"最少绿地面积比例"，表示在公私建筑用地上，房屋和绿地所占面积的比例。表6-8与表6-9，
凡使用"建筑面积"这一概念，均表示房屋占地面积，与今天的理解不同。——编者注

三稿：设计标准

四九六

区域计划、建筑法规以及区镇中级邻里各单位的构成，都为人民着想，普遍提高合理的生活程度〔水平〕。同时每日往来于工作、求学、购物和居住地点间距离，限制在步程以内，可以节省不少宝贵时间和精力，并且避免繁复的交通系统。房屋问题在本图上已提高绿地标准，做到隔离各区与工作、居住地点。已往租界时期的里弄建筑和造满房屋的段落，极不合理。应当依据人类对于光线、空气、绿地的基本需要，去改订新的标准。关于新计划区住屋标准请看表 6-9。

表 6-9 新计划住屋面积分配表

（a）甲种住宅邻里单位

容纳人口：4 050 人；
总面积：26.7hm²；
住宅：3.55hm²，最大建筑面积是 20%
    或 2.67hm²；
道路：5.34hm²；
公共绿地：8.01hm²；
毛密度：150 人 /hm²；
净密度：300 人 /hm²。

50% 住宅	20% 道路	30% 公共绿地

← 517m →

（b）甲种住宅第一类

层数	系数	建筑面积（m²）	室内面积（m²）	户均面积（m²）	户数（户）	人均面积（m²）	人数（人）	毛密度（人 /hm²）
1	2.0	2 000	2 000		13		78	39
2	3.0	1 500	3 000		20		120	60
3	3.3	1 100	3 300		22		132	66
4	3.6	900	3 600		24		144	72
5	3.9	780	3 900	150	26	25	156	78
6	4.2	700	4 200		28		168	84
7	4.5	650	4 500		30		180	90
8	4.8	600	4 800		32		192	96
9	5.1	567	5 100		34		204	102
10	5.4	540	5 400		36		216	108

（c）甲种住宅第二类

层数	系数	建筑面积（m²）	室内面积（m²）	户均面积（m²）	户数（户）	人均面积（m²）	人数（人）	毛密度（人 /hm²）
1	2.0	2 000	2 000		20		100	50
2	4.0	2 000	4 000		40		200	100
3	4.4	1 467	4 400		44		220	110
4	4.8	1 200	4 800		48		240	120
5	5.2	1 040	5 200	100	52	20	260	130
6	5.6	933	5 600		56		280	140
7	6.0	857	6 000		60		300	150
8	6.4	800	6 400		64		320	160
9	6.8	755	6 800		68		340	170
10	7.2	720	7 200		72		360	180

三稿：设计标准

（d）乙种住宅邻里单位

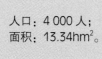

人口：4 000 人；
面积：13.34hm²。

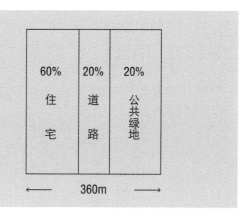

（e）乙种住宅第一、二、三类

	层数	系数	建筑百分比（%）	室内面积（m²）	户均面积（m²）	户数（户）	每户人数（人）	人数（人）	毛密度（人/hm²）
第一类	2	6	30	6 000		86		455	273
第二类	2	7	35	7 000	70	100	5.3	530	318
第三类	2	8	40	8 000		114		610	366

（f）乙种住宅三类（每公顷准许建筑面积和人口密度）

层数	系数	建筑 %	室内面积（m²）	建筑面积（m²）	户均面积（m²）	户数（户）	每户人数（人）	净密度（人/hm²）
2	6.0	30	6 000	3 000		75		397
3	9.0	30	9 000	3 000		112.5		599
4	12.0	30	12 000	3 000		150		795
5	13.2	30	13 200	2 640		165		874
6	13.2	30	13 200	2 200	80	165	5.3	874
7	14.4	36	14 400	2 057		180		954
8	14.4	36	14 400	1 800		180		954
9	15.0	40	15 000	1 667		187		1 060
10	16.0	40	16 000	1 600		200		1 060

三稿：设计标准

（g） 丙种住宅邻里单位

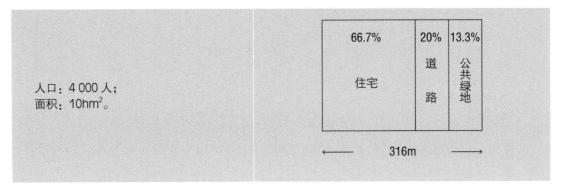

人口：4 000 人；
面积：10hm²。

66.7%	20%	13.3%
住宅	道路	公共绿地

←   316m   →

（h） 丙种住宅房屋形式

丙种房屋计分 2 层。
  如建筑百分比为 30%：
    每公顷建筑面积：3 000m²；
    室内面积：6 000m²；
    密度：每公顷 397 人或 75 所 80m² 房屋。
  如建筑百分比为 40%：
    每公顷建筑面积：4 000m²；
    室内面积：8 000m²；
    每公顷容纳 4 行 3.66m 宽的房屋，计 4×（100÷3.66）=110 所；
    密度：每公顷 583 人或 110 所 72m²〔36.6m²〕的房屋。

10m	15m	10m	15m	10m	15m	10m	15m
房屋	空地	房屋	空地	房屋	空地	房屋	空地

100m

100m

（i）　丁种住宅房屋形式

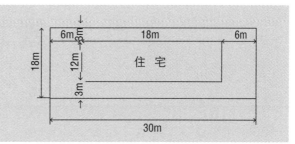

每公顷包含 18 所 540m² 房屋。
道路：20%
每家：平均 6 人；
净密度：1 100 人 /hm²；
毛密度：888 人 /hm²。

（j）　商业区

房屋共 6 层，2 层为办公室，4 层为居住。
建筑系数：10。

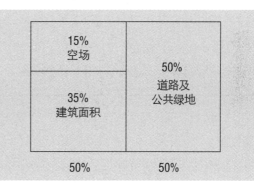

（k）　工业区

房屋 2 层。
建筑系数：14。

第五节 规划范围

1. 都市之范围

关于本市未来之人口，同人等曾加论列。其结果为：在 50 年内将达 1 500 万之数字。根据前述之人口密度及土地使用标准，则现市界内绝难容纳。以本市全部面积 893km² 而论，能供建设用者约为 800km²，但浦东土地之使用，须加适当之限制。故本市人口，实应以 700 万为最高数字。否则一切标准将无法维持在水平线上，与计划原意背道而驰矣。

2. 区域之发展

如上所述，对于本市将来人口增加之处理，应从区域计划入手，乃为显浅之事实。然区域之发展，又以区域内各单位之密切联系及有机发展为前提。此同人等所以认为，区域内之各城市单位，最少应在交通系统、土地使用及土地经济之种种计划上，有一共同之政策，以免重复工作，抵消力量，循至钩心斗角、争取攘夺，而有碍整个发展之成功者也。由是观之，则区域内各主管当局，对于全区域发展之方针，必须步骤一致、默契和谐，实为基本条件。

3. 区划之机构

同人等对于区域计划之各项问题，曾予深长考虑。兹建议实施方案两种，以资采纳：

（1）根据本市将来发展之需要，请中央将附近区域，划为本市扩充范围。

（2）在中央指导之下，设一区域计划机构，其管辖地区，包括区域总图之全部面积在内。

同人等并认为，市府应立即推动此项工作，不容稍缓。如必待市境人口过剩始予进行，则时机易逝，驷马难追，大好计划，恐将无法实现，不亦惜哉。

「二稿」第一章（见本书第 025 页）中所述本市人口在 50 年内可能增加至 1 500 万人左右，在 20 年内则为 700 万人。本市可用的土地面积仅约 800km²。所以，照合理的土地使用比例和人口密度，现有市区至多仅容纳 700 万人口，也就是我们所预测的 25 年内的数字。如果超出这个数字，本市仍旧会发展成水准以下的城市，而将无法应付市民工作和居住的需要的。过剩人口同工业一定要向市区以外疏散——所谓卫星市镇的布置。照理应开头就作有计划的区域发展，但本会工作，既限以上海市界为对象，在这方面暂不能作更进一步之讨论。惟有使本计划的内容，能充分和合理地利用现有市区范围而已。

初稿：区域计划

二稿：上海市范围

二一

六六

第六节 各种土地使用的相互关系

土地使用，既经划定，又须注意其相互之关系，而以生活之便利上所需条件为根据，举例如下：

（1）居处与工作地点之距离，须在半小时步程以内，使市民日常之往返，无须利用机械或公用交通工具，藉以减少全市大量之交通。此项办法，可使市民生活费用节省及工业生产成本降低，对于经济、交通均有裨益。

（2）学生每日上课之路程，须在15分钟步程以内，且使无须穿越交通要道，以免危险。

（3）各小单位内，须设有粮食及日用品之供应商店，且均在步程15分钟之内。

（4）在市区及绿地带内，须有市民游憩场所及设备，且均在步程30分钟之内。

（5）各单位之行政机构所在地，须在离住宅区45分钟步程之内。

（6）工业区与住宅区之相对位置，应以避免工业之喧闹、煤烟及不良气味等之妨害居住安宁为原则。

（7）土地使用性质不同之地区，其相对位置须使交通路线不致穿过其他地区，所谓现代交通绕越系统，以防止拥挤为对象也。

假使我们规定每一块土地的使用性质，则各个相同或不同性质的土地相互间的关系，可以根本影响每一个市民的生活，甚至每一个社会的生活和都市区域中的集团生活。故下列各基本条件，实为获得一个健全城市计划的必需条件。

（1）由住宅到工作地点的路程减低到半小时的步行距离，以减少机械的运输。因此可以减步〔少〕车辆交通量，节省工人的车资，间接减低生产品的成本。

（2）孩童每日自住宅至学校的步行所需时间，最多为15分钟。

（3）邻里单位内离住宅不超过10分钟步行距离范围内，应设立食物、燃料等的日用品店铺。

（4）城市及绿地带内设置之娱乐地区，须离住宅不超过半小时的步行距离。

（5）各地方行政机关和中央的附属机关，应该在离住宅区不超过45分钟步行距离以内。

（6）工业区和住宅区之布置，应尽量避免工业区的闹声、煤烟、臭味或其他有害事物的骚扰侵入住宅区。

（7）土地使用不同的各个地区，必有适当的配合布置，使在各区起始或终了的交通，不致和其他各区交通发生挤拥，而尽可能用绕道方法以避免拥挤。

初稿：各种土地使用之关系

二〇

二稿：各种土地使用的相互关系

六七

第七节 土地段分和积极的土地政策

1. 土地之划分

同人等研究本市目前状况之结果认为，一般居住环境不良之成因，实缘土地划分初无计划所致。故欲改造本市为一现代化之新型都市，须在法律上产生一种土地划分之新制度，始克有济。

详考本市土地划分之欠妥，原因至为显明。盖市区土地过去多为农田，其形状自不适于都市之发展；且以我国遗产制度，每使土地分成各种畸形小块，欲加经济之利用，事实上殆不可能。则本市土地之应加整理重划，不言可喻。同人等兹建议，由市府呈请中央照下开办各点，厘订法规，以为整理本市土地之根据。

（1）规定所有县市之土地，在适当时期加以重划。

（2）土地重划之方针，应以土地之经济使用为原则。

（3）规定土地重划之实施办法，对于地主之法益，固须保障，但应以不妨碍公共之利益为前提，使不致因小失大。

2. 积极之土地政策

本市土地多属私有，而公产极少。故欲实施疏散及扩充之计划，非赖私有地主之合作不为功。盖适宜于都市发展之土地，每易成投机者角逐之目标，则实施计划之经费，势必增加甚大。针对此项情形，同人等认为市府须采取积极之土地政策，以资直接领导本市土地发展之活动，并以获取本市土地 20% 以上之所有权为对象，则一切发展，当能依照计划顺利进行，而牵掣障碍得以减至最低限度。

如果要实现上列各项原则及新的城市型〔形〕式，即应实行一个新的土地段分（细分）办法。过去没有土地段分（细分）的整理，使各不同性质的区域，如工厂、工场、仓库与住宅区，互相分裂和混杂，可以说是上海居住情形恶劣之主因，也是现在上海许多其他恶劣现象的根源。

城市核心四周的土地，通常如〔为〕农业地带。而农业土地的段分（细分），与都市区域的段分（细分），各自有不同的需要。农业土地往往根据析产或交易的需要而段分（细分）的，所以显示一种非常不规则和偶然的型〔形〕式。这种型〔形〕式的土地，要用来发展都市，当然是不可能的。故欲使都市发展，必先实行土地整理，将全市土地加以重划，以满足现代的要求。但我国只有铁路和公路等对于土地征用的办法。现在市政府从〔纵〕使有权获得全部道路所需的土地，其与我们所谓的土地段分（细分）的目的仍然无关。因为除道路以外，大部土地的段分（细分）现状仍不能改变，非但不足以适应都市的使用计划，而且可能引致高昂的费用。如果能在适当的时机，实行土地重划，整理段分（细分），方可避免此类浪费。所以，本会建议可由市政府申请中央，颁布一新法律，以实行农业土地之段分（细分），凡农业土地用为城市发展者，在其时机成熟时，由市长或参议会加以决定施行重划。

根据其他各国实施的经验，经重划后地主所得到的土地，虽然比原有的少，但土地却因此大大增值。故对于地主的权益实在是有利而无弊的。

目前情形，本市土地大部分是私有的，市政府仅在建成区内有小部分的土地，郊区的市有土地更少。为实现总图计划中的发展，市府势必依靠私有土地。因此这用为城市发展〈有用〉的土地，很容易成为投机者的对象。可是，〈一方面〉为了实现计划，市府不得不从这些地主，尤其是投机家的手中，获得所需土地，市府支出便要增加，也就是加重每一市民的负担。所以，除了土地国有之外，能由政府宣布积极性的地方土地政策，实属必要。

过去欧洲各城市，都经历过执行城市扩展计划的重大困难。私有土地和私人利益对于新地区的发展，往往成为无法克制的阻碍。我们要预防这种障碍，必须施行积极的土地政策。最好由市政府获得现有城市四郊 20% ~ 25% 的土地所有权。这样，市府就可以控制地价而抵制土地投机者的操纵，然后由法律赋予市政府执行土地重划和规定土地使用、人口密度的权力，都市计划方易于实现。故本会竭诚希望市政府能采取步骤而实现这个政策。

二稿：土地区划和积极的土地政策

第八节 本市区划问题的两个因子

同人等在进行计划之际，曾受本市环境两种不同因子之影响，即过度发展之市区及未经发展之郊区是也。

（1）本市现有 400 万以上之人口。此项人口 3/4 完全集中于中区 80km^2 之内。此项事实即说明人口 75% 集中于土地 9.6%；而在另一方面，人口 25% 分布于土地 90.4%。此项畸形之发展，必须加以改正，而疏散政策，乃为必要。

（2）本市土地 90% 以上仍属农业地带，故目前人口之疏散实较容易，否则在无计划发展之后，其困难将日益扩大。

至现有市区，当可逐步重建，使与新市区之发展工作一并举行。不特目前过剩人口得有出路，且将来新工业之发展亦能有备无患，未雨绸缪，允为上策。

本市的总图计划，受到二〔两〕个因子的影响，那就是拥挤的城市和未经发展的郊区。

（1）本市现有人口 400 多万，其中 300 万人集中在 86km^2 的建成区内。换言之，即 75% 的人口集中在 9.6% 的可用土地上面；而 25% 的人口却散布在 90.4% 的面积上。所以，中区的人口密度高达每平方公里 10 余万人，甚至于 20 万人。故一方面中区的人口应当加以疏散，而人口稀少的土地应加以利用，作为未来城市的发展地区。

（2）事实上，全市土地面积的 90% 没有发展为城市之用，仅作农耕，以供本市的消耗。故使现有疏散计划增加实现的可能性。但本市的建成区，正向江湾、闸北、沪西、南市等方向扩展。如听任其自然发展下去，将来势必同中区今日一样的杂乱，而感到整理的棘手。

上述为了解决上海城市发展的两大因子，我们才拟定了下面的区划计划。

第九节 绿地带

1. 绿地带

现市区中心之绿地，其面积之小无以复加。为求补救此项缺点，使能满足新标准之需要，而同时又不致负担庞大之费用起见，同人等建议，即行计划一绿地带以包围现市区中心，其宽度从 2.5km 起点不等。此绿地带之作用，既可将新市区与旧市区隔离，避免无限制之带形发展；另一方面又可保持低廉之地价，以减轻建设经费；至绿地带内，又可做公园、运动场及农业生产之用。此绿地带向全区域作辐射形之扩充，所有林荫大道、人行道及自行车道等均属焉。

2. 绿地带及农业地带之利用

本计划总图，以取得农作生产之发展为目标之一。总图内所保留之绿地带，除园林布置、体育场所及其他游憩地点外，尚有农作用地包括在内，使土地得为经济之使用。以本市范围之大，食物供应问题随之而生，其症结不在邻近各省食物供应之不足，而在一般易坏食物应在附近区域生产，否则将有种种难题难以解决。

就一般情形而论，在本市区内之青绿地及环绕本市外围之青绿地带，通常有 2 ~ 3km 之宽度。此项地带可作高度农业之发展，包括米粮、菜蔬、家畜、农场与园艺等项。以上皆为农作之企业，利润至高，同时亦以接近市区为有利。至在市区内之绿地，则可发展为花圃及果园之用。而家畜农场，则以在市区范围之外为宜，但亦以不能超过 15km 之距离为限制。

就此而言，浦东一带如作此项发展，实属最为有利。沿浦江如有宽度 15km 之农作地带，足以供应本市大部所需。浦东地域所以不宜作为工业或港口发展之用，于此更可证明。

在目前农业发展情形之下，本市人口所需之菜蔬农品，须由 1 万 km^2 之农作地供应之。盖以 1km^2 之出产，可供 710 人全年之所需。平均计算，每人约需 2 亩[1] 面积。如以 700 万人口计算，则所需之农作地应为 1 万 km^2 也。全部大上海区域面积之总和，只为 6 600km^2，其中又有一部作为都市之用。

由此可知，本市之供应须仰给于本区以外之地域。但如将本市各市区单位间之绿地带加以利用，同时又采用温室种植之方法，其生产力量实可抵于上开〔述〕所需之全部面积。以温室种植方法所需之面积仅为 188km^2，平均计算约为每人 240 平方英尺[2]。以本市全面积 800 余 km^2 而言，其中 40% 均为绿地，其面积之总和将在 320km^2 左右，尚有百余平方公里之余地作为其他用途。

为防止中区的无限制扩展和保持平衡，本会拟定了一个绿地带环绕着现在的建成区，它的宽度由 0.5 ~ 2.5km。这个环状绿地带，有分隔核心和新市区的功用，而且还可以防止市区带状的发展；另一方面它可以使土地价格持维〔维持〕较低的水准。绿地带中应包括公园、运动场等地，以及大量的园艺地和农场等，并与分隔各新市区的绿地相连，在这些绿地中可以尽量发展农业。

二二

初稿

二四

一二稿：绿地带

六八

---

1. 以 710 人计算，1km^2 ÷ 710 = 1 408m^2，每人约合 2 亩。——编者注
2. 以 700 万人计算，188km^2 ÷ 7 000 000 = 26.86m^2，每人约合 289 平方英尺，与原文有出入。——编者注

全市中区大部分已成都市。由于畸形发展，人口拥挤，倘以 400 万人计算，每千人享用公园地面仅 0.22hm²。换言之，每公顷使用人数是 45 000〔4 500〕人（约合每市亩 3 000〔300〕人）[1]，和大伦敦计划中每千人 4 英亩（约 1.6hm²）的最低绿地标准比较，尚且相差甚远。中区人口密集，改善困难，所以先在新计划区设计合理的标准。主要的原则是规定环区绿地，限制中区再向外发展，再按照全市人口的工作居住地面需要，分配在 11 个新计划区。

新区分置在广大的农地中，并且用绿地包围，以明界限，而防止无限度发展。本图所示的工作、居住面积约为总面积 40%，其余 60% 是绿地、农地、旷地。土地分配的比例，颇合乎设计的初衷。空地面积是 583km²，其中 300km² 是农地，76km² 是水道与一半交通面积，其余的 207km² 是绿地，分布在区镇邻里之间，防止它们连成一片作整块的密集发展。绿地中，除有干道通过外，可设计驰径、车径、行径，供市民骑马、骑自行车、远足或散步之用，又可以设置运动场、公墓和占地较广的公园，甚至于学校、疗养院等。但是如此广大面积同时不作生产利用，似乎不经济。再因本市地势平坦，河浜纵横，几乎没有荒废土地，并且树木稀少，柴炭来源缺乏，倘绿地中广植薪炭树木，对于市民的健康和经济利用同时兼顾。至于农地的利用须先考虑本市之众多人口主要食粮的供应，绝对无法改进到自给程度，所以市内农地应注重新鲜副食品（如蔬菜、鲜蛋、牛乳等）的生产，减少对外地输入的依赖。

在城镇发展面积（429〔420〕km²）[2] 以内，另有 68.8km² 的公共绿地。按照旧有成规，绿地系统是根据从居住地点到公园、运动场所的有效步程半径个别分置市内，但如果有些市民对于公园不感觉兴趣，每日数过其门而不入，这种系统未免失去效用。而且公园中花草维持的费用极高，对于公共绿地的使用不是最合理的办法。本图设计，假定除了具有历史性的园林古迹或正式竞赛场所应当保留完整的大块土地，其他的绿地作为所有建筑物的背景。换言之，所有建筑物都建立在绿的环境中。邻里以内的房屋聚集在几处，彼此间自然形成了宽窄不一的带状绿地，与区镇邻里间绿地成整个系统。在较宽地点，设置游憩运动场地，居民往返工作、购物、上学必经过绿地，避免穿过闹市。在儿童可到处找到正常娱乐的地点，泯除了犯罪根源。

---

1. 根据前文及表 6-10 数据计算，中区区内绿地 8.8km²=880hm²，880hm²÷4 000 000 人 =0.22hm²/ 千人，相当于 4 500 人 /hm²（约合 300 人 / 市亩）。——编者注
2. 表 6-10 数据该数据为 "420"。——编者注

表 6-10 绿地面积（km^2）

	城镇面积		区镇内外绿地	环区镇绿地	其他	合计
	总面积	绿地				
中区	86	8.8	8.8	/	/	/
11 新区	334	60.0	60.0	/	/	/
环中区	/	/	19.0	19.0	/	/
环区镇	/	/	188.0	188.0	/	/
小计	420	68.8	275.8	207.0	/	/
农地	/	/	/	/	300.0	/
水道	/	/	/	/	50.0	/
去除 1/2 新区交通	26	/	/	/	/	/
加上 1/2 新区交通	/	/	/	/	26.0	/
小计	394	/	/	207.0	376.0	977.0①
小计	/	/	275.8②	/	376.0③	651.8④

注：①该数据为编者后加，是大上海地区的总面积，即该行左方各项数据之和。——编者注
②该数据为区镇内外绿地总面积，占大上海地区总面积的 28%。
③该数据为农地、水道等面积，占大上海地区总面积的 38.5%。
④该数据为区镇内外绿地与农地、水道等面积之和，占大上海地区总面积的 66.5%。

表 6-11 绿地标准

		人口（人）	面积（km^2）	设计标准（hm^2/千人）
全市	绿地	9 273 000	275.8	3
	空地（包括所有绿地）		651.8	7
中区	区内绿地	3 000 000	8.8	0.6
	约 1/2 环中区绿地		9.0	
11 新区	区内绿地	6 063 000	60.0	4.3
	约 1/2 环中区绿地		10.0	
	环 11 新区绿地		188.0	

第十节 新的分区

本计划总图，明示本市之疏散政策及其结果，并非为造成无数之小单位散布全区，而为一整个有系统之组织，乃以都市生活之标准为根据者也。本计划内，每市区单位为一完整之单位，具有工商业、住宅及游憩各种使用地区，其组织如下。

1）小单位

乃本市计划之最小社会单位。小单位之人口，以能维持一小学校为限。照本市市民年龄统计，人口总数 12% 均属小学年龄（6—12 岁）。六年级之小学，每级以学生 40 人计算，能容学生 240 名，如连家属在内，应构成约 2 000 人口之单位。但照市府统计，目前学龄儿童入学仅为全数 2/3，将来水准提高，学龄儿童全部入学，故应预为准备。本市小单位之人口，将以 4 000 为限。

2）中级单位

实际上，小单位之性能虽为独立，但亦需有相当程度之集团设施，如商店及市民游憩设备。照西方各国情形，须有 3 000 ～ 5 000 之人口，始可维持。我国一般民众之生活方式不同，故人口数字须达 1.2 万 ～ 1.6 万左右，才能适应经济条件。中级单位由数小单位组成之，内有商店中心及市民游憩之设备，与人口数量配合。

3）市镇单位

根据前述标准，凡居民每因生活需要所到各地，应在 30 分钟步程之内，由此而须有市镇单位之设立。每一市镇单位，可由 10 ～ 12「个」中级单位组成之，人口平均为 16 万 ～ 18 万。在总图内，此种市镇单位之地位均经确定。工业地与住宅地区均有绿地隔离，其最低宽度为 500m。此项办法，乃为保障住宅地区不受由工业所产生之各种不良影响而设。同时，市区之交通干路亦可从绿地带内通过，藉以减少障碍。

4）市区单位

在市镇单位以上之较大单位为市区单位。每一市区单位应由 3 个以上之市镇单位组成之，人口约为 50 万 ～ 100 万。此种单位内，应有各种普通行政机关、中学校、特种商店、百货商店及戏园等项设备。而就行政之观点而言，应与现在机构同一阶级，但仍受市政府之管辖。市区单位均有大量绿地，为个别及与市中心区之隔离。

5）市区本部

由各市区单位组成之。

6）大上海区域

大上海区域，为本计划内最大之单位，包括市区本部以及所有卫星市镇单位在内。由此可知，每一单位均须负担其在全区内行政与生活上之主要功能，但以全区之行政与社会活动而言，则其中心之所在地，自仍以现市区之核心为宜也。本计划除能利用物质之机构，而求每一市民与集体之社会均能享受一种优良及有组织之生活外，尚有一大优点，即区域之交通系统是也。此项交通系统，可解决都市交通之拥挤，而不致引起庞大之费用。盖因日常之交通范围，将大部限于市镇单位，更少超过市区单位之外，由此道路干线之最大交通量得以消除或大量减轻。同时又以港口设备之疏散，所有过境交通、区域交通及地方货运交通等项均不许通过住宅及工商业各地区。此项计划，对于本市经常费用之节省，大有俾〔裨〕益。因市区单位之道路，在数量与宽度方面，均可缩至最低限度也。

总图计划在求城市的疏散。这种疏散并不是使各邻里单位平均分布全市，而是基于都市生活有组织地分布。所以，土地区划的设计，完全依照市区标准，而非依照郊区标准。每一分区都是一个完整的单位，内中包括工业、居住、商业、娱乐等地带。一切组织是根据下列原则而来的。

新地区——前面已经说过，本市的总图计划，在「于」重建旧市，分散成长中的人口，促成工业的进展和运输问题的解决等等。为要解决各问题，以适合于现代的需要，并考虑到本市原有的地理环境是否适宜于工业区的位置以后，我们将未来的城市分为 12 个市区单位。现有的杨树浦和江湾为将来各该地区的中心。其余的地区现在大部为农业地。但是北新泾、蕴藻（蕰藻）、浦东三地区有决定性的工业发展趋势来代替现在的农村经济。拟定各地区积面〔面积〕的大小、相对的土地使用和人口数可参看表 6-12。

各地区是由邻里单位、中级单位、市镇单位分级组合而成的。兹再对于各级单位的计划条件说明如下：

表 6-12 各计划区的面积及人口[1]

区域	总面积（km²）	住宅地面积（km²）	工业地面积（km²）	港口（km²）	商业（km²）	商店（km²）	区内绿地（km²）	人口（人）[2]	工作人口（人）[3]
吴淞	66.24	24.92	4.80	22.08	/	/	14.44	600 000	360 000
江湾	23.04	12.62	6.00	/	/	/	5.42	315 000	190 000
中区	95.78	36.00	7.00	4.80	4.80	6.70	3.20	900 000	540 000
杨树浦	95.78	12.28	6.50	/	/	/	12.50	307 000	184 000
浦东	49.12	36.62	/	/	/	/	11.98	915 000	550 000
蕴藻[4]	56.00	29.14	14.88	/	/	/	8.32	725 000	435 000
南翔	44.00	23.36	12.32	/	/	/	12.02	533 000	320 000
北新泾	60.00	31.84	16.14	/	/	/	11.74	795 000	478 000
龙华	56.60	30.46	14.40	/	/	/	15.16	760 000	455 000
新桥	66.40	32.48	17.76	/	/	/	10.82	814 000	488 000
塘湾	42.40	20.72	8.62	/	/	/	11.16	517 000	311 000
闵行	48.00	23.72	13.12	3.00	/	/	/	586 000	352 000
合计	607.58[5]	314.16	121.54	29.88	4.80	6.70	116.76	7 761 000	4 663 000

注：①本表数据未包括农业地。
　　②人口以住宅地面积 ×25 000 人 /km² 计算。
　　③工作人口按总人口的 60% 计算。
　　④即"蕰藻"。——编者注
　　⑤该数据不等于以上各区总面积合计，未详。——编者注

图 6-1 大上海区域组合示意图

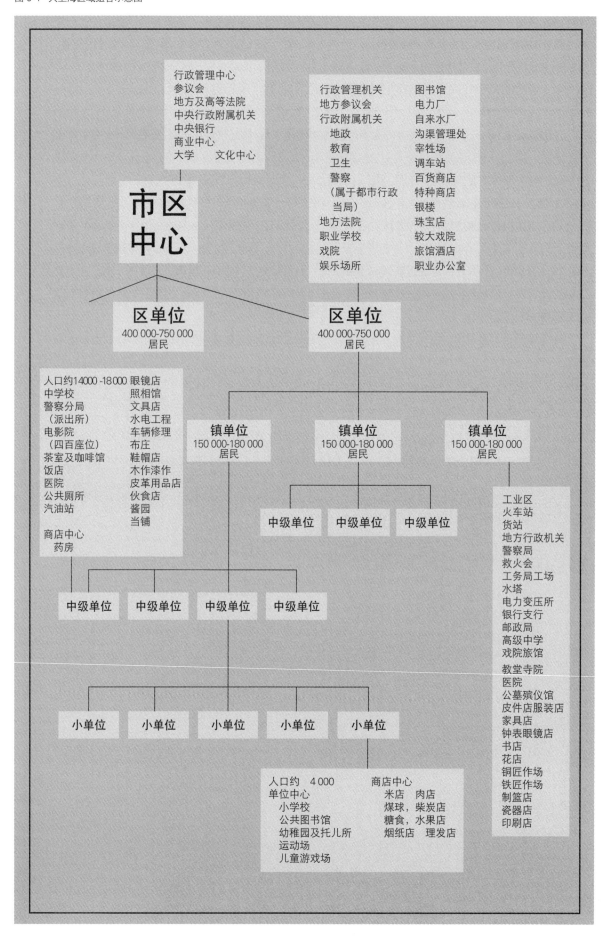

图 6-1 大上海区域组合示意图

1）邻里单位

邻里单位是都市计划中的最小设计组织。在每单位中，须设立一初级小学。以本市情形而论，3年之内小学适龄儿童绝对不会全数就学的。他们要占全市人口约 12%。一个完全小学各级都开双班，每班 40 人，计全校可有学生 480 名，即足够一个 4 000 人口邻里单位的需要了。小学校设在邻里单位的社交中心之内。此外，并设备足够的游憩绿地、运动场和幼稚园游戏场，以供居民集体的活动。日用品的供应商店亦应和学校一样，设在邻里单位内最便利的中心点。

2）中级单位

中级单位之发展，视交通及道路的设计而定。在拟定地区次干道所容纳的交通量，要比邻里单位里产生出来的为多。次干道同时是各个中级单位或邻区与中级单位的分界线。除掉少数几点之外，次干道的通道甚少，又将行车路线分开，使行人不能随意横越。于是由次干道环绕而成的井形地区中，包括有好几个邻里单位，合成为一中级单位，人口在 1.4 万 ~ 1.8 万之间。为了非必要时避免穿越干路起见，中级单位所应有的商店和日常用品供应处以及教育卫生等设施，当远较邻里单位为多。中级单位之中央，应有初级中学和电影院、医院各一所及充分的商店。

3）市镇单位

总图里已曾明白地指出市镇单位在各区域间之地位。工业区和住宅必需〔须〕用宽度自 200 ~ 500m 的绿地来隔离。工业区所必有的烦嚣限制了都市区域交通干路的地位。

各市镇单位都有绿地带将之分开，一面再直透入都市内部，这是 50 年来都市计划者所认为必要的条件。但这样规模的绿地带，必须及早施行，在城市成型之后，就难于办到了。

按照我们的计划，居民自住所起，无论到他们的工作地点、市政办公处、戏院和中级单位里的学校、医院等处，步程须不超过 30 分钟。因此，市镇单位可能有 10 ~ 12 个中级单位，人口在 16 万 ~ 18 万左右。在这一级单位中，应有银行、邮局、汽车公司、警察局、消防处和戏院、旅馆、餐馆等，余如颇具规模的皮货店、家具店和眼镜店也要设立。

4）市区单位

市区单位由好几个市镇单位组织而成，人口介乎 50 万 ~ 100 万之间。我们上文所述新的 12 个分区，就是计划中的本市的市区单位。这单位中，就行政观点而言，要自成核心，比现有的区公所地位，更具独立的能力，而仍听命于市政府和市参议会。就设备而言，要有各式商店和金融、教育、卫生、公用及各种社会活动的必要配合。计划这些单位的动机，就是要把居民的行动尽量以步行为主，除非要到区域以外的地方，才利用机动交通工具。各个市区单位，均由宽大林区隔离，同时也即可作为耕作之用。

5）大上海地域〔区〕

包括在现行市界范围之全部地区，在总图里可以看得到。

6）大上海区域

将来自四乡集中到本市来的人口为数必众，非未雨绸缪留空了居住和工作地位，势难保持土地使用和人口密度比率的平衡。本计划中所估算 700 万人口以外的住民，仍然可以在大上海市范围之内来容纳，容纳的地区，就是周围的区域内。所以，各区有计划的发展是不可或缺的。不过也不必进行过早，如果不是受到毫无计划发展扰乱影响的话。

本计划的第二次草案针对大上海地区范围而定，此外尚未遑论及。但是，整个区域的计划不宜于过缓，则是毫无疑义的。

大上海区域是计划中的最大单位，包括卫星市镇在内，所以每个单位都要能够满足它行政上和社会活动上的各项要素。行政和社交中心，自然也要留在这区域里面。除了健全的个人和社会性的组织之外，总图还具有区域交通系统的长处，很经济地获得和〔了〕防止交通拥挤问题的答案。事实上，只要多数横越的交通不用穿过市镇位单〔单位〕，不透入市区干道，则干路的交通，自能舒畅无阻。

由于集中的港口设备远离建筑过量的市镇单位，横越交通、区域交通和本地货物运输不至于透过住宅区、工业区和商业区，市镇单位道路可以变小，则市府筑路经费也可大为节省了。

本图在旧市区外围规划一个环区的绿地，阻止它继续向外扩展。绿地所环绕的面积为86km² 土地，即是计划中的中区。中区设计人口暂定为 300 万人。按居住与混合居住之商业区面积约 65km²，所以居住毛密度为 460 人 /hm²。倘将环区绿地半数并入中区，面积计算为 96km²，则平均毛密度为 320 人 /hm²。关于详细区划尚待进一步之研讨。

本图共设 11 个新计划区，分置在未作城市发展的地面。彼此间用绿地隔离。二稿在浦东仅设少数住宅区，纯为解决中区过剩人口的居住问题，还有很大地面没有利用；本图中除了高桥油港附近不适城市发展外，都设计了完整区镇。二稿中计划区有些宽度超出了适当距离；本图测量改善此点，并且对于地形配合又经过一番考虑。

居住与商业面积（其中为混合居住性质）共 202km²，〈和〉工业面积 80km²，对比约为 2.5:1。其目的在使新工业区工作人员全部居住在同一镇内，以减少区与区间的交通。所有日常生活需要皆可在本区内获得，所以同中区往来的交通也可减少到最低限度。11 个新计划区里土地使用分配详见表 6-13。

表 6-13　新计划区土地使用表 （km²）

区名	居住面积	商业面积	工业面积	交通面积	城镇面积[1]	绿地	总面积[2]
淞杨	14.7	0.6	3.8	19.0	38.1	18.1	56.2
蕴藻[3]	15.8	1.6	6.4	8.7[4]	29.8	15.0	44.2[5]
殷江	17.6	1.1	8.1	8.3	35.1	16.6	51.7
真南	11.8	0.9	5.2	2.1	20.0	11.7	31.7
蒲虹	19.9	1.0	10.5	2.2	33.6	23.9	57.5
莘宝	20.5	1.2	8.0	3.0	32.7	21.5	54.2
曹塘	20.9	1.5	8.6	/	31.0	8.5	39.5
闵马	20.0	1.3	8.1	1.5	30.9	20.0	50.9
高陆	15.8	0.4	6.8	6.0	29.0	13.2	42.2
泾斯	18.8	1.3	8.6	2.9	31.6	19.3	50.9
周盛	14.6	0.8	5.9	0.8	22.1	20.0[6]	42.3
合计	190.4	11.7	80.0	51.8	333.9	188.0	521.9

注：①城镇面积为居住、商业、工业、交通面积之和。——编者注
　　②总面积为城镇面积与绿地之和。——编者注
　　③即"蕴藻"。——编者注
　　④疑为"6.0"。——编者注
　　⑤疑为"44.8"。——编者注
　　⑥疑为"20.2"。——编者注

总图初、二两稿订定土地使用标准为，城镇面积占 60%，空地面积（包含绿地、农地、水道）占 40%。本图各区所分配面积依表 6-14 计算。

城镇面积 394km² 仅占 40%，而空地面积则占 60%，比较以前两稿更有显著进步。其中交通面积一项内有机场，应列入绿地，同时铁路、车场、港口多系旷地，所以在利用面积内仅列半数。

人口，中区限制 300 万人，已在前节说明。新计划区内的平均毛密度 300 人 /hm²，农地人口密度 5 人 /hm²。又绿地已有人口暂不迁徒及留在农地中小镇，如大场、高桥、周家桥、漕河泾、颛桥、闵行等皆限制其发展，两项人口估计作 5 万人。总和是 9 273〔9 273 000〕人 [1]（表 6-15）。

表 6-14　各区面积分配表 (km²)

	城镇面积	空地面积
中区	86	/
11 新区（居住、商业、工业）	282	/
1/2 新区交通	26	/
环中区绿地	/	19
环 11 新区绿地	/	188
1/2 新区交通	/	26
农地	/	300
主要水道	/	50
合计	394	583

表 6-15　人口容量估计表

	人口（人）	人口密度（人 /hm²）	人口密度类型
中区	3 000 000	350	中区平均毛密度
11 新区（新计划区）	6 030 000①	116	新计划区平均毛密度
		300	新计划区居住毛密度
农地	160 000	/	/
绿地及留在农地里的小镇	50 000	/	/
全市	9 240 000②	95	全市平均毛密度

注：①表 6-11 所列 11 新区人口为 "6 063 000" 人。——编者注
　　②表 6-11 所列全市总人口为 "9 273 000" 人。——编者注

1. 该数据表 6-15 为 "9 240 000"，又表 6-11 所列全市总人口为 "9 273 000" 人。——编者注

　　本计划总图拟将现有市区之土地使用加以调整。目前市区中心，大部属于商业地带；另有商店地带，则由商业中心而至静安寺之附近，在南面又包括林森路（今淮海路）在内。大部分工业均集中于苏州河之北岸，尚有其他另〔零〕星发展，在杨树浦及南市江边一带；沿苏州河、杨树浦及南市一带，又有仓库设备。除跑马厅（今人民广场和人民公园）外，本市区内绿地极少，至其他之公园设备，又均微不足道。在前法租界与浦江之中，尚有一大部土地未经发展；而以整个市区之发展而言，尚未到达中山路及沿铁路线各地；南市及闸北两区，在抗战时期，曾受广大破坏，尚未开始重建工作。同人等虽因种种资料之缺乏，未能将土地使用及区划各项详细办法加以研究，但就土地使用之观念而论，则本计划之各项建议，均为有极大之可能性者。兹特分别说明如下：

　　（1）扩大现有之商业中心区而包括南市之一部分。此项计划，既可补救目前之拥挤情形，又可为将来商业扩充之准备，「以」及推进南市复兴之工作，实一举三得之计也。本区内之建筑，可能高至15层，但以能满足将来关于通风、光线及停车场之规定为限。本区在西面，以沿西藏路之南北干路为界。

　　（2）废除杨树浦及南市各地现有之港口、仓库、工业设备等项，而改为住宅或商业之用。此种废除工作，须为逐步推行，并实施限制改建或扩充现有仓库及工厂之办法。但同人等认为，如将现有港口设备疏散至其他地点，则仓库等项将自动随同迁移，实为事半功倍之办法。至此等仓库建筑，均已陈旧过时，无可足惜之余地矣。本区建筑高度，应以8层为限，仍须满足其他管理规则之需要。

　　（3）建立一全市性之商店中心区，以南京路、静安寺、林森路（今淮海路）及西藏路为界。区内可有一部分为住宅或其他用途，至主要建筑，则为百货商店、特种商店、电影院及剧场等项。本区建筑高度，应以8层为限。车辆停放规则及停放场所之设备，在本区内均属非常重要而须加以注意者。至本区将来之发展，亦将至一定限度而止，盖其他新市区内均有地方性之商店设备。中区商店中心，实只为较大之需要而设者也。

　　（4）在目前苏州河大环形与本计划所建议开辟之直线运河当中之地区，均保留为中区工业之用，但只以非基本工业为限。至基本工业，则须移至其他工业地区。

　　（5）行政区应在图示即现跑马厅（今人民广场和人民公园）之地位。作为此种用度之土地面积并不甚大。其余面积，除公园以外，尚可利用为其他公共之活动。

　　（6）中区其余土地，均应留作住宅之用。住宅种类不一，可为公寓建筑、里弄房屋及独立式之住宅等项。本区房屋之高度限制应为8层，但须注意各小单位之人口密度应不得超过规定标准。而本区内之小单位，则以辅助干路所包围之面积为界。

　　（7）本计划总图，曾作改良空地与建成区比例之尝试。同人等认为，32%空地比例须过若干年后方能达到，故建议维持目前空地面积，而采用逐渐推广之政策。又将现有之空地加以联系，使成区内之绿地系统，其大小及宽度不须一律，并由此进而设计本市之园林系统。至于其他应有绿地之余数，则由市区外围之绿地带补足之。

　　关于土地使用与区划之详细设计，则须俟搜集相当资料之后，方能再作进行焉。

第十二节 住宅区

　　同人等在设计之初，深知目前国内一般住宅之标准，实与国外不同。因而在住宅地区内，拟有各种不同之标准。此种标准之形成，实以下列各项原则为根据：①家庭入息，②家庭大小，③土地使用之控制与社会组织之发展，等项。

　　同人等认为，我国在工业化之过程中，人民生活水准将被提高，由此可减少与欧美标准之差度。故本计划保持相当之伸缩性，以为应付将来发展之准备。盖总图之设计，实以将来之需要为依据，而不斤斤于应付目前之局面者也。

　　土地之分类使用，在开始建设之际，即须严厉执行。同人等认为，将来工业与居住地区之性质，既有严格之规定，则在新市区内，更不应在工厂或工业地区内再有各种居住之设备，以免重陷过去错误。

　　本会鉴于我国目前国民生活之标准与欧美各国不同，故住宅区之标准亦因之而异，所取标准系按下列原则而定：

　　（1）家庭收入；

　　（2）家庭之人口、房屋及地产之大小；

　　（3）土地使用限制社会集团生长及其他因素。

　　但本会认为，在中国工业化过程中，人民生活水准必因而提高，故将来若干年后，我国与欧美各国之生活水准相差亦不至太远。故总图计划富有相当弹性，而其设计不但顾及目前，亦且考虑将来之需要。土地使用段分（细分），应绝对在开始时即遵照执行，尤以工业与住宅区应绝对严格划分。

第十三节 工业地区

工业地区之设计，应考虑将来本市各项工业发展之可能性。工业之发展，有赖其对于原料之接近者，有赖于交通之工具或地形条件者。例如造船工业，须有沿河之基地及宽阔之河道是也。在本市区内之工业甚少靠附近区域原料之供应者，即以棉织及面粉工业而论，其基本需要，仍以交通之便利较区域内之棉麦生产为重要。故大部分现在及将来之工业，实以交通之便利、广大之市场与劳工之源量各种条件为根据。但除造船与棉织工业在本市有根深蒂固之基础外，恐难再有其他重工业。而大部分之工业，将为各种消费品之生产；而主要物品之生产，将占极少部分。由此又可决定本市各工业地区内外交通之性质。

工业地区，须保铁路、公路与水道之交通，但在各区内，其质素将不一律。此种趋势，将使一部分之工业自成专业化，而「与」专业化之进展之程度而俱深。故在每一市镇单位与市区单位内之工业地区，将为社会安全之一种危险，且其危险性又将与我国工业化之进展之程度而俱深。故在每一市镇单位与市区单位内之工业地区，应有种类不同之工业，以避免在非常时期所发生全部失业之危险。盖工业计划，应在每区之经济及生产条件上取得平衡，以为人口集围〔团〕平衡发展之基础者也。

工业地区之段分（细分），应顾及本市原有各种工业之特性。例如，工业有赖他地原料之供给，或赖交通之便利，或因自然之地利（如造船厂之需设河傍）。惟本市几无一种工业其原料可由本市近地供给者。即如棉纱及面粉工业而论，亦不赖本市近地之棉麦出产品，惟利用本市交通之便利耳。

普通以为现代工业，能就其近地供给原料，乃为其主要发展原因，实属谬误。矿业虽多近其出产地设立，然大部分制造工业，大多采用制成原料。

故本市现有或将来工业之发达，惟恃本市交通之便利、市场之流畅及技工之供应。除造船及纺织工业外，本市无所谓重工业。

由是可决定本市内各工业区往来之交通工具。各工业区虽皆有铁路、公路及水道交通之设备，但其性能则各有不同。因此某种工业区将有其特殊之专门性，而需事〔专〕门技术居民毗连而居。惟在我国工业日益发达中，此种专业性质地区于整个社会及与其邻近之住宅区将有不利之处。故在每区及每镇中之工业，应尽量使其多类化，以避免紧急时期中有全区失业之虑。在每区工业设计，应本乎经济平衡为原则，使能在住宅区间造成各个平衡之社会集团。

第十四节 新的土地使用及区划规则

在我国法律上，对土地之使用及区划尚无明文规定。这使整个计划总图难于付诸实现。以前上海建筑规则，皆参照英、美、法各国旧法规而订定，实未顾到本市的实际情形，结果产生陋巷及拥挤交通不便等种种恶果。

根据欧西各国近 30 年来之研究，以为促使都市计划之实现，必须采取新的计划及新的建筑法规以及实施方法。建筑地及农业地之划分，乃都市发展之基本条件，否则陋巷小弄畸形发展及荒废土地仍将不免。

每区域之段分（细分），须参酌社会情形及地主的利益而定。本会应有执行段分（细分）之权力，规定各中级单位及邻里单位之人口密度；对于各个单位土地的使用，亦应预为订定一初步之计划；对于学校、道路、空地、商店及各种社交集团之需要，亦应详加考虑。此初步的土地的使用计划，将在某一时期内公开征得各地主及社会人士之同意。但为〈因〉计划〈于〉需要，而地主不能同意时，则由市长或参议会决定之，或由内政部加以决定。

当此计划一经各方同意决定后，地主即能向市工务局申请执照，于指定区域建造房屋；而执照之颁发，应依各区划法令使行之。

以前区划法令对于人口密度方面并无限制，只对每一地段上之建屋数量高度及其使用加以管制。惟最近已即对于边道、天井及檐高等等的最少尺寸，亦加以限制。这种只是对于地权的规定，但如此下去，就会促成土地及房屋的投机性，同时人口密度逐渐增加，陋弄的形成，而失去了社会目的。

对于现在执照的核发及建屋数量的限制，本会建议应当注意下列数点：

（1）邻里单位的总人口密度；

（2）住宅区的净人口密度；

（3）日光照度。

上述表 6-1 是表示一邻里单位内住宅区总人口密度所造成的净人口密度。但住宅区净人口密度常比一完全邻里单位的密度高，那是因为由于社交上的便利，使公寓及里弄房屋集中发展。例如，运动场、学校、幼稚园及各种社交上的事业，都需要一集中的发展。但这种高增的密度，可利用邻里单位内的空地来平衡。

日光照度，乃用于限制过于密度房屋的发展，以及防止狭弄的产生。

日光照度标准是：至少每个房屋平均每天有 6 小时的日光照度。房屋的设计，通常是使卧室、起居室等主要的房向阳间〔房间向阳〕，而厨房、楼梯等次要部分背阳。每所里弄房屋，得有一个辅助卧室。公寓里的餐厅，如不与起居室分开，则可以背阳。

日光照度标准，对于一单式房屋，一定要在每年中最日短的一天（冬至日）可能有 4 小时的照度。本市在每年 12 月 22 日太阳的倾斜度，是 $\delta = 23°\ 27'$。日光照度以日光能直接到达室内，而不将对屋阴影遮住为限（图 6-2）。

图 6-2 表示各种太阳高度与方位角所成的角度及其所需两屋间的距离，此数得乘一制成阴影的对屋高度，则每一居住地带的人口净密度，可用下式计算之：

$$d = \frac{10\,000 \cdot n \cdot x}{l\,(\varepsilon h + t)} \quad 人\,/hm^2$$

x——每一房屋人数；

n——层数；

l——两屋间之距离〔房屋长度〕[1]；

h——屋高（由底层量起）；

t——屋深。

如为斜屋面而产生阴影，其角度高于 1 者，其密度之公式为：

$$d = \frac{10\,000 \cdot n \cdot x}{l\,(\varepsilon h + t/2)} \quad 人\,/hm^2$$

每公顷人口密度可与表 6-16 对照之。

1. 图 6-2 中 l 为"单位长度"。——编者注

图 6-2 日光照度示意图

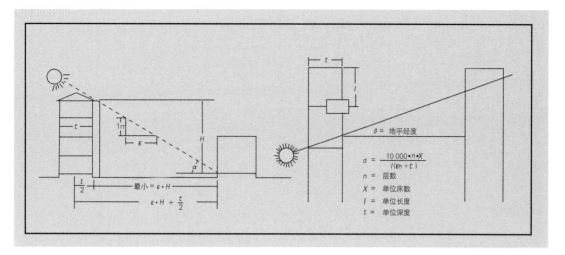

注：H——对面建筑物的高度（由本屋底层量起）；
　　ε——距离单位与对屋相比 1m 之高度；
　　α——照度角，$\alpha = \sin\alpha$；
　　β——方位角，$\cos\beta = (\sin\alpha + \sin\alpha \cdot \sin\phi)/(\cos\alpha \cdot \cos\phi)$；
　　δ——冬至日（12 月 22 日）的倾斜度，$\delta = 23°\ 27'$；
　　ϕ——上海纬度，$\phi = 31°\ 30'$；
　　C——时角，每小时 15°，上午 9 时—中午 12 时共 45°。

表 6-16　上海市 ε 之数值

时间	12:00	11:30	11:00	10:30	10:00	9:30	9:00
C	0° 00'	7° 30'	15° 00'	22° 30'	30° 00'	37° 30'	45° 00'
$\sin\alpha$	0.574 29	0.567 60	0.547 64	0.514 72	0.469 48	0.412 65	0.345 19
α	35° 3' 0"	34° 35' 0"	33° 12' 19"	30° 58' 43"	28° 0' 2"	24° 22' 18"	20° 11' 36"
lgcosβ	0	-1.995 357	-1.981 771	-1.960 126	-1.931 681	-1.897 627	-1.858 942
β	00° 0' 0"	8° 21' 48"	16° 29' 5"	24° 10' 42"	31° 18' 8"	37° 48' 32"	43° 43' 28"
45° − β	45° 0' 0"	36° 38' 12"	28° 30' 55"	20° 49' 18"	13° 41' 52"	7° 11' 8"	1° 16' 32"
ε 南向 =cosβ/tanα							
lgcosβ	0	1.995 357	1.981 771	1.960 126	1.931 681	1.897 627	1.858 942
lgtanα	-1.846 033	-1.838 487	-1.815 918	-1.778 407	-1.725 684	-1.656 121	-1.565 607
ε 南向	1.425 5	1.435 4	1.465 0	1.519 6	1.606 9	1.743 8	1.964 9
ε 东南向 =cos(45° − β)/tanα							
lgcos(45° − β)	-1.849 485	-1.904 410	-1.943 836	-1.970 669	-1.987 469	-1.996 576	-1.999 892
lgtanα	-1.846 033	-1.838 487	-1.815 918	-1.778 407	-1.725 684	-1.656 121	-1.565 607
ε 东南向	1.008 0	1.163 9	1.342 5	1.556 9	1.827 2	2.190 1	2.718 2
ε 东向 =sinβ/tanα							
lgsinβ	- ∞	1.162 713	1.452 951	1.612 337	1.715 630	1.787 535	1.839 536
lgtanα	-1.846 033	-1.838 487	-1.815 918	-1.778 407	-1.725 684	-1.656 121	-1.565 607
ε 东向	0	0.211 0	0.433 5	0.682 2	0.977 1	1.353 3	1.874 6

注：上海市纬度 ϕ =31° 30'，冬至日的太阳倾斜度 δ =23° 27'。

第七章
ㄉㄧ　ㄑㄧ　ㄓㄤ
道路交通
ㄉㄠ　ㄌㄨ　ㄐㄧㄠ　ㄊㄨㄥ

第一节 交通计划概论
一、引言

就历史之观点而言，人类活动之分工为都市形成之因素。在每一社会之历史过程，产生各项职业，或为生产，或为服务，均逐渐趋向专门化，是为都市组织之开始。

但都市社会之存在实已说明，交通系统之形成，其程度与技术之进步为正比例。都市交通所影响之范围，通常为决定其基本生产之因子。本市影响所及，从太平洋东岸以至苏彝士运河（苏伊士运河）及国境之西部。仅长江流域，即有 2.5 亿余之人口仰赖于本市之供应。如以纽约为比较，则全美进出口货物运输之经由该市者，只占 50%；所供应之人口总数，只达 6 500 余万。如我国工业化之程度，能及美国标准，则本市之运输量将为纽约之 3.5 倍。至国内交通将来之进展，尚未估计入内。而此种因素之可能增加本市运输量，乃为必然事实也。

如上所述，本市之为世界上最重要交通中心之一，殆无疑义。如我国之技术水准能追及欧美各国，则本市在交通上之称雄世界，实有可能。盖以本市地理上位置之优越，其供应人口实远较纽约或伦敦为众。

由此可知，本市之计划实非地方性之问题，而为有全国及国际之重要性者。故此项交通计划，应在其他经济需要之前，实为都市计划中罕有之例。

但凡大都市之交通，其性质均极复杂；苟乏组织，则拥挤乃为必然结果。如本市仍照前此凌乱发展，则拥挤情形行将变本加厉。故整个有系统之交通计划，乃为当前之急需。总图内所示之交通系统，乃同人等为适应将来之需要，并将各项交通问题详予分析研究之结果。其最先引起注意者，厥为交通之成因。交通之成因有二，即货运与客运是也。在欧美各国，货运量与客运量为 4 与 1 之比。以本市之情形而论，自稍有不同，但以总图之设计系为适应将来之进展，同人等故认此项先例可资采用。

在本市都市计划许多问题中，交通计划是最为繁复而急需解决的一个问题。本市位置是长江流域对外运输的枢纽，本市交通系统关系全国 1/2 人口的经济命脉，所以本市交通系统的设计，应极端审慎。

本市现有码头、车站、公路、机场等等，多系逐渐形成，缺少通盘计划，尤其不注意与土地使用的配合，以致交通系统中的各个项目和土地使用互相妨碍发展，所以运输效能非常低落。

一方面虽然有不少机动车辆在行驶，可是许多用人力推挽的车辆仍然挤满了上海的市街。这种运输方式阻塞交通，还不要紧，因此而糜费许多时间和人力物力，在增加生产「的呼」声中，确是非常严重的问题。本市今日所谓的工厂，多数是些因简就陋的工场，散布在本市许多里弄的角落里，生产既不能现代化，自然也不用现代化的运输工具了。里弄间的住宅里，不仅开工厂、工场，还有不少给投机者做"地下仓库"来囤积许多货物。道〔这〕都是造成这类不经济运输方式的原因。假使我们能肃清"地下仓库"，能帮助弄堂工厂迁往适合工厂生存的工业区，使许多弄堂工厂逐渐发展成为现代化的工业，他们再也不需要人力推动的车辆来作他们的运输工具了。所以改良本市交通的计划，不仅是选择港口、车站、公路、机场等等本身的位置就够的；同时还要改进本市区划，以减少不必要的交通，要和本市将来社会和经济的发展有密切的配合，才能根决许多交通病源。

二、货运

货运之设计，应分为四大类，其功能及起迄点各有不同。故在方法及路线上，均须分别处理如下：①商业过境货物；②农产品（食物）；③原料及燃料；④制成品及半成品。

1. 商业过境货物

此种运输只往来于终点各站，货物到达港口，即转装其他船只、铁路或运货汽车；如出口货物，则用相反程序。故本计划之港口设备均有直接铁路及公路之联系，而较大之港口，更需特种之终点站及调车站也。

仓库至码头间之良好铁路联系，亦为必要条件。但目前本市货物在仓库长期堆积之办法，实应予以废除。现代商业之需要，为使货物之转运迅速完成，而当中无须再用其他交通工具及人力工作。此本计划所以拟将各水陆运输终点站加以调整及建议港口设备之完全机械化者也。

运输路线，须予妥为设计，使与建成区内之交通线不致混合。此种全国性而非地方性之交通，在可能范围之内，实应与地方交通系统隔离。

2. 农作品

此种运输，可有不同方法。大宗批发货品，多用水运，其中一小部分或用铁路。此项运输，将因本市农产地带扩展之需要而加重，故须设法使农作地与批发市场取得联系。将来货运汽车之应用，恐愈趋重要，尤以此种易坏货物之运输为然。故特种之公路及铁路与小型之航运终点站，须与批发市场接近。

以本市范围之大，应有各种专业批发市场之设立，如肉食、鸡、鸭、蛋、蔬菜及水产等是也。此种专业市场，为全日交通之中心，故以设于建成区之外围为宜，且须使附近区域易于到达。批发市场分配工作所产生之交通，多在黎明之前，但设计时须注意此种交通，使勿与清晨离家工作之客运混合，乃为至要。

3. 原料及燃料

此种运输，对工业区只生运输终点之关系。此种货物之运输线，以其来源及终点之距离而定。远距离之货物，皆由船只运输，而止于港口；区域间之供应品，类皆集中铁路终点站或内河航运及沿海航运之终点；至邻近地域之原料，则多用货运汽车，由公路输送。由此可见，原料之来源能决定运输之方法，而间接影响及运输站或地方交通之路线也。此种货运所产生之大量交通，必须设法诱导，避免通过一切住宅、商业及娱乐地区，而使之分裂及引起交通之拥挤。在市区内，此种交通须特设路线处理，使与居民日常向工作地点往返之路线不致混合。

4. 制成品及半成品

工业之原料及燃料，须从其来源运至应用地区，但制成品运输之流动方向，则适得其反。

基本工业制成品大部分运往外埠，故多用铁路与航运终点站，通常均利用运输原料之交通线。

非基本工业之制成品专供市内消耗，故其运输线遍达全市。此种运输应专用货运汽车，在道路系统之设计上，应用一种绕越路线网，使货运在目的地之外，不至〔致〕通过其他建成区。

半制成品之运输，可有两种不同之方向。其运至外埠者，须先至水陆各终点站，从而利用原料运输路线。如半成品须在本市加工完成者，其造成之交通动向与非基本工业同。此种货物在各工业区往来流动，其计划要点亦复一致。

三、客运

客运可分为三种：①过境交通；②区域交通；③地方交通。

1. 过境交通

常与邮政运输并行。其交通量虽较地方交通为少，但在集中地点如水陆各终点站等，亦能产生大量之交通。因客运与邮运之速度至关重要，故其一切联系上之需要亦与货站相同；其路线须与货运路线平行，并应组成一绕越路线系统，以免拥塞，而增加速度。

2. 区域交通

为最短之远程交通，可用铁路及公路各线解决。此种交通，包括一大部分游览交通，尤以星期假日等为甚。故不独在运输工具上须予考虑，并应会同主管当局，为各种游览程序之设计。

3. 地方交通

为运量最大之交通，如计划不善，可予居民以种种不便。在设计上须予详为分析研究者，计有下开〔述〕各项：

（1）与工作地区来往之交通；

（2）与学校地区来往之交通；

（3）与商店地区来往之交通；

（4）与游乐地区来往之交通。

此四项者，实为造成现代都市主要交通之因子。所有交通之拥塞，皆由于上述之一项或数项，杂以货运交通所造成之结果。

地方客运交通之计划，应有三项目标：

（1）缩短各起迄地点间之距离，藉以减少造成交通之主因，而使机械运输为不需要。

（2）尽量分隔货物与人口之流动。

（3）在市区铁路、公共汽车及电车各路线上，配置充分之地方小站，使乘客无须在数主要点上集中。

四、地方运输

1. 地方性之水道运输系统

本市区域内河道颇多，可为地方及区域间货运之主要工具。据各方之经验，对于一般货运，尤以体积庞大而时间因子又属次要者，以水道运输较铁道为适宜。我国享有此种天然水道交通系统，自古以来，已加应用。大上海区域据长江之出口，实处水道运输枢纽之地位，故在工业地区，水道运输之速度及力量，不宜估计过低。盖以此种天然资产，实为其他各国（如德国在第一次大战以后）须付极大之代价而取得者也。

2. 小河道之整理及农田水利

同人等在计划之初认为，本市之河道负有两种不同使命：一为交通，一为农田水利，而后者在产米区域更为重要。在将来进步情形之下，此两种使命，须各用式样及构造不同之水道，加以完成。现有一部分之水道，在每年中局部枯竭，或因淤积过甚而致无法利用。此种情形，须为设法改善，或另辟新水道，而与现有水道连〔联〕合应用。

3. 地方运输

本市因为交通及工商业之中心，故人口增加，范围扩大，乃为必然之结果。此种形势，造成本市两种不同之交通问题，即地方运输及市区交通是也。

长途及地方之运输，固偶可使用同一路线，然此两种不同之问题，须为分别处理，方得解决。

本总图内曾以规定土地使用之区划方法，而将地方性之交通量减至最低限度。至长途运输，则可用下开〔述〕办法处理：

（1）保留广大地域，以为港口设备、货运公路站及铁路站等项需要之准备。

（2）增加交通设备，如铁路改铺双轨及增加专业港口，以为海洋、沿海及内河各种船只，乃至渔业、燃料、食粮及冷藏品等项运输之应用。

（3）交通终点站及交通线之机械化，藉以增加其容量，而无须扩大其范围。

五、区域计划之引用

　　本市将来交通及运输上之问题，实应由区域观点而谋解决。苟仍以本市之市界为对象，则最后必致产生不良结果，一如前此伦敦或纽约所陷之错误，或更有甚焉。本计划总图引用区域计划，以本市为全区内最重要之交通中心，即所谓全国最重要之港口区域，从而设计交通系统，实为根本解决之办法也。

第二节 港口
一、港口概论

本市所以存在之理由，即以其为我国海岸最良之港口。上海区域之地位，无论对于海洋、沿海或内河之航运，皆为非常便利。故本市之交通系统，应以港口需要为最重要之因子，其须审慎计划，以为将来发展之准备，实不言可喻也。详考港口之优劣，其系于天然之条件者有三：

（1）船只停泊地点及水深度之适宜；

（2）接连优良之内地交通系统；

（3）适宜之气候条件，如冬不冰结、夏无飓风及高低潮位相差不大等项。

我国沿岸之其他港口，在上述条件中，虽或有其中之一二条优于本市，然总括而论，则本市皆优于现在任何港口，其理由如下：

（1）本市处我国东海岸线之中点，与世界各国之航线联系；

（2）本市港口，水深度达 9m 以上，为优良之深水港；

（3）本市之腹地，面积最广，人口最多，且有良好之天然交通路线，运输费用可极低廉；

（4）本市港口，全年不虞冰结，冬季亦可使用；

（5）本市高低潮水位相差甚少；

（6）本市受飓风之影响，亦不太大。

虽然时代进展，科学进步，人文物质之建设亦应随时代之巨轮转动，方不落伍。本市港口虽有种种优点，但为应付将来发展之局面，如轮船载重及速度之增加及国际贸易之进展等项，尚须加以进一步之研究，而作及时之准备者也。

由于上海地位的重要及其逐渐发展的关系，已成为我国最佳之商港。自从 1865 年起，上海港口的业务，已逐渐的〔地〕开展，在 70 年之内（1965〔1865〕年至 1933 年），船泊吨位从 200 万吨增加到 3 900 万吨，可见国内外的船舶运输业务和商业在这期间差不多增加到 20 倍之多（参见 1936 年上海市浚浦局报告一内统计图）。自 1937 年"九一八"事变后，本市亦受重大影响，吨位锐减。苟在此次战后即急起直追，因战事所受的破坏损失，在短期间内，即可修复布置完竣。图中自 1914 年至 1918 年及 1925 年到 1927 年，虽短期间内暂有贸易额下降之处，但是整个贸易的趋势是向上繁荣的。例如，自 1918 年至 1942 年之间，贸易吨位增至 1 600 万吨。故除去 1928 年至 1933 年间普遍的不景气外，如在正常商业状态中，进出口贸易的增加至 1950 年当可达到每年 4 500 万 ~ 5 000 万吨的数字。1926 年至 1933 年间船只进入上海港口者，在 1 500 万 ~ 1 900 万吨之间（1931 年建最高点）。在 1935 年为 17 013 402 吨。

1935 年实际船舶进出上海港口的数目列如表 7-1。

上海虽然有这样多的轮船进出，可是港口设备方面却没有多大改进和值得特别提出讨论的地方。而就战前和目前的设备情形而论，可以说是对于整个国家的经济发展有相当的阻碍。本市内的种种交通问题，与港口的如何布置关系最大。所以在总图内，建议在港口方面应有一种新的布置和更动，即是一种新的设施和布置。

我国沿海各处虽有很多的地方能够和内地通达，可是上海区域在各方面的便利而论，却比其他各地更具备最优良卓越的条件。我国沿海各处，关于地理、地质、气候和筑港的可能性，都得详细研究。东北沿海一带，比较有其优点，惟无内陆之联络。可是在该处一带的港口，将无法供应华中一带；而

表 7-1　1935 年进出上海港口的实际船舶数统计表

统计方式	类别	数量（艘）	小计（艘）	总计（艘）	日平均（艘）
按一般规定统计	海洋船及沿海船	10 684	16 486	124 754	约 340
	内河船	4 032			
	帆船（西式）	632			
	汽船	1 138			
按内河汽艇航行规则统计	汽船	30 848	108 268		
	民船	77 420			

且和长江流域各地的距离，将较取道沿海运输为远。鸭绿江以南的港口如牛庄、营口，虽称为国际商港，可是却有冬令结冰的阻碍。自此以下，北方只有秦皇岛港口，冬令无结冰之患。但是北方沿海各省，如河北、山东、江苏和浙江以北诸港，在地质上来说，都是冲积区域，沙洲满布，船舶进入困难。在此种情形，所有港口航道，只能通过沙洲随河道而行。例如，牛庄之在辽河，大沽、天津之在海河，上海之在长江，「以」及杭州之在杭州湾，均系如此。此外，航道并须经常疏浚挖导，使达到一定深度，俾海洋船或沿海船得以航行。我国南方海岸，大部为花岗岩层，只能停泊较小船只，为海军或地方性和省方贸易之用，可是多数经常为台风和高潮所袭击。例如，上海附近最高潮为 5 英尺（约 1.52m），而沿厦门福州间最高潮竟达 16 英尺（约 4.88m）之多。

在上海筑港，虽然并不是一个最适宜的地点，可是一般而论，却是我国沿海岸平均最好的一个地点，可能为主要的港埠。其优点如下：

（1）和内地交通最为经济，并且合乎自然的条件，因为有广大之腹地面积；

（2）终年畅通无冰结之患；

（3）维持养护费用较小（浚挖等用）；

（4）潮水涨落之差较小；

（5）无南方沿岸台风之弊。

此种天然的特征，加以近代技术的应用，补足各种设施缺陷，则无疑可使上海港口成为我国沿海最适宜的港口地位。

国父曾主张我国在北方、南方、中部沿海应建筑三个大港。这个计划，如果完成，对于整个国民经济，当极为有利；而且可以分散各区的运输，使工业交通和人口有普遍的分布。但这个计划的实现，颇有极大的阻力。因为各个大港，大部要靠铁路来运输，大量货物的运输，却不能够和沿海和内河的航运来竞争。如果要实现这个计划，必定要另行设计，修筑大量运河，由港口以联络各处，正如德国之运河通流满布欧洲中部各处。所以为整个利益计，应提早发展沿海中部各个可能发达的港埠，以减少及避免将来各种困难。

上海港口的开始发展，是在外滩一带，初时只偶有帆船停靠。在 1850 年前后，这种办法尚为适当，可是这种发展，却形成一个极严重的错误。因为，起初这种码头只沿黄浦江外滩一带，后来却发展到对江浦东去了。这种成因，是由于浦东的地价较低，而一般上海的工价又极廉的缘故。可是低廉的人工，却阻碍了利用新式机械作装卸货物的工具。

由于本市商场属于投机不稳定的性质，搬运夫人工的低廉和过去主持者之无明智及领导能力等种种原因，除了在吴淞、龙华两处由〔有〕铁路自设的码头外，其他所有的码头，都没有铁路来衔接。结果一切上下货物都用人工，连最普通简单的运输工具如驳船、卡车等，都没法采用。回想 1931 年 3 800 万吨的贸易数字，没有铁路的转运，居然能够应付过去，不能不称为奇迹。1937 年以前，上海港口可以说差不多没有一切装卸的机械设备，而已有的，却在战时为敌人搬去。所以目前一些设备都荡然无存了，公用局和浚浦局尚没有关于这一方面设备的统计。

可是在战前的设备，也是少得可怜，现在且将 1936 年的设备列于表 7-2。

试和鹿特丹港口的设备比较一下，它们有港口吨位 2 500 万吨，却采用 300 个鹤头机和 85 个浮动鹤头机。又如开滦煤矿公司在上海有送煤机一座，鹿特丹却有 30 个以上的送煤机和其他各种新式专门运卸矿物、木材与类废铁的特种机械。

表 7-2 所列上海港口的机械设备，并且不是全部作为港口货物装卸之用的。例如，能供装卸货物的 10 吨鹤头机，仅招商局的一座，其余的浮动鹤头机，则为建筑公司或浚浦局所有。战后这种情形更形困难，因为只有很少的机械可资利用，而人力工资又大为增加。所以在目前全国最重要港口——上海，没有铁路和机械设备来运输大量物资，而谈全国的工业化，岂非奢望？上海可以说是世界上最落伍的港口了，这可以说是因为它过去的历史和政治的背景，而有此畸形的发展。世界各大工业港口配备的设施，是以对外贸易为鹄的，可是上海却是一个倾销外洋商货的港口而已。外商运送外货来华，和华商合作图利，其目的大部属于投机性的，这和世界其他大港之目的为商业交换物资、迅速易货的情形完全不同。

所以在本质上来说，上海并没有一个真正的港口，有的只是大部分中外商人自行建造、有数的几个老式的、互不相关的内河码头而已。

结果，因为整个商业是投机性的关系，大家都投资于仓库，却对码头的设备不顾及了。

我们又要提到上海交通拥挤的一个最大原因，就是因为黄浦江两岸都满布着仓库。当初这种码头仓库的布置，根本没有想到运输道路之是否适当，以及其他交通之能否配合。我们知道，世界其他大港的仓栈库房都是集中在港口一隅的，而本市则城中区分布的〔着〕仓库。在商业中心区，苏州河、虹口、杨树浦、过去之法租界和南市一带，甚至在沪西一带，亦有仓栈的存在。可见全市码头仓库间无计划的布置，货物往返运输，只有增加全市拥挤的现象。

浦东沿岸的仓栈，亦系增加市内交通拥挤的主因。因为对江的货物，全部都得运回这边，增加不必要的运输耗费，且使江面河道交通来往阻碍。

上海港口更有一大缺点，即是吃水比较深的轮船，只能在黄浦江口停泊，无法驶入。装卸货物，全靠浅水艇接驳，费时耗工，莫此为甚。

比较差强人意的，还是上海港口的疏浚和修船的工作。浚浦局拥有相当数量新式的机械配备，经常浚挖，以维持最大吃水 20 英尺（约 6.10m）的深度。所以如果工作照常进行，则不难回复战前规定的航道深度标准。

所以归纳目前港口一般缺点情形约略如下：

（1）岸线利用的错误；

（2）码头不足和无新式装卸设备；

表 7-2 1936 年港口设备列表

类别	数量
港口总吨数	17 013 402
大起重机	6
固定鹤头机	9
移动鹤头机	27
浮动鹤头机	20
驳船	10
运煤栈	1
运粮栈	/

（3）仓库地点之散乱和不适当；

（4）无各种运输上的配合（无公路、铁路之联络）。

如果上海要名符其实地成为我国主要港口的话，如果尚没有水道和公路系统联络，则必定要计划设计这一类的水道和公路，以资沟通。

大上海区域的重要性，前面已经讲过。联合上海市附近乍浦港及其他次要港口使大上海区域发展成长江口的大商港区域，在上海都市计划总图初稿中已经有过建议。可是现在所谓的上海港口，仅是沿黄浦江分布的许多码头，岸线深浅不一，淤积泥沙，有一月几达 30cm 的。因此非不断疏浚，即难应用。大多数码头毫无机械设备，平均效能每米每年仅 600 吨。码头产权，私有居多，管理和改进都不是容易的事。浦西码头紧接市区，人烟稠密，铁路不能通达。码头仓库间往来车辆，也造成中区交通拥挤重要原因之一。浦东码头，装卸货物多需转驶西岸，运输费用有时竟因此增高 60% ~ 100%。如此运输方式，使精力时间都蒙巨大的损失。

二、大上海区域内筑港方式

大上海区域之港口，能有航线多条。现浦江沿岸之各码头，虽可由长江口经神滩[1]到达，但吃水20英尺（约6.10m）以上之船只，其航道即需经常疏浚方得通行。惟吴淞附近，水深河广，实内河港之理想位置。

浦东半岛之外围，在东北及东南，皆有沙滩，故充其量只能供浅水渔船使用；惟在西南邻近乍浦之处，水深达70英尺（约21.34m）以上，进出便利，为区域中海洋船港之最佳地点，对于邮件、旅客以及各种货物之运输，尤为适宜。查港口由点而面之发展，已为现代都市计划原理之一。故本市之港口问题，其最有效之解决方案，即为将港口设备分置于区域内适当地点，如乍浦、吴淞等地，至于渔业、燃料、粮食及冷藏品等各专业码头，则可沿黄浦江及「总」图示新运河之一带，分别发展。

1. 建议之上海港埠

首先应说明的就是，一般人认为港口不过是大河口的一点的观念，已经是陈旧之见了。近代各方面的发展，已使港埠成为一个广大的区域了。区域中包括不少的港口，互相在功能上，有配合关连的作用，而得装卸储运各项业务集中分散之利。

这种集中分散港埠的办法，在我国工业发展的时期，实为必要。这可以从欧洲的 Dutch Port Region（荷兰港区）和 North German Port Region（北德港区）以及南美洲的 La Plata Port Region（拉普拉塔港区）[2] 可见其一斑。

上海港埠的计划问题虽属于地方性，可是它的功能和效率却影响全部长江流域的经济状态，所以这个问题还得要有全国和区域性的计划来决定。

从上海港口起，船只可以通达外埠和其他的口岸。黄浦江口亦可停船只，但船只吃水在20英尺（约6.10m）以上深度的航道，则须经常浚挖。在浦东半岛的北面、东面和东南角外尖，全部为沙洲满布，至多能容小渔船驶入；只有西南部较深，可停泊船只，例如乍浦则靠岸有70英尺（约21.34m）的水深。本会认此为全区中卸运客运、货运最佳的航运终点。

现代都市计划的设计原则，都采用分散办法，以减少大量房屋、交通的集中。解决上海区港口的问题，似乎应当把港口设备分布在区域间的乍浦和吴淞，特种港则设在南站[3]附近，以运送煤斤。其他各港，则如在总图及区域图中所示所〔如〕在。总图初稿中曾经建议，在闵行、乍浦之间开一条长约20英里（约32.18m）的运河，藉水道以贯通联络吴淞以及其他各个大小特种港。

总图二稿，亦系根据初稿的同一区域图而规划，同时亦假定将来有运河连接至乍浦。各部分属于大上海市区范围以内的，比较有详细的建议，而对于将来之如何发展则并无任何成见。

---

1. 即后来的铜沙浅滩，为现在横沙岛、横沙东滩和九段沙的前身。——编者注
2. 拉普拉塔河，是阿根廷与乌拉圭边境、巴拉那河和乌拉圭河汇集后形成的一个河口湾。——编者注
3. 上海南火车站，建于1908年，位于今黄浦区南车站路一带，是沪杭线的始发站。1937年遭日军飞机炸毁。——编者注

总图二稿建议的港口：

（1）吴淞附近及沿蕴藻浜（蕰藻浜）；

（2）江湾及龙华之间；

（3）闵行附近；

（4）高桥区之油港。

上述的港口，当可以接替过去黄浦江两岸的仓栈。主要的港口，应设在吴淞附近，以为海洋船只接连之中心。利用新式机械设备，减少装卸货物接驳的时间至最低限度，而直接减低运输费用。

拟筑在吴淞附近的港口，在不久将成为内河沿岸及外埠船只运输之用。据估计，可容纳每年4 000万吨货物的转运，包括船只及船只和铁路公路间的转运。但如超过这个吨位限度，则多余的吨位将不停泊于这个港口，而由乍浦及其他港口来容纳。这些港口，是本会深信不久就可能兴建的。

至于所拟定在吴淞附近之位置，无疑是可以避免现在上海港口所有的缺点。所以这个港口地位的选择，配合邻近各区妥善计划，使大量车辆集中运输，而不致使邻近之工业区、住宅区之交通拥塞。这港口是为一般货物之用来设计，然而小量的设备，亦可运用专门的技术来管理大量的货物。例如，高桥的油港和在龙华的煤斤港及木材港，还有在南市工厂区附近的一个港口，专为装卸谷物之用。

上述所有港口设施，除现有的河道联系以外，还有主要铁路及公路的联系。此种良好的存储货物的设备、固定的及浮动的起重机运货机及其他节省时力的设备等等，凡可节省转运费用及时间的工具，都在必备之列。

目前上海港口缺点中最坏一点，是不能容纳重吨位的装载汽油或煤斤的船只。这些船，只好到门司或香港去卸货。但在计划中港口的设施，应该可以负起这个任务。

2. 吴淞计划港区

时常听到说，黄浦江两岸，应当尽量利用，到了不敷用的时候，再考虑吴淞筑港的问题。在目下战后国家经济枯竭的时期，这种说法，不但动听，并且觉得非常合理。可是影响所及，亦许不是将来任何数量的金钱所能矫正补偿的。因为上海港口的地位，不仅能够影响全区域交通系统的布置，并且足以影响到整个城市发展的型〔形〕态。沿河的码头如果再发展下去，不仅加重市内交通的拥挤，并且将来道路系统，亦将发展到另外一个定型，很多建筑物亦无法适应新港口的需要。所以在战后百废待举的时期，应当把握住这个时机，立刻集中力量，发展吴淞的新港区。对于陈腐的沿河发展，只好作过渡时期的应用，但不应再作无谓的投资，糜费公帑，增加腹患。

还有一种主张说：现在沿浦码头有10km长，倘使经过整理及装置机械设备，亦足可应付将来所有的船只和装卸吨位。这个建议亦有很多的流弊。第一，提高沿岸码头，势必建筑环形铁路，这条沿江的铁路，将来阻碍全市的发展，遗患无穷；在另一方面，这许多的码头是代表无数的私人利益，散处在数十公里的江岸，在效能上、管理上来说，都成了极严重的问题。

浚浦局每年最大的支出，是用在疏浚长江口及黄浦江的航道以及沿江的码头，以保持航道的深度及沿江码头的使用。

本计划建议，将上海港口设备集中在几个固定地点，则可不再用沿江驳岸码头及江心浮筒以停泊船只了。吴淞附近在低潮时，江面宽度约为2 000英尺（约609.60m）；上游的江面宽度，则并不一律，可是20英尺（约6.10m）深的航道，大都有1 000多英尺（约304.80m）的宽度；浦江内航道，在浅滩处，经常能保持26英尺（约7.92m）之水深，江面宽约400英尺（约121.92m）（参阅浚浦局1936年报告）。如其吴淞港区计划实行后，黄浦江航行吴淞至乍浦沿江各码头的船只，如有宽约500 ~ 600英尺（约152.4 ~ 182.88m）深28英尺（约8.53m）的航道，即可以应付。如此则将来浦江航道养护问题，与现在迥乎不同：过去一直需要维持相当宽的深水航道（包括浮筒、停泊地位、沿江码头等）；将来只须维持一个较窄的航道。过去40年内浚浦局（包括其前身）治理浦江航道，非常成功。浦江航道改窄，可以同时裁湾〔弯〕取直，将来淤积减少，疏浚工作自可减轻。

将来浦江两岸，可以拓开〔开拓〕新土地，这对于计划的实现，当有不少补益，中区尤可收到最大的效果。

浦江改窄，还可以收到其他的效果。工程起始时，水位当然加高，但是航道亦可以自然加深，将来无须疏浚，自能找到新的平衡。以上海区域全部是冲积土层的关系，我们觉得一定有把握。而从浦江含沙量之高同潮水影响的范围来看，浦江改窄工程利用导堤同丁字堤来完成，应属轻而易举之事。

此项工程，必须与通达乍浦的运河同时进行。工程开始时，浦江水位增高，护岸堤之建造不能避免。但是同时凿通乍浦的运河，则有宣泄浦江水流的作用。浦江接连新运河地方之上游，另有一条水道接通两个河道，这样可以减少以前治河所遭遇到的淤积问题。

同时，浦江改窄更可以将河道改直，用一条直线接通董家渡至第五段[1]。这在浦西方面，可以增加 $8.5km^2$ 的土地，较商业中心区大两倍。

为了避免上述缺陷，本图建议将本市主要港口集中吴淞蕴藻浜（蕴藻浜）口，其他港埠码头处于辅助地位。这些新建议的港口位置不仅对黄浦江是最适当的地点，在整个交通系统中，对于铁路、公路、内河水道等等的衔接，工商业区的连〔联〕系都非常合理便利。为适合各种不同件装和散装货物的装卸，应在将来的新港口，配合以现代化的装卸机械和新式仓库。上海港口将来在客货数量、工作人力方面，要成为本市交通和运输的基本中心。

吴淞港为本市计划中的主要港口，包括张华浜及计划中的市有码头在内，其中一部需要时可划为自由港。全港建筑完成，占地 $19km^2$，每年吞吐量可达 1 亿总吨。

油港设在浦东高桥沙，供储油及油轮停泊，一部分为炼油工业区。全港设备应注意防火安全，遇有灾害，可不任其蔓延。

虬江码头现有相当设备，将来可供其邻近的工业区使用。复兴岛鱼市场鱼船，可在虬江以南停泊。

日晖港铁路码头：原有日晖港铁路货站[2]，曾有扩充计划，将来该处可为燃煤及木料的主要水陆转运站。少数油公司拟储燃油于此，作本市燃油转运站。不过地点是否适宜（紧接龙华机场），在都市计划观点，仍有商榷的必要。

闵行港为内河水道运输的要点，同时是具有工业性的地方性港埠。内河水道需要保留的码头地位，本图暂不论及。

造船工业保留地带：建造和修理船舶，是上海基本工业之一。沿浦「江」原有及计划中的船厂地位，均划为工业区，供造船工业的发展。

1. 据 1953 年《上海港港章》记载，黄浦江自吴淞口至闵行镇分为十段，第五段于浦西位于兰州路和秦皇岛路之间。——编者注
2. 日晖港站建于 1907 年，原址位于黄浦江支流日晖港附近、今上海市徐汇区兆丰路一带。1958 年更名为"上海南站"，为一等货运站。2006 年，新上海南站启用，原上海南站更名为"南浦站"。因位于 2010 年上海世博会规划展区范围内，南浦站于 2009 年关闭，设备迁往闵行。——编者注

三、浦东筑港问题

同人等对于浦东筑港问题，曾作慎重之考虑，认为此项计划，非惟费用过高，且对于目前本市建成区之拥挤情形，将使更加严重。

查本计划基本原则之一，为港口设备之机械化及与铁路公路之直接连〔联〕系。浦东既无腹地，则势必赖桥梁或隧道与浦西之铁路公路连接。如多筑桥道，则费用浩大，及在构造上发生障碍。如数量不足，则由港口而至全市两岸之交通，必集中数主要点上。在将来黄浦西岸之全面发展时，此大量之交通，势必经过建成区域，非惟与都市计划原则全相抵触，且使浦西之新旧市区，永蒙其害。

总图内之浦东地区，除沿江一带有住宅区之发展外，其余皆列为农作地。因浦东在地理位置上，与本市中心仅一江之隔，至宜发展为一农作地带，以供应本市所需之肉食、菜蔬及鸡蛋、牛乳等日常食品，而为最经济有利之措施。在浦东发展之住宅区与市区之联系，暂可不需桥梁或隧道，如用现代新式轮渡，已足资应付，对于建设费用，亦可节省。

建筑桥梁之问题，除增加交通之集中外，尚有其他缺点。如高桥之引道位置，将使沿岸地区之车辆绕道而行，至感不便。即引道之本身，亦必呈拥挤现象也。

本会接到很多关于浦东设港的建议，可是经过详细审慎的考虑，我们认为这些建议，一方面未必经济，一方面则有加重建成区拥挤的危险，所以特别在此提出讨论。

现代化〈的〉需要港口，必须有充分的机械、设备。港口和铁路公路等交通工具，一定要有直接的连〔联〕系的路线。如果在浦东设港，一定要赖桥梁、隧道，以与浦西联系。沿浦江上建筑桥梁、隧道，只能建造有限几座，而和浦东港口的交通势必集中在这有限的几点。同时，浦东各处聚积的交通，亦势必集中到这有数的几个桥梁、隧道的入口；渡江之后，又要穿过建成区。这在现代计划中，可以说违反了每一个原则。

如果造桥的话，桥面需要高出高水位 190 英尺（约 57.9m）。公路用 3% 的坡度，要 6 300 英尺（约 1 920.24m）的引桥长度；铁路则需 48 000 英尺（约 14.63km）的引桥，这种庞大的障碍物，将成上海市永久的遗憾。

隧道亦有过分集中交通的弊病，而在出入口，亦要很长的引道。黄浦江下作隧道，至少要在作〔作在〕水面 80 英尺（约 24.38m）以下。如果用 3% 的坡度的话，则引道长度需要 2 700 英尺（约 822.96m）。浦东方面，实无入口的适当地点。如果隧道筑在外滩江底，出口势必要设在闹市中心，港口所带来的大量交通都导入中区，中区交通问题亦无从设法解决了。

这个问题，本会设计组会同各个国外技术团体研究讨论而所得的意见，大致相同：一律主张避免桥梁、隧道的修筑。

浦东设港之后，一切发展都要另趋一个方向。在本计划中，浦东占了很重要的地位，因为供应上的近便，市区所需要的大量牛乳、鸡蛋、菜蔬，以及其他易坏食物必须赖浦东的供应。

建议的浦东住宅区，约可有 70 万人。和浦西的交通，并不需要桥梁、隧道来连接，行人及汽车用轮船载渡，足可应付。假定 70 万人口中，只有 40% 工作（主妇除外），而只有 2/3 的工作人到浦西工作的话，则每日渡江工作的人，不过 18 万人。现在的轮渡、民渡每日已能载客 4 万余人。省去桥梁、隧道可以节省一大笔市政支出，同时可以避免交通的集中。

桥梁、隧道不仅会有集中交通的作用，而且能增加实际的"车〈公〉里"交通量。因为渡口的交通，必须先绕道引道的入口，既不经济又加重拥挤。

活动桥亦有缺点。浦东设港渡江，交通谅必增加，活动桥无法应付。对于一般交通，不能连续通过，亦时有不便，而交通数量复不能多，且有集中交通的弊病；对于水上交通，亦时常阻碍。但如果多筑隧道，费用浩大；少筑，则一般渡江旅客仍可就用轮渡过江，比较便利，因为不需绕道引道入口通过也。

目前的浦东，除沿江数段之外，全部是农业地。在大都市附近，保持些乡村发展，于都市于乡村是两蒙其益的。农业地带，不仅能够供应市区所需要的新鲜食物，并且能够阻止都市的过分膨胀。而农村因为接近都市，亦可以得到低价的供电及其他便利，生活水准可以提高。

浦东住宅区，非但能够襄助中区人口的疏散，同时亦可以疏散中区的交通。

总之，一般人认为，造桥越江，浦东一带便能同外滩一样的繁荣。外滩过去的畸形的发展，已经铸成大错，成为今日都市计划中最大的难题，怎么能为了少数人的利益，而使浦东再陷外滩的覆辙呢？

四、渔业码头

上海之有渔业中心，由来已久。以前十六铺之鱼类批发市场及近年成立之渔市场，即为渔业码头之一种。我国沿海捕鱼船只行动迟缓，将来必须全部机械化，方能发展。就现代捕鱼舰队之功能而论，渔业港应居适当地位。俾渔船往来迅速，既可减少时间上之损失，又能将船只充分利用。如在浦东半岛至乍浦区域之海岸线上，设一渔业专港，当较浦江现有之设备为优越矣。

以华中腹地之广，其足以维持本市大规模机械捕鱼之设备，实属毫无疑问。然苟欲达到使大量低价水产供应内地需要之目的，则大规模冷藏运输之设备，实为先决条件。

同仁等建议，在金山卫附近设一渔业港，以供应长江三角洲及整个长江流域之需要。除交通设备外，并有冷藏仓库设备，藉此将全年需要之供应加以调剂。现中央对我国渔业之机械化首先倡导，故同人等之建议，或亦为时代之需要也。

上海历来是一个渔业中心，十六浦（十六铺）的老鱼市场和杨树浦的新鱼市场，都是渔船聚集的地方。

各渔船利用人力、风力推动，行动上不免迟缓，在扬子江及黄浦江中，糜费时间不少。如改用机械化渔队（用轮船或柴油船附带拖船），渔港亦必须有另一种设置。用机械装备的渔船，渔港中的掉转时期必须缩至最短，方能收到充分效能。所以在浦东半岛海岸设置渔港，比现在浦江内设备好得多。此外，机械装备的捕鱼舰队，因有广大的供应区，大量供给内地需要，故需有冷藏设备装置之水上及铁路运输设备。所以，如应用机械装备渔船，其他的条件，也必须具备。

本会建议，在金山附「近」设渔港，以供给长江三角洲，且供应整个长江流域的需要。因为可以利用这里所有接联乍浦的一切交通设备。渔港中不特有各种运输装置，并且将有充分的冷藏设备，以保藏过剩季节期的鱼鲜。

中央已觉得渔业机械化设计的重要，为着将来的可能发展，所以建议设立一个重要性超出上海区域的渔港。

总图二稿建议一个比较近期的渔港，接近吴淞港区。这个渔港位在现有设备的下游，渔船掉转期可以缩短，而有张华浜铁路的运输便利。在整个区域建设未完成以前，这个渔港实居首要的地位。

五、黄浦江通连乍浦之运河

为连〔联〕系区域内各港口而使合并为一有机性之系统起见，同人等认为，由乍浦至黄浦江开筑运河，实属必要。其接连地点，以在黄浦江之湾〔弯〕曲成直角处为最适宜。新运河能予大上海港埠区域以两条通海出路，同时又增加一运费低廉、载量极高之水道，此外并能有利于区域工业之发展。因运河开筑后，两岸土地、水运、交通之便利，可造成优良之工业基地。

新运河对于本市疏散之政策交〔较〕大有补益。由此产生之工业及住宅地区，使疏散政策之推行，得有各种之便利；而沿岸土地之增值，实足补偿开筑之费用而有余也。

初稿：黄浦江通连乍浦之运河

-080-

六、自由港问题

　　自由港之设立，多因比邻国家缺少良好港口，故藉此获得运输业务。以我国之地理形势而言，本市设自由港之可能性甚少。然本问题纯属政治经济问题，系乎国家政策。大上海区域倘认为有自由港之需要，则同仁等建议在乍浦设置。因黄浦两岸接连市区，实无法防范走私及杜绝流弊也。

初稿：自由港问题

三一

第三节 铁路
一、货运
（一）铁路货运概论

在以大上海区域为中心之交通系统内，航业及港口设备虽属重要，而陆地运输亦不能忽视。长江流域各要点，固能用船只直达，而全区域面积辽阔，水路运输不能负全部之责任。长江各支流仅能通航 50 吨重之船只，即使用拖轮办法，运量亦不过三四百吨。而以现代新式火车之进步，一列车之运量可达 6 000 吨之数字。将来我国铁路改善，对于时间因素重要之货运，当愈趋重，要且能与水运抗衡。至于与公路之比较，则单轨铁路之运量，可超过三四条重要公路，乃为不可否认之事实也。

近年来美国铁路和公路在运输上的竞争，至为剧烈。曾经有一个时期，铁路运输量大为减少，但公路运输却有蒸蒸日上的趋势。于是有许多专家们认为，铁路的时代已成过去了。在国内也有人主张用新式的公路来代替铁路运输。下面的一张表[1]是美国近年运输方法变迁的情形。

可是在最近 15 年内，美国铁路运输事业，又重新逐渐抬头。这表示着，长途运输仍以铁路为经济合算，而铁路本身在技术上的进步已将业务增加不少。

铁路运输的最大缺点是迟慢。而迟慢的原因，是在于各终点站的设备不良和管理不善。因此，普通运输时间总和 84% 是花在站上，只有 16% 的时间是在路上行走。另外一个原因，是邻近货物来源和目的地的疏散站之缺少，货物集中几个总站，造成拥挤现象。我们要避免欧美都市，如伦敦、纽约所犯的错误，就应该针对这种情形，预为准备。因为国家之工业化的结果，在未来的 50 年内，我们铁路的发展乃是必然的结果。

---

1. 未见表。——编者注

（二）新路线

　　大上海地区，现仅有京沪、沪杭两铁路线，故其在经济上之效力，不能与欧美各国相提并论。同人等为对付将来交通之发达，认为应配合全部交通流动之趋势，而计划一有机性之铁路网。总图内所增设之各重要直达线，即以此为目标。为本区之经济发展，及使生产事业更得平均分配起见，此项实施，实为必要。

　　同人等在本计划内特别规定，由水运终点站至内地之路线，使其绕越现有市区中心，例如吴淞至苏州、乍浦至杭州及乍浦至苏州各线等。此种新设路线均为双轨，以达高量运输之目的。此外另一新线，由吴淞经常熟、江阴而达镇江。故本市及附近区域所需之米粮、肉类及农业品，均可由各线供应。浦东铁路系统亦拟加延长，经由南汇、大团、奉贤而连接乍浦、金山、松江之新线。浦东另一新线为：由上南铁路三林起点，与黄浦江及新运河平行，至拓林〔柘林〕附近、连接南汇奉贤之新线。

　　但铁路的发展，只能以区域范围为对象，希望读者能参阅初稿报告内，关于区域铁路发展的意见。

　　目前大上海区域内，仅有京沪和沪杭两铁路线，因此不能产生能与欧美各国同等的经济效果。我们为应付将来交通发达的需要，认为必须配合全部交通流动的趋势，来设计一个有机性的铁路网。总图内所增加各条重要直达线，就是以此目标为根据，使本区的经济发展和生产事业更得平均分配。我们在计划内，特别规定由水运终点站至内地的路线，使绕越现在市区中心，例如吴淞至苏州、乍浦至杭州及乍浦至苏州各线。这种新路线，都采用双轨道，使运输容量增加。此外另一新线，由吴淞经常熟、江阴而达镇江。本市和附近区域所需之米粮、肉类和农产品，都可由各线供应。浦东的铁路系统，我们也加以延长，经由南「汇」、大团、奉贤进而接连乍浦、金山卫、松江的新线。浦东的另一新线为由上南铁路的三林作起点，与黄浦江及新运河平行，至拓林〔柘林〕附近接连南汇、奉贤的新线。

　　在本市市区内，我们建议再加修铁路新线数条，作为发展各个新市区单位的工具：

　　（1）从吴淞经蕴藻浜（蕰藻浜）至南翔，接连京沪线；

　　（2）从北站经虹桥至青浦，接连乍浦苏州线；

　　（3）从南站经浦南闵行至松江，接连沪杭线。

（三）车站

在都市计划中，铁路车站之位置，实为困难之问题。货站及调车站，以其功能而论，实应疏散，但每以市区空地之缺乏，难以推行，循至货物进出，须经较远距离，时间、金钱两俱损失。本计划中，每一市镇单位或卫星市镇，均设有货运站，面积照每 15 万人 20hm^2 计算。所有货站与地方及区域之交通线，均有适当联系。每一市区单位，设一调车站，且皆设于工业地区之旁，以便各工厂添筑岔道。在吴淞及乍浦两主要航运站附近，设置主要货运站，以利货物迅速之转运。专业码头中，如龙华之煤业码头，亦备有较大货站而处理此笨重之货物。此外同人等认为，尚需设主要之货运终点站两处，一在京沪线之南翔，一在松江；又在昆山计划一总货车场，以便集中编配所有货车，但经由杭州者除外。

都市计划中铁路车站的位置，是最难于解决的一个问题。货站和调车场，依其功能来说，是应该疏散的，但以市区空地的缺乏，不大容易办到。因此货物进出，要经较远的运输距离，损失实难估计。我们计划在每一个市镇单位或卫星市镇内，都设有货运站，面积照每 15 万人 20hm^2 计算。所有货站与地方和区域间的交通线，都应有适当联系。每一个市区单位，设一调车站，其位置都放在工业地区的旁边，以便利将来各工厂添筑岔道。在吴淞和乍浦两个主要港埠的附近，设置货运大站，以迅速转运货物。特种码头，如龙华之运煤码头，也设有较大货站来处理这种笨重货物。此外我们认为，尚需设置主要的货运终点站两处，一在目前京沪线之南翔，一在沪杭线之松江。我们又计划在昆山设一货车总场，以便集中编配调度所有货车，惟经由杭州的除外。

本市现有铁路水陆联运的，只张华浜铁路码头、日晖港铁路码头和麦根路货站[1]三处。本市将来铁路系统计划，和内河水道一样，着重在各新计划港口的联系。计划中的铁路货车编配场，应和新计划的吴淞新港口有密切的配合。原建议设在京沪线真如附近，牵制区划很多。本图建议本市铁路货车编配场设在何家湾、真如间新铁路线上，既能接近港口，又不妨碍区划，在两路车辆和吴淞新港的联络上也是很适宜的地点。京沪、沪杭线将来改建双轨，本市货车编配场完成，两路货运的效能，一定有长足的进步。

---

1. 麦根路货站建于 1913 年，原址邻近吴淞江对面租界的麦根路（今石门二路底）。1953 年更名"上海东站"，为一等货运站。1978 年撤销。1987 年，在上海东站原址上修建的上海新客站竣工运营，即为今铁路上海站。——编者注

二、客运

以我国幅员之大，旅客空运虽甚适宜，惟铁路运量，实远非空运所能及。据其他国家经验，在500英里（约800km）内之铁路运输，较空运为经济便利。如采用双轨线与新式信号及优良之机头，则此有利限度，可扩至八九百英里（约1300km）。即使将来空运发达，而以铁路为航空线之预备线，亦甚有价值也。

区划间之交通，曾经同人等之特别注意。兹建议开辟铁路新线如左〔下〕：

第一线，由上海至青浦，以应付往来太湖国立公园之交通；

第二线，由上海至闵行，再经松江而接连沪杭线；

第三线，由乍浦与新运河并行，连贯各工业地带，至松江而与沪杭线连接。

本计划内主要之客运总站有三：一在上海北站现址，一在吴淞，一在乍浦。而另一次要总站，则为前此被毁之南站，但其位置稍向西移，并利用城区高速铁道与北站连接。

各市区单位，均有地方性之铁路车站，与地方货运站大致相同。在原则上，每市区单位应有一地方性之远程铁路车站；而每一市镇单位，则有一市镇铁路车站。在建成区内，此种市镇铁路车站之距离，约自2～2.5km。

本市的主要客站在计划内共有三处：

（1）现有的北站；

（2）新吴淞港站；

（3）新南站。

这些客站固然是为着远程交通来设计，但因为远程铁路与市镇铁路的联系，为应付将来大量的车辆和乘客的增加，似宜早作扩充的准备，以免拥挤。北站现在每日乘客往来总数为8万人，将来津浦及浙赣铁路重行畅通后，人数当更大有增加。建议将来京沪线上的行车，应以吴淞港站为起点及终点，以便水陆交通联系；至于杭沪线之上的行车，因为和宁波及浙赣两路接通，则应以南站为总站。

除了这三个大站之外，尚有其他小站，分别沿着路线设置，其距离在外围地带约为2～2.5km，但接近市区时距离应予缩短。

本市将来客运，以北站为总站。铁路方面曾同意扩充北站，改建场站于浙江路、西藏路之间。北站出入口，由宝山路移至西藏路，减少旅客穿过中区商业地带所造成的拥挤。计划中的本市高速电车，将来亦以此为中心，与北站配合成为联合车站，是本市将来远近程交通的中点。

三、市镇铁路
（一）路线

市镇铁路网，由环形线两条与向各方之辐射线所织成。内环约与中山路连接及平行；各辐射线之起点，始自北站附近，经吴淞、浏河、昆山、松江、乍浦，而返至上海在南站附近，与内环连接。

都市之大量客运，当以电气化之市镇铁路系统为最有效。单轨线单方之运输量，每小时可达 8 万人。至于其他交通工具，路面电车线，每小时 1.35 万人；公共汽车线，7 500 人；三行汽车道，4 100 人。

外环路线及辐射路线，可连接大部分卫星市镇，而使公路交通减至最低限度，盖铁路之速度实较公路为大也。

市镇铁路系统，是专为地方上及区域间之客运而设（而直达干道系统在吸收公共运输和工业货运已如前述（见本书第 097 页））。机械动力可用柴油或电力。这个系统的设计，利用新旧远程铁路的一部分，实在是市内公共运输的主体。我们整个的交通计划，缺了它就不能实施。

这个市镇铁路系统，共有 6 条辐射线。中心则围绕着中区商业地带，所有交叉点上，都可作为转运车站（换乘车站）。此外尚有 3 座转运车站（换乘车站），分布在善钟路（今常熟路）的两端和中山路。

市镇铁路路线的选择，以能吸收全市主要的运输总量后，以高速引至市区各处，而不致增加道路上之交通量为目标。

设计的路线如下：

（1）从吴淞港经江湾、虹江码头、杨树浦、北站、普陀而达虹桥；

（2）从吴淞镇经江湾、闸北、外滩、南市、南站、龙华机场、龙华而达松江；

（3）从蕴藻浜（蕰藻浜）经大场机场、普陀、善钟路（今常熟路）而达龙华港；

（4）从北站经中山路、龙华机场、浦南、闵行而达松江；

（5）从南市经外滩、环龙路（今南昌路）、阴山路[1]而达中山路；

（6）从南翔经北站、西藏路、南站而达川沙和南汇。

浦东现有两线，可由轮渡接通至杨树浦和南站。从这个系统，各市区单位间的交通，或是和中区的交通，都得到很大的便利和速度。一面既可作廉价的大量人口运输，同时又可减轻主要道路的交通量。我们虽曾在土地使用的配合上，尽量减少各区人口的每日往来于工作地点或商店地点和住宅的交通量，但因为我们的平均家庭人口较多，平均家庭人口约为 5.5 人，较大的家庭也不在少数之列，都市在工业化以后劳动人数必然增加。假定照通常占全人口 60% 计算，则 700 万人中劳动人数就有 420 万人。而每一家庭平均有 3 人以上是要工作的，使全家工作人口同时在所居住宅所属的市区单位内找到工作，却不是一件容易的事情。因此便得假定，全市的劳动人口至少有 1/3 是每日要到其他市区单位工作的，这个数字约 140 万人。再假定，平均每人每日来回路程为 15km，则每日各市区单位间之所谓"职业"交通总量就有 2 100 万人·公里。至于往来于中区商店和各种娱乐场所的交通量，尚未包括在内。

所以，根据计划中各市区单位间的交通量，每日平均应为 3 000 万人·公里。照这种交通的性质来说，因为路线都在 40 ~ 60km 间的长距离，不能用公共汽车或电车来解决。在国外，根据历年的经验，

---

1. 未详。——编者注

公共汽车或电车只宜于短程的交通。在伦敦，平均公共汽车交通的距离为 2.77km，电车 2.26km，高速运输铁路 5.8km，市郊铁路 12.5km。这种情形表示着，公共汽车和电车铁路目前正在发展和改善中，将来结果，一定是大有进步的。总图的设计，既是面对整个问题来通盘筹划，故务必尽力避免欧美各国所经验的错误，即地方交通不因商业竞争而致行车路线发生重复凌乱的毛病。

本市市镇铁路系统因与京沪和沪杭铁路联合，最好由两路管理局主持办理，以收管理划一的效果。地方交通系统，既以市镇铁路为主体，则其余的交通工具，如公共汽车电车等，可在市区单位之内行驶，作为市镇铁路的供给线，而不负各市区单位间交通的任务。

美国公路运输和铁路竞争的情形，似乎不会在国内重演。因为前此公路运输的急激发展，目前已有不良的反应，而高速运输系统的应用渐有取而代之的趋势了。

本市各新计划区，尤其是工业区，都有铁路连接。交通往来、原料供应和成品输出，皆非常便捷。

（二）路基高度

<table>
<tr>
<td rowspan="1"></td>
<td>
　　现代都市交通之组织，绝不容两主要交通线之平交。本市旧有铁路与道路之交点，全属平交，不但有阻交通，且有阻市区之发展。同人等建议，在原则上将所有平交点加以废除。故市内铁路与道路系统之路基，应各在不同高度。

　　低行或高架铁路线，为两种可能办法。因尚无费用比较之数字，总图中对于市内铁路，只能暂作高架路线之假定。盖以本市地质及地下水线之关系，地下铁路或低行铁路之建筑，造价必高。

　　至于新铁路线种类之最后选择，同人等认为，应由两路管理局在技术及经济之可能性上先作详尽之研究，再为决定。
</td>
</tr>
<tr>
<td></td>
<td>
　　根据以往经验，铁路线在市区地面通过，常常阻碍着市区的发展。我们建议，将市区内各铁路线都造成高架路线，使与地面交通隔离。地下铁路当然也是解决这问题的一种办法，但以造价和经常维持费用来说，实在太不经济了。就本市地质情形而论，高架铁路乃是惟一合理的答案。

　　常有人提议将铁路搬离市区，而以真如、浦东等地为终点站，认为铁路产生的煤烟，极不卫生，而且会影响到路线经过的地产的价值。实际上，现代铁路早已发展改用电力或柴油燃料，自然地解决这个问题了。
</td>
</tr>
</table>

（三）线路之电气化

同人等认为，市内铁路须予全部电气化。至京沪、沪杭及其他新线，亦应电气化至相当地点。

另一办法为，使现有之铁路线止于区域之外围，由此接连一全部电气化之地方运输系统。此计划之经济可能性，颇有研究价值。

本市铁路之全部电气化，恐怕需费过巨，不是一时可能举办起来。在目前的经济状况之下，采用柴油机头似乎较为适宜。据美国行车的经验，认为柴油机头对于直通货运较蒸汽机头为合算。同时又证实，柴油机头颇适用于停车次数较多的路线上。现在新式的柴油机头或柴油电力机头，在设计上日有进步。就它工作性能上的表现，似不能认为对于邻近产业发生很坏的影响。

第四节 公路及道路系统
一、现状

试观察美国较大的城市，在办公时间的前后，交通常常会拥挤。这种现象，大都发生在商业区及其附近地带，那是因为美国的私人汽车实在太多了。在1900年，美国每万人口只有汽车1辆；但在1940年，每万人口就有2 073辆；在1947年，曾增至2 890辆。这当然是要加重市区道路运量的负荷。据统计，在人口50万以上的较大城市，每天在办公时间往来于商业地带的人们，其中70%是用私人汽车的。我们人口和车辆的比例，与美国相较自然是望尘莫及。本市登记的汽车总数约为2.2万辆，包括货车军用车和公共汽车在内。平均计算，每180人只有汽车一辆，而在美国则为每3.5人一辆。照理说，我们的交通是不该这样的拥挤的，因为在美国或在欧洲之任何一个大都市，假若人口和车辆的比例和我们一样的话，交通是绝不会拥挤的。

但在本市，特别是中区和中区附近，在办公时间前后的交通都是拥挤不堪。所以，我们只能想到本市的交通拥挤定有其他原因。据我们研究，这些原因实在多年前早已存在，要加消除，是可能引起经济上的大问题的。其实这种拥挤的存在，就足以证明我们的运输系统有了毛病。我们分析本市交通拥挤的原因有下列数种：

（1）驾驶人技术之不良及不守规则；

（2）道路系统之不善与交叉点设计之恶劣；

（3）各种车辆速度之差异；

（4）土地使用计划之不妥。

现在分别来加讨论。

（1）在马路上，驾驶人恣口谩骂和路人吵架的事情，实在太多了。现在一般人都公认为，谁能在上海开车就能在世界上任何一处开车。有许多外国人在本国内都是开车的好手，但在上海却只得自甘藏拙。交通的拥挤，无疑地至少有一部分是属于驾驶人的技术不良和不守规则所致。至于军用车、人力车、三轮车的驾驶人之不守规则，那更随地可见。故速度降低和发生意外，乃为当然的结果。

（2）一般欧美城市的道路系统，本来是为着车马的交通而设计，但本市的道路系统却以更原始的交通工具为对象。目前中区内尚有很多街道，宽度只能容纳人力车辆的通过，更谈不到马车或其他较大的车辆了。中区内的南京路、北京路和四川路等，虽都曾局部放宽，但我们惟一的干路——中正路（今延安路），还是近年的产品。而这一条由洋泾浜填塞而成的惟一干路，反是本市最坏的交通路线之一。原因是在于它路线之盘曲和交叉点太多，乃至无法管制。以前放宽的道路，到现在大都失却效用了。因为这都是随意和局部的放宽，结果留下了很多"瓶颈"，特别是在道路的首尾部分。而一条路线的容量，是绝对不能通过它最狭的部分的，何况一条路而有好几个这样的障碍。但中区交通拥挤的原因，尚不止此。实际上，现在道路系统排列之不当，乃为大部原因。整个中区现在只有8个出口，这8个出口，当然是要容纳所有其他道路的交通容量的。东面的黄浦江，既成了我们的天然屏障，因此中区的交通，也只能向其他三方面发展。在西藏路的西面，是跑马厅（今人民广场和人民公园），把九江路、汉口路、福州路阻塞住，而广东路之西段，又过于狭窄，不能负起交通道的责任。向西面的出路，是我们最重要的出路，一共只有4条，那就是中正路（今延安路）、威海卫路（今威海路）、南京路和北京路。可是它们的性能，都非常有限。比如北京路全路上，就有很多狭隘的段落，因此北京路的交通，老是拥挤不堪。我们最坏的出路，是南方的出路。实际上所有间于西藏路和外滩一段中的南北向路线，到达了中正路（今延安路）后，大都受阻于各种建筑物。河南路虽能继续通过，但宽度太狭，而且到南市，便再也不能前进了。南市道路的布置，亦是南面交通的一个大障碍。结果就是在中区那20来条现有的道路当中，只有 8 条可以通到邻近区域。当然这种情形已经够坏了，可是尚不足产生目前中区交通拥挤的主要原因，而是来自所有工业区码头及仓库区的大量客货运输必须通过中区所致。

目前的中区道路系统交叉点之太多，也是道路排置时的主要错误。交通的障碍，大多是由于车辆的被迫与其他车辆混合，或横过其他车辆的车道，或驶离交通主流而发生困难所致。交通的流通，乃不断受阻停顿。有效的交通管制，是要将这些困难情形，尽量减少。如要从根本方面求得一个答案，这不只顾到目前，还要顾到将来可能增加的大量交通要求。

上面曾说过，本市只有机动车辆 2.2 万辆，其他的车辆却远较此数为多，这种现象是在外国同样大小的都市所没有的。经常行驶于本市道路上的 25 万辆「车中，」机动车（包括公共汽车、电车、无轨电车在内）在全数内不到 1/10，其余 9/10 以上是用人力行驶。倘若按照车辆的速度来分类，可得到 12 种速度不同及交通性能各异的车辆。可是这还不能算是我们的交通动态的真相，因为即使同属一类的汽车、人力车、三轮车、脚踏车或其他车辆，也不会经常按着各个应有速度来行驶的。实际上，在本市道路的行车道上，我们要至少可以假定有 18 种不同速度的车辆。这种速度的差异，当然是要由整个交通系统来吸收，吸收得慢，就会发生拥挤，快了又会发生意外的。

影响交通方向和容量的因素，除了道路本身之外，还有现行的土地使用方法和区划法规。一个建筑物的高度平均到达了 8 层，而土地使用到达了十分之八九的商业区，它的交通量比较一个只有单幢房屋、而人口密度很低的住宅单位，自然要大得多，这是显而易见的事实。

同时，关于各种土地使用区域的相对关系，对于道路的大小、进出道路的限制和直通干路的方向，都有着莫大影响。但到目前为止，可惜我们还不曾注意到它的重要性，结果目前来往港口设备的交通，还是都要从中区通过。

目前从虹江码头以至南市一带的沿江码头设备后面，只有一条沿杨树浦路、百老汇路（今大名路、东大名路）而至外滩的平行路线。在沿外滩的一段，同时又是堤岸、码头、停车场、内河及沿海轮船货物的起卸地点、海关检查所及旅客行李上落的站头。此外，尚有两个电车站和两个公共汽车站，连同所有港口及工业区的运输都在这里经过。这种情形，拥挤的情形就不问可知了。就目前的状况说来，所有本市的主要工业地区的来往交通，或工业地区与港口及铁路终站的交通，都得经过中区。这里所谓上海的主要工业地区共有 6 处之多：

（1）在杨树浦一带与码头仓库混合。

（2）汇山区 [1] 的北面。

（3）新闸路以北沿苏州河大转湾〔弯〕部分。

（4）前法租界的南部。

（5）南市的南面边缘。

（6）沪西一带与住宅区混合，如愚园路、凯旋路、安和寺路（今新华路）等处。

因为工业地区港口设备和铁路终站各处的交通是一个都市最主要的交通动脉，所以根据上文，我们能说，目前全市大部分的交通，均须通过中区。从苏州河至南市也得穿重〔梭〕往来于中区及沪西一部分的交通。

因为本市大部分的工业规模都不很大，这些小型工业，大都利用人力车、三轮车、塌车，甚至于用人工扛抬，作运输原料和货物的工具。这种运输复杂情形，实在是我们交通困难主要原因之一。因此交通的拥挤、意外事件的发生，乃为不可避免的结果。美国每年有 12 万人死于车轮之下；本市的交通肇祸事件，最近亦有增加的趋势。虽然我们目前的交通量还不能和美国相比，可是因为车辆种类复杂和其他地方交通的特殊情形，意外事件之会继续增加，实属毫无疑问的了。

一二稿

---

1. 汇山码头，位于黄浦江下游西岸，秦皇岛路与公平路之间。——编者注

图 7-1 中区道路出入口现状

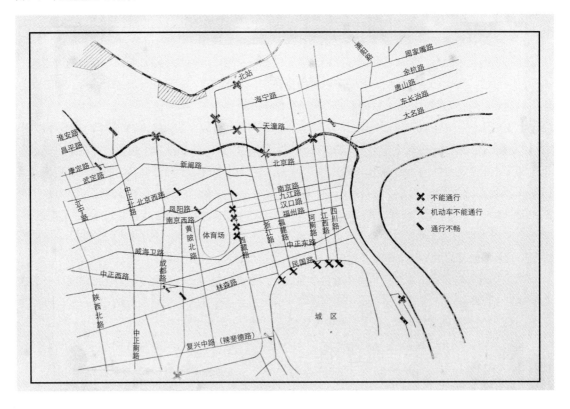

表 7-3 各月份失事交通次数表

年份	月份	次数	总计
1946 年	1 月	516	7 183
	2 月	438	
	3 月	561	
	4 月	554	
	5 月	615	
	6 月	665	
	7 月	679	
	8 月	671	
	9 月	526	
	10 月	647	
	11 月	629	
	12 月	682	
1947 年	1 月	617	/
	2 月	570	
	3 月	652	
	4 月	602	

表 7-4　公用局车辆登记表（1947 年 4 月 22 日）

车辆类型	类别	数量	小计	合计
机动车	军用汽车	2 091	23 208	23 763
	军用卡车	1 956		
	军用摩托车	105		
	自备汽车	8 173		
	自备卡车	3 259		
	出租汽车	1 010		
	出租卡车	2 790		
	摩托自行车	2 443		
	吉普车	1 161		
	领有试车照会汽车	202		
	领有试车照会摩托自行车	18		
公共车辆	市公共汽车	128	555	
	法商公共汽车	32		
	法商电车	90		
	法商无轨电车	32		
	英商电车	194		
	英商无轨电车	79		
非机动车	自备包车	6 286	226 236*	/
	自备三轮	5 201		
	自备马车	17		
	营业马车	63		
	营业黄包车	15 618		
	营业三轮车	9 715		
	送货车	7 378		
	脚踏车	149 557		
	胶轮塌车	10 175		
	铁轮塌车	15 602		
	马拖塌车	15		
	独轮车	711		
	改装单位三轮车	4 925		
	粪车	2 142		

注：* 该数据不等于非机动车各项之和，疑原文数据不完整。——编者注

一 二 稿

八〇

表 7-5 肇事车辆类别表（1946 年）

车辆类别	肇事次数[1]	死亡人数[2]	受伤人数[3]
自备车辆	2 026	29	478
卡车	1 476	71	481
电车	1 460	21	187
三轮车	1 055	6	366
脚踏车	1 004	24	556
黄包车	611	2	230
军车	2 029	66	572
塌车	424	3	192
公共汽车	376	1	83
出租汽车	125	4	80
无轨电车	192	1	36
摩托自行车	153	2	111
火车	1	5	38
其他	119	2	81
总计	7 183[4]	237	3 491

资料来源：上海市警察局交通组。

注：①因有关车辆各自报告关系，肇事次数实际上较 7 183 次为少。

②③两栏为实数。

④以上各项之和为"11 051"，大于"7 183"，疑该列数据有误。——编者注

　　本「总」图所示大约 900km[2] 的上海市，只有中区 86km[2] 的地区有建成的道路。中区以外，除了几条不很完整的公路以外，简直只有崎岖的小道了。中区虽然有很多的道路，可是宽窄不整，路口太多，了无系统可寻。加以商业密集，人口杂乱，交通管制困难，行人车辆不守秩序，随处停车，妨碍行车流畅；遍地摊贩，行人插足困难。从外滩到西藏路，不过 2km 路程，有时汽车要走半小时以上，消耗汽油，浪费时间，车辆肇祸以外，这都是无形的损失。

二、各类道路

1. 区域公路

交通干线系统总图内，有区域公路多条，均为直通路线系统之设计，使达迅速安全之目的，兹特分别说明如左〔下〕：

公路第（1）号，由吴淞港经蕴藻浜（蕰藻浜）、南翔、松江而达乍浦。此线实为乍浦之海洋港与吴淞之内河港之联系，使两港间之客货运输，转运迅速。本线全程，绕越所有市镇中心。

公路第（2）号，由乍浦经松江而达昆山。

公路第（3）号，由上海经昆山、苏州而达南京。

公路第（4）号，由上海经吴淞、浮桥而至常熟。

公路第(5)号，由上海经青浦而达本计划所建议之太湖区域国立公园，其末段为一带形之林荫大道，只作客运之用。

公路第（6）号，由乍浦经松江、太仓、福山而达江阴。此线为本区之农作地带环形公路线，同时将福山及江阴等地之农业港与本市连〔联〕系。

此外更有其他较小之路线多条，且有一部分为利用原有之公路线，但须全部加宽整理，并特别注意绕越各市镇之设计。至于各公路之用途，应以一部分为农作物及原料或制成品之运输。

2. 环路

本计划总图内，有一环绕本市之主要环形干道。以现有之中山路为基础，从而发展放宽，并避免全程之平交点。在本线之北段，须稍加调整，以增加交通之速度及安全。

3. 干路

中区以西藏路为南北之干路，与上开〔述〕中山环路连接，并将扩大之商业区与原有之住宅区完全隔离。所有干路，均须避免与任何道路之平交点。中区之东西干路，起自中山东路与苏州河之交点，与苏州河并行，西达中山西路，并与将来虹桥区之干路连接。干路及环路与辅助干路之交点，平均相隔2km。干路间之交通，将由联系路线接通之。

4. 辅助干道

本市中区，由一新型之辅助干路系统，分成段落。每段落在商业区约为宽400m，长800m；在住宅区约为宽600m，长1 000m。愈近环路，则段落亦随同加大。此种辅助干路，将为本市现有各区之主要交通线。其交点为等高，但以旋转广场联系之。与辅助干路平行者，尚有一种联系路线，其功能为引导每段落之交通，至各辅助干道之交点。在住宅区域每一段落内，交通量当不甚大，故能用较狭之道路，其组织亦可不受辅助干路位置之限制。

5. 新市区单位之公路及街道系统

新市区单位内之公路及街道系统，系为应用近代土地使用原则，并配合本市特别需要之实施方案也。此项组织，可将日常交通纳诸条理，且能大加减少。如上文所述之客运交通四大分类，不但均可缩至半小时步程之内，而行人及自行车之交通，亦易导至一定方向，使与其他交通相遇之机会减至最少程度。此项办法，可使市镇中心，避免大量之交通，同时又不致在其他地点，产生另一拥挤，而使不经济之道路建筑费用得以节省。

另一方面，在各新市区单位内之土地使用及区划之设计上，将使过境交通，在驶离辐射干线而侵入建成区域时，必致引起时间损失，藉此间接限制过境交通之通过建成区域。一切公路，均与交通之性质及起迄地点作有效之配合，藉以诱导所有交通尽量利用公路，而使各新市区单位内之工商业及住宅等地区之街道，只须负担地方上所需之货运交通，因而得为最经济之设计。

居民每日往来工作地点之步行路径及自行车道，均应另为设计，使与街道系统隔离。而一般之行人交通，亦可加以利用。此项办法，可使交通量及道路之宽度减低，盖以行人与车辆之交通，由此得以大部隔离，以目前一般市民对于交通规则常识之缺乏，实为有利之办法也。

如上所述，本计划之市镇单位，可分为数中级单位；每一中级单位，又分为若干小单位。故在交通之设计上，必使中级单位与小单位不受主要交通路线之分割，而此项路线所通过之地区，应以市镇单位为限。在中级单位及小单位内之街道宽度，将以能容两车并行为最高标准，且在道路上亦得停放车辆，至道路之详细设计，则仍有待于进一步之研究也。

---

1. 新道路系统的计划

从上文可以知本市交通性质的特殊情形，不能全部用管理的方法〈可能〉解决改善的。因此，虽在目前汽车的数量尚不太多时候，已经发生交通拥挤的情形了。过去都市计划家，对于这种交通拥挤的弊病，都用加宽现有道路的办法来补救。但现在大家都公认，加宽道路的功效很是有限，而且只能救济一时，并不是澈底的办法。从欧美各国的经验，用加宽道路来增加交通量，往往不能达到预期的效果。在本市这种情形，一定更为显著普遍。道路加宽将使两旁房屋的门面重行建筑，而使许多产业受到损失。本市近年来最重要的道路放宽，可算是南京路在西藏路与马霍路（今黄陂北路）当中一段，但到现在，已经失去效用。因为增加的宽度，都给停放车辆占去，余下的行车道，只能在每方向通过一行汽车。这种加宽，不特无益，而且有害。因为道路加宽之后，行人横越道路的时候，走上一段广阔而没有保障的距离，容易发生危险；同时增加较小车辆互相碰撞的机会。

用放宽的办法来处理交通负荷过重的道路的最大缺点，还是由于它的费用浩大，而所得结果，在交通容量及速度方面，几乎都等于零，充其量也不过是细微的改善而已。所以根本要除去这种错觉和这种认为可以利用局部放宽道路的办法而增加交通容量及速度的心理。本会建议两种新型的道路，来根本解决交通问题。这两种道路，是有着不可分离的关系的。它们的应用，不特可使交通的速度超过目前的标准，同时又能够增加交通的容量，比较单单放宽道路的办法，高出多倍，实为目前乃至于在50年内的交通之惟一有效，而最合乎经济的办法，这两种新型的道路就是：

（1）直通干路或简称干路；

（2）次干路。

这两种干路的设计，以增加交通的容量和速率为目的，所以只能应用为市民集体运输货物运输和私人汽车之用。关于高速度市民集体运输的工具，可用公共汽车或市镇铁路，动力可采柴油或电力，这种新干路又有下列各种功能：

（1）在宽度较小和维持费用较低情形之下，一般的运输功能较同等或宽度较大之普通路为高；

（2）购地筑路费用可能比较一般加宽道路的费用为低；

（3）能经常保持原设计的交通容量；

（4）能使交通速度增加，意外减少，又因各危险部位之消除，而达最高之安全程度；

（5）能将各主要起迄点之交通加以组织吸收。

本市以地下水位太高，低层干路之建筑费及经常维持费均嫌过高，为解决交点问题，高架干路，似为惟一经济的办法。这个干路系统可能完全不受缓行交通的影响，而使各种车辆以最经济的速度行驶。

干路上的市内铁路和汽车道完全隔离。市内铁路拟用双轨，汽车道则以每方向双车道为限。干路的总宽度除交叉点及进出路线外，大约为23m。

建议之直通干路：

（1）由吴淞港起点，经虬江码头、杨树浦、北站，而至北新泾区。

（2）由前法租界外滩起点，经南市、环龙路（今南昌路）、复兴路、虹桥路，而达青浦。

（3）由吴淞为起点，经江湾、虹口、外滩、南市、南站、龙华，而达新桥、塘湾、闵行各地区。

（4）由肇嘉浜起点，经善钟路（今常熟路）、普陀路，而达蕴藻浜（蕰藻浜）。

（5）由南站起点，经西藏路、北站，而至大场。

（6）绕越路线：

　　①由吴淞港，经中山路，而达新桥。

　　②由吴淞港及蕴藻浜（蕰藻浜），经大场、北新泾及新桥区之外围，而达闵行。

所有直达路线之设计均以下开〔述〕各点为根据：

（1）使全市主要交通的流动均由直达干路系统吸收；

（2）使各新市区与中区之交通迅速便利，而中区同时又可作为客货转运的中心；

（3）使中区内现有拥挤不堪之商业区得以减除过境交通之通过。

这一个直达干路系统之设计用意，在吸收公共运输和工业货运，不像一般美国城市的道路系统，是专为私人汽车通过市区增加速度而设。我们的私人汽车究属有限，且我们预计将来也不会达到美国的情形，专为它们来修路，似乎并不合理。

现再将各条干路的功能分别如下说明：

吴淞、虹桥直通干路的作用，是为将中区主要工业地与港口和铁路货站连〔联〕系；肇嘉浜、蕴藻浜（蕰藻浜）直通干路，为将南面的煤运及粮运港与蕴藻浜（蕰藻浜）和普陀区的工业地连〔联〕系；至于吴淞、闵行直通干路可将南面工业地区与吴淞港口衔接；南市、青浦直通干路，为上海至太湖区域之林荫大道，沿途绕越各工业地区。林荫大道本为市民游乐而设，货运及货车均不许通过。全部直达干路系统，在中区内互相衔接，以便各区间客货的转运。在建成区内，此种干路均为高架构造，且与市镇铁路系统配合，而成集体运输之主要工具。长途汽车交通，在可能范围之内，都可利用这个干路系统的道路。

建成区内干路是高架的构造，所以不致与其他道路平交进出。干道均用匝道连接，藉与辅助干路系统联络。

这种道路设备和改进，可使车辆行驶的安全性达到最高程度。即车辆速率在90～100km/小时之高速行驶，也不致于发生危险。干路与干路或与市镇铁路的交点，也是采用立体式结构分隔的。

2. 次干路系统

上面所建议的干路系统，目的是把大上海各新市区和现在的核心与整个区域内的道路交通联系起来；而辅助干路则为市区内的主要交通道路。次干路的功能是独立的，只在几个主要点上得以通达干路，所以次干路与干路在功用上是完全不同的。

车辆在次干路上行驶，较干路车辆行驶的距离较短，速率较低。干路上只准行驶机动车辆，其余的车辆和行人的交通，则由次干道来负担。我国工业目前尚未臻发达期间，小型的工厂和作场以至陆路运输之人力车辆，都在无法禁止之列。为增加次干路交通的速率起见，应规定机动车中的公共汽车、私人汽车、货车和其他低速率的车的行驶路线；并在某种地区还要划定脚踏车的行车道；而且规定在高速行车道上，不得任意停车；公共汽车亦须在指定地点停车。次干路系统的设计是以下面各点为目标：

（1）将机动车与非机动车分隔，藉以增加交通的效能和容量；

（2）选择修筑有限数量的新路线，比大量放宽原有道路为经济；

（3）维持设计的交通容量，必要时可以增加改良；

（4）能使交通运输速度较一般放宽的道路为高，因此使行驶之便利，使驾驶人易于遵守规章，从而减少车辆肇事的可能；

（5）配合土地使用计划，成为各个中级单位的分界线。

次干路的交点，在市内车辆繁密的区域，都用环形广场。私人汽车的停靠和与其他地点的联系，只准在慢车道或联系路上行走。各区的次要支路，只能接至联系路。所有快车路线，是限制入口，而且应有特别引进道设计，否则只能在环形广场或其他交叉点通过。

全部次干路系统，成为一个栅形的交通网。在中区内，虽然大多是方形，但至新市区就分为几种形状了。中区和新市区的次干路，就是各区内中级单位的界线。此种设计，实有避免过境交通通过的效用。

3. 地方道路

有了干路和次干路，其余的道路重要性就可减低，而为地方路。地方性交通的起迄点，既在组成中级单位内的各个小单位内，所以并不需要很宽的道路。在住宅区内，每方向有 3m 宽的车道已经足够应用。商业和商店区内则需要四车道。

图 7-2 中区计划道路

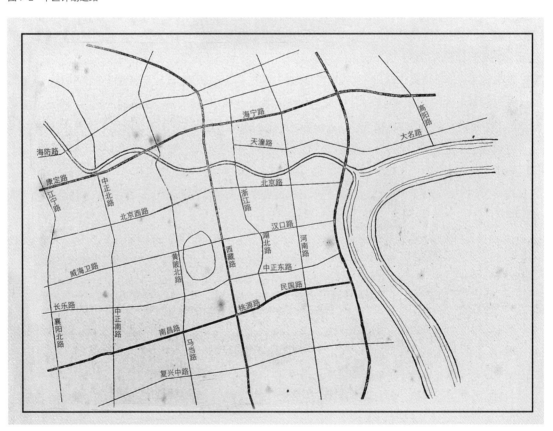

对于交通，我们有两个需要的条件，就是安全和流畅，尤其是安全第一。我们新的道路系统，不是随便放宽几条道路就行的。我们要将道路的性质分别清楚。认清每一条道路的任务，再来设计每一条道路。道路有两种不同的任务：一种的任务是交通，为交通而设计的道路，车辆在上面要能安全而很迅速的〔地〕通过，好像火车在铁轨上行驶一样，不受到任何阻碍；另一种的任务是供工商业和居民的活动，这种道路上，行人很多，急驰车辆不许到这里来危害安全。在设计方面，前者要求其平直通达，后者却要其偏处通道之外；行车速度要有严格的限制，如此市民才可以得到居得清静、行得安全的保障，可以出入从容，不受交通的威胁。

根据前面所说的需要，我们要有新的道路系统来适应新上海将来的交通，将全市道路，作以下的分类（表7-6）。

工厂、商店、住宅、园林的出入口，应设在支路和小路上。这样，交通不受行人的阻扰，行人不受交通的威胁。车辆可以急驰，行人可从容缓步。使市民能以轻快安静的心情，进行日常生活，这就是新道路系统的目的。

本「总」图所示仅前三种交通性质的道路。支路小路的设计，在将来绘制详图时，才能表示出来。

1. 高速干道

联系全市各重要交通点，并与市外各重要公路相衔接。相与衔接的各重要公路，将来应照高速干道同一标准设计。高速干道是效能最高的道路，将来建设全国性的高速干道网，在辽阔的中国，很有这种必要。高速干道设计行车时速达160km；高速干道上无平面交叉；出入口有一定限制，并只与城市中的干道相连接。高速干道之选线尽量配合周围地形和风景，弧度宜婉转流利，避免穿过密集地区。初期设计宽度可以在20～30m之间，但保留宽度，至少应为200m，以资布置园林绿带与沿线地区隔别，并供将来发展。

本「总」图建议高速干道甲、乙、丙、丁、戊、已六线。

甲线：经嘉定、太仓、常熟、江阴，往镇江；渡江沿运河，往华北；镇江往西，至南京。市区部分，长约15km。

乙线：沿中山南路，经七宝、嘉兴、吴兴、广德、宣城，往芜湖；沿长江往华中。市区部分，长约15km。

丙线：在嘉定与甲线衔接，经罗店、月浦、吴淞港口、殷江区 [1]、中区之西，往南在马桥镇与戊线相会合。市区部分，长约50km。

丁线：环绕殷江区，在吴淞港口之南与丙线相衔接，经军工路、虬江码头、杨树浦之北，在铁路货车编配场之南再和丙线相会合。全线长约21km。

戊线：在南翔之东和甲线相衔接，经真南、蒲虹、莘宝、闵马各新计划区，往南经金山、乍浦，往杭州、华南。市区部分，长约37km。

表 7-6 全市道路分类简表

序号	道路种类	道路性质
一	高速干道	交通性质
二	干道	
三	辅助干道	
四	支路	工业、商业、居住性质
五	小路	

1. 与下文"真南"、"蒲虹"、"莘宝"、"闵马"同属新计划区，见上海市都市计划三稿初期草图。——编者注

已线：以吴淞港口对江为起点，经浦东各区之东，朝西渡浦江，在曹行镇之北和丙线相会合。全线长约 45km。

高速干道在市区部分，全长约 180km。

2. 干道

联系全市各区及附近城镇。设计行车时速达 100km。干道和高速干道的衔接，作分层交接。干道交叉点的设计，要有充分的交织长度。非机动车和行人沿干道行动，应另设非机动车道及行人道。公共车辆车站，应加设停车道，以不妨碍行动车辆。行人穿越干道最好利用地道或天桥，使行人和行车两不相犯。干道保留宽度，除利用原有道路不能合乎理想以外，均留 100m。

3. 辅助干道

它的设计标准和干道大致相同。支路、小路上的交通，应尽量避免和干道相通，最好经过辅助干道而达到干道。所以辅助干道实际上的行车时速，要减低很多。

上海现在车辆的种类实在太多，这也是交通不能流畅的原故。我们将来要逐步减少人力车辆及其他不合理的交通工具，而鼓励公共机动车辆的发展，这样才合乎大家的需要，而十分经济。

上面所举的干道和辅助干道的标准，在中区限于既成的事实，不容易完全达到。在这种情形之下，我们不得不把标准减低很多。不过新道路系统完成的时候，全市任何两点之间的行程，所需时间当在半小时左右。在 900km^2 的范围内如能达到这种效果，是所我们〔我们所〕希望的。

三、停车场及客货终站

交通的本质，并不限于行动的车辆，因此交通问题，无论属于航运铁路或道路，都不能只以增加应用工具的数量或容量来解决的。交通线内的停车终站问题，实与整个交通的畅通有密切的关系。许多时间上的损失，都是虚耗在不良的停车终站上。照我们传统的观念，道路往往同时是行车道和停车站。可是在汽车应用日趋重要的国家内，已经特设有公路或道路停车站。本市内似乎还没有人注意到这点，反而「有」利用主要交通的道路来作公共汽车或电车停站的趋势。本市自光复以来，外滩一带增加不少电车和公共汽车的终站，在抗战以前却没有这种现象。所以一般而论，目前本市的道路，不独是作为车辆行驶之用，而且兼作车辆停放地点。沿道路各处都可作为人货起卸站，甚至作为工作地点。有许多汽车行或小型工厂，都利用公家的道路作为堆放材料或工作场所。这种情形，对于交通，当然很有阻碍，而以较为繁忙的道路为甚，如威海卫路（今威海路）、北京路和北京西路上都是如此。

所以我们要规定，在所有直通干路上，不许停车上落或停放车辆；连次干道上也不许停放车辆；只可在连〔联〕系路上或行车边道上停车上落；甚至于地方路上狭小的段落，也不许停放车辆。因此我们便得在全市各地，特别是中区的商业和商店地带，布置适当的停车场所或停车设备。中区各主要道路，则绝对禁止停车，以免减低道路运载的容量。假如能够切实执行这路外停车的规定，中区内很多道路都可不用加宽。由此可见，这个办法实在是最经济和最易施行来解决交通拥挤问题的办法了。道路的加宽，要有多年的时间，才可以完成，但利用新型多层式的汽车库来辅助路外停车的推行，则是一件轻而易举的工作，估计最多不过两年便可以完成。这种办法之解决停车问题的价值，是比较有永久性的，而道路的加宽，只是头痛医头的办法，因为数年之后，加宽的道路又嫌太狭了。所以在中区车辆停放的问题，可有两种解决的办法，一为设停车场，一为建筑新式巨型多层式的停车库。这两种设备的地点，都要事先研究，作适当的分配。中区一带空地很少，现在的空地又多已另有别用，市府对于此项重要设备，似应即予计划办理。

从中区地价而论，露天停车场的设备，实太不经济。因为每辆汽车所占的停放面积，平均约合 $31m^2$。照最近的统计，每日停放中区的车辆，约有 4 000 辆之多。假使要推行路外停车的规定，我们便得准备好 12.4 万 m^2 的地位，合 207〔186〕市亩的面积。就地价计算起来，实在是很大的数字。倘若采用车库的办法，以 8 层高度计算，则每辆汽车所占的地及〔上〕面积可以减为 $4.5m^2$，只合露天车场需要 1/7。由地价所省下的费用，可以用到建筑费上，所以并不困难。此外，当然要顾到在这 4 000 辆汽车之外，还有 10 倍以上的人力车和三轮车等等，每日在办公时间内集中中区一带。它们的停放地点，也得要有相当准备。但如将来公共交通设备改进，以后这些车辆自然大加减少。而工业发达，汽车的应用至少也会把它们一部分淘汰掉。

在各种会议上常常有人建议，应该在建筑法规内规定，中区各项建筑须有自备停车场所。本会认为，这种办法不能无限制的〔地〕普遍施行，因为它会引起构造上的各项问题；对于小型的商店增加了很大的经济负担，似乎并不十分合理。停车场所的管理及经常费用都很大，惟有采用多层式的车库，容量在 400 ~ 600 辆之间，方能符合经济原则。

从有组织之交通观点看来，这种车库应视为私人汽车的站头。而这些站头有计划的布置，对于中区的交通管理将有良好的影响：

第一，可避免道路因放车辆而发生的拥挤；

第二，每日与中区交通车辆方向实数，均应有准确记录，对于目前和将来道路容量的设计能予极大帮助。

　　根据以上〈面〉的观察，多层式车库的建筑，对于中区内停车问题实为最经济和最适宜的答案。这一点无论在土地的应用上，或管理费用上，都可以证明的。这种设备都应该由市府负责办理，停车所收费用以能应付投资利息和经常维护费用为原则。当然，对于较大的办公建筑或旅馆商店等，都可以鼓励他们自备顾客停车地位，作为招徕营业的工具。至于经营车库的业务，假如是有商业上的价值，利之所在，自然有人投资办理的。

　　在未来的数年内，可以预测本市的汽车数量必定增加很多，交通拥挤和车辆停放的问题，更将日趋严重。市府似应把握时机，预谋解决的办法。在上文曾经指出，推行路外停车的政策实为解决目前交通最易施行的方案。假如能够与车库建筑分头进行，则收效之速，指日可待。在住宅区内，因为人口密度较低，停车问题当不致于发生困难；至于多层式的公寓建筑，自应责令自备停车地位，供住客及来宾之用；小型住宅要有车房设备；但住宅区内之各邻里单位，则应有公共小停车场的设备。而任意随地停车的习惯，必须绝对加以禁止，交通情形才能有改善的希望。

第五节 地方水运

在上文中，同人等曾将地方水道对于本市交通之重要性提请注意，现再稍予论列。查地方水道，对于工商业所需之原料及燃料，以及制成品与半制成品之运输，均极经济，已为尽人所知。本市现有水道数量至大，亟应加以改善利用。惜同人等目前对于本市各水道调查统计之资料，尚未有获，只能在原则上规定，此项水道将为本市交通系统内之一主要部分，而苏州河及蕴藻浜（蕰藻浜）两水道须予大量改善而已。

同人等在水道交通方面，兹建议如下：

（1）目前苏州河之弯曲过多，耗费运输时间，至为不便。应在北面工业地带，自麦根路[1]至曹家渡加开直线运河，以便船只直接通过。至原有弯曲之处，仍可作起卸码头之用。

（2）蕴藻浜（蕰藻浜）应照「总」图「所」示加以改善，并利用现有一部分之浜道。

（3）浦东与浦西之轮渡，须即开行，使浦东得以发展为住宅及农作地区。此种轮渡设备，除客运外，并须能作汽车、货车及货物之运输。

同人等兹再建议下开〔述〕各条，为将来水道计划之原则。

（1）所有工业地区内之河浜，应利用为运输原料及燃料至各工厂之交通线，同时并将制成品及半制成品运至各终点站，以便转运。

（2）能作区域交通之河道，须予放宽或取直，使最低限度能通行 600 吨之船只。此项改善及随后养护之费用，以其所产生之经济效能而言，实至为值得。

（3）凡对于地方及区域之交通或农田灌溉各方面均无大用之河道，须予填塞，藉以改进环境卫生。

我国很多地方，可以利用无数的小河道作为区域性或地方性的货物运输。上海地区，过去一向如此。在铁路、公路、空运发达的今日，仍要赖水道作大量的货运。因为我国中部南部河道特别多，所以各城市间及地方性的运输系统亦与欧美不同。

世界中，和上海大小的都市，都有蛛网形的铁路及公路系统，由紧密的幅射线及环线系统织成交通系统（例如神户、大阪、东京、横滨区、纽约、伦敦、巴黎，而尤以柏林及莫斯科为最）。

上海在这一方面的需要是有限度的。据全世界的经验，如果时间的因素不是主要条件的话，货物运输，尤其是大件货物，用水运比铁路为经济。我国自古就有这样一个天然的水运系统，不过这些水道必须经常整理，而目前更需采用较高标准去整理，以应付将来的需要。过去数十年中，上海区域中道的河〔的河道〕，并没有受到了充分的注意。当然，上海将来更需要一个较好的铁路系统及更好的公路网，可是工业化地区中，优良水道，更是不可忽视的。应利用这天然赋与的水道系统，而不必像第一次大战后的德国一样花了庞大的代价来兴造。

上海内河运输，一向占了很重要的地位。1935 年，上海进出口海洋船只计 28 167 266 吨，内河船只进出口量计 5 633 765 吨。有 77 240 只民船，同时港内有 100～600 吨驳船 300 艘，60 吨以下小货船 29 000 艘，行驶于区域内水道系统。有各种原料及制成品，要能得到低廉的运输工具，才能谈到新工业地区的发展。

1. 此处专指今石门二路底至苏州河岸边处。麦根路原为苏州河南岸自西向东一条曲折的路，后被分为数段命名。起自石门二路北端，沿康定东路、泰兴路、西苏州路、淮安路，至江宁路，以后循苏州河向西，最终至万航渡路。——编者注在这第二次大战中，又证明了内河水运的重要性。美国过去在 1916 年以前，内河水道运输因为铁路的竞争，受到了强烈的打击，而且为人忽略。但在第一次美国参战后一月中，自纽约至底特罗（底特律）区，所有铁路干线全部阻塞，要花费几个星期方能全部清理。幸而当时即采用水运去补救，才解除了运输上混乱的状态。所以第二大战开始时，美国当局立刻管制所有内河航道，军用物资尽量利用水运，避免铁路和公路拥挤。

改进内河水运，应将所有人力摇划船只改为可载 600 吨左右的平底船，用汽船拖曳。一面将航道的改进，维持裁湾〔弯〕取直，加强两岸土堤，以减少淤积。低水位下 6 英尺（约 1.83m）的深度，俾得常年使用。

本会拟俟得有更充分的调查材料后，根据下列原则作更进一步的研究：

（1）新工业区内所有重要河道，应作货运之用，一面可将工业原料、燃料等运送至各工业地带，一面可将制成品、半成品等运至各运输总站。

（2）为区域交通而用之河浜，必须加宽，并加整理，使 600 吨平底船用自己动力或拖船动力，通行无阻。少数河浜应有这样的整理（表 7-7），而所得经济的价值，将远超过所需整理的费用。

（3）所有不能作区域或地方性工业运输之用，又不能利用作农田水利或下水功用的河浜，应当一律填塞。

（4）农业地带中，「除」能供下水用途的河浜「外」，必需〔须〕整理填塞无用河浜，可以增进环境卫生，减少蚊虫和饮用不清洁水的危险。

表 7-7　工业农业运输用河应予整理者（下水用河流另行研究）

序号	名称	序号	名称	序号	名称	序号	名称	序号	名称
1	苏州河	7	春申塘	13	虹江	19	高桥浜	25	鹤波塘
2	蕴藻浜 *	8	漕河泾	14	杨树浦	20	中汾泾	26	咸塘
3	小来港竹冈	9	蒲汇塘	15	沙浦	21	洋泾	27	大将浦
4	横沥	10	澳塘	16	沙港	22	杨思港	28	马家浜
5	六磊塘	11	西游浦赵浦	17	瞿脛河	23	三林塘	29	漕达
6	俞塘潘家浜	12	沙泾港	18	杨家浜	24	周浦塘	30	白莲泾

注：* 即"蕴藻浜"——编者注。

上海港口在世界上所以有特出的重要地位，因为它有许多优良的水道和广大的腹地和它相连接。长江和它无数的支流以外，有运河以及很多的湖泊可供运输的使用。可惜历年以来，本市多数水道疏于整理，沙泥淤积。即能通航，很少能通过 20 吨以上的船只。此种小船运输极不经济。本「总」图绘示水道，需作有系统的疏浚，使各区，尤其工业区相互间有适当的联系，和黄浦江港口相通连。这些水道的疏浚标准，以能通航 400 吨的船只为目的。将来工业原料、油煤燃料，可以利用水道运输，节省费用，可达最低廉的程度。

第六节 飞机场

空运问题，在本市将日趋重要。以本市内外交通范围之广，且必发展为我国东海线上主要之空运站。空运之性质，大部将为客运，货运则以邮件或其他贵重物品为限。在美国，货物空运之费用，为铁路运输费之 12 倍。航空客运，对于一部分以时间因子较费用为重要之乘客，业已取得相当地位。故即以在国内交通而言，其发展之可能性亦属甚大。至本市将来苟能发展而成国际远洋航空中心之一，则空运前途更不可限量矣。

在都市计划中之空运问题，仅属机场范围部分，包括机场附近建筑高度之限制及机场用地之保留。目前在美国，机场之滑翔角度，规定为 1:15 至 1:40；而照欧洲之标准，则在机场 2 英里（约 3.22km）半径以内房屋建筑之高度，均受限制。

根据以往经验，客货上下之集中及机场面积之不足，实为空运站拥挤之两大原因。飞机容量日增，跑道亦随之加长。美国新建之爱德屋机场，因鉴于纽约拉瓜地亚机场（拉瓜迪亚机场，LaGuardia Airport）之拥挤状态，其保留之面积，竟达长 9 英里（约 14.48km）、宽 5 英里（约 8.05km）之大。本市原有机场，已无法作合乎国际标准之发展。故计划总图内对于现之龙华、江湾两机场，只加以维持或稍予扩充而为市区之降落场所以外，并建议在乍浦附近设立一大规模之空运站，为远洋空运之根据地，并与港口铁路及公路各总站取得联系。此项建设，须预留广大空地，以适应国际之标准。至于龙华、江湾两机场，又可作为乍浦总站之供应站。而江湾机场因与吴淞港口接近，对于外洋与内河航运乘客之联系，亦有其特殊之价值焉。

本市的飞机场目前共有四处：

（1）龙华机场——现已扩大为民航专用机场；

（2）江湾机场——现为军用及民航合用机场；

（3）大场机场——完全军用机场；

（4）虹桥机场——军用训练机场。

关于机场问题，在初稿报告书内已有论及，现在不必重复提起。从各方面研究的结果，建议在上述四个机场之中，保留两个作为国际标准的机场，以便飞机可日夜降落；并严格限制附近建筑高度，以保证飞行的安全。

1. 龙华机场

在现时扩充范围之外，更予扩大，以便最大飞机必要时的降落。本机场专为国内空运之用，故与高速运输系统联系，使客货交通迅速到达市内各处。

2. 大场机场

将扩充范围改向南面发展。这个机场，定为国际航线中心，与港口铁路及公路密切联系。面积可容跑道多条，长度由 1 万～1.2 万尺〔1 万～1.2 万英尺（约 3.05～3.66km）〕不等。机场四周，只容住宅区之存在，且须保持相当距离。

至于江湾及虹桥两机场，拟不予保留，以免机场离建成区过近或致危及市民生命，特别是天气恶劣的时候。且此两个机场的存在，将会影响到虹桥、江湾、吴淞、虹江码头各新市区单位的发展。军用机场，最好移出市区范围之外，无论从军事上或地方的发展上来看，都有很大的理由。

本市现有大场、龙华、虹桥、江湾四个机场。

大场机场为将来国际航线及国内远程航线的主要起落站。本图建议在图示机场范围内设 45° 大型飞机跑道 4 条，跑道方向适合本市全年 90% 以上的风向。将来在全国性或区域性机场系统中，上海如被列为国际航线中心站，运量可能超出单跑道的容量。大场机场东面和南面约 9km² 的余地，足供将来扩展之用。

龙华机场将来亦供国际航线及国内航线之用。该机场之地位，北接中区，东滨黄浦江，西靠沪杭铁路线，除西南可以增设 60° 跑道一条外，不拟再求发展。

虹桥机场及江湾机场，因限于四周环境，将来仅保留为次要机场。

市内及附近短程飞机起落，可在各区绿带中设置小型机场。

水上飞机载重量可较大，对于货运的用途，将来一定很有发展。黄浦江和长江因其船只往来，潮汐涨落，水流波动，不适于水上飞机的起落。淀山湖的条件或较佳，可能是水上飞机场比较适宜的地点。

三稿：飞机场

第八章
ㄉㄧ　ㄅㄚ　ㄓㄤ

公用事业
ㄍㄨㄥ　ㄩㄥ　ㄕㄧ　ㄧㄝ

公用事业与计划总图之关系，以公共交通系统为最密切，在本计划内，曾予仔细之考虑。至其他公用事业，如给水、电气、电话、电报、煤气及消防组织等项，皆留待将来计划详图之阶段，会同专家，妥为设计。兹先将初步研究所得，分别报告如左〔下〕。

1. 公共交通

本计划总图，曾在土地之使用上与交通系统互相配合，藉以减除不需要之交通。此项处置，实为本计划之特点。此外，同人等更主张水、陆、空三方运输在交通系统上密切联系，并应先行计划港口之需要，以适应近代交通"争取时间，节省人力、物力，并求全系统高效率运用"之原则；又主张地方交通及长途交通应有机能性之联系，使内外交通，打成一片，随意所往，无所不宜。至客运与货运，则分别设站，以便各就性能处理。而公用交通工具，则以各区之天然条件及经济需要为决定之因子，其最佳之选择，虽尚未加研究确定，但以各种条件而言，其可能性实属不止一类也。

2. 给水

在本市有给水设备之区域内，居民共 60 余万户，而用水户仅 6 万户。虽户之大小未有统计，然此比例实有加检讨之必要，以为将来计划之参考。本市过去发展集中于数十平方公里之内，现既采用疏散政策，则将来给水自以多设小型水厂为较经济适宜之办法。惟离江愈远，水源问题随之发生，更应及时注意，以谋解决。

3. 消防设备

消防设备与给水系统直接发生关系，故应合并讨论。查欧美各城市之消防设备，有与给水系统相连者，亦有自成一系单独运用者。此两种办法，各有利弊。惟消防独立系统，可以避免给水区之压力减低。且以消防用水，毋庸精细处理，可省费用，实有加以考虑之价值也。

4. 电气

本市各电厂，系统不一，设备陈旧，容量总计不过 15 万 kW。本市既为全国最大都市，而将来人口之增加及工商业之发达，在国家工业化之过程，又将突飞猛进。本市整个之电气供应，似有重新计划之必要。以国防关系而言，则电源宜多，且应平均分布，以免受集中破坏之危险。至将来宜昌水力发电成功，自是一番局面，但以目前输电之技术而言，似尚不致影响及本市之电气供应也。

5. 煤气

煤气能利用副产品，确甚经济，然以其污浊及含有危险成份，欧美各新都市多考虑以电气代之。本市现有煤气公司二〔两〕家，用户仅 1.9 万余户，每日产量共 12 万 m^3。以本市煤源之缺乏及将来进展情形而论，煤气之应用，将来是否可作大规模之发展，实堪为进一步之研究也。

6. 通讯设备

电报、电话及邮政三项，虽属公用范围，但与目前计划总图之关系尚轻，同人等容当再作详细之研究。但将来趋势，必在各区单位内为个别有机之发展，殆无疑义者也。

总括上文所述，公用事业之计划必须保持相当弹性。过去经验所示，因科学之进步，人类生活方式随之不同，公用事业为适应人类生活之需要，故亦须不时改进，方能完成其应负之使命。由是可知，公用事业一方面固须满足现在之需要，然亦不能不顾及将来各种发展之可能，而作适当之准备也。

第九章
ㄉㄧ ㄐㄧㄡ ㄓㄤ
公共卫生
ㄍㄨㄥ ㄍㄨㄥ ㄨㄟ ㄕㄥ

公共卫生建设直接影响市民健康，其有关于整个社会活动之效能实至密切，而在现代都市计划中占一非常重要之地位者也。在现阶段之计划总图，自难将一切有关公共卫生之建设详为设计。以初步报告之性质而言，亦只能将较为重要各点，提请注意，以备参考，并为将来讨论之张本而已。

都市计划，以改进人民生活水准为最终之目标。但以言生活，则健康为先决条件。未有身体衰弱而能谈生机之活跃者，是犹衣食足然后礼义兴。

同人等于设计之初，即以本市之公共卫生建设为主要对象之一。其影响全部之计划，实至重大。诚以东方病夫之诮，至今未获超雪，而弱肉强食之世界，且将变本加厉，触目惊心，良有以也。

公共卫生问题，自可由计划方面予以局部解决，但澈底之成功则仍有赖于管理之得当。由此可知，行政方面之配合，在计划实施之际，实为必要。

区划工作，固以避免杂乱无章之发展为目标，然就公共卫生之观点而言，亦为针对不良生活环境而起。在本计划内，住宅地带与工业地带完全隔离，所以避免煤烟及臭味之影响，而以本市之最频风向为根据。本市风向，冬季由东北至西北，夏季则为东南。故在可能范围之内，住宅地点以在工业之南为主。其或因各种关系，未能照此处理，则两地之间，必以绿地为缓冲地带，其宽度以 0.5km 为最低限度。此项办法，既可完成工业隔离之目标，且对于环境问题有莫大补助，而工业之排泄更得便利处理之机会。至住宅区内日常生活所需之各项作坊，亦可集中处理之。

本市另一病源，即为人口密集。据调查中区一带，有 300 万之人口集中于约 75km² 之地面。而事实上，局部人口之密度，如老闸[1]、新成[2] 各区，竟有达 20 万人／km² 以上者。一宅之内，或仅有三数小室，而住户竟达十余之数。据 1946 年 8 月份市府民政处之统计，全市出生人数 3 760 人，死亡人数 3 310 人，为前者90%。老闸区出生 14 人，死亡 47 人，比例为 1 与 3 之比。此种数字虽属片段之比较，未能代表全市情形，而密集程度与死亡率之关系，已得充分证明。本计划所以严格规定各区人口密度，实缘于此。苟能切实推行，则上开〔述〕弊端当可消除于无形矣。

同人等在总图内，为将来市民之居住及工作地点计划，其环境优美，空气清解〔鲜〕，阳光充足。而全市园林系统之设计，更针对市民游憩及运动之需要，使黄童白叟，以生以养，各乐其乐，仰受大自然之惠赐，而获健康生活之享用焉。

本计划在现阶段中，仅能顾及上述各点。至其他设施，在将来详细计划中应予考虑者，则不止此。兹特列举数端，以供研讨。

1. 卫生中心

以实际之需要，在每一小单位或联合数单位而设一卫生中心，以管理及指导居民饮食起居之各项卫生问题，并为此项问题咨询之所。又应不时举办公开讲演，以灌输卫生及治疗常识为目标。此外，并宜有健身房、运动场及游泳等设备。

2. 医院

每中级单位须设一公立医院，其大小以需要而定。下例标准，可作参考：

美国，每 137 人有一病床；

英国，每 154 人有一病床。

上海市卫生当局所规定每千人一病床之标准，固属易办，然在人民卫生水准低落之我国，人床之比例，应较英美为高。公共医院之组织，一切应以市民之福利为前提，俾全体市民，均能享其应有权利。

---

1. 位于今市区东部。1945 年设置，东沿山西南路、汉口路、山东中路，西沿西藏中路，南沿延安东路，北沿苏州河。1956 年撤销，辖地归黄浦区。——编者注
2. 位于今市区中部。1945 年设置，东沿西藏中路，西沿茂名北路、泰兴路，南沿延安东路、延安中路，北沿苏州河。1956 年西、南界略大。1960 年撤销，成都北路以东划归黄浦区，以西与原江宁区大部分地境合并设置静安区。——编者注

3. 卫生试验所

须与医院相辅设立，以便检查工作及饮食物品管理之执行。

4. 污水排泄与废物处理

本市多数房屋尚无卫生设备，每晨有 600 辆之人力粪车往来路上，废物处理方法亦极原始。将来应推行每一住宅最低限度须有水厕设备之条例，废物之处理亦应采用科学方法，以免有碍卫生。

5. 公共厕所

本市公共厕所，质、量两缺，应予改善，并为严格管理，以维持公共卫生标准。

6. 水道清洁之管理

本市水道，多为秽物荟中之处，其影响市民卫生，不言可喻。将来对于水道清洁之问题，实应详为考虑，以求合理之解决。

7. 其他

一切有关社会福利之设备，如孤老院、托儿所、职业介绍所、市民福利中心等等，同人等均曾顾及，在将来详细计划内，当予分别配合设计，兹不赘及。

如上所述，同人等对于公共卫生之政策，乃为注重预防方面，以冀消除疾病于无形，使全体市民同臻寿康之域者也。

第十章

ㄉㄧ　ㄕ　　ㄓㄤ

文化

ㄨㄣ　ㄏㄨㄚ

在本计划现阶段内所表示之文化设备，虽甚简略，然同人等在设计时并未一刻有忘本市在中国文化上所负之使命，而在在予以深长之考虑。江浙两省，自昔为人文渊薮，其文化程度恒在一般水准之上；海禁开后，欧风东渐，更成中西文化交流之中心。此项地位，就将来情形观察，将见愈形巩固，允宜利用时机，树立模范，以为全国之倡导者也。

同人等认为，本市之文化设备应有崭新之措施，以适应现代人类进步之思想。其目的在使居民得以种种便利，与全部文化发生直接关系，在优良环境之下，可收潜移默化之效。所谓"不识不知，顺帝之则"[1]，不加勉强做作，而得进步于无形者也。其方法为何？即以本市各小单位为出发点，在每小单位内布置文化设备，成为一种小型之文化中心；复联合数个单位之力量，以维持一较大之中心；由此逐步推广，而成一全市性之文化中心之办法也。凡此各级之文化中心，其组织在一有系统机构之下，互相连〔联〕系，通力合作，并无界限之分。此项办法，不特可以集中全市文化建设之力量，以为市民造福，且可避免虚耗，而使此种力量高度效率化。例如图书馆之书籍、博物馆之古物与美术馆之美术作品等项，均可互相通用或巡回展览，以收普遍利用之效果。

文化中心之地位，以便利居民之应用为原则，尤以邻近绿地为宜。所以脱离烦杂之环境，其有利于自修之思索及研究工作，实非鲜浅。如能以各地学校为中心，从而分布其他设备，形成居民文化活动之集团，当更为理想矣。同人等建议，以江湾一带为本市文化中心区，以其地点适宜，环境优美，且已有相当设备，如图书馆、博物馆、运动场等，足为发展之基础也。

学校之分布，当以居民之家庭组织决定之。又应与居住地点联系，使孩童上课便利，并可避免干路交通之危险。至运动场所，更应具备。

戏剧及音乐为高尚娱乐，且有教育功能，将来各区单位之设计，应予特别注意，妥为设备，其大小及性质当各随实际需要而定之。

至图书馆、博物馆、美术馆、科学馆、民众教育馆、水族馆、动物园及植物园等等，在都市文化建设上均各有功能。而占重要之位置者，同人等将在各区详细设计时，会同专家分别计划之。

同人等在此项报告之余，更希望本市之文化设备将以崭新之姿态出现，得而完成其服务全体市民之使命。非如过去一般之概念，以各项文化建筑为一种夸大空虚之表现，循至金玉其外，败絮其中，因陈腐化，耗力伤财，而于实际推动文化之工作反一无所补。现代人之文化表现不在于帝皇之殿、英雄之墓、纪功之碑，而在日常生活、随时随地，如交易之市、制造之厂、蓄水之坝、渡河之桥，乃至农场园圃、平民住宅等项，均为现代人文化精神表现之资料。其与往昔不同之处，乃朝气与暮气之分及朽腐与生机之别也。

1. 语见《诗经·大雅·皇矣》。——编者注

初稿：文化

四一

讨论及书后
ㄊㄠ ㄌㄨㄣ ㄐㄧ ㄕㄨ ㄏㄡ

第一节 讨论

本图到现在计划阶段，只能作为三稿的初期草案。许多问题，犹待商讨。

（1）一个都市的经济发展趋势，是要和国家计划以及区域计划相配合。上海市应该发展那〔哪〕几种工业，工业的数量应该多少，在没有国家计划和区域计划可为依据以前，根据几个不完全的统计数字去推测将来，不一定是正确的。

（2）本图区划界限和道路选线的拟定，限于事实困难，多不获实地勘测，大部分参照美空军航摄照片，既失时效又不完全。

（3）本图各项面积数字，都由1:25 000上海市全图量得，和实际有相当出入。

（4）中区限于既成事实，区划、道路、绿地等等设计标准，难合计划原则。新计划各区能发展至相当程度时，中区人口才可望做到合理的疏散。到那时候，中区要澈底重新规划起来。

（5）建设初期，房屋、道路、公用设备，应配合国民经济，先求简单实用，以期普及改善效果，一方面使得将来改进比较容易 。

（6）新计划区的发展应由政府领导，集合私人投资综合设计施工，作集体建设。房屋居室面积，应依照区内生产居民的家庭人数和职业上的个别需要作公平的分配。房屋的建筑、家庭的装饰，可以有华贵和简朴的分别，而人类基本生活的需要如空气、日光、居室面积的分配，应该平等。私人个别建造，只有拥有财力的人，有移住新计划区的机会；技术生产的人，仍然没有力量得到合理的居住，甚至根本无法到此新计划区来。这样的新计划区没有新的生产力量，不能有健全的发展。原有的贫街陋巷，将要永远存在。工作地点和居住地点，将因都市的发展，愈来愈远。于是增加交通困难，消耗往返精力，大有违背都市计划的原意。

（7）在目前极度房荒中，棚屋仍有继续建造的需要。为了不使他〔它〕对于全市发生不良的影响，应划定临时地区，由政府管制，建造合理的临时棚屋。计划中的丁种住宅区，即为解决棚户问题而拟定。

（8）三稿初期工作已告一段落，在作进一步研讨时应当注意：

①实测准确地形图；

②搜集有实用的统计数字——最好由工作人员主持调查；

③工作人员应当保持密切连〔联〕系，最好能经常在一处工作。有关技术观点，须经讨论考虑后共同决定。——因区划、交通、绿地和人口、工商业等等都有密切关系，如分头进行，有不容易互相配合之苦，同时也限制了各单独负责人的眼光而使他们容易固执己见。

第二节 书后

上海都市计划总图自 1947 年 5 月完成二稿以后，曾经开过很多次会议来商讨，并征询各方意见。两年来，个别进行中的研究工作虽有相当成果，但因缺乏连〔联〕系，总图设计工作逐陷于停顿状态。今年 3 月 23 日，执行秘书赵祖康先生责成笔者四人从速设计绘制总图三稿。于 5 月 24 日完成至现在阶段。本市解放后，即开始草拟说明。

本图能克服许多困难进行至现在阶段，端赖姚世濂组长热心协助和鼓励。本图港口地位、河流系统参照韩布葛、林荣向两君建议；人口数字参照吴之翰、王正本两君的先后估计；公共建筑方面，曾征询顾培恂君意见；绘图计算方面，承高言洁、张迺华、沈兆钤、金则芳、唐畅园、吴信忠诸君热心帮忙。谨一并表示谢意。本图匆促绘制，缺点甚多，作为定稿，尚待改进。

鲍立克　钟耀华

程世抚　金经昌

1949 年 6 月 6 日于上海

第二编

ㄉㄧ　ㄦ　ㄅㄧㄢ

大上海都市计划研究报告

专题一
上海市建成区暂行区划计划说明

为发展上海市之经济建设，改善市民之生活，健全社会之组织，促使交通便捷，本市都市计划总图二稿所提示者，乃一理想而与实际配合之方案。而整个计划中之最重要部分，即为建成区（在二稿计划中将原有中区范围扩充），此区为将来上海之市中心——固不仅本市之行政经济中心、交通之枢纽，且为全国经济之中心。故对此首要之区，自应有一改进之计划。

但目前，此区内居民之生活水准远低于现代社会应有之卫生标准，房屋居民之情况尤属严重，几大部为陋巷式之贫民窟，拥挤程度超越世界任何城市之上。本市所拟订之《建成区暂行区划计划》，即求整个都市计划初步之过渡时期中，以区划方法谋市民生活环境之改进。

1. 人口密度过高

中区建成地域面积约为 56.7km²，人口共 3 186 766 人（民政局 1947 年人口统计），平均密度 56 204 人/km²（即 562 人/hm²）。此为一总密度，盖其总面积中尚包括码头、仓库、工厂、工场、铁路、办公厅、行政机关、学校及其他非居住之处所在内。若将此项建筑物及场地之面积（约 7km²）除去，则实余 50km²（尚未除去道路面积），平均密度即合 640 人/hm²。如与世界其他大都市之平均人口密度列表比较（表专 1-1），即可见本市为世界各大都市中居住情形最恶劣者。且其人口之分布又极不均匀，虽有数处较此数为低，有数处竟超出此数数倍之多，如老闸区内约为 1 500 人/hm²，南市有数保[1]人口在 3 000 人/hm² 左右。观乎柏林最贫陋之处亦仅 672 人/hm²，伦敦 889 人/hm²，纽约 1 112 人/hm²，而本市有不少区域每公顷自 1 000 ~ 3 000 人（见图南市区[2]），其总平均密度即与柏林之陋巷相等。根据伦敦新都市计划，人口密度将减低至 335 人/hm²。相形之下，本市人口密度拥挤之程度，可谓已达极点。且因如此高密度之人口，又无现代运输设备以供人民工作、社交、游乐等各种必要行旅之需，交通之拥挤阻塞自亦为必然之结果。

2. 混合使用

本市除交通阻塞及高密度人口拥挤缺点外，最重要者，即过去本市各部分土地之使用毫无计划。市内各区，同时为居住、商业、工厂及仓库混合使用，结果使工作及居住环境更形恶劣，交通情形愈趋混乱，同时减低若干良好地段之地产价值。

建成中区包括面积 87.60km²。其中，56.70km² 为现在已成之城市区，其余 30.9km² 至今仍为农耕土地，间有少数棚户及疏落之村庄而已，居住人口尚不足 10 万人。此 1/3 之空旷土地，作为城市发展之用，如规划适当自可以平衡土地之使用比例，并容纳一部分中区现有之过剩人口。设人口能向此空旷地区疏散，则总平均密度即可减低。然不幸过去土地混合使用病根之深，几使建成区本身难

表专 1-1　世界各大城市人口平均总密度

城市	平均总密度（人/hm²）	最劣地区（人/hm²）
纽约市	96.3	1 112
曼哈顿（住宅区）	330.9	466.8
芝加哥	66.2	/
柏林	243	672
伦敦（市中心）	596	889.2
上海	640	413.0*

注：* 该数据可能有误，因文中提到上海市部分地区人口密度为 3 000 人/hm²。——编者注

1. 1946 年，上海开始实行保甲制度，规定 10 ~ 30 户编为一个甲，10 ~ 30 甲编为一个保。一保大约有 800 ~ 900 户人家。——编者注
2. 未见图。——编者注

一　稿

自求一平衡之区划。据我人详细计算建成区之合理人口，只可供应约270万人之居住面积（详见下文（见本书第130页））；其余人口，仍须求诸建成区以外之面积以容纳之。故本市之问题，亦即建成区之问题，不在土地之不足，而在土地使用之不当，不得不谋建成区以外之发展以纠正之。

3. 目前商业区——房屋过高

黄浦及老闸两区之商业区，因地产价格较高，战前即有争建高楼大厦之趋势。此种趋势，实缘于过去深受英美街巷制度之影响。然房屋高度之增加，不论其为居住或办公之建筑，道路运密[1]必与之比例增加。故房屋高度，应受附近道路运量及通路多少所限制。战前租界当局对此未能有合理之管制，于是更加深中区交通拥挤之严重性。

4. 公用设备之缺乏

工业用地必须有良好之道路及交通工具，以供原料、成品及人工之运输；自来水及电力之供应，以利制造。现中区以外，此各种公用设备均付缺如，使大小工业不得不设立于中区内，而又复零星散处各区。工业生产者，固无时不感受运输交通之延滞、缺乏广地以为扩充、水电供应之不足等困难，直接影响生产成本，间接增加消费者之负担，甚而至于民族工业之发展，亦同受阻碍。故区划计划之原则，实攸关本市各阶层市民之福利。

5. 区划计划

欲改善上述各种紊乱情形，理论上不外两种方法，即：①区划计划；②整个交通计划。此二者对于都市之发展各有其「密」切关系，而又必同时并进。本会之总图二稿报告书中已详论及之。

区划计划又可从密度区划、性质区划、高度区划三方面入手，庶收互相辅助之效。所谓密度区划，普通即规定每公顷可建筑若干房屋单位及居往若干住户，并限制其人口移动等。性质区划为区划计划之最重要者，其目的在规定各地段土地之独立用途，如居住、工业、商业、游憩等，均不得互相混杂。住宅区中应不准设立任何工厂，反之工厂区中亦不应有居住之房屋，其他各区亦复相同。理想之性质区划，不惟应根据目前之使用状况及地产价格，复应研究各区使用土地面积比例之大小、位置及在该市交通系统中之地位而设计，成一最适当之布置。至于高度区划，系在各区计划内就其不同之使用性质规定建筑物之大小高度，使不致有碍居住及工作之条件或阻碍交通之畅流为原则。

6. 交通问题及区划

区划计划既规定城市土地之使用方法，整个交通计划务必相与之配合而行。盖区划性质之不同，各区需要其特殊运输工具，如主要商业区需用电车、公共汽车或汽车以载运乘客；工业区需用运货卡车及电车；仓库区宜利用卡车、铁路或水道运输；住宅区内之交通路程每较工业区为短，宜用公共汽车、汽车、人力车或三轮车。至于各区之远程交通，则当以高速之市镇铁路为最经济便捷。

本市人口之密集，房屋之过高，均足增加运密，已略如上述。土地之混合使用形成各式车辆混乱行驶于大小街道。商店利用沿街地位作为铺面，而街道附近又无停车场之设备，顾客车辆往往停于路边，更使街道阻塞，可谓已具备促成交通不良之一切条件。

故交通计划，务必根据区划计划而设计。欲解决交通问题，非先解决整个土地之使用及如何重划，同时疏散区内人口，并限制建筑物之高度不可。此即本会将建成区暂行区划计划及新道路系统二〔两〕案同时研究之理由。

一〇六

---

1. "运密"指运输的密度。——编者注

图专 1-1 上海市建成区营建区划道路系统图

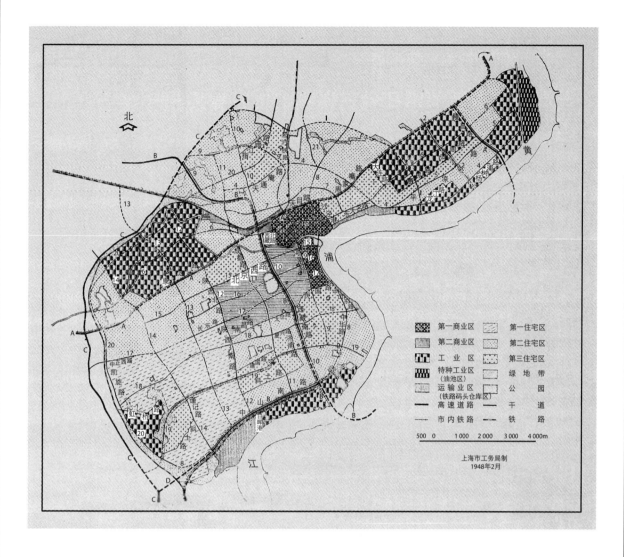

-125-

7. 暂行区划计划之原则

本会提出之建成区暂行区划计划，其范围包括中区及杨树浦一带，总计面积 87.60km²，为数月来将事实审慎配合理论之成果。其内容实偏重于性质区划，至密度及高速〔度〕区划则仅略举端倪。所以如此者，一以都市计划初步实施之时，建成区现状事实，从不易骤使改变，必须缓循善导，始克奏功；二则全盘区划之详细规定，并非建成区之单独问题，而周详之规划需时甚久，为求不妨碍在此期内工厂及住宅之兴建，目前自急需一暂行区划以为过渡时期行政管理之准绳，而免有损于将来整个总图计划之发展。

本区划计划之原则乃将建成区分划为若干地区，各区有其规定之用途性质，同时复须适应本市之特殊情形。至区划中有若干细节，因事实困难而未能尽合乎理想者，必须再逐步加以改进推行，此实应加说明者也。

8. 区划面积（参阅图专 1-1 上海市建成区营建区划道路系统图）

表专 1-3 工作地区之面积占建成区全面积之 26.3%，住宅地区占 50.0%。就理论言，前者不免过高，后者不免过少，使土地使用比例失去平衡。再分析计算人口之分布，即可以证实此不平衡之事实，但仍照表列数字加以区划者，无非受建成区既成现状之限制。故暂行区划计划，乃在消极的〔地〕防止继续混乱发展之过渡办法，而尚非一积极性之建设计划，此必须重加说明者。

兹再分析计划区内各地区人口之合理容量如后，以观其不平衡之程度如何。

1）工作地区之容量（工作人口）

a. 第一商业区

此区内之建筑，以行政、公安、工程、交通、金融、贸易、法律等办事处为主，故工作人口，应以每一员司[1] 所需平均建筑面层计算。据中欧之经验，平均每一事务员司，需用建筑面层 10m²（包括走廊、电梯、盥洗室等在内），即每公顷可容事务员司 1 000 人工作。其全部工作人员见表专 1-4。

b. 工业区（包括码头）

上海之主要工业为毛棉纺织业、制烟业、机器工程及制衣工厂等。据估计，目前纺织业工人每天二〔两〕班，每公顷人数约 1 000 人；制烟业大都为多层建筑，每公顷一班，人数即在 1 500 人以上，制衣业亦略相似；各种机器工程及其他制造工业，约为每公顷 300～400 人。假定将来工厂方面在建筑、光线及换气设备工作若干必要之改进后，以平均 600 人 /hm² 计算，则本区之工作人口见表专 1-5。

据社会局 1947 年 9 月统计，全部合法工厂 533 家，产业工人 135 860 人；不合工厂法之小型工场 1 060 家，工人 14 040 人，平均每厂仅工人 13 人，当属略用机器之修补工场，而不必一定设于工业区内者。故以工人人数计算，新区划之工业区可容纳现有产业工人 6 倍之多。上海未来工业之扩充，自可无虞于土地之不足。

但据民政局 1947 年 12 月人口职业之统计，工业为 715 223，约为社会局统计数字之 5 倍，其可能之分析见表专 1-6。此占本市工人最大比例之手工艺工人 318 830 人[2] 即可假定居住于三等住宅区内。

c. 特种工业区

此区专为设立产生恶臭、恶气、嚣声及有危险性之工厂，并预留为储藏汽油、油类及其他易燃原料之用，估计每公顷工人约 200 人，则 90hm²（0.9km²）内共为 18 000 人。

d. 运输业区

此区内包括铁路之货运站及客运站，以及若干不在工业区内之码头。估计此区内至少可供工作人口每公顷 300 人，在 276hm²（2.76km²）之总面积内，应可容纳工作人口 82 800 人。

---

1. "员司"指职工。——编者注
2. 该数据与表专 1-6 不符。——编者注

表专 1-2　建成区区划面积表

区划性质	占地面积（km²）	现有及计划绿地面积（km²）
第一商业区	2.76	
第二商业区	5.09	
第一住宅区	10.88	
第二住宅区	32.84	
第三住宅区	11.64	4.94
工业及码头区	16.53	
特种工业区	0.90	
运输业区	2.76	
区外绿带	2.81	2.81*
水道	1.39	/
总计	87.60	7.75*

注：* 该数据为编者所加，以与表专 1-3 对照。——编者注

表专 1-3　建成区区划面积分类汇总表

大类	小类	面积（km²）	合计（km²）	占建成区总面积比例（%）[1]
工作地区	第一商业区	2.76	22.95	26.3
	工业及码头区	16.53		
	特种工业区	0.90		
	运输业区	2.76		
住宅地区	第一住宅区	10.88	43.72	50
	第二住宅区	32.84		
混合地区	第二商业区	5.09	16.73	19.2
	第三住宅区	11.64		
游憩地区	绿地及绿地带[2]	7.75	7.75	50[3]

注：①建成区总面积为 87.60km²。——编者注
　　②包括现有公园、保留绿地、区内绿带和区外绿带。——编者注
　　③根据表内其他数据，疑为"8.8"。——编者注

表专 1-4　第一商业区工作人口估算表

项目	计算说明	值
本区总面积（hm²）	2.76km²	276
道路及空地（hm²）	本区总面积 ×25%	69.0
房屋基地（hm²）	本区总面积 – 道路及空地	207
建筑净面积（hm²）	房屋基地 ×70%	144.9
建筑层面积（hm²）	建筑净面积 ×6 层	869.4
工作人口（人）	建筑层面积 ×1 000 人 /hm²	869 400

表专 1-5　工业及码头区工作人口估算表

项目	计算说明	值
本区总面积（hm²）	16.53km²	1 653
道路及空地（hm²）	本区总面积 ×20%	330.6
工作面积（hm²）	本区总面积 – 道路及空地	1 322.4
工作人口（人）	工作面积 ×600 人 /hm²	793 440

综计上述各区受雇之工作人口如表专 1-7。此数字并不包括在第二商业区工作之商业职员，或居住于第三住宅区之手艺工人。假定工作者大部分居住于其工作区内，故应具备相当居住设备，成为一混合地区。

2）混合地区之容量（工作人口）

a. 第二商业区

此区为事务所、商店及住宅之混合地区。此区内所设计之土地使用分布情形，如表专 1-8 所列。工作人口每公顷 1 000 人计，则「可容工作人数」如表专 1-9 所示。

习惯上，各小商店，店主、店伙大部即居住于铺面楼上。故商店工作人口之半数，106 837 人可假定即住于店铺之内，而其余半数住于本区或他区之住宅地区。

b. 第三住宅区

此区为一混合性质之居住及工作区域，可有小商人、手艺工人及小型工场之场所。区内住宅，以每家占 0.15 亩（0.01hm²）之最小限度为标准，合每公顷 100 家。假定每户 7 人（习惯上，工人艺徒均居于工作场所，故估计之每户人口应较上海之平均数字略高），则全区之人口如表专 1-10。

c. 第一及第二住宅区

此两区内，虽大部为居住人口，但亦有少数之工作人口。如总图二稿所设计，将整个城市划分为一连〔联〕串之邻里单位、中级单位或市镇单位，此等单位内均须设立一人民日常生活必需品之商店中心。目前上海商店数目，据社会局 1945 年 12 月至 1947 年 9 月之统计，登记商号共 48 843 家。以建成地域之 3 186 766 人口计算，平均每 65 人即有商店一家。其中虽有少数商店乃依赖上海过往旅客及本市特高之购买力而存在，但大部为小本经营者，故其数字较其他都市之比例为高。在纯粹之住宅区内，商店供应范围较平均数略高，倘平均每店供应居民 200 人之需，则第一及第二住宅区估计可有商店 7 500 家，工作人数 30 000 人。加入商店中心内若干小型修理工场及行政机关等之工作人口 75 000 人，合估工作人数共 105 000 人。

建成区内之全部工作人口，由以上推算结果列入表专 1-11。

如表专 1-11 所计，建成区将可容纳工人、雇员、公务员等，总计 2 637 111 人。再据社会局统计，本市之雇用率为 62%，似此则全部人口将有 4 253 700 人。此 400 余万人口中，除第三住宅区可自供

表专 1-6　工业人口构成分析表（1947 年市民政局）

类别	工业人口（人）
住于乡村区者	109 789
产业工人	196 000
小型工场	18 030
上海之手工艺工人	391 404
合计	715 223

表专 1-7　工作地区各区受雇之工作人口

类别	工作人口（人）
第一商业区	869 400
工业区（包括码头）	793 440
特种工业	18 000
运输业区	82 800
总计	1 763 600

表专 1-8　第二商业区面积及土地使用分配计算表

项目	计算说明	值
本区总面积（hm²）	5.09km²	509.00
道路及空地/公有土地（hm²）	本区总面积×20%	102.00
私有基地（hm²）	本区总面积−道路及空地	407.00
事务所基地（hm²）	私有基地×15%	61.05
商店（包括工场、旅馆）基地（hm²）	私有基地×35%	142.45
住宅基地（hm²）	私有基地×50%	203.50
事务所占地面积（hm²）	事务所基地×60%	36.63
商店（包括工场、旅馆）占地面积（hm²）	商店基地×60%	85.47
住宅占地面积（hm²）	住宅基地×50%	101.80
所有私有建筑平均占地面积（hm²）	私有基地×55%	223.85
所有私有空地（hm²）	私有基地×45%	183.15

表专 1-9　第二商业区工作人口估算表

	建筑地面积（hm²）	层数	建筑层面积（m²）	工作人口（人）*	居住情况
事务所	36.63	6.0	2 197 800	219 780	/
商店（工场、旅馆等）	85.47	2.5	2 136 750	213 675	1/2工作人口(106 837人)居于工作地点
合计	/	/	/	433 455	/

注：* 工作人口按每人需用建筑层面积10m²计算。

表专 1-10　第三住宅区居住及工作人口估算表

项目	计算说明	值
本区总面积（hm²）	11.64km²	1 164
道路及空地（hm²）	本区总面积×30%	349.2
住宅基地（hm²）	本区总面积−道路及空地	814.8
住户（户）	住宅基地×100户/hm²	81 480
居住人口（人）	住户×7人/户	570 360
工作人口（人）	居住人口×60%	342 216

表专 1-11　建成区可容纳之工作人口

区别		工作人口(人)	居住情况说明
工作地区	第一商业区	869 400	除少数之警卫人员外应在他区居住
	工业区	793 440	
	特种工业区	18 000	
	运输业区	75 600	
混合地区	第二商业区	433 455	其中106 837人居住于工作地点
	第三住宅区	342 216	假定全部居住本区之内
住宅地区	第一及第二住宅区	105 000	/
总计		2 637 111	按雇佣率62%计算，得居住人口总数4 253 700人

其居住面积及第二商业区之极小部分雇员即居住于工作地点外，其余当由住宅地区解决其居住问题。故必须计算现在住宅地区之容量，视其能否容纳如此众多之人口。

3）住宅地居住人口之容量

a. 第一住宅区

本区包括中区西部最佳之住宅区以及旧法租界在内，现人口密度约300人/hm²以下（表专1-12）。此项标准，务须保持，并设法扩展至未发展之地区。今徐家汇河以外及中山医院附近，虽有扩展之迹象，但徐家汇一带，商店等逐渐增加，殆有形成陋巷之趋势，实应预为注意者也。

b. 第二住宅区

本区目前除住宅以外，混有商店、小型工场及其他用途之建筑，故人口密度可较第一住宅区略高（表专1-13）。

c. 第三住宅区

本区之居住标准，当更逊于前二者，区内得准设立工厂（参见表专1-10）。

d. 第二商业区

本区内为事务所、商店及住宅之混合区，其各部土地使用之比例，可参见表专1-8所示。本区内之住宅，在战前已大都为4～8层之高级公寓式房屋。假定平均以5层楼房计，60%之建筑面积，对于住宅房屋不免过高，将不能有充分之空气与阳光。故表专1-8内，住宅建筑净面积乃以基地面积50%计算，而事务所与商店之建筑面积则为基地面积之60%，平均全部建筑面积为私有基面之55%。据此计算，住宅地之可容人口如表专1-14所示。

9. 总居住面积

综上各住宅区及第二商业区依照建成区之暂行区划办法（商业与居住之混合区）内所能容纳之居住人口数如表专1-8〔表专1-15〕所示。就公共健康、安全、交通以及空气、阳光各问题而言，实已为最低限度之标准。

根据表专1-11之计算，就工作地区之面积所得之合理「居住」人口总数为4 253 700人，而住宅地区仅能容纳2 731 332人，必须有约150万人口居住于建成区之外。即以56.7km²之建成区内已有人口3 186 766人而论，亦须有455 434人（即14%之人口）移居于87.60km²之建成区外，始能得上述之合理密度。

10. 绿地

建成区内原有隙地甚少，每千人仅占公园面积0.02hm²。为增高绿地与建筑面积比例计，实行疏散人口或增辟园地。全区面积8 760hm²，根据都市计划二稿报告，参酌建成区实际情形拟定最低绿地标准，应有绿地2 848.3hm²（公园系统882.7hm²，住宅园地1 965.6hm²）。但于拟定实施计划时，仅得绿地2 741.12hm²（现有公园74.69hm²，零星保留绿地188.73hm²，区内绿带231.10hm²，区外绿带281.00hm²，住宅园地1 965.6hm²），所不敷之107.18hm²，尚得继续规划保留。

本市建成区最低绿地标准：

英美先进诸国之绿地标准，在内围市区定为每千人1.62hm²，〈及〉外围市区每千人2.83hm²，郊区可达每千人4.05hm²，其居住卫生已臻理想境界。本标准之公园系统包括882.7hm²，系参酌现况，尽量扩充与保留绿地面积。而现有公园仅74.69hm²，亟得〔待〕扩充，其理至明。兹以居住人口总数（工商业区白昼人口除外，但混合居住之第二商业区人口计算在内）与各住宅区、第二商业区及绿带内所占绿地面积计算，则公有绿地标准为每千人占0.30hm²。此固不逮英美标准远甚，但住宅园地之1 965.6hm²面积，亦勉可改善居住生活之环境焉（参见表专5-8上海市建成区最低绿地标准计算表）。

表专 1-12　第一住宅区居住人口估算表

项目	计算说明	值
本区总面积（hm²）	10.88km²	1 088
道路及空地（hm²）	本区总面积 ×25%	272
住宅基地（hm²）	本区总面积 – 道路及空地	8.6*
居住人口（人）	住宅基地 ×400 人 /hm²	326 400

注：* 根据表中其他数据，疑为"816"。——编者注

表专 1-13　第二住宅区居住人口估算表

项目	计算说明	值
本区总面积（hm²）	32.84km²	3 284
道路及空地（hm²）	本区总面积 ×20%	656.8
住宅基地（hm²）	本区总面积 – 道路及空地	2 627.2
居住人口（人）	住宅基地 ×550 人 /hm²	1 444 960

表专 1-14　第二商业区居住人口估算表

项目	计算说明	值
本区总面积（hm²）	见表专 1-8	509
私有基地（hm²）	见表专 1-8	407
住宅基地（hm²）	见表专 1-8	203.6*
住宅建筑占地面积（hm²）	住宅基地 ×50%	101.8
住宅建筑层面积（hm²）	住宅建筑占地面积 ×5 层	509.0
住户（户）	住宅建筑层面积 ÷90m²/ 户	56 555
住宅居住人口（人）	住户 ×5 人 / 户	282 775
商店居住人口（人）	见表专 1-9	106 837
全部居住人口（人）	住宅居住人口 + 商店居住人口	389 612
总人口密度（人 /hm²）	全部居住人口 / 本区总面积	765
居住净密度（人 /hm²）	全部居住人口 / 私有基地	960

注：* 表专 1-8 该数据为"203.5"。——编者注

表专 1-15　各区居住面积及人口密度

区域	人口数	总面积 (hm²)	总密度（人 /hm²）	住宅区面积 (hm²)	净密度（人 /hm²）
第一住宅区	326 400	1 088	320	816.0	400
第二住宅区	1 444 960	3 284	440	2 627.2	550
第三住宅区	570 360	1 164	490	814.8	700
第二商业区	389 612	509	765	407.0	960
合计	2 731 332	6 045	/	455.6	/
平均	/	/	452	/	600

二稿

一一三

11. 结论

绿地面积之未达合理标准，以及住宅地区面积之不足，既如上述。易言之，即依照本区划计划，土地使用仍失于平衡，未能解决其本身之人口问题。症结所在，完全为本市以前之工厂设置地点过于散乱，且工人居住于工厂之内或其附近地带已成习惯，致各工厂所占地位较其实际必要者超出数倍。本会在圈划工厂区范围时，乃不得不顾虑现状，暂予宽限，以利执行，而致有工厂区面积得供现有工业6倍之扩充范围，而住宅地区仅供容纳现有建成区人口86%之矛盾现象。

然都市计划为一久远之工作，本区划计划不过未来远大工作之肇端而已。因碍于目前困难，乃侧重于本市一部分工业之扩展，而就营建方面加以限制，在人口及交通、居住问题上，起一种疏导之作用。倘二稿都市计划总图提示之中区以外之其他市区单位，能积极规划建设，并辅以新的交通及公用设施，自不难平衡"中区"之缺点，以容纳"中区"所不能容纳之人口，并贯彻工作与居住地区不相混杂之原则，逐步提高人民卫生居住之水准。

按诸上计数字，有约150万人口必须居住于建成区以外，其中62%之受雇人口约100万人，每日当由他区早出暮归。至建成区工作如何以采用现代运输工具解决此运输问题，乃将为交通系统计划之主要课题。

是故本会以为，积极工作务先谋发展本市郊区建设，庶现有建成区之过剩人口得先行疏散，进而容纳全部可能增加之人口，并增进本市工业之高度发展。在此建设计划中，交通系统之计划，自尤为当务之急。

然而国家经济未尽恢复，地方财政无法筹措之今日，忽近图而骛远徙、侈谈而不行，不免为识者所诟病，故本会即率先从建成区着手。本区划计划固未能解决本市之全盘问题，要亦不失为防止本区继续不正常发展之暂行方案。倘并此区划计划而不能彻底施行，则本市之紊乱，更将不知伊于何底，大上海之设计计划更毋论矣。

此本会于提出计划之余，愿藉此掬诚公告于全市贤达者也。

「附图（参见本书第185页图专7-1）」

专题二
上海市闸北西区
重建计划说明

1937 年抗战之始，沪滨一带如杨树浦、汇山、虹口等区，靡不惨遭兵祸。抗〔淞〕沪既定，私人建设渐复旧观。其中惟闸北西区，战事结束前仍大部为敌军占用，故毁圮特甚；且四行孤军在此负隅抗敌，以完成掩护国军撤退之光荣使命，殊勋异功，足表史册。胜利后，本会即着手进行该区重建之计划，期成为现代化都市之型范，且以纪念此英勇战绩，殆有更深长之意义在焉。

1. 范围及性质

按照本会计划所示，闸北西区之重建区域占地凡 168.5hm²，西南以苏州河为界，东止于西藏北路，北迄于京沪铁路线。其范围虽占中区全部面积之极小比例，但在未来大上海建设计划中，实居首要地位。盖西藏北路根据本会总图计划拟予拓宽，成为贯通南北之高速道路。该路以东部分，业征得京沪区铁路管理局之同意，拟设置本市市镇铁路及远程铁路之新联合车站；西、南二方，均滨苏州河，向

图专 2-1　上海市闸北西区模型

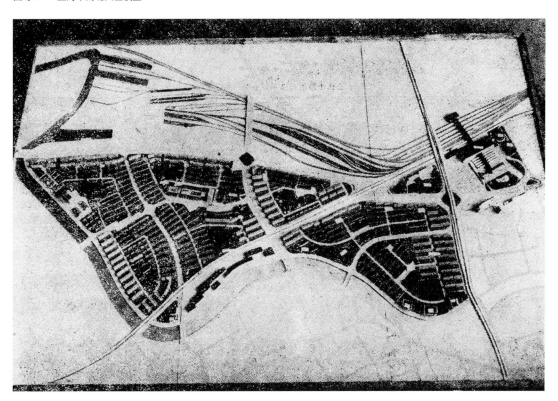

图专 2-2　闸北西区重建计划行政及商店中心鸟瞰图

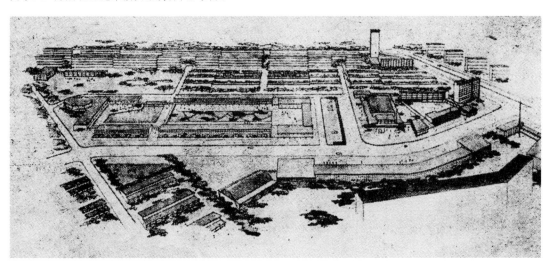

为内地米业到沪储运之处，故预期客旅车辆之运输，将以此为全市最繁盛之区，而成为最大之转换中心。设计中高速道路及干道之通过区内者，乃亦特多，故该区之土地作为道路、广场及车站终点之用者，不得不较诸其他任何各区之计划为多。

本会对于本区新道路系统设计之最经济方法，亦曾详加研究。过去闸北西区与北部及北火车站几无通道，与毗邻之黄浦、老闸、普陀各区，亦仅存狭隘之通道，道路面积占全部面积之 22.5%。今设计之新道路系统，可与各方向通达无阻，道路面积将占全部面积之 26%。易言之，不过比旧有道路增加面积 3.5%，而其运输功能则大为改进。

区内土地使用之分配，以 60% 作为住宅地区。北部铁路及新干道第（一）线[1]之间地带，拟备作铁路局扩充之需要，是可有利于本市商业之繁荣。此外，复保留米、柴两业沿河地带与仓库及原有自来水厂与其预留之扩充范围，连道路、铁路、广场、车站、私人停车场等面积，合为 40%。为使重建计划不致增加困难计，则此 40% 之公共使用土地，必须预为留保〔保留〕。

（1）土地使用之详细分配见表专 2-1

（2）邻里单位土地使用：见表专 2-2。

（3）道路面积：本区道路系统范围自浙江北路以西、新疆路以北、西藏北路以西、苏州河之东北及京沪铁路以南地区（包括西藏北路、浙江北路及新疆路在内）。旧道路系统占全面积 22.5%。现计划之高速道、干道、地方路及广场为 43.80hm^2，占全面积 168.50hm^2 之 26%。

表专 2-1 闸北西区分区使用计划土地使用表

类别	分项	面积 (hm^2)
范围	浙江北路以西，新疆路以北，西藏北路以西，苏州河之东北及京沪铁路以南地区	
面积分配	原有面积（包括西藏北路干道在内）	150.00
	圈用铁路地亩	4.00
	浙江北路、新疆路北圈用民地（计划北站新址包括道路广场在内）	14.50
	总面积	168.50
土地使用	邻里单位 7 个	98.89
	高速道、干道、邻里单位以外地方路及广场	21.50
	广场内绿面积（绿地面积）	1.70
	保留面粉厂（在第一邻里单位西）	1.48
	保留仓库 3 个（在第七邻里单位南）	0.86
	公用码头仓库地带（包括恒丰桥西仓库及公共建筑在内）	4.90
	保留自来水厂及其扩充范围	3.54
	北站新址 *	10.67
	京沪铁路北站客车场保留地	10.00
	公共汽车车场等	3.00
	广肇路北新码头仓库区（不包括一切支路在内）	12.04
	合计	168.50

注：* 如果包括道路广场在内，则北站新址面积为 14.5hm^2。

1. 即第一高速道路（A 线），参见本书第 174 页。——编者注

一一九

二稿

表专 2-2　邻里单位土地使用表

邻里单位	总面积（hm²）	地方路		绿面积（绿地面积）				房屋基地（包括小路）	
		面积（hm²）	比例（%）	公共游散地面积（hm²）	学校或医院面积（hm²）	总共比例（hm²）	总共比例（%）	面积（hm²）	比例（%）
一	16.06	3.96	24.6	1.15	1.25	2.40	14.9	9.70	60.5
二	12.95	3.17	24.5	0.86	1.04	1.90	14.7	7.89①	60.8
三	14.90	2.91	19.5	0.47	1.14	1.61	10.8	10.38②	69.7
四	13.00	2.84	18.1③	0.98④	1.66	2.64⑤	20.3⑥	7.52⑦	61.6⑧
五	10.59	2.35	22.2	0.37	1.30	1.67	15.8	6.57	62.0
六	16.00	3.63	22.7	1.16	2.29	3.45	21.6	8.92	55.7
七	15.39	3.44	22.4	1.38	1.34	2.72	17.7	9.23⑨	60.0
总计	98.89	22.3	22.6	6.54	10.02	16.56	16.7	60.03	60.7

续表

邻里单位	人口										
	四层公寓式		二层联立式（必要时可造假三层）		半散立式		散立式	商店及公共建筑		学校及医院	
	户数	人数	户数	人数	户数	人数		户数	人数	户数	人数
一	436	2 166⑩	373	2 238	38	228	该式得在半散立式地段兴建之	24	144	2	12
二	508	3 048	189	1 134	50	300		26	156	2	12
三	462	2 772	307	1 842	/	/		130	780	2	12
四	244	1 464	304	1 824	/	/		56	330⑪	2	12
五	756	4 536	78	468	/	/		27	162	2	12
六	628	3 768	248	1 488	46	276		26	156	2	12
	/	/	/	/	/	/		/	/	/	200
七	744	4 464	274	1 644	/	/		28	168	2	12
总计	3 778	22 668	1 773	10 638	134	804		317	1 902	14	284

续表

邻里单位	人口		
	总共		密度（人/hm²）
	户数	人数	
一	873	5 238	326
二	775	4 650	358
三	901	5 406	362
四	606	3 636	280
五	863	5 178	490
六	950	5 700	368
	/	200	/
七	1 048	6 288	413
总计	6 016	36 296	367

注：①根据表中其他数据，疑为"7.88"。——编者注
　　②包括行政中心基地 0.94hm²，警察及消防基地 0.43hm²。
　　③根据表中其他数据，疑为"21.9"。——编者注
　　④根据表中其他数据，疑为"1.15"。——编者注
　　⑤根据表中其他数据，疑为"2.81"。——编者注
　　⑥根据表中其他数据，疑为"21.6"。——编者注
　　⑦根据表中其他数据，疑为"7.35"。——编者注
　　⑧根据表中其他数据，疑为"56.5"。——编者注

一二稿

2. 住宅区

1）人口密度

全部住宅地区设计成为 7 个邻里单位。人口密度之高下，系于各单位内人民居住房屋之性质及比例而定。计划之全区平均密度为 376〔367〕人 /hm²，以约 60% 人口居用公寓式房屋，40% 居用二层楼之店宅两用房屋计算（详见表专 2-2）。

2）邻里单位制度

本区计划为在本市实行新邻里单位制度之初步尝试，使每一单位能在社交、经济及交通需要上，自成体系。每单位之中心，应各设一公立小学学校及运动场，可同时作为公共之游憩绿地。各类商店只准开设于指定之商店中心地，且以日常必需品之供应为限，其他高级及奢侈用品，必须求诸主要商店中心。今在第三及第四两邻里单位，设置一全区之主要商店中心，并为行政管理机关、警察局及救火会之所在地。公立医院设于第六邻里单位内。依据现有统计，上海商店数字约每 80 人有商店一家，此数远过实际需要，而形成只有小商店之存在。本区内所设计商店地位之比例，已将之减低，约以每 200 人有商店一家，当可足够。

区内房屋，系供中级居户而设计，方向、布置务尽量求其面南或面东南、西南三向，俾在房屋距离一定下，常年能得到最多之阳光、空气与保温。苟东西向之房屋，如欲得到同样之效果，则势非增加房屋间之距离不可。

3. 绿地

公共绿地设计，因限于面积，尚未能合于理想标准。学校运动场兼作公共游憩绿地者，共 6.54hm²。其他道路交叉点，因防止入口所设计之分道绿地约共 1.704hm²。此外，可藉该区之营建规则，对于建筑面积之限制，多保留私有空地，庶略补公共绿地之不足。

4. 管理中心

闸北西区在整个总图计划中，为中区之一部分。惟有苏州河及铁路为其经界，似与城市之其他部分自然分隔，而成一有机单位，大略相当于市镇单位之性质。故本会建议市政府在此设立必要之办事处，以便利人民，而关于治安方面之警察局、救火会等，自亦属必要。社会局复建议设置一可容 1 000 人之公共社交会堂，以供区内市民或政府聚会之需。上述各种公共建筑，设于第三、第四两邻里单位内，成为本区之管理中心。

5. 联合车站

新道路系统中，在未来拓宽之西藏北路及天目路两高速道路交叉点处，拟设一城市高速车站，成为由北站至市内各方向远程交通之重要终点。其地位离现在北站约 900m，苟任其与北站分隔，则旅客上下、转换车辆，均感不便。是以本会建议将北站移至该交叉点之附近，成立一铁路与市内高速车之联合车站，俾旅客可由此立即换车，利用新干道系统，至市内任何各区。北站所留地面，则足为各种车辆停车场所，凡行人或车辆进出车站，亦能取得极安全与便利之设计。故此联合车站，实为本市交通之核心。京沪铁路当局，亦已同意此一计划，愿与本会共同合作，促其实现。

图专 2-3 闸北西区高速道交叉设计鸟瞰图

图专 2-4 上海北站计划鸟瞰图

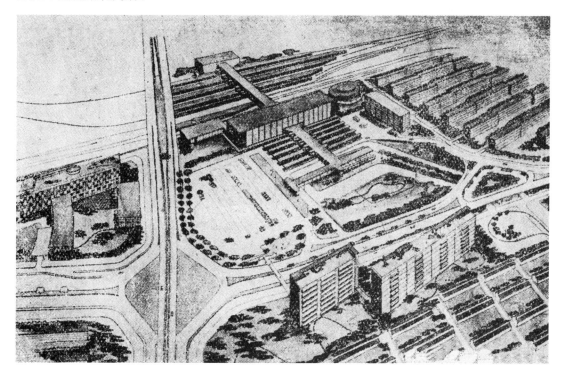

一稿

一二三

图专 2-5　上海市闸北西区分区使用计划图

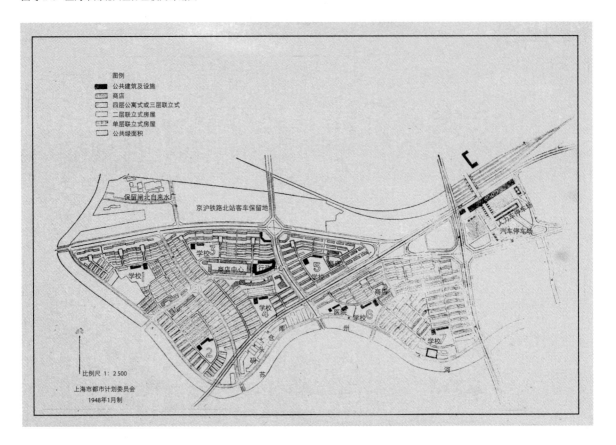

专题三

上海市区铁路计划
初步研究报告

1. 前言

铁路运输，由于运量较公路为大，时间较船运为省，在以大上海为中心之区域交通系统内，实占极重要地位；而幅员广大、人口众多如上海市区者，在将来之发展中，地方及分区间之大量客运，亦必采用铁路为交通主体，始克应付。本会都市计划总图关于铁路之研究，分大上海区域铁路、大上海市区铁路及市区内高速客运铁路等三种，并配合原有设施，建议新铁路路线及客货运车站。上项建议，据市参议会审查意见，以为"顾及铁路局最近铁路终点计划草案，似急需与交通部及上海市政府共同组织之上海市区铁路建设计划委员会会商，俾铁路建设与本市整个都市计划相适应"。故具体之讨论，现仅以上海市区为范围，而以铁路局之上海市铁路终点改善计划为主要对象。查上海市区铁路建设计划委员会，于本年5月成立后，由于资料之准备需时，仅开会3次。本会总图设计组及分图设计组，均派员参加，随时提供意见。

2. 铁路局所拟之本市铁路终点改善计划纲要

1）站点（图专 3-1）

（1）北站定为客运总站。

（2）麦根路站定为市中心区货物转运总站。

（3）日晖港定为国内水陆客货运站。日晖港站之扩充，需地甚多。南站既已毁弃，则南站及路线地亩，似可由市政府协助换取日晖港附近土地。计划地面积约 1 360 市亩（约 90.67hm^2），「其中」交换面积 370 市亩（约 24.67hm^2），净圈面积 990 市亩（66.00hm^2）。

（4）吴淞（包括张华浜及虬江码头）定为远洋水陆客货运联运站，拟圈土地面积约 1 600 市亩（约 106.67hm^2）。

（5）真如开辟为车辆总编配场，由京沪、沪杭线交叉处[1]（「距北站」3km）起至京沪线 9km 止，宽 500m，划地面积约 4 500 市亩（300hm^2）。

（6）西站[2]定为客货运辅助站。

（7）徐家汇[3]、新龙华[4]两站定为客运辅助站。

（8）浦东东岸深水地带，增建水陆联运站（与码头配合）。

2）路线

（1）由北站、麦根路站向西延长以达拟建之真如编配车场，维持现成路线。市区交通干线与铁路交叉点，建筑跨越铁路之天桥或开凿地道通过。

（2）由北站、麦根路站起依苏州河同一方向以达西站，维持现成路线。

（3）由西站南行经徐家汇站以达新龙华站，全段路基提高 4m，跨越市区交通干线，避免平交，并拟增驶汽油车或电气车，以负担近郊客运。

（4）淞沪支线，由上北（上海北站）至江湾一段路线，改为通衢路轨，全线行驶汽油车或电气车，减少市区平交道之困难。

（5）何家湾、真如间，另筑直达支线，以便吴淞起运或达到吴淞货物可不经由北站转运（将来并由吴淞加筑岔道径通何真支线，使车辆调度改由此线行驶，以减少淞沪支线及北站可能之拥塞）。

（6）由日晖港跨越浦江，另筑浦东支线，东北行以转达吴淞对岸。

二稿

一二九

图专 3-1 上海铁路终点图

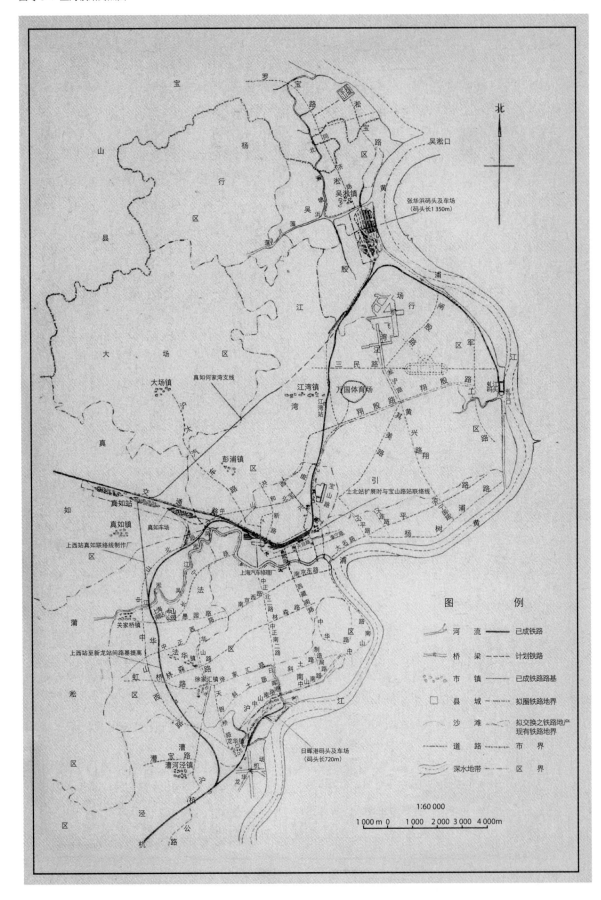

（7）由浦东支线，分筑实业岔道若干条，以通达各新辟码头及实业区。

3）25 年后上海市客货运数量及设备之估计

（1）上海客货运「数量」估计

根据 1915 年至 1937 年京沪、沪杭两路之客货运统计，求得之历年递增平均值：客运 3.86%，货运 7.95%。若以 1946 年之客货运数量为基数，依复利曲线推算，则 25 年后（1971 年时）之客货运数字，客运为 9 097.2 万人，货运为 2 449.7 万吨。假定今后中国之发展进度，较 1915 年至 1937 年为速，则至 1971 年时客货运量自较上开〔述〕数字为大。姑假定客运增加 50%，货运增 20%，则应为：

    ①客运 1.4 亿人；

    ②货运 3 000 万吨。

依照 1946 年之统计，上海区旅客人数为两路全数 26%，货物吨数为两路全数 37%，则至 1971 年时，上海客货运数字应为：

    ①客运 3 700 万人；

    ②货运 1 200 万吨。

（2）上海客货运设备估计 [1]

    ①客运设备：设将来日晖港客站每年进出各 900 万人，上北站每年进出 2 800 万人，则上北每日平均进出客运为 7.7 万人。兹假定上北站客运设备以每日 9.5 万人为设计标准，计算所得，共需停车道 12km，站台 14 座。上北现有地盘勉可敷用。日晖港则共需停车道 4km，站台 5 座。

    ②货运设备：25 年后上海每年起运货物量，估计为 1 200 万吨，平均每日为 3.3 万吨。兹假定以 4 万吨为标准，计算所得，上海车辆数应为 2 700 辆（加入准备车及修理车 20%，共为 3 240 辆）。计真如容纳 1 350 辆，麦根路 250 辆，日晖港 400 辆，张华浜 600 辆。

3. 各方面意见及会议决定

1）各方面意见

（1）真如编配车场之地位，适在都市计划总图绿地带之内。

（2）为配合将来之发展，编配车场宜设于南翔。若为减少行车损失计，可考虑将客货机车房分开，或暂在真如建小型车场，以便将来迁移。

（3）北站现在地位妨碍闸北区之发展，且地面恐不敷将来扩充之需要，宜向北移至都市计划总图住宅区之外缘（即中山路附近）。因两处地价不同，迁移费可不成问题。

（4）京沪、沪杭两路应有主要连〔联〕络线。为免妨碍市区之发展，宜改设于南翔至莘庄之线。

（5）都市计划总图二稿建议大场飞机场地位向北略移，则路局计划中之真如经何家湾至吴淞之支线，适经过飞机场。

（6）路局计划中之张华浜至虬江码头支线，与浦江间所留地面过狭，不能作用，路线宜向内移动。

（7）目前挖入式码头地点尚未决定，如将来决定，铁路路线恐须变更。

（8）都市计划方面，建议将北站移至新民路（今天目中路）、西藏路口，使铁路车站与市区高速道车站联合一处，以便利旅客。

（9）铁路局之改善计划为一短期计划（10 年），希望能配合都市计划总图，提出一「个」25 年计划。

一 稿

二三一

---

1. 标题为编者后加。——编者注

2）铁路局意见

（1）编配总车场设于南翔，每年须增多行车损失 40 万美元；分设两个机房，每年须增多维持费 35 万美元。

（2）北站地位适中，现已形成本市客运总站（都市计划方面意见，亦以为客运总站应接近商业区，北站现在地点相宜）。目前地价，系因总站所在而昂贵，若车站迁移，必致低落。此广大之地亩、多量之站屋厂房，非一时一人所能承购。且北站一经迁移，则路线随而修改，牵涉甚多，实行困难。

（3）京沪、沪杭两路，现有连〔联〕络线自西站至龙华，路基提高，并不妨碍市区交通。

（4）真何支线及张华浜至虬江码头支线，均系利用已有路基，节省费用，如将来有更动必要，可以迁移。

（5）对于都市计划方面联合车站之建议，原则同意。

3）会议决定

（1）希望真如编配车场设备尽量紧缩，以免将来有迁移必要时，损失过大。

（2）采用都市计划方面建议之联合车站办法，至如何布置，再行商定。

（3）在挖入式码头未有决定前，希望铁路局对于最近在蕴藻浜（蕰藻浜）将兴建之设施，除不可能者外，均用临时性建筑。

（4）如中央决定挖入式码头设在吴淞，则真如—吴淞之连〔联〕络线，向西改动；如决定在复兴岛，则自北站之西，增筑岔道，经复兴岛以连接虬江码头至张华浜之支线。

一二稿

专题四
上海港口计划
初步研究报告

1. 前言

　　都市计划在进行程序中，所应考虑之因素甚多。惟上海为一我国最大港口都市，拟具上海都市计划，必首先考虑满足此一功能。故港口问题，实为本会工作中主要课题之一。此一问题之研究，以25年为对象，50年需要为准备。但由于都市计划及港口工程专家在技术上及经济上之观点不同，经长期之磋切商讨始获结果。而关于仍待试验始能确定之挖入式码头地点问题，为妥慎起见，决定两处均暂保留，以期于试验期中无碍于整个都市计划工作之推进。盖港口问题，影响铁路、道路及区域规则〔划〕甚大也。

2. 上海港口发展之成因

　　上海之位置，在吾国东海滨之中点，扼长江入海之咽喉，因地理条件之优越，成为2亿人口需要之交通中心。黄浦江横贯于中，其天然状况，使成一深水港（黄浦江港之浅滩，在最低潮位时，至少有26英尺（约7.93m）之水深，400英尺（约122m）以上阔度）。自港口至张家塘，长约128 000英尺（约39km）；岸线距离1 080 ～ 2 900英尺（约330 ～ 885m）；最低潮位线亦有1 000 ～ 2 400英尺（约305 ～ 730m）；浚浦线相距亦为1 000 ～ 2 400英尺。但24英尺（约7.31m）之深水道，其江面平均宽度，仅860英尺（约260m）。大汛时有9 ～ 11英尺（约2.75 ～ 3.36m）涨潮，高低潮差为8英尺（约2.44m）。小汛只6 ～ 7英尺（约1.83 ～ 2.14m），高低潮差为3英尺（约0.92m），潮流甚平。潮流平均流速，大汛涨潮2.6海里「/小时」（约4.81km「/小时」），退潮2.4海里「/小时」（约4.44km「/小时」）；小汛涨潮1.3海里「/小时」（约2.41km「/小时」），退潮1.8「/小时」海里（约3.33km「/小时」），平潮时间甚短。因陆地之阻碍，受飓风袭及之机会甚少。气温为温带气候。平常雾象，日出后上午10时前，即行消灭。其缺点为浦江系混水河道（浑水河道），须经常疏浚，方能维持需要深度；再则扬子江口之浅滩（俗称神滩），宽逾2英里（约3.22km），其妨碍深水船只航之处，长约20英里（约32.18km）。关于此二〔两〕点，浚浦局之疏浚工作已具有相当成效。基于以上各点，上海港口之发展，成因有自，信非偶然也。

3. 已成港口之情形

　　黄浦江东西两岸岸线（自吴淞至张家塘）共长253 475英尺（约77.26km），其情形如表专4-1。

　　其中已使用者已达半数。过去外人之经营仅以发展租界商业为目的，大部分码头均集于中区，即金融商业区，自无法作铁路之连〔联〕系。故一切货物，包括过境者，由陆路转运，皆以汽车经中区道路，致使繁盛交通愈益拥塞，此实为目前严重交通问题症结之一。其由水道驳运者，造成船只满布河道之现象。此外，货物由大船装至驳船，大率用小起重机及人工为之。驳船之货卸于方船，由于码头及驳船缺乏设备，全用人工。战前工价尚廉，战后工价高涨，故上海为货物之起卸费用，世界最高之处。况人工卸货迟缓，延搁时间较长，船舶均避免进入上海。此种不良发展之结果，不独影响中区之交通，且于本市港口业务前途，妨碍甚大。国父实业计划之乍浦筑港，「以」及1929年上海市政府之市中心区建设计划之建筑虬江码头及计划新港，无非鉴于当时租界之存在，改善非易，另谋发展。目前环境不同，政权统一，自应整个重予规划，以适应将来之需要。

4. 港口计划标准之拟定

　　上海港口之须整个重予规划，已如前述。本会对于港口计划标准，经商讨拟定者如后：

　　（1）确定上海为国际商港都市。

　　上海由于自然条件之优厚，过去已成为一国际贸易之商港。

　　（2）上海不设自由港。

　　自由港之制度，目的在吸收国外物资转运他国以繁荣本国城市。中国情形不同，已定有仓库担保制。

	浦西		浦东	
	岸线长度（英尺）	岸线长度（m）[1]	岸线长度（英尺）	岸线长度（m）[2]
普通货码头	17 115	5 216.7	21 655	6 600.4
特别货码头	4 300	1 310.6	23 140	7 053.1
船厂	6 430	1 959.9	6 595	2 010.2
道路及公共或海关埠头	14 450	4 404.4	4 805	1 464.6
河浜	2 760	841.2	2 775	845.8
工业用滩岸	22 315	6 801.6	4 165	1 269.5
未开辟者	58 650	17 876.5	63 320	19 299.9
共计	127 020[3]	38 410.9	126 455	38 543.5

注：①②两栏为编者后加。——编者注

　　③以上各项之和为"126 020"，疑此栏数据不完整。——编者注

盖幅员广大，外国物资无假道上海之必要。自由港之设，不易防范漏税，仅助长黑市之机会而已。

　　（3）港口吞吐量，以船舶注册净吨位为准。按照 25 年估计，即 1971 年时，海洋及江轮进出口吨位各将为 3 000 万吨，加以内河及驳船吨位，共计 7 500 万～8 000 万吨。

　　根据 1921 年海关之统计，进出口船只每 30 年约依直线增加一倍（纽约港现在吞吐量为 7 400 万吨，可作一参考）。

　　（4）码头之设计，按港口吞吐量乘以平均装载率。由于船只未必满载，故设计码头，乘以平均装载率，依历年海关之统计，约为 13 [1]。

　　（5）港口起卸货物之效率，假定用机械设备，为每年每英尺 500 吨（每米约 1 640 吨）。

纽约为每年每英尺 100 吨（每米约 328 吨），马赛为每年每米 1 500 吨。推其原因，纽约客运甚繁，马赛则以对菲洲（非洲）之货运为主。我国以人力卸货，依据海关之统计，1913 年为每年每英尺 210 吨（每米约 689 吨），1924 年为每年每英尺 268 吨（每米约 879 吨）。故本会商讨之决定，较过去约增加一倍。

　　（6）港口按照其使用性质分别集中于若干区域，其与铁路终点连接者，以采用挖入式为原则。港口应依经济原则，分布于适当地段，使管理便利，设备应用经济，陆上联运交通能有组织。

　　（7）港口地段保留地带，以自岸线深入 1 000 英尺（约 305m）为原则，视个别需要增减之。按照一般情形，仓库及交通线需要之地面，1 000 英尺应可敷用（国联专家亦有此建议）；惟个别需要，则有不同，如挖入式码头需要地面甚大，公共交通码头则需要较少。

5. 岸线之支配

　　港口计划标准既定，本会更进一步研究岸线之支配，所得决定如后：

　　1）浦西方面

　　（1）吴淞口至殷行路，为计划中之集中码头区，占岸线长度 20 650 英尺（约 6 294m）（蕴藻浜（蕰藻浜）河口 600 英尺（约 180m）在外）。

　　（2）虹江码头予以保留，并得适应目前需要，加以改善，占岸线长度 2 850 英尺（约 869m）。

　　（3）申新七厂至苏州河外白渡桥，除规定一部分为工厂码头外，得作为临时码头，占岸线长度

二稿

一三七

1. 根据上海市都市计划委员会交通组第二次会议记录（见本书第 385 页），该平均装载率为"1/3"。——编者注

9 000 英尺（约 2 743m）。

（4）新开河至江海南关¹，作为临时码头，占岸线长度 4 300 英尺（约 1 311m）。

（5）日晖港码头，为集中码头，占岸线长度 5 900 英尺（约 1 798m）。

（6）闵行专业码头，为集中码头，占岸线长度 5 570 英尺（约 1 698m）。

2）浦东方面

（1）高桥沙作为油池专业码头，占岸线长 18 280 英尺（约 5 572m）。

（2）高桥港口至浦东电气公司作为军用码头，占岸线长度 6 000 英尺（约 1 829m）。

（3）东沟至陆家嘴东之三井码头²，除规定一部分为工厂码头外，现有码头得作为临时码头，占岸线长度 26 380 尺〔英尺〕（约 8 041m）。

（4）自陆家浜至上南铁路³，除规定一部分为工厂码头外，现有码头得作为临时码头，占岸线长度 15 700 尺〔英尺〕（约 4 785m）。

关于临时码头地段内已有之码头，并非立予取缔。目前并尚须增加设备，提高效能，以恢复战前之运量。惟在政府财力充裕、新港筑成之后，上海之港务及工业自必改观。届时进行整理，方可兼顾当前与将来之需要。

以上岸线之支配共长 114 630 尺〔英尺〕（约 34 939m）。除临时码头、军用码头及工厂码头外，永久性码头包括油池专业码头，共占岸线长度为 53 250 尺〔英尺〕（约 16 231m）。依前述标准计算，约可达 7 000 余万吨。惟以 50 年之需要为准备，而无碍都市计划之布置，则挖入式码头之兴建仍属需要。

6. 挖入式码头之商讨

本会关于挖入式码头，已作初步研究，认为可能地点有两处：

（1）在新开港至定海桥之间，估计占地面积约 640hm²，岸线共 59 500 尺〔英尺〕，约合 18 000m（包括虹江码头岸线 2 850 英尺（约合 870m）在内）。

（2）在吴淞蕴藻浜（蕰藻浜），估计面积约 2 300hm²（包括仓库敝棚等）。岸线共约 105 000 尺〔英尺〕，约合 32 000m。

商讨之经过，可归纳为下列两点：

1）挖入式码头之兴建时期

（1）以为黄浦为混水河，流速变动，即有淤塞。浚浦局之记录，吴淞及虹江码头，每年均为 5 尺〔英尺〕（约 1.5m）。挖入式码头之建筑费及维持费甚巨。就事业方面言，宜先建沿浦式码头，必要时再建挖入式码头，否则除非政府能投资于挖入式码头之开辟。

（2）以为就整个运输经济港口发展言，必须采用现代化机械，并须与铁路连〔联〕系，以增加货物起卸及运输之迅速。沿浦式码头管理不便，机械设备效率不如集中码头之高，铁路连〔联〕系困难，主张从速兴建挖入式码头。

2）挖入式码头之地点

（1）以为港口计划，应先考虑航行问题，然后使铁路、公路与之配合。蕴藻浜（蕰藻浜）适在江流外湾，流速甚大。而浦江船舶甚多，平潮时间甚短。船只进出港坞，极易发生碰撞（此亦为 1932 年国联专家反对前上海市政府新港地位理由之一）。因航行方面关系，蕴藻浜（蕰藻浜）筑港之入口势必扩大，则新港可能变更黄浦之水流。故主张在新开港至定海桥之间计划挖入式码头（1921 年浚浦局技术顾问委员会已有此计划）。新开港至虹江码头之间，虽为浅水地段，与蕴藻浜（蕰藻浜）

---

1. 旧址位于外马路、白渡路口。——编者注
2. 为日商三井洋行所建，位于浦东洋泾港东侧。——编者注
3. 1925 年在原上南县道路基（浦东周家渡—南汇周浦镇）上修建，1957 年拆除，改建公路。——编者注

相同，均须挖泥，但航行方面顺适。

（2）主张在蕴藻浜（薀藻浜）建挖入式码头。由于铁路之连〔联〕系，可不妨碍上海整个道路系统及区域规划，且可藉蕴藻浜（薀藻浜）之水流冲刷淤积。

综合上述之意见，均各具经济上及技术上之理由。惟①关于挖入式码头兴筑时期，似在财源之筹划，固无碍于设计工作之进行。而②关于挖入式码头地点，为妥慎起见，决定两地均予保留，暂时限制永久性建筑，俟航行问题、江流趋向与冲刷淤积问题用模型试验后，再行确定。

以上为本会对于港口问题研究之概略。所得结果，固不敢信为悉当，爰汇为报告，以供指正参考。

附：

（1）上海黄浦江岸线使用现状及未来布置草图（图专 4-1）；

（2）上海港挖入式码头计划地位图（图专 4-2）。

一稿

图专 4-1　上海黄浦江岸线使用现状及未来布置草图

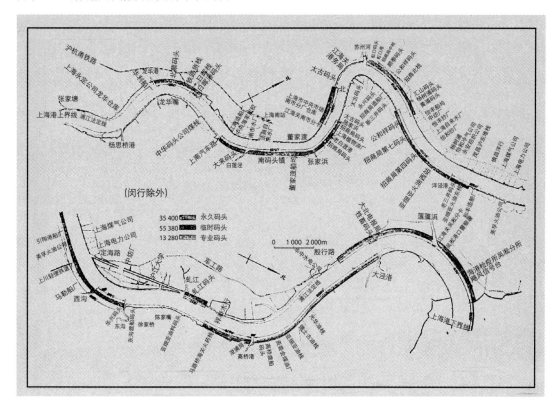

图专 4-2　上海港挖入式码头计划地位图

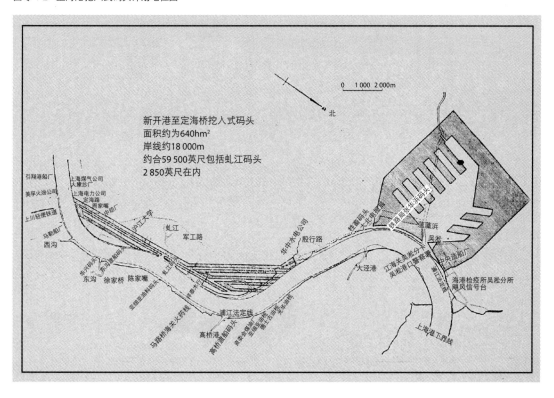

专题五

上海市绿地系统计划

初步研究报告

1. 绿地涵〔含〕义

1）绿地与旷地

近世造园建筑师与都市计划家对于一般所谓之公园涵〔含〕义，似嫌过狭。举凡无建筑物而有种植物之区，应统称绿面积（绿地）（Green Area）或旷地（Open Space）。又长条形绿地如带状者，可谓之绿地带（Green Belt）。于是，绿地可为公私花园、林丛，绿地带可为公园大道或森林，间或为种植农地。农业地带（Agricultural Area）占据面积极广，但不宜与绿地相提并论。试先观英美两国所定绿面积范围，再讨论个人意见如次。

（1）英国对于旷地（Open pace〔Space〕或 Green Area）之见解，可分二〔两〕类：

①公有旷地（Public Open Space）可分「为」：消闲公园（Pleasure Park）；文化公园（Educational Park）；运动公园（Athletic Park）。

②私有旷地（Private Open Space）可分「为」：俱乐部之园林与运动场地；私人庭园别墅；牧场。

（2）美国对于绿地（Green Area）之观点，可分为四类：

①公园系统——包含市区各种大小公园、公园大道等。

②特种娱乐场地——如哥尔夫球场（高尔夫球场）、游泳池、露营地、划船埠等。

③文化园地——如动物园、博物馆、植物园、森林公园、名胜古迹等。

④航空站、飞机场——场站隙地由该管公园管理处布置为风景区。

（3）关于农业地带、绿地带诸名称，即英美专家亦有不同解释。如美国奥斯本民（F. G. Osborn）所述："乡村地带（Country Belt, Rural Belt）与农业地带（Agricultural Belt）相同，主要者为永久农地；公园地或私有园地，分隔或环绕各市镇与市区。"绿地带（Green Belt），据恩永氏（Unwin）意见，与乡村地带相同，但易与围绕市区之带状公园相混，故宜称为"公园带"（Park Belt）。以上列举之意见，可见一般〔斑〕。兹为适合我国情形计，笔者个人意见，译名应以简单顺口为原则，以避免冗长生涩，兹分别拟定如后，是否妥善，尚待专家之指正。

（4）旷地——都市计划中之空旷地带，往往不一定为绿面积（绿地），兹拟总称为旷地（Open Space），与英国所定名称用意相仿。再细分为四类：

①绿地：绿地为有种植物之空地，如园场、森林等皆属之。旧称"绿面积"，为直译英名"Green Area"而来，似稍牵强，兹定为"绿地"，并包括绿地带，即旧称"绿地带"（Green Belt）。盖其为带状绿地或园地，不必另列一类也。英国所称空地或旷地（Open Space）含义颇广，如所有园地、空地、牧场等，有时农地可归纳在内，有时亦可除外。兹拟定绿地范围应包括项目如次：

a. 园地——消闲公园，文化公园，运动公园，其他娱乐园场，私人园地。

b. 林地——Woodland(林地)，Forest Park(森林公园)，Forest Reserve and Reservation(国家省市所保留之林丛、森林)。有森林之山地亦属林地范围。

c. 机场——如水陆航空站、民用机场之绿化隙地。

②空地（Vacant Space）：空地专指无建筑亦无种植物之分区内空旷地面。其用途不定，可作房屋基地，可作公园苗圃，视市区之需要由都市计划委员会拟定，以供市当局采纳。与前述英国所称空地范围不同。

③荒地（Waste Land）：荒地或废地为荒芜废弃之农地。包含可开垦与不可开垦者，前者可供繁殖，后者可设风景区，如沼泽、山坡、石田、石丘等。无种植物之童山、荒山、石山皆属荒地范围。

④农地（Agricultural Belt）：农地指包围市区之农作地带，凡蔬果谷棉，不论其栽培方式之精粗皆属之(森林地带除外)，因其为经济别用性质，于计划都市时另拟方案，故不合并于绿地范围。

2）公园类别

公园为德育、智育或体育性之消闲娱乐园地，有时专为一种用途，有时二者甚至三者兼备，视情形而定。兹解释如次：

（1）关于德育性质者

因其提倡高尚娱乐、养成公德心，虽则全系消闲游景性质，亦含有提高道德水准意味。如纪念碑塔（Monumen〔Monument〕），散步公园（Promenade）、市内广场及大小公园，公园大道（Parkway），路景（Wayside，道路偶见之小范围林丛草地），森林公园（Forest Park or Forest Reserve），兽类保护区（Wildlife Reservation），人类保护区（Anthropological Reservation，如美国之红印度人区〔印第安人保护区〕），天然水源（Natural Reservoir，如湖塘之专为城市给水源用者）。

（2）关于智育「性」质者

本类公园多与提倡教育及增进智识有关，如植物园、动物园，户外剧场、户外音乐台及建筑博物馆、艺术馆、图书馆、水族馆等之公园。

（3）关于体育性质者

本类公园专为运动、提倡体育而设，如大小运动场，游泳、划船及各种球类设备，体育场等。

兹再将各类公园分别叙述如后：

（1）儿童公园（Childrens〔Children's〕Playground）

专为 10 岁以内儿童游戏之用。须有成人陪同入内，以免发生危险。面积自 3 亩至五十亩[1]（约 0.20 ~ 0.67hm^2）不等。

（2）小型公园（Town Squares and Small Town Parks）

包括广场、纪念性质之空地，约一市亩至十亩（约 0.07 ~ 0.67hm^2）不等，可分布于商业区以保留绿地。

（3）市内公园（Neighborhood Parks and Large In-town Parks）

分布于邻里单位，面积自十余亩至百数十亩（150 亩以内）。或分布于市区与近郊之间，则面积至少在 150 亩（10hm^2）以上。

（4）近郊公园（Sub-urban Park or Large Landscape Park）

位于近郊及郊区，面积至少宜在 300 亩（20hm^2）以上。

（5）儿童及成人运动场所（Play ground〔Playground〕and Playfield）

视当地人民爱好「为标准」，运动性质所占地面〈为标准〉有 20 亩至 100 亩（约 1.33 ~ 6.67hm^2）不等，体育馆亦包括在内。

（6）体育场或体育中心（Athletic Center）

如江湾市之体育场、跑马厅内之上海体育协会场址，皆系设备完善之运动中心，球类及田径皆可同时使用。

（7）其他特殊运动场所

如哥尔夫球场（高尔夫球场）、游泳池、海滨浴场、划船设备、骑马射击场所等。

（8）其他特殊性质公园

如动物园、水族馆、植物园、树木园、纪念园、野餐宿营地等，可独立设置或附属其他公园内。

（9）公园大道

一四三

1. 根据上下文，推测"五十亩"为"十亩"之误。——编者注

「包括」驰径（Bridlepath），路景（Woyside〔Wayside〕），林径（Trail），林荫道（Boulevard）。

公园大道（Park way）虽则理论上为一带状公园，实际言之，并非整个地带必须用同一宽度，最宽处可达 0.5km 以上，最狭处与林荫道同。宽处可设路景、林径、驰径等种种娱乐设备，甚至酌留运动场地。故公园大道本身系统应包括上述诸项。

①林荫道（Boulevard）：恒为市内干道之具有较宽之种植带者。

②路景（Woyside〔Wayside〕）：即公园大道内之道旁公园，使游人下车作勾留，欣赏景色，每在悬崖居高临下之据点，或在湖滨一望无恨〔垠〕之岸头，皆可增加游兴。

③驰径（Bridle Path）：在林丛中开辟小径，专为驰马之用，与人行、车行道分隔，以保安全。

④林径（Trail, Foot Path）：道旁林丛中为人行小径，通过风景地区，有时脚踏车亦可通行。

惟公园及其他园地皆有林径、驰径，而公路旁亦可有路景。

（10）国立或省立公园

凡名山大川跨越数省、数县者，非小行政单位所能管理，故由省建设厅或内政部直接开发管理之，如太湖、黄山、天目山等。

（11）动植物、人类保护区

凡经多年开发地区，其原始动植物森林及土著人民多为后来征服者驱除罄尽，故为保护起见，设立各种保护区，其范围之广，与国立公园同。如森林公园或森林保护区（Forest Park and Forest Reserve or Reservation），即或保护原始森林或重造森林（Reforestation）。野生物或兽类保护区（Wildlife Reservation）为保护行将绝迹之动物，如美洲犁牛、川康熊猫，又植物方面如泥沼（Boy〔Bog〕）有喜酸植物如石楠科组成流动地面（浮动地面）（Floating mat），应保留作研究特殊植物之用。川康一带行将绝迹之珙桐树，欧美人士视为极珍贵之庭园树，而我国不久须求诸他国，诚可叹也。

3）公园系统（Park System）

公园系统有时与公园大道分为二〔两〕类，前者仅指分布市区中之各种大小公园，后者专指带状公园，即英人所谓公园带。兹因吾国都市计划学、庭园建筑学俱在萌芽时期，尚无多少，混淆不清名词（Ambiguous Terms）亟宜制定，以利后学。故笔者私意，以为公园系统含义至广，凡市内有关娱乐、运动、文化诸系统，皆应概括在内。又准备将来都市发展，又当预留空地，公园系统在市区、省区、国界内，皆须有确定计划，以备逐步发展。兹就市区公园系统所包含项目分别叙述如下：

（1）民教娱乐系统（Cultural Recreation-educational Park）

即关于具有智育或民众教育设备之公园，如动植物园，或建有博物馆、图书馆之公园。

（2）消闲娱乐系统（Passive Recreation-Pleasure Park）

即通常所谓公园，专供市民散步、玩景之园地，包括市内大小之各种公园。

（3）运动娱乐系统（Active Recreation）

即公私学校运动场，儿童公园，大小运动「场」，各种球场，游泳、划船设备等。

（4）公园大道系统（Parkway System）

公园大道分布市区、郊区，联系上述三系统，包括路景、驰径、林径、林荫道等。

（5）保留旷地

都市计划已有绿地、园林供人使用。但为将来发展，人口增加，亦须预留旷地面积，以备扩充园地之用，此类旷地为空地、荒地、农地，由政府规定不得随意更改用途。

4）本市绿地分类

绿地性质有固定与不固定之别。凡私有绿地当然为不固定，而公有绿地亦未必尽属固定。故于都市计划立场，设法使公、私有绿地之性质具加限制，不得任意增添建筑占据地面，以维持绿地标准。

简言可分下列三类：

（1）公有绿地

应为固定性质，宜于区划规则加强控制，不使更变使用。其主要者为公园系统，包含公墓、机场、运动场等。

（2）私有绿地

目前为不固定性质，但订定区划规则后确定建筑与绿地比例（Coverage Control），不致任意新造，以〔而〕减低绿地面积。主要者为私园及私人团体园体〔林〕。

（3）保留绿地

为将来扩充公有绿地之用，可为现在绿地、农地、荒地、林地、旷地，或已有建筑物之基地，或填浚河浜之公地。在指定时期内，市政府保留征用权，以配合都市计划之推行。同时宜在区划图中规定保留绿地范围，经过市参议会通过，再呈请行政院备案施行。

2. 本市绿地调查统计

上海为我国最大都市，拥有市民 400 万之众，惟均集中于建成区，人口过密，绿地面积极感不足。按照理想人口密度，在每平方公里内最密不过 2 万人，而 1946 年春本市则竟有已超过 20 万人/km² 之区域。普通每千人即需绿面积（绿地）7 英亩（即 42.49 市亩，约 2.83hm²），若依此标准计算，则虽将市内人口过密之区域悉数改为绿地，亦不足以供居民之需要。夫绿面积（绿地）之于都市，犹如呼吸系统之于人身。然澄清空气裨益健康，关系至为重要。兹将本市公、私有绿地面积数量详为调查，以供都市计划之参考。

此种调查工作，1946 年夏季开始「之」工作，因参考资料陈旧、多失时效，未能获得满意结果，乃于 1947 年春调派园场管理处助理技师 8 人着手「重新」进行「调查」。战前因租界关系，划地而治，各自为政，对于绿地记载详略不一；至敌伪时期，产权面积尤多变更，故进行调查备感困难。为期详实计，爰将绿地分为公有、私有两种，其范围包括公园、广场（马路交叉处之空地）、体育场，公共机关、政府机关、领事馆、民间团体机关所有绿地，医院（附疗养院）、学校（大、中、小学及学术研究机关）、教堂（教会、慈善机关、庙宇）、公墓（山庄、会馆、公所、殡仪馆）、私人花园（已开放及未开放者、私人第宅、私人俱乐部）及其他各项目。将上海全市依行政分区划为 34 区，每区中所有绿面积（绿地）复依上述项目分类。若一绿地，其面积跨及两区者，则于该两区内分别记其实有数字。凡现行地图所列绿地，亦一并收录入内。但图册所载，因时间关系，不免已有出入，为明了其是否仍属存在、地形是否业已变动及确定绿地应属之种类起见，乃更分往各区举行实地调查。此段工作耗时最多，又有无法直接调查而需搜求旁证者，复经设法分头访问，不厌求详以期信实。

至于面积，乃据地政局本市各区分幅图查明字圩[1]，更查鱼鳞图上之绿地位置，与本市里弄分区图对照其地位与形状。若在鱼鳞图中检得所求之绿地丘号数时，即根据其所记道契号次，参阅道契册或地籍册[2]，始可明悉该绿地之面积数字，然后分区分类相加。惟教堂等因尚须除去建筑部分，故仅以对折计算，学校六折，公共机关对折，医院六折，私人花园八折，一律以市亩换算之。每一区之分幅图，恒多至数十幅，而每幅更有四五字圩不等。此次以须明了各绿地之丘号数，前后曾调阅鱼鳞图 393 张，统计绿地面积时，曾调地籍册 127 本，手续颇为繁复。承地政局第一处予以协助，遂得顺利进行。调查时间始自 2 月 3 日，至 3 月 20 日止，费时约一个半月，整理资料绘制图表亦需一个半月，前后共三阅月。今将统计所得本市绿地面积、公有绿地面积及私有绿地面积分别列表于后（表专 5-1）。可知绿地面积约占全市面积 1.46%，其中公园一项占 0.015%，公有者占百分之 0.76%，私有者占 0.70%。

一四五

1. "字圩"为行政区划名称。下文出现的"丘号"为房地局地块编号名称。古代农村用"鱼鳞图"对土地进行编号。——编者注
2. "道契"为近代向外国人发放的、证明其在中国对某片土地享有"永租"权利的凭证。"地籍"是登记土地隶属关系的簿册，标有土地面积等信息。——编者注

静安[1]、北四川路[2]二区，所有绿地面积较多，而以邑庙[3]为最少，以其在旧上海城内之故也。普陀区（今普陀区东南部）系为工厂区域，吴淞距离较远，杨思、洋泾、高桥则多属农地。而杨行、马桥、塘湾、周浦四区，因尚未据〔接〕收，故均付缺如。统观全市 34 区中，19 区犹无公园设备，且如邑庙一区，须 4 万余人，始得享受一亩绿地。此其有待于作合理的改进，已不言可喻矣。

3. 本市绿地使用之分析

　　绿地分析须以市区之人口密度及土地使用性质为准绳。本市现有公园集中市区以内，故亦按市区内人口与游园人数比较，估计方近平〔乎〕准确。本市 1947 年度各公园最高游人总数为 14.9 万人，再加长期年券游客（约 25% 强）以及不售只〔票〕公园之游客人数，共约 30 万人。而全市人口在夏季为 400 万人，市区范围内占 320 万人。故实际游客人数占市区人口 8.7%[4] 或占全市人口 7.5%，本市居民尚未充分使用公园，其理至明。根据现有市区内公有绿地分析，每千人占地 1.28 市亩（约 853m²），而每千人所占公园积 0.347 市亩（约 231m²），为数极微。较请英美所拟标准，由每千人 4 英亩（约 1.62hm²）增至每千人 10 英亩（约 4.05hm²）者，相去不可以道里计。俏〔倘〕就目前状况而言，全市居民充分使用公园绿地，依民政处所分年龄等级加以推测估计，则最高游园人数为 71 万余人（表专 5-2）。换言之，将为现知临时门券统计人数之 4.7 倍，或为临时与长期门券两者总人

表专 5-1　上海市各区绿面积（绿地）分类统计表

			市区		郊区	全市
			建成区	近郊区		
总面积（km²）			85.77	98.78	411.77	596.32
总面积（市亩）			128 655.00	148 170.00	618 405.00	895 230.00
绿面积（绿地）（市亩）	公园广场	公有	1 114.37	35.81	195.46	1 345.54①
		私有	/	/	/	/
	公墓会馆公所山庄	公有	/	138.32	/	138.32
		私有	902.37	159.96	238.73	1 301.06
	教堂庙宇	公有	/	/	3.60	3.60②
		私有	290.41	/	/	290.41③
	学校	公有	488.44	149.06	266.30	903.80
		私有	744.88	357.09	119.94	1 221.91④
	体育场	公有	58.80	1 290.43	/	1 349.23
		私有	603.31	129.45	391.24	1 124.00
	机关	公有	2 364.04	451.03	90.75	2 905.82
		私有	312.99	/	45.94	358.93
	医院	公有	116.12	42.45	1.89	160.46
		私有	260.19	3.68	43.89	307.76
	私人花园	公有	/	/	/	/
		私有	1 202.93	251.45	244.22	1 698.67
	合计	公有	4 141.77	2 107.10	558.00	6 806.87
		私有	4 317.08	901.63	1 083.96	6 302.67
总计			8 458.85⑤	3 008.73⑥	1 641.96⑦	13 109.54

注：①疑为"1 345.64"。——编者注
　　②③④⑤⑥⑦为编者补充。——编者注

1. 1945 年设置，大约在今静安区新闸路以北，延安路以南，茂名北路、泰兴路以西，并包括今长宁区江苏路以东部分地区。——编者注
2. 位于今虹口区西部。1945 年设置，东起沙泾港，南沿横浜，西至北宝兴路、淞沪铁路，北抵广中路、水电路。1956 年并入虹口区。——编者注
3. 位于今黄浦区中部。1945 年设置，东沿黄浦江，南沿复兴东路，西、北沿民国路（今人民路）。1960 年大部分并入南市区。——编者注
4. 前述游客人数 30 万人，市区人口 320 万人，30÷320=9.4%，与原文不符。——编者注

数之 2.5 倍，则园中拥挤情形更不堪设想矣。

　　绿地分析方法，可根据全市面积与绿地面积对比，或以全市人口每千人使用绿地面积。在人口稀少未经开辟市区，用面积比例计算，当无不妥之处；倘在人口密集之已建成市区，则必依照人口密度计算，比较适当。故于规划绿地系统，恒同时采用两种方法，以切实际。兹将现有公园面积，根据 400 万与 500 万人口作每市亩使用人数计算，以测公园拥挤状况，如表专 5-3 所示。

　　1947 年度全市公园每日游览人数，最高为 30 万人以上，占当时全市 400 万人口中之 7.5%。试按此比例计算每亩使用人数，而与 500 万人口比较。同时，预测将来市民作户外活动者日增，假定占全市总人口 20.0%，列表如下（表专 5-4）。

　　上海市将计划中游园人数估计方法「介绍如下」：

　　本市都市计划系以 25 年为对象，上海市都市计划委员会曾精确估计本市人口将为 700 万人。盖全市既划分圈层与区域，其人口密度不同，而所需绿地标准亦各异。故根据现有人口总数及所估计游人百分比，以计算各级年龄游园市民所厅〔占〕各该级人口之百分比（表专 5-5）。根据此表可以应用于估计各疏密人口住宅内之游园人数。

4. 本市绿地标准之商確〔榷〕

　　大伦敦计划将全市面积分为市中心区、内围市区、近郊、绿带、郊区等圈层（Rings），分别拟定其绿地标准。本市可分商业区，即市中心区；内围市区，即紧凑发展区；附郊区，即半散开发展区；农业区，即散开发展区；绿带与郊区，卫星市镇及农带诸圈层，以供拟定绿地标准之参考。

　　本市以商业区为中心，白昼人口每平方公里最多约 30 万人；内围市区每平方公里居民 10 000 ～ 5 000〔15 000〕人；附郊市区每平方公里 7 500 人；农业地带每平方公里 5 000 人；绿带及农带每平方公里 500 ～ 700 人；卫星市镇每平方公里 5 000 ～ 7 500 人。

表专 5-2　本市绿地使用人数估计表

年龄分级	性别	上海建成区人口				绿地种类	绿地使用人数	
		人数（人）	百分率（%）[1]	人数（人）	男女比例（%）		比例（%）[2]	人数估计（人）
5 岁以下	男	411 093	12.3	216 799	52.7	儿童游戏场（由成人携带入内）	10	21 679.90
	女			194 294	47.3			19 429.40
6—14 岁	男	536 342	16.01	289 444	54.0	学校运动场及公园	30	86 833.20
	女			246 898	46.0			74 069.40
15—24 岁	男	699 422	20.89	401 283	57.3	运动广场及公园	30	120 384.90
	女			298 139	42.7			89 441.70
25—54 岁	男	1 468 875	43.90	824 720	50.2	运动广场及公园	20	164 944.00
	女			644 155	43.8			128 831.00
54 岁以上	男	229 928	6.90	101 897	44.3	公园	2	2 037.94
	女			128 031	55.7			2 560.62
合计	男	3 345 660	/	/	/	/	/	395 879.90
	女							314 332.10
总计		/	/	/	/	/	/	710 212

数据来源：上海人口统计报告表（1946 年 3 月民政处第二科）
注：①该栏数据为各年龄分级人数占建成区人口总数的百分比。
　　②该栏数据为某年龄分级绿地使用人数占该年龄人数的比例（男女相同）。——编者注

一四七

表专 5-3　公园使用现况分析表（每千人使用绿地面积）

分项		1946—1947 年	1948 年度上半年
全市现有公园面积	市亩	1 354	
	公顷	90	
	英亩	223	
全市人口平均约数（人）		4 000 000	5 000 000
每千人公园面积	市亩	0.347	0.267
	公顷	0.023	0.018
	英亩	0.057	0.044
全市理想公园面积（以每千人 4 英亩计算）	英亩	16 000	20 000
	公顷	6 473	8 094
理想公园面积 / 现有公园面积		72	90

表专 5-4　公园使用现况分析表（单位绿地面积使用人数）

分项		1946—1947 年	1948 年度上半年
全市现有公园面积	市亩	1 354	
	公顷	90	
	英亩	223	
全市人口平均约数（人）		4 000 000	5 000 000
公园使用人数（人）	每市亩	2 908	/
	每公顷	444*	/
	每英亩	17 847	/
每市亩实际游园人数（人）	如果占总人口比例7.5%	218	280
	如果占总人口比例20%	581	747

注：* 根据表中其他数据，疑为"44 444"。——编者注

表专 5-5　25 年后上海人口中使用绿地人口估计

年龄段	总人口（人）	各年龄段人口占总人口的百分率（%）[1]	使用绿地人口估计		
			占相应年龄段人口的比例（%）[2]	占总人口的比例（%）	人数（人）
5 岁以下		12	10	1.20	84 000
6—14 岁		16	30	4.80	336 000
15—24 岁	7 000 000	21	30	6.30	441 000
25—54 岁		44	20	8.80	616 000
54 岁以上		7	2	0.14	9 800
合计	/	/	/	/	1 486 800

注：①②整栏数据来源见表专 5-2。

绿地标准之与娱乐性质、分布地段及人口密度发生密切关系已详见前数节。而现据大伦敦计划所订绿地标准（表专 5-6）已达相当理想程度。盖英国预计男女老幼市民之利用运动场人数较高。我国生活习惯少作户外活动，虽则游览公园为轻微运动，而目前利用围〔园〕地之市民，仍属极少数。兹建议计划或保留绿地，以公园为主，将来视情形需要在公园开辟运动场地，以补不敷面积。兹据市区分带，拟定绿地标准如表专 5-7。

此项标准近平〔乎〕理想，为实施计划仍待商讨订正。

5. 上海市建成区绿地计划说明

1）绿地标准[1]

建成区内原有隙地甚少，每千人仅占绿地 0.02hm²。为增高绿地与建筑面积比例计，实行疏散人或增辟园地。全区面积 8 760hm²，根据都市计划三稿报告，参酌建成区实际情形，拟定最低绿地标准，应有绿地 2 848.3hm²（公园系统 882.7hm²，住宅园地 1 965.6hm²）。但于拟定实施计划时，仅得绿地 2 741.12hm²（现有公园 74.69hm²，零星保留绿地 188.73hm²，区内绿带 231.10hm²，区外绿带 281.00hm²，住宅园地 1 965.60hm²），所不敷之 107.18hm²，尚待继续规划保留。

本市建成区最低绿地标准：

查英美先进诸国之绿地标准，在内围市区定为每千人 1.62hm²（4 英亩），〈及〉外围市区每千人 2.83hm²（7 英亩），郊区可达每千人 4.05hm²（10 英亩），其居住卫生，已臻理想境界。本标准之公园系统包括 882.7hm²，系参酌现况，尽量扩充与保留绿地面积。而现有公园，仅 74.69hm²，

表专 5-6 大伦敦计划绿地标准

圈层	Ring	每千人绿地面积（英亩）
市中心区（一）	Inner Urban (1)	4
内围市区（二）	Inner Urban (2)	7
内围市区（三）	Inner Urban (3)	7
附郊（一）	Suburban (1)	7
附郊（二）	Suburban (2)	7
附郊（三）	Suburban (3)	10
绿带（一）	Green Belt (1)	10
绿带（二）	Green Belt (2)	10
郊区（一）	Outer Country (1)	10
郊区（二）	Outer Country (2)	10

表专 5-7 上海市绿地标准

区层	发展类型	人口密度（人 /km²）	绿地标准 每千人绿地面积（英亩）	绿地面积 每平方公里绿地面积（英亩）	每平方公里绿地面积（hm²）
商业区	/	白昼 300 000	1/10	30	12.15
内围市区	紧凑发展	10 000 ~ 15 000	4	40 ~ 60	16.2 ~ 24.32
附郊市区	半散开发展	7 500	7	52.5	20.85
农带区	散开发展	5 000	10	50	20.25
绿带农地	/	500 ~ 700	全部绿地		
郊区	卫星市镇	5 000 ~ 7 000	10	50 ~ 70	20.25 ~ 28.38

一五○

1. 标题为编者后加。——编者注

极〔亟〕待扩充，其理至明。兹以居住人口总数（工商业区白昼人口除外，但混合居住之第二商业区人口计算在内）与各住宅区、第二商业区及绿带内所占绿地面积计算，则公有绿地标准为每千人占 0.30hm^2。此固不逮英美标准远甚，但住宅园地之 1 965.6hm^2 面积亦可以改善居住环境，亦可差强人意也（表专 5-8）。

2）实施计划

（1）公园系统

兹为确定本区内公有绿地分布起见，除现有公园外，根据拟定计划，尚须从事扩充面积，征用及收回或限制使用公私绿地，但成一完整之系统。

①现有公园

现有公园分布于建成区内者，约 74.69hm^2。

②征用及收回绿地

公园系统之极〔亟〕待扩充，诚属刻不寄〔容〕缓，但为施行便利起见，分期征用及收回之。在本区内原属公有绿地之尚未拨交工务局管辖者，应设法收回以建造公园，如旧六三花园[1]、旧凡尔登花园[2]、旧贝当树园[3]（衡山路苗圃[4]）及平凉路苗圃[5]等是也。又繁盛区内人口密集，大块园地本属头

表专 5-8 上海市建成区最低绿地标准计算表

区别	面积（hm²）	公园系统（hm²）	住宅园地（hm²）	公有绿地标准	
				人口（人）	每千人面积（hm²）
第一商业区	276	27.6①	/	白昼 963 900	0.03
第二商业区	509	25.5②	203.6⑦	389 612	0.07
第一住宅区	1 088	108.8①	544④	326 400	0.32
第二住宅区	3 284	164.2②	985.2⑤	1304 600	0.13
第三住宅区	1 164	174.6③	232.8⑥	477 260	0.36
工业及码头区	1 653	82.7②	/	白昼 893 286	0.11
特种工业区	90	4.5②	/		
运输业区	276	13.8②	/		
绿带	281	281.0	/	/	/
水道	139	/	/	/	/
总计	8 760	882.7	1 965.6	2 497 872⑧	0.30⑨

注：①为本区面积 10%。
②为本区面积 5%。
③为本区面积 15%。
④为本区面积 50%。
⑤为本区面积 30%。
⑥为本区面积 20%。
⑦为本区面积 40%，本区为商业与居住混合使用性质。
⑧为住宅区及第二商业区之人口总数（不包括第一商业区、工业与码头区及运输区之白昼人口——编者注）。
⑨为住宅区、第二商业区及计划中之绿带内公有绿地标准，不包括第一商业区及工业、码头、运输等区之绿地。

—五—

1 原址在西江湾路 240 号处。20 世纪初为日人白石六三郎经营的一座日式花园，占地 1 ~ 2hm^2。——编者注
2. 今陕西南路 39 弄长乐村。原为德国侨民乡村俱乐部，一战后由法租界公董局购得后命名。20 世纪 20 年代陆续建成 100 幢左右法国式花园里弄住宅。——编者注
3. 今衡山公园。——编者注
4. 原址位于衡山路北，高安路西。——编者注
5. 原址位于平凉路北，贵阳路西。——编者注

〔难〕得，宜加征用辟作公园，以谋公众福利，如哈同花园[1]、跑马厅（今人民广场和人民公园）、逸园[2]等是。二〔两〕者合计总面积为51hm²，本项工作宜于最近期内完成之。

　　③限制使用绿地

　　　a. 区内公私绿地：本区内之绿地，如公共机关、体育场所、市立公墓、公私医院及公私学校之园地，皆较〔要〕确定其使用性质，俾不致无限度添增建筑物而减少绿地。此项绿地之保持，固不必皆辟为公园也。再如学校场地，须酌量开放为公众使用，可以增进市民健康。在本市运动场地极端缺乏之状况下，尤较充分利用。各级学校均应预留若干空地，以作运动场及校园设备，务希浦〔消〕除毫无隙地之里弄学校。兹建议教育局严格规定校园面积标准如表专5-9。

　　　b. 绿带：在都亩〔市〕计划修正二稿所拟定之绿带计5 122hm²（区内绿带231.1hm²，区外绿带281.0hm²），皆须加以限制使用，以备扩充绿地。其办法视其所经该区情形另行详细规划。

（2）住宅园地

　　住宅园地原非园〔固〕定，应藉营建规划，加以限制，避免形成贫民窟状态。至于人民业已密集诸区域，须设法疏散或重建房屋。兹就目前情形，并根据本亩〔市〕建成区营建区划规则，拟定营建绿地标准（见表专5-8附注）。

　　上海市建成区绿地规则草案见表专5-10。

6. 将来计划

　　本市目前绿面积（绿地）之缺乏，已如前述。然在目前人口密度状况下，颇难扩充。因人口超出饱和点，即使全区辟为绿地，仍然不足。况园〔固〕定之建筑物，更改至为艰难。兹为配合上海市1946年计建〔划〕起见，另作公园系统，扩大绿地面积，以符每千人占地42.49市亩（约2.83hm²）之标准。故新计划之拟定，唯有自较空旷之郊区着手。诚能将各项新式公用设备，如自来水、电灯厂等区设于各郊区，又充分改善郊区与市中心之交通状况，如开辟高速度之电车、汽车路线，增多交通班次等，则市民自乐予协助此计划之完成也。除商业区域不得不利用今日市中心区域外，工业区域则应分散于各住宅区附近，使工作者得减少往返时间之浪费。郊区新城镇之建立，当尽量开拓公园大道、绿地带、农业地带，以隔绝各城镇大小单位，其中包括体育设备、庭园单位，并保留适当隙地，以调节人口密度。

表专5-9　各级学校校院运动场地（保留绿地）标准

学校制别	绿地面积（市亩）	绿地面积（hm²）*
完全小学	5	0.33
初级中学	10	0.67
高级中学	20	1.33
完全中学	30	2.00

注：* 该栏数据为编者后加。——编者注

1. 原址位于今上海展览中心所在地。——编者注
2. 原址位于复兴中路今上海文化广场所在地。曾为跑狗场。——编者注

第一条	本规则根据上海市建成区营建区划规则第十五条之规定订定之，凡建成区内绿地之管理及开辟，悉照本规则之规定。
第二条	本规则所称绿地，系指建成区内一切公有及私有之园场基地，并依照性质，分为下列各类。 甲、公园系统——包括市政府所辖之公园广场苗圃及林园大道。 乙、保留征用绿地 　（一）计划公园——包括适合公共使用之团体或私人大花园及场地。 　（二）计划绿地带——包括连接各公园需要之园场地带。 丙、确定使用绿地——包括公共机关园地、公私体育场所、学校、医院、公墓等。 丁、住宅绿地——包括公私住宅附属空地。
第三条	凡本市公园系统计划需起〔用〕之基地（详建成区绿地计划及绿地计划图），除现有之公园系统外，均根据本规则第五、第六两条之规定补充之。
第四条	凡属于公园系统之园地，除应有之附属建筑物外，不得有其他建筑，但有关公众使用之文化建筑物，经工务局核准者，不在此限。
第五条	凡属于乙类（一）项之园地，由市政府公布保留之，除应线〔维〕持原有面积外，不得增加任何建筑物，俟各该公园计划完成时，由市政府分别征用之。
第六条	凡属于乙类（二）项之基地，由政府公布保留之，并禁止永久性建筑，俟绿带计划完成时，由市政府斟酌需要陆续征用之。
第七条	凡属于确定使用绿地，非经市政府核准，不得变更其原使用性质。
第八条	凡乙类（一）项及两类绿地，均应规定时间，全部或局部开放以供使用。
第九条	凡住宅绿地，其面积与建筑物面积之比例，不得小于下列标准，其已有住宅不合规定者，于重建房屋时限制之。 住宅区 / 园地面积 / 建筑面积

住宅区	园地面积	建筑面积
第一住宅区	5	3
第二住宅区	3	5
第三住宅区	1	4

第十条	本规则于公布之日施行。

一稿

就理而言，绿面积（绿地）之分布与居民使用状况，以经常保持接触为目的，不论工作与居住地点皆可游览绿地园地，兹将上述情形列于图专 5-1。

依土地使用拟定标准，全市绿面积（绿地）须线〔维〕持 40% 比例，则须将各市镇单位间所保留之农业地带合并计算在内，公园及公有绿面积（绿地）占 20%，农业地带占 20%，以作设计标准。又因农业用地甚为空旷，可调节建筑物之拥挤。在一定面积上，通常因农业经营不及工业经营利润大，故欲保留郊区之农业地带，必须采用现代之农业经营方式。利用优良品种及温室栽培等方法，以提高产品价格及土地使用价值，俾业主乐于保持农业经营。同时利用其产品，以供给郊区居民食物之主要来源。盖运输途程短，费用可减低，获利较厚；同时食物易保持新鲜状况，营养价值优于远地运输者。农业地带中，应贯以公园大道，以联系各区交通之公园大道。大道包括公园两侧较阔之空地，或布置草地，或铺设运动场或陈列富于纪念性或教育性之雕刻物。公园大道之意义，一方面便于乘于坐〔乘坐于〕车辆中之观赏，同时又可供附近居民作为游〈场〉憩场所。住宅区及工业区，则不可贴近道旁，必另有通道连接，使公园大道无形中有隔绝各区镇之功用。此外有纪念价值之地段，如抗战中之大场、罗店，辟作近郊公园，以增人景仰之意义。又各城镇单位中，仍续保留各种公园，以供居民使用。兹拟定于下：

在商业区公园地极少，往往行道树皆以能种植。应尽量利用道路交叉点之中心岛，或征购交换若干余地，辟作广场，以供游憩。为中心区需增辟十余处。

各于〔于各〕小单位，必须留置儿童公园。以人口 4 000 计，应有儿童公园一所，其有效半径不

一五四

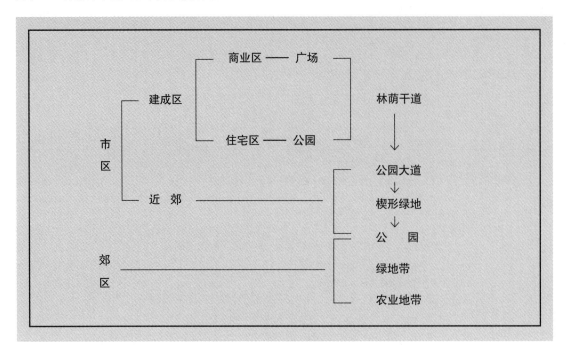

超出 0.5km。因其主要对象为儿童，故可与小学校合并计划。

中级单位约 15 000 人左右，需小型公园一所。其有效半径亦为 0.5km，面积约在 50 亩（约 3.33hm²）左右，如目前之林森公园（今襄阳公园）是也。

市镇单位之人口，平均约 16 万~18 万。须设立市内公园，有效半径为 1 公里。其面积以百市亩以上为宜，如复兴公园。

近郊及附郊诸区，添设近郊公园。如罗店、大场等地，有杭〔抗〕战史迹者，宜早辟〔开〕辟以资纪念。其面积当较以上各种公园为大，应有独特风格与布置。盖此种公园之作用，不仅在吸引本区域以内之游客而已也，故不必以有效半径为限制，恒作郊游远足之用。

公园大道联系各公园并与农业地带合为一体，特性质略异耳。

以上所述者，盖为本市公园系统计划之诸原则，俾有一清晰之概念。至详细之实施工程，当另文讨论之。

二稿

一五六

专题六

上海市建成区干路系统

计划说明书

1. 交通阻塞之现状及将来

自胜利迄今,本市中区交通,因车辆日增,行旅日繁,其拥挤程度愈趋严重,受影响之范围益形扩大,阻塞时间亦更延长。战前仅于上下办公时间略为拥挤,余时犹能畅通无阻,而今日之中区交通几无时无地不入于紊乱之状态。

本市人口以往年有增加,增加率约为每年 2.4%。因工业化之进展,此后增加速度或更加快。即使按以往比率复利计算,则 25 年后之人口,亦将有 700 万人之谱。此新增人口之居住问题,可由都市计划总图二稿建议之新市区单位予以容纳;但同时有赖新的交通,解决市民工作上必要之流动,尤以中区一带为最重要。

按人口比例计,本市私人汽车约每 180 人有车一辆,与美国每 3.5 人有车一辆相较,为数实微。至于公共交通,现在建成区面积尚不甚辽阔,在交通困难及生活高涨之下,平民阶级,大多安步当车。据公用局统计,1946 年公共车辆之全年乘客,共约 3.1 亿人,即合每人每年乘车 82 次,以与纽约市每人每年 455 次相较,相差殊巨。但如因大上海计划得以实现,市区面积将为建成区之 20 倍,市民势必因行程广远及交通便捷而增加乘车次数。设以平均每人每年 600 次计算(上海情形不宜鼓励私人车辆之增加,故此估计数字较纽约高 30%)则 700 万人口将年达 40 亿次以上。其中半数以上往来中区,则未来公共交通之客运量,可达目前之 7 倍。据此设计,本市之道路系统,必须较长久之时间及极庞大之财力,容有缓不济急之病。倘依照与本计划同时完成之建成区暂行区划计划所计,则中区工作人口中之 100 万人必须居于中区以外。假令一年工作日数 300 天,每人每天往返二〔两〕次,一年即需另加中区公共车辆之乘客 6 亿人(此数并不包括非工作人口乘用之数在内,而为最低限度之必要交通)。是已为 1946 年乘客数之二〔两〕倍,原有道路系统及运输工具自无法应付此增加之客运量。

本市既为全国之最大港口,以工商业为其经济基础,一切原料、半制成品、成品之运输量当较客运为大。且工业发达,则制造之专业愈精,半制成品之运输必更繁重,运输之影响生产亦更巨。故如何谋货物迅速而经济之运输,更属道路系统计划急待解决之问题。

由此可见(表专 6-1),轻型客运车辆占全部客运车辆之绝对多数。康威顾问团在沪时,尝估计在最繁忙之钟点,所有公共汽车及电车完全挤足之时,如以人力车、三轮车完全计入,每车一辆〔一辆车〕平均只载客 3.4 人,平时每辆尚不到 3 人。此为本市现在客运方法最不经济之点,务必力予改进者。加以接通上海公路之修筑、改善,由外埠到达或经过本市之车辆势必增加。

故欲减轻目前交通阻塞之程度及吸收将来增加之客货运量,本市中区之道路系统自非有适当之改良不可。本计划即所以从道路之设计着手,使客货运输均能达到迅速、经济及舒适之目的。

2. 现有道路系统之缺点

过去行政系统之分野,各项设施类皆各行其是,缺少整个计划。道路系统自无例外,而有今日支离不一之现象。兹列举其缺点如下:

(1)城市交通「皆经过」中心。

上海现有各大干路几皆集中于中心区。自江湾、吴淞、杨树浦、闸北等区之交通,皆由四川北路、河南北路及杨树浦路三干线而入中区。沪东与沪西之间,除经过城市中心外,即无法相通。若在中心区以外另有道路,此等交通本无行经中心区之必要。乃以前未图及此,实为促使中心区交通拥挤之主因。

(2)四面受封锁之城市中心。

本市市中心区四面皆受封锁。东临黄浦江,乃为一天然屏障,所有东西向之道路,皆至外滩为止。西阻于跑马厅(今人民广场和人民公园),所有交通只有通入西藏路。苏州河横亘其北,仅有少数狭隘之桥梁,实不足以疏导南北两岸之交通。西藏路桥以北,且入小巷之阵。而南市除一环路以外,别无他路可通。因此,所有车辆只得集中于极少数通路上,如南京路、中正路(今延安路)及北京路等,交通之拥挤阻塞自不可免。

表专 6-1　各式客货车辆数

	客运车辆（辆）		货运车辆（辆）	
重型	公共汽车	/	军用卡车	1 956
	无轨电车	/	自用卡车	3 259
	有轨电车	/	出租卡车	2 790
	合计	555	合计	8 005
中型	自用汽车	8 173	充气轮胎塌车	10 175
	出租汽车	1 010	铁轮塌车	15 602
	吉普车	1 161	马拖塌车	15
	试车	202	/	/
	马车	80	/	/
	合计	10 626	合计	25 792
轻型	机器脚踏车	2 443	送货三轮车	7 738
	机器脚踏车试车	18	独轮车	711
	自用人力车	6 286	粪车	2 142
	自用三轮车	5 201	/	/
	出租人力车	15 612	/	/
	出租三轮车	9 715	/	/
	单座三轮车	4 925	/	/
	自行车	149 618	/	/
	合计	193 824*	合计	10 591

注：* 以上各种轻型车辆之和为"193 818"，疑此处数据不完整。——编者注

（3）东西向道路过少。

南北道路，既因旧两"租界"与南市、闸北道路之分裂，使南市、闸北与黄浦、老闸、静安各区间缺少连〔联〕系。而东西向之路线，应为全市之干线道路，更为重要。但现除三数道路以外，余皆不能通行。上海现有道路系统之缺点，可参见图 7-1（见本书第 092 页）。

（4）土地混合使用。

现有建成区土地混合使用，为造成交通阻塞之另一重要原因，其详情已于建成区暂行区划计划说明中见之。各种车辆混杂一处之结果，使所有车辆皆不能畅通。又如商店街道与交通街道不分区别，致商店皆面对交通繁重之街道，在世界其他大都市此已成为陈旧之设计。

（5）瓶颈街道。

本市现有多数干线道路，几皆有"瓶颈"存在。此类"瓶颈"，皆由不顾大众利益之少数房地产主所造成，如南京路、北京路、四川路等处之瓶颈，实早应拆除，方不致使整个上海社会至今犹蒙其害。

（6）道路交叉过多。

南市、虹口、闸北及沪西一带，因建筑地段过小，造成无数交叉点，不但使土地划分不经济，且足以阻碍交通，使车辆时停时行，行驶之速度乃减至最小限度。

（7）交叉点设计之不良。

道路交叉点如设计周全，可以加速车辆行驶速度。现有道路系统，虽曾有少数交叉点之设计，以便车辆转向不受阻碍，但此项尝试皆属失败。现有交叉点几大多采用简单之直角式，实为减低交通速度之另一原因。

（8）人行道过狭。

以前华中一带极少马拖之车辆，故街道划分为人行道及车马道在我国尚为时未久。本市街道竟沿

袭旧规，至今尚有多处无人行道之设置。而数主要街道之有人行道者，又均嫌过狭，使行人不得不走入车道。车辆安得畅行？且增加肇事之机会。

（9）车辆之种类太多。

本市交通车辆种类之繁杂，为全世界所稀有。各种车辆之种类及数目，可见表专6-1。以上海现有之人口，大型及中型之乘客车辆实属过少。康威顾问团报告书中曾提及，虽在最拥挤之时间，乘用公共车辆者仅占全数37%。实则新式之大型公用车辆，如公共汽车、电车、无轨电车等，较小型乘客车辆经济有效得多。载重卡车之输运货物，亦自较人力拖拉之塌车为利便〔便利〕迅速。但由于本市特殊经济状况所产生之人力客货车辆，竟占据全部运输之极大比例，既足以妨碍大型车辆之发达，并使机动车不能发挥效能。蒙其害者不仅止于交通问题而已，整个社会之经济发展，亦间接或直接受其挫碍。

（10）车辆速度之不等。

本市道路已甚狭隘，更因车辆之种类太多，各种速度不等之车辆混杂行驶，自更增交通之困难。赖交通警察之管制，终属事倍功半。盖以18种不同速度之车辆行驶于同一狭小之街道上，混乱殆为必然之结果。

据统计，本市现有12种不同速度之车辆，慢速车辆常阻碍快速车辆，因此一慢即生阻塞，一快即生碰撞。（见 M. Halsey. *Traffic Accidents and Congestion*）

曾有人根据人道及交通立场，主张禁绝人力车及三轮车。但因其根本问题在我国经济制度之落伍，本市工商业皆至今仍以小规模者为主，如一旦禁绝人力车及三轮车，不但大批劳工将遭失业，同时使一般工商业之运输发生困难。故人力车及三轮车之禁绝，且为一严重之社会问题。就交通立场言，只能利用良好之道路设计，以尽量减少此类车辆影响机动车效能之程度，于是助长公共客运及大型货运之发达，而促使其自然淘汰。

（11）「路边」停车。

路边停车为促成上海交通困难之又一主因。过去不考虑预留停车场之位置，房屋建筑面积常占基地面积100%，特别在商业区中简直毫无空地。现在除外滩路中心可停车约400辆及河南路、福州路口市政府之小停车场外，其余车辆大多停放于公共道路上，甚至运货卡车亦均于路边装卸货物，使道路宽度更感不足，交通亦更为阻塞。

（12）兼道路为车站。

电车及公共汽车，因缺乏适当之空地，故不得不利用道路之一部分为车站，使本颇狭隘之街道更易阻塞，如静安寺、提篮桥、外滩等处皆是。最恶劣者为外滩一带之轮埠站，因轮船与卡车多于外滩转运货物，使市中心区各道路之荷负〔负荷〕更重。15年前之外滩，尚为一片绿地，而今则为一垢污乱杂之船埠，使人一入上海之门户即留下极恶劣之影〔印〕象。15年以前上海之进出口贸易十倍于今，而并未有此情形，吾人能不力谋补牢之策乎？

3. 新计划道路系统

归纳以上12缺点，可分为二〔两〕大原因，（1）至（8）为道路本身设计之不善，（9）至（12）为使用上所引起之不良结果。在未来之25年内，交通量既将大形增加，新计划之实施必需〔须〕从一新观点入手。

过去都市计划家对交通阻塞之补救办法，多以放宽现有道路为唯一方法。但此种放宽办法仅能收效一时，且往往得不偿失。如上海交通混乱主因之一在各种不等速度之车辆混杂行驶，则仅放宽现有道路仍不能解决其问题。道路太宽，行人过路易生危险，小型车辆之碰撞机会亦将增加。故放宽道路之结果，并不足使交通之速度、运量有何增加，且所费不赀。在此房荒严重、社会贫困之际，放宽计划似尤难进展。

　　上海市都市计划总图新设计二〔两〕种新型道路。此种新型道路不但能行驶高速车辆，且能增加交通运量，实为解决上海交通问题最经济有效之方法。

　　此二〔两〕种新型道路为：

　　（1）高速道路系统

　　高速道路即都市计划委员会以前各报告内所称之"干道"（Arterial Road）。

　　（2）干路系统

　　干路即所称之"次干道"或"辅助干道"（Sub-arterial Road）。[1]

　　高速道路系统之设计，乃以行驶公共汽车、货车及自用机动车为主。公共客运可用高速长途公共汽车或电气火车（或用柴油火车）。

　　高速道路及干路之设计，当符合下列条件：

　　（1）较同样阔度之普通道路建筑及维持费低廉，但容量及效率较高。在干路中划分机动车与非机动车之行驶路线，以适应上海之特殊条件，而不影响车速及运量。

　　（2）不必普遍放宽路面而征收路旁土地并影响路旁之建筑。

　　（3）永久保持设计时之运量，俾足适应未来需要。

　　（4）增加运量及车速而减免肇事。

　　（5）帮助发展都市之成长，使交通之起迄地点有直捷之通道干路，并将为中间单位之分界线。

　　上海因「地」下水位过高，故不宜建筑地下车道。分层交通之高架车道，似为比较经济之解决方法。因其不受快慢车辆之影响，各种车辆可以尽量利用其最经济之速度行驶。

　　高速道路内电气铁道与汽车道分道行驶。汽车道为 12 英尺（约 3.66m）阔之双车道。往来二〔两〕条高速道路全阔 23m。惟于交叉处及进路[2]处，因须与其他高速道路或干路用斜道连〔联〕系，应略加阔。

　　高速道路及干路建成以后，其余现存道路之功能将退居为地方道路，仅供中间单位内交通之用，运量自属有限。故住宅区内之道路，最小阔度 3m；城中区之商业及商店区内之道路，应为四车道。

4. 计划中之高速道路

　　高速道路路线之设计，根据下列目标：

　　（1）所有新市区与中区间之主要交通，由高速道路担任之。

　　（2）"中区"作为车辆转换之枢纽所在。

　　（3）过路车辆可不必经过拥挤之商业区。

　　计划中本市之高速道路系统与美国之高速公路不同。美国公路之目的在便利私人汽车之行驶，而本市高速道路之设计乃以应付公共客运及工业货运为主要目的，中区各高速道路及干路路线可详见图专 1-1（见本书第 125 页）及下节说明。

　　此等高速道路在中区为高架路线，与其他交通不相平交，且来往二〔两〕线之间有一分界带相隔。高速道路内只准行驶机动车辆，〈与〉可在交叉点处以斜道上下〈相连〉。

　　此项高速道路，既系分层交叉，路面平宽，故不论汽车、卡车或电车皆可通行无阻，安全速驶。其最大速度，预期可达每小时 90 ～ 100km。

5. 干路系统

　　高速道路为连接大上海市内各新市区与中区及各公路间之直达路线。干路为各区内与区间之主要通路。一区内之干路与他区内之干路系统可各自独立。

1. 原文本句话位于"高速道路系统"一项下。——编者注
2. 指高速道路的出入口。——编者注

干路之距离较短，车速亦较缓。在全市人力车辆不能遽行禁绝以前，干路内得同时行驶各机动车、非机动车及行人。但为求行驶于干路内之机动车辆有较高之速度起见，乃将干路划分成快车道与慢车道（或称"便车道"，Service Road）二〔两〕种。如能另加一条自行车道，自更合理想，以隔离驶速不等之车辆混杂一处。快车道上不准停车，公共汽车可停于特设之 3.5m 深之路凹内。干路之交叉点可应用圆场交叉法[1]。自用汽车之驶入或停放，必须经过慢车道邻近地段之支路，不能直接穿过快车道，「驶出则」必须先经过便车道，然后于圆场交叉点处进入快车道。如两交叉点距离过长，得另设若干中间进口处。

　　市区内之干路，形成一蛛网型之图案，于商业区中为长方形或可成其他形状。即分市区为若干中间单位，各中间单位再分为若干邻里单位。如此，则车辆可不必经过中间或邻里单位之内而直达目的地。

　　新道路系统完成以后，车辆行驶速度当可大事增加，约每小时 40km。市民工作往返自必大为便利。兹就南市至杨树浦工业区之全部行程时间，举例计算如表专 6-2，图专 6-1。

表专 6-2　南市至杨树浦工业区之全部行程时间

行程	说明	时间（分钟）
家—公共汽车站	/	7.0
等车	平均 5 分钟一班车	3.0
乘车	车程 11km，车速 40km/ 小时	16.5
公共汽车站—工厂	/	5.0
合计	/	31.5

图专 6-1　南市至杨树浦工业区之全部行程

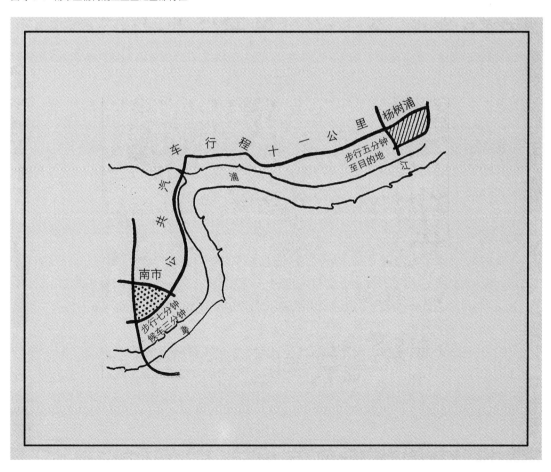

---

1. 疑指"环形交叉"。——编者注

即以中区二〔两〕端间最长之距离为 18km 计，全部行程时间亦只需 42 分钟。如从现有西区至城中区，则仅需 22 分钟。不但客运如此，货运如原料、半制成品、消费品等亦同样可得经济而迅速之运输。由此可知，新道路系统不但可以缩短时间，而且可以节省金钱，可谓一合乎理想之道路系统。

6. 建成区新干路系统之计划路线

1）高速道路

第一高速道路（A 线）：自吴淞新港区按原有军工路方向至引翔港[1]折西，成为计划"建成区"之新界，与现有周家嘴路西段衔接后开始为高架路；过沙泾港后，沿武进路至北站外缘之天目路，再渐下降至新联合车站入口而达地平面；在西藏路之交叉点处穿入 B 线之下，两者用环路连〔联〕系，在西藏路以西再行上升至 5.5m，至闸北沿长安路跨苏州河，再沿普陀工业区之南界及长宁路而达计划中北新泾、青浦间之公路。过中山路向西以后，即完全为地平高度。全线均行电气火车，故阔度可趋一致。但在地面时，尤其在绿地带，可有较阔之路肩。

第二高速道路（B 线）：联接京沪国道[2]及沪太公路，于沪太路、新村路之交叉点随沪太公路南下，迄中华新路东折至宋公园路（今西藏北路）[3]；复转向南越铁路后，沿西藏北路、西藏中路、西藏南路而达黄浦江渡口；以上均为高架速道。电气铁路自浦东接至本线，置于全路之中，阔 7m，两旁为快车道。在大统路之西，电气铁道即离开干道而依照目前之京沪铁路线行驶。高架高速道路之总阔度约为 23m，中山路以北一段，因无火车道，可减至 17m 或 20m。

第三高速道路（C 线）：与 A 线同自吴淞新港出发，〈沿新港出发〉沿新江湾区之东，并为中区之北界，在京沪铁路之南与中山路相连接，沿中山路至龙华而接沪杭国道[4]。本线全部环绕建成区，故无须高架。唯一之高架地点，为跨越铁路之一号桥处[5]。全线并无电气火车，故有 2.5m 之路肩，总宽 20m 之四车道已足用，六车道则总宽亦仅需 27m。

D—线高速道路〔高速道路 D 线〕：为 C 线之支线，从龙华开始依干路 8 线至新南站而入高速道路 B 线，全长仅 6km，为中部商业区、沪杭国道及龙华飞机场间之主要交通线。

以上 A、B、C 三高速干路之交叉点只有三处。新联合车站前 A、B 线之交叉点可无问题，盖二〔两〕路位于不同平面而用环路联系。其他两个交叉点位于绿地带，可有足够地位以作完备之设计。高速道路绝不与他路平交，仅有限之数处接连干路。通运速率之一致与否，对高速道路影响极大。

非机动车及行人在高速道路上绝对不准通行，此为设计时之基本假定，必须完全遵守，否则整个计划将遭破坏。全中区既仅有 3「条」高速道路，故此种限制自非不合理者。

2）干路系统

干路系统虽亦为快速交通而设计，但为都市之经济着想，不得不暂时保留一部分非机动车之存在。干路有分隔之机动车道及非机动车道，但于交叉点处两种车类混合通运时，不免影响道路效率。但吾人坚信，非机动车道仅为一时权宜之处置，将来原始式之交通工具势必淘汰，当即可改为机动车道。

建成区共有干路 21 线：

1 线从许昌路黄浦江边开始，沿许昌路达高速道路 A 线，西北折经徐家桥—蒋家宅。本路在高速道路 A 线及 C 线间之一段，成为中区之边界。设计此线主要目的为连接杨树浦工业区及高速道路系统。客运亦颇繁重，盖本线连接至浦东之渡口。全线所经公、私绿地带数处，故又不难造成一风景美妙之道路，且为各该绿地带之边缘。

一六六

一稿

---

1. 杨浦区南部一条南北流向的河浜，填筑后为今宁武路。亦指该河之畔的引翔港镇，原址位于今长阳路、双阳路口。——编者注
2. 疑指沪苏公路，今曹安公路。——编者注
3. 历史上的宋公园路包括今和田路（曾名西和田路）及西藏北路隧道以北、中山北路以南的西藏北路路段（曾名和田路）。——编者注
4. 指沪杭公路，上海境内大致沿今老沪闵路走向。——编者注
5. 即沪宁铁路一号桥，在今彭越浦一交通路桥附近。——编者注

2 线亦起自黄浦江边，沿松潘路—宁国路及黄兴路。虽通过杨树浦工业区，但以运客为其主要功能。为以前"新市中心"[1]及杨树浦工厂间之唯一通道，可为浦东新住宅区及"新市中心"间之直达通道。

　　3 线沿隆昌路接连杨树浦工业区及高速道路 A 线。

　　4 线从高速道路 A 线离现有军工路之点起，经军工路—梨平路（黎平路）—杨树浦路，西北折入海门路—公平路—临平路—全家庵路（今临平北路）—山阴路，越淞沪铁路[2]后沿天通庵路—南山路，而止于大统路。本路东段供杨树浦工业区及吴淞新港间之货运，西段接连闸北及汇山两住宅区。

　　5 线沿平凉路，为杨树浦区内之主要东西通道。

　　6 线从干道〔路〕4 线沈家桥处起，经长阳路—长治路—新疆路—广肇路（今天目西路、长安、长安西路）—长寿路及梵皇渡路（今万航渡路），而止于沪杭铁路。本线及高速道路 A 线为普陀工业区及杨树浦工业区间之两条通道，两线皆经联合车站之前。本线更使中部商业区得与东方之杨树浦区及西方之普陀区互相连〔联〕系。

　　7 线沿新建路—库伦路（今海伦路）—邢家桥路及虬江路而行，为新中部商业区之界线，并使闸北之住宅区与铁道得以分隔。

　　8 线沿其美路（今四平路）—溧阳路—吴淞路—外滩—民国路（今人民路）—中华路—中山南路，而至徐家汇。本线环〔连〕接虹口住宅区、"新市中心"、南市及龙华之绿地带以供上述各地之客运。

　　9 线从闸北高速道路 B 线及 C 线之交叉点起，经宋公园路（今和田路、西藏北路）—公兴路转南沿横浜路而至铁路，再沿宝山路—河南路经城内而达陆家浜路。本线北段连接闸北区及高速干路〔高速道路〕系统，南段可便利闸北及城内居民与商业区之往来。铁道以北之迂回路线，可免妨碍应由高速干路〔高速道路〕B 线通运之交道〔通〕。

　　10 线分南北两段。北段在铁路以北起，自 1 线之雨伞店处，沿宋公园路（今和田路、西藏北路）以达永兴路之北，再沿宋公园路（今西藏北路）而在虬江路以南进入高速道路 B 线之环路。南段从建议中新南站起，向北沿肇周路—西藏路，越新疆路而亦进入高速道路 B 线之环路为止。南段路线完全与高速道路之 B 线取同一路线。

　　11 线从闸北干路 9 线起，沿大统路—华盛路—成都路—英士路（今淡水路）及新桥路（今蒙自路），本线经零售商业区之中心，以便利闸北居民。

　　12 线沿江宁路—陕西北路—陕西南路而达龙华路（今龙华东路、中山南二路）。本线及 13 线之设计目的，为维持普陀轻工业区及中部零售区间之货运。

　　13 线在高速道路 B 线以北之沪太公路上开始，沿常德路—胶州路—常熟路而至岳阳路。

　　14 线从真如站以北之高速道路 B 线起，沿曹杨路—江苏路—兴国路—宛平路—谨记路（今宛平南路）而至龙华。本线及 13 线可为沪西住宅区至高速道路系通〔统〕之进道。

　　15 线即沿今之北京东路—北京西路及愚园路。

　　16 线沿汉口路—威海卫路（今威海路）及中正中路（今延安中路）。

　　17 线沿中正东路（今延安东路）—中正中路（今延安中路）—长乐路—华山路及中正西路（今延安西路）。

　　上述三线，连〔联〕系沪西住宅区及中部商业区。设计时曾特别注意，避免经过南京路及林森路（今淮海路）之商店区，因地价太昂故也。各该线在熟〔热〕闹钟点中客运可能甚重。

一二稿

一六七

1. 位于今市区东北部。1945 年以东界黄浦江，南沿复兴岛运河、长阳路，西沿沙泾港，北抵五权路（今民星路）、翔殷路（今翔殷路、邯郸路）、水电路一线，西北至杨树浦港，设置新市街区。1947 年改称新市区。——编者注
2. 大致沿今轨道交通三号线宝山路站以北段走向。——编者注

18 线沿林森西路（今淮海西路）—林森中路（今淮海中路）—复兴中路—复兴东路，经姚家弄—老太平弄，而止黄浦江边现今之大达码头[1]。

　　19 线从徐家宅[2]高速道路 C 线起，越沪杭铁路，沿徐家汇路（今肇家浜路、徐家汇路）而至陆家浜路—三角街[3]—油车码头街，而至浦江边。

　　8 线、18 线及本线「19 线」三线为南部 8 个住宅区之东西向交通线，俾减轻 17 线之运量。

　　20 线沿翔殷路（今翔殷路、邯郸路）—水电路—中山北路—宜昌路，越苏州河，绕圣约翰大学（今华东政法大学长宁校区），沿凯旋路而接至 18 线。

　　21 线从 20 线分出，沿东体育会路而达欧阳路。

　　「附图（参见本书第 125 页图专 1-1）」

一稿

一六八

1. 原址位于黄浦江下游西岸，北起东门路，南至复兴东路。——编者注
2. 疑为"徐家汇"。——编者注
3. 原址位于陆家浜路、中山南路口附近。——编者注

表专 6-3　上海市建成区干道系统路线表

路别	路号	起点	迄点	利用原有道路			新辟线路		
				原有路名	长度（m）	总长（m）		长度（m）	总长（m）
高速道路	A	五权路	古北路	军工路	2 400	11 130①	新辟线	5 330	8 630
				周家嘴路	1 520		新辟线	200	
				鸭绿江路	200		新辟线	320	
				武进路	700		新辟线	200	
				天目路	1 030		新辟线	830	
				长安路	440		新辟线	400	
				康定路	1 740		新辟线	1 350	
				长宁路	3 060		/	/	
	B	黄浦江江边码头	桃甫〔浦〕西路	/	/	10 340	新辟线	1 540	4 690
				三官堂路②	550		新辟线	100	
				林荫路	280		/	/	
				西林路	200		/	/	
				西藏南路	1 280		/	/	
				西藏中路	1 430		/	/	
				西藏北路	520		/	/	
				百绿〔禄〕路	110		新辟线	400	
				宋公园路	280		新辟线	380	
				中华新路	1 250		/	/	
				沪太汽车路	1 750		/	/	
				新村路	2 690		新辟线	2 270	
	C	沪杭甬铁路	奎照路	/	/	10 590	新辟线	150	8 590
				沪杭公路	1 470		新辟线	1 650	
				中山西路	4 600		/	/	
				中山北路	4 520		新辟线	6 790	
	D	肇周路	漕溪路	中山南路	2 220	3 820	/	/	2 450
				龙华路	1 060		新辟线	380	
				龙华路	540		新辟线	2 070	
	A1	黄浦江（平定路）	高速道路A	平定路	440	1 420	/	/	710
				隆昌路	980		新辟线	710	
	合计			/	/	37 300	/	/	25 070

路别	路号	起点	迄点	利用原有道路			新辟线路		
				原有路名	长度（m）	总长（m）		长度（m）	总长（m）
干路	1	浦江（恒丰纱厂③）	高速道路C（奚家花园）	许昌路	420	3 400	新辟线	210	4 710
				许昌路	1 350		新辟线	3 400	
				体育会路④	290		新辟线	200	
				广中路	1 340		新辟线	900	
	2	浦江（申新纱厂⑤）	翔殷路	/	/	5 020	新辟线	280	480
				松潘路	370		新辟线	200	
				宁国路	750		/	/	
				黄兴路	3 900		/	/	
	3	杨树浦路	高速道路A	隆昌路	980	980	新辟线	710	710
	4	高速道路A	大统路	/	/	11 120	新辟线	150	2 290
				军工路	1 400		/	/	
				梨〔黎〕平路	500		/	/	
				杨树浦路	5 730		/	/	
				海门路	520		新辟线	230	
				公平路	420		/	/	
				临平路	600		新辟线	130	
				全家庵路	600		新辟线	340	
				四川北路	320		新辟线	640	
				天通庵路	1 030		新辟线	800	
	5	军工路	杨树浦路	平凉路	5 270	5 270	/	/	/
	6	军工路	凯旋路梵王渡	/	/	11 820	新辟线	2 200	4 330⑥
				长阳路	3 580		新辟线	130	
				东长治路	1 500		/	/	
				塘沽路	1 140		新辟线	230	
				海宁路	510		/	/	
				新疆路	330		新辟线	750	
				海昌路	280		/	/	
				广肇路	650		新辟线	550	
				长寿路	2 650		新辟线	170	
				梵王渡路	950		新辟线	330	
				梵王渡路	230		/	/	
	7	东长治路	大统路	新建路	500	4 280	/	/	260
				库伦路	880		新辟线	160	
				邢家桥路	850		/	/	
				虹江路	1 570		新辟线	100	
				永兴路	480		/	/	

续表

路别	路号	起点	迄点	利用原有道路			新辟线路		
				原有路名	长度(m)	总长(m)		长度(m)	总长(m)
干路	8	翔殷路	中山路曹〔漕〕溪路	其美路	5 000	6 290	/	/	490
				溧阳路	690		新辟线	230	
				吴淞路	600		新辟线	260	
				长治路	300	8 170	/	/	3 100
				中山东路	1 600		新辟线	200	
				民国路	330		/	/	
				中华路	1 100		/	/	
				桑园街	320		新辟线	1 380	
				中山南路	2 220		/	/	
				龙华路	1 060		新辟线	380	
				龙华路	540		新辟线	1 140	
				中山路	700		/	/	
	9	陆家浜路	中山北路	/	/	7 600	新辟线	350	3 190⑪
				西仓路⑦	700		/	/	
				石皮弄⑧	120		新辟线	180	
				晏海街⑨	530		/	/	
				河南南路	1 260		/	/	
				河南中路	230		/	/	
				河南北路	1 030		/	/	
				宝山路	1 300		新辟线	290	
				横浜路	180		新辟线	180	
				横浜路	410		新辟线	1 480	
				共和新路	790		新辟线	70⑩	
				沪太汽车路	1 050		/	/	
	10	中正〔山〕南路	新疆路	/	/	6 090	新辟线	620	2 260
				三官堂路	550		新辟线	100	
				林荫路	280		/	/	
				西林路	200		/	/	
				西藏南路	1 280		/	/	
				西藏中路	1 430		/	/	
				西藏北路	520		/	/	
		虹江路	干路1	宋公园路	1 550		新辟线	1 200	
		/	奚家花园	北宝兴路	280		新辟线	340	

一稿

路号	路别	起点	迄点	利用原有道路			新辟线路	
				原有路名	长度（m）	总长（m）	长度（m）	总长（m）
11	干路	中山南路	共和新路	新桥路	970	5 740	新辟线 /	2 470⑬
				英士路	1 460		/ /	
				南通路⑫	200		新辟线 300	
				重庆北路	240		新辟线 170	
				成都北路	1 260		/ /	
				华成〔盛〕路	320		新辟线 250	
				大统路	1 290		新辟线 1 300	
12		龙华路	宜昌路	/	/	5 360	新辟线 1 150	1 510
				陕西南路	2 380		/ /	
				陕西北路	1 080		新辟线 360	
				江宁路	1 900		/ /	
13		龙华路	沪太汽车路	/	/	4 100	新辟线 1 240	7 200
				风〔枫〕林路	220		/ /	
				岳阳路	960		新辟线 400	
				常熟路	710		/ /	
				华山路	520		新辟线 180	
				胶州路	1 170		新辟线 230	
				常德路	120		新辟线 240	
				常德路	400		新辟线 4 910	
14		龙华港	高速道路 B	谨记路	2 530	8 220	/ /	3 410
				宛平路	1 000		新辟线 420	
				兴国路	420		新辟线 110	
				江苏路	1 450		新辟线 2 040	
				曹杨路	2 820		新辟线 840	
15		中山东路	江苏路	北京东路	1 600	6 010	/ /	1 600
				北京西路	3 280		新辟线 1 600	
				愚园路	1 130		/ /	
16		中山东路	华山路	汉口路	1 440	3 680	新辟线 680	950
				江阴路	260		新辟线 270	
				威海卫路	1 090		/ /	
				中正中路	890		/ /	
17		中山东路	中山西路	中正东路	1 380	6 800	/ /	1 390
				中正中路	1 180		新辟线 400	
				长乐路	1 950		新辟线 500	
				华山路	550		新辟线 490	
				中正西路	1 740		/ /	

续表

路号	路别	起点	迄点	利用原有道路			新辟线路		
				原有路名	长度（m）	总长（m）		长度（m）	总长（m）
18	干路	外马路大达码头	凯旋路	老太平弄	400	8 130	/	/	280
				姚家弄	300		新辟线	280	
				复兴东路	820		/	/	
				和平路④	190		/	/	
				复兴中路	3 450		/	/	
				林森中路	1 460		/	/	
				林森西路	1 510		/	/	
19		外马路（猪码头）	高速道路C	油车码头街	240	7 660	/	/	1 390
				三角街	220		/	/	
				陆家浜路	1 830		/	/	
				徐家汇路	760		新辟线⑮	420	
				徐家汇路	3 300		/	/	
				蒲东路	1 310		新辟线⑮	97⑯	
20		军工路	中山路漕溪路	翔殷路	5 480	13 990	/	/	8 420
				水电路	2 850		新辟线	820	
				中山北路	2 310		新辟线	1 480	
				宜昌路	700		新辟线	4 300	
				凯旋路	2 380		新辟线	1 820	
				中山路	270		/	/	
21		其美路	翔殷路	/	/	2 980	新辟线	100	390
				欧阳路	1 300		新辟线	290	
				东体育会路	1 680		/	/	
合计				/	/	142 710	/	/	50 830
干路与高速道路合计				/	/	180 010		/	75 900
共计				/	/	/	/	/	255 910

注：①原稿该数据为末行合计的一部分，但不等于左列原有道路长度之和"11 090"，疑为左列数据不完整。——编者注
②三官堂路、林荫路（今尚存一小段）、西林路（今尚存西林横路、西林后街），皆并入今西藏南路（南段）。——编者注
③原址位于今杨树浦路830号，上海市自来水市北有限公司杨树浦水厂。——编者注
④即东体育会路。——编者注
⑤即申新五厂、六厂。——编者注
⑥原稿数据为末行合计的一部分，但不等于左列新辟路线长度之和"4 360"，疑为左列数据不完整。——编者注
⑦后名西仓桥街，部分并入今河南南路。——编者注
⑧原址位于今复兴东路、河南南路口西北一带。——编者注
⑨并入今河南南路。——编者注
⑩疑为"700"。——编者注
⑪原稿该数据为末行合计的一部分，但不等于左列新辟路线长度之和"3 180"，疑为左列数据不完整。——编者注
⑫今淡水路。——编者注
⑬原稿该数据为末行合计的一部分，但不等于左列新辟路线长度之和"2 020"，疑为左列数据不完整。——编者注
⑭今复兴东路西段。——编者注
⑮与斜徐路（今肇嘉浜路）合并。——编者注
⑯疑为"970"。——编者注

专题七
上海市工厂设厂地址规则草案

第一条 上海市政府为规定本市工厂设厂地址特订定本规则。

第二条 凡在本市新建厂房或利用现有房屋开设工厂或工场者，除法令另有规定外一律遵照本规则办理。

本条所称"工厂"或"工场"，指用物理或化学方法制造货品之场所。

第三条 本市设立工厂范围其规定如左〔下〕（详见 1:25 000 附图（图专 7-1））。

（一）第一区在曹家渡、苏州河一带，北以沪杭甬铁路为界，南界新计划之高速干道（即康定路并自延平路向西至梵皇渡路（今万航渡路）之延长线），东沿苏州河（西苏州路及淮安路之一段），西界曹真路（今曹杨路）—梵皇渡路（今万航渡路）。

（二）第二区在杨树浦之三段地带，其范围如左〔下〕：

  1. 北界新计划之高速干道，南界河间路—惠民路，东界隆昌路，西界大连路—长阳路—荆州路。

  2. 南界黄浦江，东界隆昌路，西界大连路南向延长线（自杨树浦路至黄浦江），北界杨树浦路—龙江路—杭州路—眉州路—杨树浦路。

  3. 南界黄浦江，东界复兴岛，西界隆昌路，北界平凉路及定海路北向延长至翁家宅、沈家桥、军工路及高尔夫球场南地界。

（三）第三区在南市之二〔两〕段地带，其范围如左〔下〕：

  1. 北界机厂街—沪军营路[1]，东界外马路，西界半淞园[2]，南界黄浦江。

  2. 东北界车站路、半淞园，北界中山南路，西界日晖港，南界黄浦江。

（四）第四区在徐家汇一带，其范围如左〔下〕：

  北界虹桥路（今广元西路、虹桥路），东界华山路—徐汇公学（今徐汇中学）及浦东路[3]，西南界凯旋路—计划路线。

（五）第五区在虬江码头南北之二〔两〕段地带，其范围如左〔下〕：

  1. 北界新虬江，南界沪江大学（今上海理工大学），东界黄浦江，西界军工路。

  2. 东北界黄浦江，东南界[4]新计划之高速干道，西北界闸殷路，南界五权路（今民星路）。

（六）第六区在周家桥镇以西沿苏州河之三段地带，其范围如左〔下〕：

  1. 北界虬江及真北路西至七家村—蔡家桥—南库，南界苏州河，东界甘家宅—陈家渡，西界陈家宅—徐家宅—陆家库。

  2. 北界西沙北宅及苏州河，南界北翟路〈南〉—新计划之高速干道，东界甘家浜及庄家宅，西界沙家巷—王家库。

  3. 北界苏州河，南界新计划之高速干道，东界庄家泾及祥里，西以市界为界。

（七）第七区在吴淞一带（资源委员会中央造船厂[5]厂址）。

（八）第八区在莘庄、梅陇镇一带之二〔两〕段地带，其范围如左〔下〕：

  1. 北界西牌楼—张家浪—东俞家宅—沈家塘—南许家宅之南，西界余宅—陆家堰、朱家塘之间，南界姚家宅—何家库，东界南春华堂—行前宅、西牌楼之间。

  2. 北界冬青园—顾家湾—沙家弄—管家塘之北，南以春申庙、钱家浜间之小浜为界，东界马家塘—孙家湾，东南界小王宅—朱五家及陆家浜，西自冬青园至钱家浜，以市界为界。

（九）第九区在洋泾镇一带之四段地带，其范围如左〔下〕：

  1. 东界马家浜，南界塘桥镇—杨家宅，西界金家浜—居家桥，北界黄浦江。

一稿

---

1. 机厂街（后名机厂路）、沪军营路原址皆在今南浦大桥浦西引桥南侧，走向大致沿今半淞园路。——编者注
2. 为一营业性私家园林，建于 1918 年，后毁于日军轰炸。原址在今半淞园路、南车站路口附近。——编者注
3. 疑为"蒲东路"，即今漕溪北路。——编者注
4. 疑为"西南界"。——编者注
5. 即国民党资源委员会在上海的中央造船公司，1949 年 6 月由中国人民解放军华东军区司令部接管。——编者注

2. 东界居家桥—东杨家宅—裘家木桥，南界李家宅—徐家宅—殷家宅，西界陈马家宅—周家宅—陈家宅，北界黄浦江。

3. 东界蔡家宅—凌家弄，南界小洋泾—郁家宅—凌家木桥—浦东大道，西界浦东大道（今浦东南路），北界黄浦江。

4. 东界浦东大道—北护塘路（今银城中路的世纪大道以北路段）—烟厂路（原烟台路、银城北路，今陆家嘴环路）—陆家嘴路（今陆家嘴西路、世纪大道、陆家嘴东路）—烂泥路新街（原烂泥渡路，今银城中路的世纪大道以南路段）—陆家渡路[1]—杨家渡路（今张扬路的浦东南路以西路段）—浦东大道（今浦东南路），南界谢家宅—麦家宅，西及北界黄浦江。

（十）第十区在塘桥镇一带之四段地带，其范围如左〔下〕：

1. 东界浦东大道（今浦东南路），南界计家宅，西界黄浦江，北界张家浜路。

2. 东界西三里桥，南界浦东大道（今浦东南路），西界张家宅，北界黄浦江。

3. 东界白莲泾，南界浦东大道（今浦东南路），西界上南汽车路（今上南路），北界黄浦江。

4. 东界市界，南界太阳庙—王家宅，西界倪家宅—严家宅，北界白莲泾。

第四条　在前条范围以外之地区得准设立工场其规定如左〔下〕：

在已有营建区划之地区依照各该区营建区划规则之规定办理之。

在未有营建区划之地区应经核准后始得设立之。

第五条　本规则所称工厂、工场之分类另订之。

第六条　凡已设立之工厂或工场不合于前列各条之规定者其处理办法另订之。

第七条　本规则自公布之日施行。

---

1. 走向大致沿今商城路。——编者注

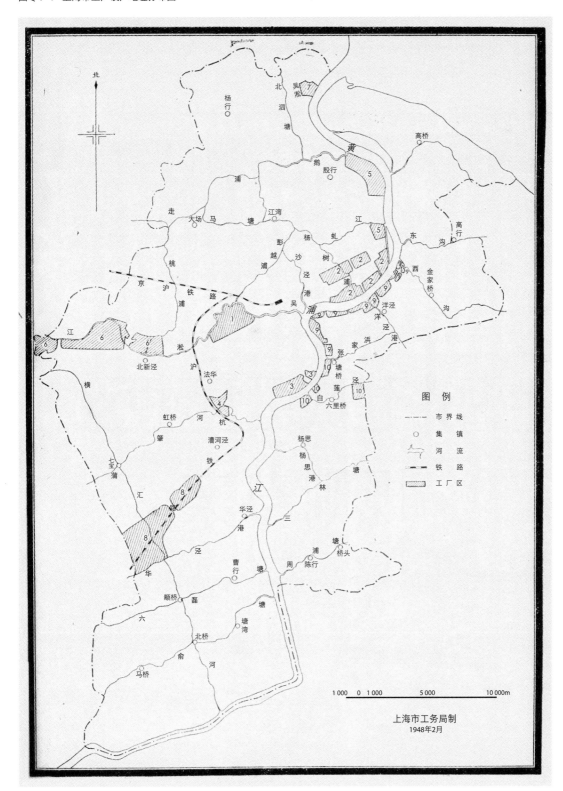

上海市工务局制
1948年2月

二稿

一七六

专题八
上海市建成区营建区划规则草案

1. 总则

第一条 上海市政府为配合大上海都市计划之需要，就现有建成区（除重建区另有规定外）划定各类营建区。各区内之建筑物悉依本规则处理之。

第二条 本规则所指建成区范围及各营建区界线，以上海市建成区营建区划图（1:10 000）（参见本书第125页图专1-1）所示为准。

第三条 营建区分为下列各类：

　　第一住宅区；

　　第二住宅区；

　　第三住宅区；

　　第一商业区；

　　第二商业区；

　　工业区；

　　油池区；

　　仓库码头区；

　　铁路区；

　　绿地。

第四条 本规则所称建筑物之分类，系依据其型〔形〕式及使用性质。计分下列八种：

　　一、公有公共使用建筑物——为行政、公安、文化、教育、体育、卫生、工程、交通、金融及公益需用之政府建筑物。

　　二、私有公共使用建筑物——为文化、教育、体育、卫生、工程、交通、金融、贸易、法律、宗教、公益、旅宿、娱乐、饮食等公共使用之私人建筑物。

　　三、商店——为经营成品或原料买卖及为公众日常生活服务使用之建筑物。

　　四、住宅——为专供居住使用之散立式、联立式及公寓式建筑物。

　　五、工业建筑物——为专供制造成品、半成品或修理之工厂、工场及其附属设备。

　　六、油池——为专供汽油、柴油、煤油、润滑油等油类庋藏之建筑物及其附属设备。

　　七、仓库码头——为专供储藏货物及停泊船只之建筑物。

　　八、铁路建筑物——为专供铁路使用之建筑物及其附属设备。

第五条 前条所称之工业建筑物并分为下列五种：

　　（甲）普通工厂——工人在50人以上，马力在30匹（约22.4kW）以上，工作时发出大声响或飞散多量烟尘、但无爆炸及易燃之危险、不发出恶臭及有毒气体，并不排泄有毒害之污水者。

　　（乙）商业工场——工人在50人以下，马力在30匹（约22.4kW）以下，装有锅炉，但无爆炸及易燃之危险，工作时无大声响、不飞散烟尘、不发出恶臭及有毒气体，并不排泄大量或有毒害之污水者。

　　（丙）家庭工场——工人在30人以下，马力在10匹（约7.5kW）以下，装有锅炉，工作时声响不外传、不飞散烟尘、无爆炸及易燃之危险、不发出恶臭及有毒气体，并不排泄大量或有毒害之污水者。

　　（丁）小型工场——工人在15人以下，马力在3匹（约2.2kW）以下，不装锅炉，工作时声响不外传、不飞散烟尘、无爆炸及易燃之危险、不发出恶臭及有毒气体，并不排泄大量或有毒害之污水者。

　　（戊）特种工厂——工人及马力均不限制，装有锅炉，工作时有声响、飞散多量烟尘、且有爆炸及易燃之危险，或发出恶臭及有毒气体，排泄有毒害之污水者。

2. 住宅区

第六条 第一住宅区——限定建筑散立式、半散立式、公寓式住宅及其常用之附属建筑物。但公有公共使用建筑物及有关文化、教育、体育、卫生、宗教之私有公共使用建筑物及商店，经工务局认为与住宅安宁无碍者亦得建筑。

第七条 第二住宅区——除前条之建筑物外，并得建筑联立式住宅及其常用之附属建筑物。但下列建筑物经工务局认可者亦得建筑：

  （一）旅宿，住宿舍；

  （二）电影院；

  （三）零售商店；

  （四）小型工场；

  （五）使用马力较高（30匹（约22.4kW）以下），而不妨碍居住安宁及卫生特许之工场（服饰干洗、化装〔妆〕品、饮食品、辗米、文具、印刷及其类似之工场）经工务局认可者〈亦得设置〉；

  （六）车库；

  （七）加油站。

第八条 第三住宅区——除前条之建筑物外，并得设立家庭及商业工场。

3. 商业区

第九条 第一商业区——限定建筑有关行政、公安、工程、交通、金融、贸易、法律之公有及私有公共使用建筑物。但下列建筑物，经工务局认为与安全、卫生无妨碍者，亦得建筑：

  （一）公寓式旅馆；

  （二）戏院（包括电影院）；

  （三）菜馆；

  （四）商店；

  （五）小型工场；

  （六）新闻事业附属工场；

  （七）车库；

  （八）加油站。

第十条 第二商店区——除前条之建筑物外，限定建筑商店、店宅两用建筑物暨有关旅宿、娱乐、饮食之公有及私有公共建筑物，至需用马力较高（30匹（约22.4kW）以下）而不妨碍安全及卫生之特许工场（服饰干洗、化装〔妆〕品、饮食品、辗米、文具、印刷及其类似之工场经工务局认可者）亦得设置。

4. 工业区

第十一条 工业区——除特种工厂外，其余各种工厂、工场及其常用之附属建筑物暨车库、加油站及有关行政、公安之公有公共使用建筑物均得建筑。

5. 油池区

第十二条 油池区——除限定建筑汽油、柴油、煤油、润滑油油池及其常用之附属设备并有关行政及公安之公有公共使用建筑物外，不得有其他建筑。

6. 仓库码头区

第十三条 仓库码头区——除仓库码头及其常用之附属设备外，不得有其他建筑。

一二稿

一七八

7. 铁路区

第十四条 铁路区——除铁路及其常用之附属设备外，不得有其他建筑。

8. 绿地

第十五条 绿地——包括公有、私有绿地。除经工务局特准之建筑物外，不得有任何建筑。

9. 附则

第十六条 建筑线以道路边之境界线为限。但有特殊情形者，工务局得指定其范围。

第十七条 关于建筑物之高度与建筑基地内应保留之空地，工务局得斟酌土地之状况、营建区之类别、建筑物之构造及道路之宽度另行规定之。

第十八条 工务局为增进市容起见，对于建筑物面临道路之立面样式得为必要之规定及有权请建筑师修改图样。

第十九条 关于建筑物之结构、设备及建筑基地之规划，工务局得为卫生上与公安上必要之规定。

第二十条 关于建筑工程之实施，工务局得为必要之规定。

第二十一条 凡建筑物不合本规则各条款之规定者，其处理办法另订之。

第二十二条 本规则自公布之日起施行。

10. 上海市建成区营建分区界址表

第一住宅区

　　东界陕西南路，南界中山南路，西界斜土路—谨记路（今宛平南路）—徐家汇路（今肇嘉浜路）—华山路—林森西路（今淮海西路）—张家宅—后胡家宅—姚家宅及凯旋路，北界中山西路〔中正西路（今延安西路）〕及长乐路。

第二住宅区

　　甲、愚园路一带——东界陕西北路，南界长乐路及中正西路（今延安西路），西界沪杭铁路，北界曹真路（今曹杨路）—梵王渡路（今万航渡路）及康定路。

　　乙、沪南及黄浦区南区一带——东界黄浦江，南界外马路—车站后路（今瞿溪路的南车站路以东路段）—中山南路，西界斜土路—制造局路—复兴中路—英士路（今淡水路）—建国西路〔建国中路〕及陕西北路〔陕西南路〕，北界南昌路—太仓路—西藏南路—陆家浜路—桑园街—中华路—老太平街（今老太平弄）—中山东路（今中山南路）及老白渡街（今白渡路）。

　　丙、闸北西区一带——东界西藏北路，南界北京西路，西界成都路—光复路，北界京沪铁路。

　　丁、闸北及引翔一带——东北界新干路[1]—江湾路（今东江湾路）—严家阁路[2]—宝兴路（今西宝兴路及东宝兴路北段）及柳营路，西南界绿地带—京沪铁路—宝山路—武进路—鸭绿江路（今海宁路的乍浦路以东段及周家嘴路西端）及周家嘴路。

　　戊、杨树浦一带——东界隆昌路，南界杨树浦路—眉州路—杭州路—龙江路—杨树浦路，北界平凉路。

　　已、引翔一带——东界军工路—沈家桥—翁家宅，南界平凉路，西界隆昌路，北界新高速干道。

第三住宅区

　　甲、徐家汇一带——东界谨记路（今宛平南路），南界斜土路，西北界徐家汇—天钥桥路及斜徐路（今肇嘉浜路）。

---

1. 即干路1线，见本书第174页。——编者注
2. 今芷江中路及其向东的延长线（大致为芷江支路、天通庵路走向）。——编者注

乙、日晖港一带——东界济南路—制造局路,南界斜土路,西界陕西南路,北界建国中路—英士路(今淡水路)—复兴中路。

丙、沪南一带——东界中山东路 (今中山南路)—老太平街 (今老太平弄)—中华路—桑园街,南界陆家浜路,西界西藏南路,北街〔界〕民国路 (今人民路) 及永安街[1]。

丁、苏州河一带——东界成都路,南界北京西路,西界陕西北路,北界苏州路及康定路。

戊、闸北一带——东界淞沪铁路,南界天通庵路,西界宋公园路(今和田路、西藏北路),北界柳营路。

已、杨树浦一带——东界隆昌路,南界平凉路—杨树浦—大名路,西界商丘路,北界周家嘴路—大连路—长阳路—荆州路—惠民路及河间路。

第一商业区

东界沙泾港—黄浦江—中山东路,南界永安街—民国路 (今人民路),西界河南路—北苏州路—西藏北路,北界新疆路—浙江北路—天目路—武进路及鸭绿江路 (今海宁路的乍浦路以东段及周家嘴路西端)。

第二商业区

东界河南路,南界民国路 (今人民路)—太仓路—南昌路,西界陕西北路,北界北京西路—西藏北路〔西藏中路〕及苏州路 (今南苏州路东段)。

工业区

见上海市工厂设厂地址规则草案[2]。

油池区

周家嘴岛 (今复兴岛)。

仓库码头区

甲、杨树浦一带——东界大连路,南界黄浦江,西界沙泾港,北界大名路—杨树浦路。

乙、十六铺一带——东界黄浦江,南界老白渡街 (今白渡路),北界永安街,西界中山东路。

铁路区

甲、北站铁路区——东界宝山路,南界天目路—浙江北路—新疆路—闸北西区,西界苏州路〔河〕,北界交通路—虬江路。

乙、日晖港一带——东界日晖港—黄浦江,南界龙华港,西及北界中山南路。

附:上海市建成区营建区划道路系统图 (参见本书第 125 页图专 1-1)

---

1. 疑为"新永安街",即今新永安路,下同。——编者注
2. 见本书第 183 页。——编者注

专题九

上海市处理建成区内非工厂区已设工厂办法草案

第一条　本办法根据上海市建成区营建区划规则第二十一条之规定厘订之，凡建成区内非工厂区已设立之工厂或工场之处理悉依本办法办理。

第二条　本办法所称非工厂区系指上海市建成区营建区划图（参见本书第 125 页图专 1-1）所定工业区以外之地区而言。

第三条　凡在非工厂区内之已设工厂或工场，悉依上海市建成区营建区划规则第五条、第七条及第十条所定使用马力大小及雇工人数分为普通工厂、商业工场、特许工场、家庭工场、小型工场等五种。

第四条　前条各种工厂或工场，依其建筑设备及对于安全、卫生与公共安宁之影响情形分为下列五类：

甲类：凡厂房建筑及机械设备合于本市建筑规则及机械设备管理规则，工作时声响不外传、烟尘不外扬、不排出污水污物、不发出恶臭者属之。

乙类：凡厂房建筑及机械设备不合于本市建筑规则及机械设备管理规则，但对于安全、卫生及安宁尚无妨碍者属之。

丙类：凡厂房建筑及机械设备不合本市建筑规则及机械设备管理规则，对于安全、卫生及安宁有妨碍，但其情形并不严重者属之。

丁类：凡厂房建筑及机械设备不合本市建筑规则及机械设备管理规则，对于安全、卫生及安宁有重大妨碍者属之。

戊类：凡于制造程序中有爆炸及易燃之危险性者属之。

第五条　非工厂区内之已设工厂或工场，应于本市工厂区公布日起 3 个月内填报其使用马力及工人数量，并绘制厂房建造及机械装置平面简图一式二份，附具说明，呈请工务局会同有关局查勘后审定其种类，通知该厂场。

第六条　第四条所称之戊类工厂或工场，应于接获前项通知后立即迁至公布之特种工业区；其余各类之留存期限规定如附表（表专 9-1），至限期届满应即迁至公布之工业区。

第七条　第四条所称之甲、乙、丙、丁四类工厂或工场，在存留期内由工务局按年发给工厂房屋使用证（使用证格式另订之），于每年换发新证时复查一次，如有情况不合于原定类别者，依其现况重行核定并依改定之类别递减其存留期限；如有戊类之情形者，停止发给，限令迁移。

第八条　非工厂区内之工厂或工场进行改善工程，应呈经工务局会同有关局核准后方准兴工，未经呈准不得擅自改动或扩充其厂房或机械设备。

第九条　依前条规定，改善后之工厂或工场，得将其改善后之情况呈请工务局会同有关局重行核定其类别，依改定类别延长其留存期限，此项延长期限包括改善前之留存期间在内。

第十条　凡未依第五条之规定申请审查者，逾期 1 月由工务局予以警告；逾期 2 月由工务局呈请本府，令知警察局拘留其负责人；逾期 3 个月以上者，由工务局呈请本府，令知公用局转饬电力公司停供电力，或令知警察局予以封闭，同时并令知社会局吊销其公司执照或登记证。

第十一条　未依第六条之规定如限迁移者，照前条所定逾期 3 个月不申报之处理办法处理。

第十二条　违反第八条后段之规定，由工务局限令改善或回复原状。逾限未遵办者，封闭其机器及电门开关，俟改善或回复原状后再予启封。

第十三条　本办法不适用于公用事业（水、电、煤气及公共交通）之工厂工场与油池区、仓库码头区、铁路区、绿地之工厂工场。

第十四条　本办法自公布之日施行。

表专 9-1　上海市建成区内非工厂区已设工厂存留年限表　　　　　　　　　　　　　　　　　　　　　　（年）

所在区别	内容情况	各种工厂存留年限				
		普通工厂[1]	商业工场[2]	特许工厂[3]	家庭工场[4]	小型工场[5]
第一住宅区	甲类	15	12	10	10	5
	乙类	10	8	5	5	3
	丙类	5	3	2	2	2
	丁类	2	1	1	1	1
	戊类	立即停工迁移				
第二住宅区	甲类	20	15	可存在	15	可存在
	乙类	15	10	20	10	20
	丙类	10	5	15	5	15
	丁类	2	1	1	1	1
	戊类	立即停工迁移				
第三住宅区	甲类	20	可存在	可存在	可存在	可存在
	乙类	15	20	20	20	20
	丙类	10	15	15	15	15
	丁类	3	2	2	2	2
	戊类	立即停工迁移				
第一商业区	甲类	20	15	15	10	可存在
	乙类	15	10	10	5	20
	丙类	10	5	5	3	15
	丁类	3	2	2	2	2
	戊类	立即停工迁移				
第二商业区	甲类	20	15	可存在	15	可存在
	乙类	15	10	20	10	20
	丙类	10	5	15	5	15
	丁类	3	2	2	2	2
	戊类	立即停工迁移				

注：①普通工厂：马力 30 匹（约 22.4kW）以上、工人 50 名以上。
　　②商业工场：马力 30 匹（约 22.4kW）以下，工人 50 名以下。
　　③特许工厂：马力 30 匹（约 22.4kW）以下，工人 15 名以下。
　　④家庭工场：马力 10 匹（约 7.5kW）以下，工人 30 名以下。
　　⑤小型工场：马力 3 匹（约 2.2kW）以下，工人 15 名以下。

一稿

一八六

专题十

上海市处理建成区内非工厂区已设工厂办法草案修正本

第一条　本办法根据上海市建成区营建区划规则第二十一条之规定厘订之，凡建成区内非工厂区已设立之工厂或工场之处理悉依本办法办理。

第二条　本办法所称非工厂区系指上海市建成区营建划区图（参见本书第 125 页图专 1-1）所定工业区以外之地区而言。

第三条　凡在非工厂区内之已设工厂或工场，悉依上海市建成区营建划区规则第五条、第七条及第十条所定使用马力大小及雇工人数分为普通工厂、商业工场、特许工场、家庭工场、小型工场等五种。

第四条　前条各种工厂或工场，依其建筑设备及对于安全、卫生与公共安宁之影响情形分为下列四类：

　　甲类：凡厂房建筑及机械设备合于本市建筑规则及机械设备管理规则，工作时声响不外传、烟尘不外扬、不排出污水污物、不发出恶臭者属之。

　　乙类：凡厂房建筑及机械设备不合于本市建筑规则及机械设备管理规则，但工作时之声响、烟尘及排出之恶臭、污水污物可以改善使不妨碍安全、卫生及安宁者属之。

　　丙类：凡厂房建筑及机械设备不合本市建筑规则及机械设备管理规则，而工作时之声响、烟尘及排出之恶臭、污水污物妨碍安全、卫生及安宁而无法改善者属之。

　　丁类：凡于制造程序中有爆炸及易燃之危险者属之。

第五条　非工厂区内之已设工厂或工场，应于本市工厂区公布日起 3 个月内填报其使用马力及工人数量，并绘制厂房建造及机械装置平面简图各一式二份，附具说明，呈请工务局会同有关局查勘后审定其种类，通知该厂场。如各该厂场对于审定之种类发生异议，应于接到通知后 1 个月内提出理由证件、申请覆〔复〕议，由工务局送请上海市工厂设厂地址审核委员会作最后决定，否则仍按工务局审定之种类办理之。

第六条　凡属于第四条所称之丁类工厂或工场，应于接获前项通知后立即迁至公布之特种工业区；属于第四条所称之甲、乙、丙三类工厂或工场，在规定留存限期届满时应即迁至公布之工业区（留存期限另行规定之）。

第七条　凡属于第四条所称之甲、乙、丙三类工厂或工场，由工务局发给留存期内工厂房屋使用证（使用证格式另订之），并于每年复查一次。

第八条　非工厂区内之工厂或工场均不得扩充，如为进行改善工程，应呈经工务局会同有关局核准后方准兴工，不得擅自改动。

第九条　依前条规定，改善后之工厂或工场，得将其改善后之情况呈请工务局会同有关局重行核定其类别，依改定类别延长其留存期限，此项延长期限包括改善前之留存期间在内。

第十条　凡未依第五条之规定申请审查者，逾期 1 月由工务局予以警告；逾期 2 月由工务局呈请本府，令知警察局拘留其负责人；逾期 3 个月以上者，由工务局呈请本府，令知公用局转饬电力公司停供电力，或令知警察局予以封闭，同时并令知社会局吊销其公司执照或登记证。

第十一条　未依第六条之规定如限迁移者，照前条所定逾期 3 个月不申报之处理办法处理。

第十二条　违反第八条后段之规定者，由工务局限令改善或回复原状逾限未遵办者，封闭其机器及电门开关，俟改善或回复原状后再予启封。

第十三条　本办法不适用于公用事业（水、电、煤气及公共交通）之工厂工场与油池区、仓库码头区、铁路区、绿地之工厂工场。

第十四条　本办法自公布之日施行。

第三编

大上海都市计划会议记录初集、二集

弁言
ㄅㄧㄢ ㄧㄢ

本会自 1946 年 8 月成立后，至同年年终止，计举行大会 2 次，秘书处处务会议 8 次，联席会议 3 次，各组会议 11 次。经搜集各会议记录等，编印《上海市都市计划委员会会议记录初集》，以供海内贤达及本会同人之参考。

自 1947 年 1 月，以迄今岁 9 月，为集思广益，期能肆应曲当、因时制宜，继续举行秘书处处务会议 15 次，临时处务会议及业务检讨会议各 1 次，联席会议 5 次，并技术委员会会议 10 次，技术委员会座谈会 1 次，以及闸北西区计划委员会会议 9 次，闸北西区整理路线及营建问题座谈各 1 次。分工合作，黾勉以赴，理论事实，兼顾统筹，要以订立缜密之计划，以利建设之实施为其重心。凡历次讨论之经过，有可留为今后设计基本，并备研究大上海新都市建设史实者，斯则编印本会会议记录二集之微意也。

回顾 1946 年 11 月，大上海都市计划总图初稿完成后，经积极研究修订，于 1947 年 5 月完成二稿；而分图详细计划，随之进展，综合分析，相辅相成。此一年余之年月中，本会计划工作，举其荦荦大者，如本市港埠之岸线使用暨码头型〔形〕式地位，如本市铁路之路线调整与联合车站地位，如中区分区详细区别〔划〕计划，如全市绿地系统计划，如闸北西区计划，等等，皆属极重要、极繁赜之事项，必须与都市计划总图调和配合，庶几步调一贯，臻于完善。爰经悉心探讨，分别筹划，得有相当之结论，其一部分且已见诸实施。其参互关联之处，具见各项记录中。会通观之，一切研究计划之过程，当可明其概要。

其中，尤以战后几成废墟之闸北西区部分定为本市都市计划示范区域，特于本会另组闸北西区计划委员会，以策进行。工作至为繁重，该区内之新道路系统、分区使用计划、营建区划规则，均经切实研讨分别规定。嗣复拟定该区第一期实施计划与范围，筹备征收土地，予以重划，减成发还原业主，以便即行举办。此则特堪一述者。

本集各项记录之整理编辑，囿于时间，脱略自不能免。有待于当世硕彦之指教者，至感殷切，兹当诠次告蒇。辄述大凡，备考镜者先导焉。至于港埠计划初步研究报告、铁路计划初步研究报告、绿地系统计划初步研究报告等，均以事属专门，另印专刊，兹不附载。

1948 年 10 月 9 日赵祖康

一集

三二三

上海市都市计划

委员会会议记录

上海市都市计划委员会组织规程

第一条　本委员会依照国民政府公布之《都市计划法》第八条之规定，组织之定名为上海市都市计划委员会（以下简称"本会"）。

第二条　本会以研究、拟具上海市都市计划为任务。

第三条　本会直隶于上海市政府，设主任委员一人，由市长兼任之，委员 16～28 人，副市长、秘书长、各局局长为当然委员，其余均由市长聘请专门人才充任之。

第四条　本会每月开会一次，由主任委员召集之，以主任委员为主席。

第五条　本会设执行秘书一人，秉承主任委员主持经常会务，由工务局局长兼任之。

第六条　本会为分工办理及研究各项计划起见，设下列各组：

　　　　（一）土地组；

　　　　（二）交通组；

　　　　（三）区划组；

　　　　（四）房屋组；

　　　　（五）卫生组；

　　　　（六）公用组；

　　　　（七）市容组；

　　　　（八）财务组。

第七条　各组设委员 3～5 人，由本会委员兼任之，并指定一人为召集人，开会时以召集人为主席。

第八条　各组间为讨论计划上互相有关事宜起见，得举行联席会议，由有关各组召集人共同召集之，并推一人为主席。

第九条　本会设专门委员 3～6 人，专员 8～12 人，绘图员 18～30 人，会计员 1 人，助理会计员 2 人，办事员 8～12 人，雇员 8～12 人，秉承秘书办理各项会务，由秘书遴选人员，呈请市政府核派之。

第十条　本规程由市政府公布施行。

上海市都市计划委员会组织名单

市长兼主任委员	吴国桢	/	/
当然委员兼执行秘书	赵祖康	上海市工务局局长	/
聘任委员	李庆麟	立法委员	地政局祝局长转
	吴蕴初	天厨味精厂总经理	天厨味精厂（顺昌路 176 号）
	黄伯樵	中国纺织机器制造公司总经理	中国纺织机器制造公司（天津路 138 号 3 楼）
	陈伯庄	京沪区铁路管理局局长	京沪区铁路管理局
	汪禧成	行政院工程计划团主任工程司（曾任北宁铁路局总工程司）	行政院工程计划团（四川中路 665 号 5 楼）
	施孔怀	上海浚浦局副局长	上海浚浦局（外滩江海关大楼）
	薛次莘	大连市政府秘书长	大连市政府办事处（广东路 86 号）
	关颂声	建筑师	九江路大陆大楼 8 楼
	范文照	建筑师	四川路 110 号
	陆谦受	建筑师	中国银行（外滩）
	李馥荪	上海浙江实业银行总经理	浙江实业银行（福州路）
	卢树森	中央大学建筑科主任教授	梵王渡路 36 弄 46 号
	梅贻琳	上海医学院主任医师	卫生局张局长转
	赵棣华	交通银行总经理	交通银行（外滩）
	奚玉书	会计师	新闸路 1050 弄 22 号
	王志莘	上海新华银行总经理	新华银行总行（江西路）
	徐国懋	上海金城银行经理	金城银行（江西路）
	钱乃信	上海市政府主任参事	市政府
当然委员	何德奎	上海市政府秘书长	/
	祝平	上海市地政局局长	/
	赵曾珏	上海市公用局局长	/
	顾毓琇	上海市教育局局长	/
	张维	上海市卫生局局长	/
	谷春帆	上海市财政局局长	/
	宣铁吾	上海市警察局局长	/
	吴开先	上海市社会局局长	/

初集

上海市都市计划委员会组织表

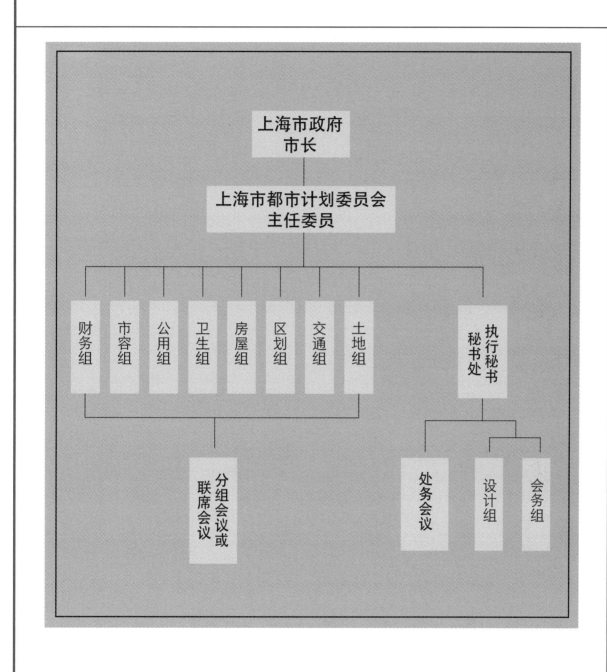

委员会成立大会暨第一次会议

时间	1946 年 8 月 24 日下午 3 时				
地点	市政府会议室				
出席者	吴国桢	赵祖康	黄伯樵	陆谦受	范文照	关颂声
	施孔怀	吴蕴初（田和卿代）	奚玉书	梅贻琳	卢树森
	徐国懋	李馥荪（曾克源代）	赵曾珏	薛次莘	何德奎
	谷春帆	钱乃信	王志莘	汪禧成	祝平	张维
	陈伯庄（侯彧华代）	顾毓琇（李熙谋代）	吴开先（李剑华代）
参加者	潘公展				
列席者	张晓崧 朱虚白 王冠青 王元康 姚世濂 吴之翰				
主席	吴国桢	记录		费 霍 余纲复	

主席致辞。

潘议长公展致辞。

赵执行秘书祖康报告出席、列席人员人数及内政部张部长暨哈（雄文）司长贺电，并报告筹备本市都市计划经过。

讨论提案。

1. 第一案 拟请分认各组委员以利进行案

议决：

土地组由祝平、李庆麟、奚玉书、王志莘、钱乃信担任，以祝平为召集人。

交通组由赵曾珏、黄伯樵、陈伯庄、施孔怀、汪禧成、薛次莘担任，以赵曾珏为召集人。

区划组由赵祖康、吴蕴初、祝平、吴开先、顾毓琇、奚玉书、钱乃信担任，以赵祖康为召集人。

房屋组（暂兼市容组）由关颂声、范文照、卢树森、陆谦受担任，以关颂声为召集人。

卫生组「由」张维、梅贻琳、关颂声担任，以张维为召集人。

公用组由黄伯樵、赵曾珏、李馥荪、宣铁吾、薛次莘、奚玉书担任，以黄伯樵为召集人。

财务组由谷春帆、何德奎、赵棣华、王志莘、徐国懋担任，以谷春帆为召集人。

2. 第二案 拟具本会《会议规程》请讨论案

议决：

修正通过：

（1）第三条"遇主任委员缺席时，由执行秘书代理主席"修正为"遇主任委员缺席时，由委员兼执行秘书代理主席"。

（2）加列一条：每次会议记录应在下次会议宣读认可，分送各委员及参加会议者，并以正本一份送市府备查。

3. 第三案 拟具《上海市都市计划委员会秘书处办事细则》请讨论案

议决：

通过。

初集

一九九

4. 第四案 拟具本会《工作步骤》请讨论案

议决：

　　修正通过：

　　第四条修正为"综合各组之工作报告，自本会成立之日起6个月内，制成全部计划总图草案，送由市府呈中央机关核定"。

5. 第五案 拟具本市《计划基本原则》请讨论案

议决：

1）计划范围

　　（1）计划时期以25年为对象，以50年需要为准备。

　　（2）计划地区以行政院核定市区范围为对象，必要时得超越市区范围以外。

　　原案国防一项另案向中央请示。

2）经济

　　原案各项问题由财务组拟具答案，向中央请示。

3）文化

　　（1）全国大学之分配。

　　（2）上海市附近地区内文化及教育事业之分配与标准。

　　（3）上海市区内文化及教育事业之分配与标准。

　　由教育局拟具答案，（1）（2）两项并向中央请示。

4）交通

　　原案（2）（3）（4）三项删除，其余各问题由交通组拟具答案，向中央请示。

5）人口

　　原案各问题由区划组拟具答案，向中央请示。

6）土地

　　关于土地及土地资金运用问题由土地组研究。

7）卫生

　　（1）医疗卫生机构敷设设备标准、人事制度与实施进度。

　　（2）医疗、防疫、保健、环境卫生等项业务之技术标准、设施方案与评价准则。

　　由卫生组拟具答案。

附件
主席致辞

　　今日请各位来此开都市计划会，本人感觉十分愉快。都市计划是世界各国都市都有的。在我国，行政院内政部规定，各都市都应设立都市计划委员会。就上海方面说，意见颇不一致。有人说，"目前恢复工作都来不及，远大计划更办不通"。关于此点可有二〔两〕个答复：

　　（1）上海在过去并无整个都市计划，有之则仅为上海市中心计划。以前上海市政府因为租界关系，未能通盘计划，并且因为战争关系，没有完全实现。旧公共租界、法租界虽不能不承认其有相当成绩，不过都是为着本身经济利益，没有远大眼光。如目前交通拥挤情形、沪西自来水供给困难、水管沟渠布置不适当致路面积水等等，都是没有计划之结果。主要原因还是以前因为环境关系不能有整个计划。

　　（2）很多人以为，"复兴都来不及，远大计划似乎不必要"。本人觉得，即使为复兴工作，也要先确定今后都市建设标准，规定大纲及目前施政绳准〔准绳〕。如全市分区：商业区、住宅区、工厂区、码头区等，当然有天然条件，但区划必须有规定，而后施政方有办法。若谈到花园都市，那末更要有计划了。外界以为都市计划为纸上谈兵，事实上并不如此。

　　今日开会，外界亦将以为系表面工作，但本人以为，计划工作及实际工作必须同时并进。今日到会诸位均为民意代表及专家，相信对于上海都市计划必能有极大贡献，本人除致最大欢迎外，并请各位向外界宣传解释。

初集

二○一

附件
潘议长公展致辞

　　本人今日来此参加都市计划委员会第一次会议，非常高兴。参议会召开之期将届，现已积极收集有关市政建设之意见，故对于上海市都市计划委员会成立亦极为兴奋。关于都市建设，目前要解决的固然很多，大家眼光如看得很近，则都市计划似乎离事实太远。但大的事不能不有理想，不能不顾到将来，国家建设亦复如是。以前国父手拟《建国方略》、《实业计划》，照当时情形而言，似乎离事实很远，而现在要建设，确是最值得研究的具体计划。所以本人以为，上海市都市计划要顾到30年或50年以后的范围。若只顾到目前，那末过了数年，一切设施就不适用了。方才市长说过，以前上海因租界关系，虽要做好亦不可能。现在情形不同，希望都市计划委员会各位，能拟定好的方案，民意机关很愿意看到市府有此计划，分期、分步骤实现。

　　本人今日参加此会，热切希望都市计划委员会有很好的开始，有很好的成功。

初集

附件

赵执行秘书报告上海市都市计划委员会筹备工作经过

本市当战后残破之余，一切要政莫急于修复，莫重于建设。而修复与建设自当以中央先后颁布之《都市计划法》及《收复区城镇营建规则》为依据，参照本市以往发展演进与目前情状，而以上海得成现代最合理之新都市为目标。以是，本府于1945年9月12日接收后，秩序初定，一面由各局推进恢复工作，一面即认本市都市计划应先积极准备，以策进行。经罗致人才，奠定基础，并由工务局担任筹备事宜，推动设计工作。

工务局于筹备之始，建议设置技术顾问委员会，树立研究规划之机构。惟以组织布置端绪纷繁，在委员会未成立前，先行邀集富于市政学识经验之专家暨各项工程顾问及高级专门人员，举行技术座谈会，以为讨论本市都市计划之发端。

经于上年10月17日及29日，又12月8日及27日先后集会4次，假设若干重要原则以为设计张本。嗣于磋商之余，认为应先研究分区问题为都市计划之前导。遂于技术座谈会之下成立分区计划小组研究会，审慎研讨，加速进行。自上年12月18日举行第一次小组会议后，至本年2月21日止，共计开会8次。有关交通、卫生工程两组之研究，则由公用、卫生两局指派专家担任。虽相互错综而仍联系配合。对于征集调查统计之各项资料致力独多，经分别整理以供分区计划应用。此为筹备工作最初之一阶段。

其间，内政部派遣营建司哈雄文司长、美籍专家戈登中尉，偕临上海视察战后营建工作，对本市都「市」计划与有关联。本府乘此时机，由工务局会同公用、卫生两局发起都市设计讨论会，邀集各局主管处长、技术顾问，交换有关都市计划之意见，并请哈（雄文）司长、戈登中尉莅会详加指导，期有裨于筹备工作之进展。计于本年1月3日及8日开会两次，获益颇多。本市都市计划之讨论至是乃具萌芽，其重要性质为各方所共见。

迨本年1月26日，工务局之技术座谈会奉准改组为技术顾问委员会，正式成立。聘请本市各项工程专家及各局专门人才，开会讨论各重要问题，达集思广益、具体进行之鹄的。至3月19日举行第二次会议检讨各项工作。是时，分区设计规模粗具，工务局爰拟具《上海市都市计划委员会组织规程》，提出本府第22次市政会议通过，设置土地、交通、区划、房屋、卫生、公用、市容、财务等八组，以为确定都市计划政策之机构。工务局所负筹备工作之使命，自更应与上项设置相配合。爰就八组范围综合设计、通盘筹划，而将分区「计划」小组研究会酌予扩充，改为都市计划组研究会，俾得适应需要。自本年3月7日举行第一次会议后，加强工作、努力迈进，每星期中继续开会讨论一次，至6月20日已达第14次会议。本市都市计划初步筹备工作至是渐告就绪。

工务局秉承市长之意旨，处理各项筹备工作，旁征、博采、归纳，于克日[1]制定本市都市计划总图。其间调查工作之进行，统计资料之搜集，依照性质赅[2]为五项：

（1）大上海区域问题，包括区内地形、交通、物产、各市镇之人口、专业及其分布情形；

（2）人口问题，包括现有人口密度及分布图、人口调查表、市民居室调查表、各区人口之工作地点调查表；

（3）交通问题，包括现有交通及运输系统图、现有交通密度、全市交通用具表、航运交通等调

---

1. 即"约定的日期"。——编者注
2. 即"概括"。——编者注

查表；

（4）分区问题，包括现有空地及建筑地分布图、现有工商业及住宅分布图、现有各区地产价值图、工商业调查表；

（5）公用问题，包括现有各区单位之文化及福利设备分布图、现有公用设备图。

以上五项调查统计图表，均视计划之需要随时补充。目前，除全面运量观测、全市房屋现状及河道用途等调查尚在进行外，其余大致完成。他如广拟研究专题，分函各技术委员及国内各专家担任阐述，以供采择；邀同行政院工程计划团视察本市港埠交通实际状况，以资参证；选定重要题目，延请专家分期举行公开演讲，并放映欧美最近工程影片，以助宣传等。其有裨于设计之参考者，固非浅鲜，而于灌输新市政之知识、发扬都市计划之要义，以促舆论之提倡、市民之合作，收效亦宏要，均为筹备工作之一助。

本年6月下旬，技术顾问委员会都市计划组，本筹备工作之结果，拟成总图草案两种，一为大上海区域总图，一为上海市土地使用及干路系统计划图，以作为详细计划之依据。两图均系初稿，匆促告成，难免失之粗略，其有待于审查修订者自不在少。工务局已于本年7月中，举行讨论总图座谈会4次，分别邀请各有关方面暨各界权威专家莅会，检讨提供意见，藉资匡正而臻完善。至中心区各种计划图及一切附属计划图表，仍在继续研究中。按都市计划初步工作，原视收集材料之准确与充足，方可据以作缜密之准备。征之欧美各国都市，类经多年研究，始克计划完成者。职是之故，以战后文献散佚之上海，仅经八九个月之时间，于材料之收集困难良多，自不免影响于筹备工作，故再附述于此。

以上为工务局秉承市长指示，筹办本都市计划工作之大略情形。所有历次开会研讨之内容，于所刊技术讨论初集及二集略可窥见一斑。现在筹备工作告一段落，上海市都市计划委员会适应需要，而于今日正式成立。今后开始确立纲领、决定政策之工作。所有筹备期中拟成之图案，当依照大会决定基本原则重行修订，提会讨论决定后，由本府送请内政部，会同有关机关核定，转呈行政院备案，再由本府公布依照实施。是则由计划商讨，以至于具体建设，而达到创造新上海市之一切工作，自须深有赖于都市计划委员会诸公之鼎力赞助、发动推进。瞻望将来，不胜企望。

附件
委员会第一次会议议程

1. 报告事项
（1）主席致辞。

（2）内政部张部长致辞。

（3）市参议会潘议长致辞。

（4）执行秘书报告筹备经过。

2. 提议事项
（1）拟请分认各组委员以利进行案。

（2）拟具本会《会议规程》请讨论案。

（3）拟具《上海市都市计划委员会秘书处办事细则》请讨论案。

（4）拟具本会《工作步骤》请讨论案。

（5）拟具本市《计划基本原则》请讨论案。

初集

二〇三

附件
委员会会议规程

（1）本会会议每月举行一次，遇必要时得由主任委员随时召集之。

（2）本会会议之地点及时间，由主任委员决定，由秘书处先期通告。

（3）本会会议由主任委员任主席，遇主任委员缺席时，由执行秘书代理主席。

（4）会议时，以委员过半数之出席为法定人数，以出席人数过半数之通过为可决。

（5）必要时，主任委员得邀请中央有关机关负责主管人员，或市府各局处高级人员参加会议。

（6）会议时，主任委员得通知秘书处人员列席讨论，但无表决权。

（7）会议前，由秘书处编制议程，并汇印议案，分送各出席人。

（8）委员提案须书面说明者，应于会期前送达秘书处。

（9）各组由各该召集人随时召集分组会议，并须于事前通知秘书处派员出席。

（10）各组间为讨论相互有关事宜，得举行联席会议，由有关各组召集人共同召集之，互推一人为主席，并须于事前通知秘书处派员出席。

（11）各组召集人认为必要时，得派各该组之主要工作人员出席各组之分组会议或联席会议。

（12）各组所有意见计划等，须随时书面送达秘书处，编制议案，以便提出本会会议讨论。

（13）本会会议讨论事项如下：

    ①本会全部进行事项。

    ②计划原则须呈中央机关核定之事项。

    ③各组工作大纲及其范围。

    ④各组提出讨论之事项。

    ⑤秘书处综合各组或个别意见所拟具之计划、设计事项。

    ⑥局部或全部计划须呈中央机关核定之事项。

    ⑦已奉中央核定之原则、计划，须变更或修正之事项。

    ⑧关于有关都市计划建设事项之审定。

    ⑨其他有关都市计划之事项。

（14）本规程经会议通过送请市府备案后施行。

附件
秘书处办事细则

（1）上海市都市计划委员会依据《组织规程》第五条之规定，设秘书处（以下简称本处），由执行秘书主持之。

（2）本处设会务、设计二组，各组设组长一人，由执行秘书遴员，呈请主任委员核派兼充之。各组技术及事务人员，由执行秘书就都市计划委员会人员指派担任之。必要时，得呈准主任委员，借调有关各局人员。

（3）本处职掌如下：

    ①会议之记录。

    ②议案之编制。

    ③文件报告等之草拟或译述。

    ④市府各局、处及本市其他机关有关都市计划建设事项之核议。

    ⑤遵照中央核定原则及综合组提具意见之计划设计。

    ⑥计划之补充及修正。

    ⑦资料之收集及绘制。

    ⑧图书、文卷之保管与整理。

    ⑨经费收支之处理。

    ⑩其他一切经常会务之处理。

（4）本处得派员列席都市计划委员会会议，并出席各组之分组或联席会议。

（5）本处为推进都市计划委员会各组计划工作起见，得随时商请各组召开分组会议或联席会议，并由本处派员出席。

（6）本处为共同研究综合设计及会商推进处务起见，得举行处务会议，并得邀请都市计划委员会各组委员或工作人员出席。

（7）本细则奉市府核准之日施行。

初集

附件
委员会工作步骤

（1）确定都市计划之基本原则，送由市府呈中央核定。

（2）根据基本原则确定各组工作之内容及范围。

（3）讨论各组之工作报告。

（4）综合各组之工作报告，制成全部计划总图草案，送由市府呈中央机关核定。

（5）遵照中央指示将总图修正补充，制成定案，送由市府公布，并呈中央备案。

（6）制定分期或分区实施详图，送由市府呈经中央核定后由市府公布。

附件
上海市都市计划基本原则项目

1. 计划范围
（1）计划时期是否以 50 年或较短年限为对象。

（2）计划地区是否以 1927 年行政院核定市区范围为对象，并兼顾区域计划之配合。

2. 国防
50 年内国防建设上，在上海市区内所需要之面积及其分布，应请中央主管机关指定以便遵照保留。

3. 经济
（1）全国之经济政策。

（2）上海附近地区内之经济计划。

（3）上海在国际贸易、金融及国内贸易、金融上之地位。

（4）上海市本身在工商业、农业以及渔、盐业发展上应达何种程度。

4. 交通
（1）确定上海在国际交通及国内交通上之地位（至于市内交通之如何布置，乃完全地方性者，可由本市加以决定，不属于基本原则中）。

（2）上海之港口是否为中国之东方大港。

（3）是否辟乍浦为东方大港，而上海为二等港。

（4）乍浦筑港是否于最近 50 年内不拟实施。

（5）上海是否须设自由港。

（6）上海市内之铁道及火车站，是否应予变更或增设（市内将来之高速铁道系统拟不属于基本原则）。

（7）全国（东南区）之公路网如何确定，与上海之联系如何。

（8）上海应设飞机场几所，其各个之性质、面积及位置如何。

5. 人口
（1）全国之人口政策。

（2）上海之人口总数应否限制。

（3）上海之最大人口密度如何规定。

6. 土地
（1）土地征用法。

（2）应否建立土地市有政策（土地使用分区乃技术问题，拟不属于基本原则）。

初集

二〇五

委员会第二次会议

时间	1946 年 11 月 7 日下午 3 时
地点	市政府会议室
出席者	吴国桢　黄伯樵　奚玉书　赵祖康　陆谦受　祝　平 李馥荪（曾克源代）　施孔怀　陈伯庄（张万久代）　王志莘 徐国懋（钱珽代）　赵曾珏　梅贻琳　谷春帆　范文照 何德奎　顾毓琇（李熙谋代）　张　维　汪禧成　关颂声 钱乃信
列席者	朱虚白　姚世濂　魏建宏　Richard Paulick（鲍立克） 王元康　陆筱丹　钟耀华　杨锡镠　徐肇霖　林笃信 曾广樑　卢宾侯　费　霍　余纲复
主席	吴国桢 ‖ 记录 ‖ 费　霍　余纲复

主席：

对于上次会议记录各位有无修正。

全体：

无修正。

主席：

请赵执行秘书报告秘书处工作。

赵祖康：

自上次大会后，秘书处每星期四开会一次。其间以 9 月 26 日联席会议为最重要，土地、交通、公用、财务各组召集人均参加交换意见。以后各组乃陆续召开分组会议，研讨上次大会交议之基本原则。惟讨论之结果有为抽像〔象〕的，有为比较具体的，详简不同。秘书处为时间迫促不及整理，今日先将各组草案提出讨论，希望各位发表意见。整个方案由秘书处整理后，再由各组召集人举行联席会议决定之。

此外，尚有秘书处设计组拟具之《大上海都市计划总图初稿及报告书》，提请各位研究。总图及报告书系于本年上半年作成，最近复经修正。惟报告书甚长，拟请各位带回研究。

都市计划需要收集资料，并希望各组供给资料及对于专题研究多发挥意见，而将结果交秘书处设计组，以供作计划之参考。

本人对于都市计划有数项概念，拟请各位指数〔教〕：

（1）须采取疏散办法；

（2）与地方自治之保甲制度配合，尤其须与文化方面学校及卫生方面医院配合；

（3）希望上海的都市计划对于道路采用新的设计；

（4）美化市容。

都市计划总图颇易引起一班误会，本人拟解释者则为：总图仅为一种概念，即经核定通过，仅为实施计划之依据。

人口总数、港口集中或疏散、铁路总站之决定、浦东如何利用及中区改造等问题，为各方面讨论最烈者，亦请各位注意。

最后，本人希望各位对于都市计划经济、文化、交通、人口、土地、卫生六项政策有大体指示。

1. 讨论提案
1）「市」参议会工字第 6 号决议案
赵祖康：

天目路即界路，拟拓宽为 35m，市参议会已通过。今年先拓宽为 25m，其余 10m 明年再办。西藏北路沿路房屋不多。

议决：

照签注意见通过。

2）市参议会工字第 25 号决议案
何德奎：

关于虬江码头，最近物资供应局拟予利用，不久即有数船物资运到。现正租用民地，建筑仓库。在完成之前，则将堆置露天。

议决：

照签注意见通过。

3）市参议会工字第 27 号决议案
祝平：

划界问题与江苏省会商，讨论之基础仍系照 1927 年行政院规定之市区界。此点江苏省不能不承认，目前问题在如何执行。苏省府移交管辖困难之点，在于地方意见不赞同。经两次会商后，拟由市府呈行政院，令苏省府照办。如此，苏省府根据上面命令行之，对于地方意见比较有交代。

议决：

照签注意见通过。

4）市参议会工字第 31 号「决议案」
议决：

请函复市参议会，俟越江工程委员会将具体计划拟妥后，再行研究。

2. 讨论基本原则各项问题草案
1）经济问题
谷春帆：

本人对此拟略作补充：

（1）全国经济政策系采用 1944 年国防最高委员会通过之经济政策；

（2）各条均甚抽象，未提出详细办法，如工业分区，本人以为似不由政府而系由民众来计划；

（3）经济与交通有关，在交通组未有决定前不能有决定；

（4）吞吐量未决定，另一方面交通组用吨数来决定吞吐量，比用价值来决定较为确实。

陆谦受：

谷局长所说明的是原则方面的，我们还可以加入很多东西。如第（19）条，造船工业是类乎重工业，在上海很需要、很有发展；第（18）条，轻工业方面，可以加入电气、化学、化妆、衣着等工业；再关于第（25）条比较重要，则本人认为上海应积极发展农业。现代都市对于粮食能自给是很有利的条件，在目前农业情形下估计，每人需地 2 亩（约 0.13hm²）才能够供给，以 700 万人口计，需要 10 000km²，这在上海是不可能。不过农业亦随科学进步，如用温室办法，每人只需 240 平方英尺（约 22.30m²），则 188km² 已足。故本人以为，应上海之需要，须积极推进农业政策。

祝平：

本人以为，在第 1 项中应提出上海市在全国经济政策上地位；关于第（25）条，陆先生所提出者似可不必，盖科学成本甚高，不合算。若以此地面作其他用途，利益必较大。故在原则上似不必提出，而在发展工业时并须发展农业，反顾此失彼。

何德奎：

陆先生所说的，本人可举一事实证明。以前虹桥路曾有用科学培植蕃茄，味不好，成本亦高，不迨在太阳下自然生产者远甚。此外，中央造船厂所选地点，适在黄浦江之咽喉，修理船只进出妨碍航行，如有沉船且阻碍航道，此点请各位注意。可否移至乍浦，该处水深，离上海不远。

主席：

造船工业确为一问题，在上海，事实上似属必需。若设在乍浦，修理往返不便，亦不经济，不过地位则为技术问题。

米面自给确很困难，可以不必。菜蔬似可办到，且就地供给较为新鲜。本人以为，绿地带中，在不妨碍公园计划，可培栽菜蔬，公园则可分别栽植果树。

陆谦受：

总图初稿绿地带中已有此计划。

议决：

交秘书处会同财务组修正。

2）教育问题

主席：

①畜牧是否可以办到；②民教实验区在都市计划内如何规定。

赵祖康：

都市计划所规定者为概要的。

主席：

以学校配合人口，则属需要；其余如需在都市计划内保留地面者，可以讨论。

议决：

本案与区划组意见并案讨论。

3）交通问题

赵曾珏：

本人对于交通问题拟作说明并补充：

（1）上海最重要的为港口。与港口有关的，25 年后每年海洋及内河船舶注册净吨位总数为 7 500 万～8 000 万吨。

（2）港口集中于若干区问题讨论颇多，若干专家主张沿浦平行码头，而铁路专家则主张在与铁路联接者用挖入式。

（3）河道方面，希望蕴藻浜（薀藻浜）与苏州河在南翔附近打通。

（4）对于客运总站意见很多，经决定采折中办法，而请交通部组织委员会调查研究，并由交通部与本市会商决定之。因若干专家主张保留北站，俾与中区接近；若干专家以为如不移至地下，则须至中山路以外；并有主张在大都市一个客运总站不够，最好在沪西添设一个。

（5）货运总站设于真茹（真如）镇以西，因须3km长度；货运岔道站则设于苏州河北及中山北路间。

（6）若港口集中吴淞，则中央造船厂所择地点对于计划确有妨碍。

陆谦受：

都市计划是要根本解决问题，折中办法对于新的不利，对于旧的无益。本人以为：

（1）北站是适于总站的地点，因为总站应接近行政及商业中心。远1km或0.5km，将来交通上的损失可观。为发展计，不如在北站附近保留地面。

（2）货站最好在南翔，以便于将来发展。

张万久：

客运总站仍宜设于北站。调车场似机车之家，南翔过远，机车往返不便，应设于真如。

施孔怀：

上海港口，黄浦江为混水河流，即流速变动就有淤塞，此问题颇为严重。浚浦局之记录，吴淞方面每年约5英尺（约1.52m），虹江对面航道也是5英尺，挖泥费用庞大。如在吴淞建4 000英尺（约1 219m）码头，挖入式约171亿「元」，沿浦式约117亿「元」，相差54亿「元」。如向国家银行贷款，每年利息超过10亿「元」。每年挖泥费约5亿「元」。在中国建设千头万绪之时，在在[1]需款，故此层「意义」实值得考虑。黄浦岸线在25~30年时间已够用，故本人主张，沿黄浦先建平行式码头，俟30年后将来不敷时，再就水流及地点建挖入式码头，如复兴岛及虹江码头至闸北水电厂之间。

浦东方面，陆家嘴至白莲泾及洋泾附近均为深水岸线，本人主张尽量利用。当然，港口与铁路运输有很大关系，但对于各式码头之效用没有大差别。

何德奎：

挖入式淤泥很多，挖泥船进出增加妨碍。

浦东筑港似甚合宜，前因租界关系不愿发展浦东，于今不予利用颇为可惜。

黄伯樵：

凡一重要问题必须就国家利益来谈，不必顾虑比较小的问题。将来港口与铁路配合后，发展恐将超出估计。

赵曾珏：

提案中并未建议都采用挖入式，仅建议与铁路终站连接者以采用挖入式为原则，其余仍可采用沿岸平行式。

浦东有很好水港，本市2/3仓库在浦东。再浦东用电量很多，已有不少工业。故浦东应予利用。吾人不能使一面繁荣（浦西），一面空旷（浦东），使两面地价相差50~100倍。

主席（以后赵祖康代）：

港口形式与铁路有关，请铁路方面发表意见。

张万久：

集中挖入式自较经济，不过目前国家财力困难，维持挖泥虽不能谓为重要，然亦麻烦，故不妨先尽量利用黄浦岸线，后再采用挖入式。

汪禧成：

公用局赵局长已说过，并不是都以采用挖入式为原则。上海问题须就全国整个而论。目前运输极为不便，铁路方面对此一入口，必须予以规模宏大现代化计划，以增加供给效率。至于经费问题，就全国而论亦属渺小。如以京沪路敷设双轨而言，每公里约略估计需6万~7万美金，全长310km，共约需1 860万~2 170万美金，比较下，挖泥费为数甚小。敷设双轨可达到40对车。故本人主张不

---

1. 即"处处"。——编者注

必顾虑少许挖泥费。

谷春帆：

港口吨位以1921年作根据，恐只能供给上海及其附近。如上海之发展能如吾人之理想，成为远东转口港（除日本之竞争外），可供给南洋甚或澳洲，则港口吨位恐较估计尤大，故本人主张不妨多花点钱。

Richard Paulick（鲍立克）：

决定码头方式必须顾及所有因子，不能仅就4 000尺〔英尺〕（约1 219m）作建设费及挖泥费之比较。设计组建议本市港口作功能分类，分别集中各点，系依据下列理由：

（1）从经济方面而论，现在本市沿江发展之码头，最不能使人满意。轮船掉头时间甚长，费用亦高。沿江添置机械设备，效率亦不如集中码头为高，且无法作铁路联系。

（2）从交通方面而论，如沿用沿江码头，则本市交通系统根本无法使「之」有组织。惟有实现一有组织之交通系统，可以根治本市交通上之混乱拥挤现象。将来本市之马路，自亦无须时时作无效之拓宽。

关于客运中心站问题，设计组建议，仍用北站原址。盖将全市交通量减至最低，乃本计划最大原则之一。如向外迁，则增加市街中之交通。至于北站面积不足问题，本人认为，将来如能改建通过式车站以代替目前之终点式车站，车辆调度自可免去目前拥挤之情形。

施孔怀：

（1）对于汪先生意见略有补充，建造4 000英尺（约1 219m）挖入式较平行式码头多用54亿「元」，比之京沪路敷设双轨费确属甚小，惟上海估计约需60 000尺〔英尺〕（约18.30km）码头，则相差数为810亿「元」。

（2）谷局长所谈为船吨位，但上下货吨位与船吨位约为3:1。进口比出口多，约为2:1。即「使」将来发达，此7 500吨之估计也许相差不远。事实上船多系先至南洋、澳洲再至上海。

（3）鲍立克先生所说装卸费时，此为目前情形。将来码头改善，挖入与平行式并无差别。上海货物并非全用货车驳运，大部分用驳船，故车辆拥塞一层似不成问题。假定国策决定以大批款项建挖入式码头，则无可置议；如仅为事业，则对于经济情形颇值考虑。

卢宾侯：

计划中主张码头集中挖入，而事实上则尽属沿浦，吾意第（5）条决定颇为适宜。本人以为水运可以陆运为比，黄浦江利用为水运干道，陆运有停车场，铁路有终点站，故水运亦应有停船站。上海与伦敦情形相似，伦敦采用甚多挖入式。在上海建几万英尺平行码头与铁路联接为不可能。再此为25年计划，何时实现还不知道，故与施先生意见并不冲突。

在浦东设工厂最相宜，且浦东发展后，货物不必一定用于浦西，此为经济问题。

上海水岸线有限，如有海军来埠，更感不敷。

施孔怀：

伦敦采用挖入式之理由，为高低潮相差20英尺（约6.1m），并须建闸，船只须在高潮时进出，此为其困难之点。

纽约采用凸出式之理由，为并无伦敦之困难。河道宽度达5 000英尺（约1 524m），两旁除去1 000英尺（约305m），尚可余3 000英尺（约914m）航道。并因与"新约泽"（新泽西州）（New Jersey）竞争甚烈，以增加码头长度吸引船只。

黄伯樵：

以前船舶来沪被迫耽搁甚久（慢慢进来掉头及无码头设备），时间经济损失甚大，各轮船公司曾愿摊费建筑新的码头。中国目前需要尽量吞吐货物，方能及早改进。吾人以国家为前题〔提〕，对于国家经济有益者就做，不能拖延。

主席：

原案意见第（5）条后段，可否改为"其与铁路终点连接者，以准备采用挖入式为原则"。

张万久：

此点系为技术问题，而非原则问题，似可用"准备采用挖入式"。

陆谦受：

交通问题关系甚大，可否从长计议。

赵曾珏：

因预留基地关系，必需〔须〕列入原则。本人为交通组，立场不愿放弃。第（5）条意见因系本组几次讨论决定者。

祝平：

本人主张应有决定，惟目前争执之点为费用问题。现在讨论者既为一理想计划，则费用问题比较次要，应该如何即如何决定。

谷春帆：

费用问题可请专家比较后决定之。

黄伯樵：

比较时因素很多，有明显的，有不显著的，故专家必须都予考虑到，最好征询外洋船公司意见。

决议：

为便专家比较，原案第（5）条修正为"以准备采用挖入式为原则"。

4）区划意见

赵祖康：

此案大多根据秘书处设计组之假定，请各位指教。再区划单位对于卫生方面亦须有配合，本案内尚未提及。

祝平：

本人以为可就上海论上海，第一项"全国之人口政策"似可略去。

谷春帆：

本人同意略去。

何德奎：

关于人口问题，本人前曾提到须考虑原子弹问题。前与美国友人谈及，据云，自原子弹发明后，都市计划已有改变，每一城市理想人口为20万人，城市距离约汽车半小时行程。至集中700万人之计划似以〔已〕陈旧。

主席：

人口总数及浦东是否作为农作区，请各位讨论决定。

陆谦受：

（1）许多人误会到以为人口要集中许多人。人口之增加有许多原因，大致系由政治、经济、交通三项促成。其增加除非行政上之严格限制外，实无法阻止。吾人并非希望有如此数字。

（2）关于原子弹问题，区划方面竭力主张疏散分为小单位、中级单位、市镇单位及市区单位，均用绿地带隔离。

（3）区划方面最大问题，恐怕是浦东的处理。设计组在设计时，原同一片白纸，可谓毫无成见。不能仅作一面观察，乃顾及整个之发展而分配计划之，视其是否合理。各地有各地之功能，适宜于某种发展，即用为某种发展。浦东之划为住宅区、农业区，因在此外有更有利于工业港口之地带。浦东若为工业区，必须在交通方面有整个联系，如此之整个联系即将发生技术问题。有人说没有见过仅发展一岸者，但发展两岸「是」在欧美各国都很感到麻烦「的」问题。吾人之主张，并非不发展浦东，实则发展浦东，仅方向不同、名称不同，但对于文化及其他的水准，仍旧一样发展。浦东为农业区、住宅区，有利于解决中区拥挤问题，交通用很新的轮渡办法即可简单解决。如发展浦东为工业区，则必须造桥或隧道，建成区交通且将集中数点。

何德奎：

陆先生所谈人口增加为自然趋势，现在是在做计划，应于计划内限制人口，不能听其自然，故本人以为第（5）条有修正必要。

黄伯樵：

上海人口集中决不能达到此数字估计，700万人，本人以为绝对不可能。以往因为租界及治安关系，虽然生活程度高、捐税重，不得已住在上海，主要原因还是为治安，才有人口增加之大，如南京的人口增加并不速。

主席：

上海现有之 400 万人口集中于市区 1/10 面积，如照计划每平方公里为 1 万人，并不密集。700万人口之估计，系根据各种推测，并参考外国都市人口发展情形，各位可于报告书内见之。

赵曾珏：

浦东工业用电为浦东电厂电力 80%，其为工厂区已成事实。且浦西的单位计划包括各种土地使用，浦东应一视同仁，以取得一致。目前，浦东的出口（OUTET〔outlet〕）很少，须注意如何计划。以前码头仓库很乱，自陆家嘴至白莲泾是深水岸线，可以分区设立码头。如以浦东作为农地，是为不平衡发展并忽视自然。

何德奎：

630km^2 之疏散，一个原子弹已可毁尽，本人认为尚须疏散。

赵曾珏：

若根据原子弹之破坏力，则可不必作计划。

黄伯樵：

浦东没有出口问题。本人以前即感到，若现在三菱、三井等码头收回，趁未售出时赶快利用，请各位注意。

陆谦受：

一个都市系由各种不同性质单位组成，浦东、浦西各单位功能各异，就整个都市言，并无不一致之处。

施孔怀：

浦东高桥、东沟、西沟、白莲泾四河应尽量利用，不要放弃。闻资委会电厂将设于浦东，则工厂动力可以有办法。

卢宾侯：

浦江两岸轮渡已定计划为 2 英里（约 3.22km）一处，汽车摆渡亦可 2 英里一处，故交通并不集中数点。将来上游建桥、下游造隧道，对于交通并不妨碍。

谷春帆：

本人以为已有工业迁移困难甚多，似应由人民执行，让时代及经济来证明。将来条件不允许之地，自然无人去发展，故此一问题似可不讨论。

主席：

解释都市计划委员会之性质，所有计划须通过民意机关。

议决：

交秘书处设计组再加研究。

5）宣读土地方面意见

6）「宣读」卫生方面意见

张维：

（1）卫生组方面提出之意见，因全国卫生会议甫于前日闭幕，尚须根据「其」作若干修正，拟星期六开分组会议讨论。

（2）人口估计 700 万似略宽。

（3）计划要规定限制，工厂与住宅必须分开。

（4）在教育方面，拟请办露天学校，以为肺痨病患者读书。更就健康方面来看，学校应有特种学校。

7）「宣读」房屋方面意见

关颂声：

此次所拟者均为广泛问题，必须待各组决定后，方能详细拟订。

主席：

关于土地、卫生、房屋各组意见，因时间不及交换意见，希望各位提出书面意见。此次各组对于原则意见形式不同，拟俟区划决定后，再请各组具体提出。希望各组多开联席会议。

3.「宣读」都市计划总图初稿报告书

议决：

作为报告事项。

附件
委员会第二次会议议程

1. 报告事项
  （1）主席致词。

  （2）宣读第一次会议纪录。

  （3）秘书处工作报告。

  （4）各组报告。

2. 讨论事项
  （1）奉交《市参议会工字第6号、第25号、第27号及第31号四决议案》签注意见，提请公决案。

  （2）关于第一次会议交由各组拟具《基本原则各项问题草案》，提请讨论案。

  （3）秘书处设计组拟具《大上海都市计划总图初稿报告书》，提请讨论案。

初集

二一六

附件

奉交下市参议会工字第 6 第 25 第 27 第 31 号四决议案

经签注意见是否有当提请公决案

附原提案及签注意见

1. 工字第 6 号

审查意见:

查提字第 2 号提案,经审查,应照原案提交大会,送请都市计划委员会,采择施行(提案人及连署人详见原提案)。

案由:

为北火车站上下旅客众多,交通拥塞,拟具补救办法,提付讨论由。

理由:

查京沪、沪杭两铁路线每日往来旅客众多。在本埠北火车站上下之旅客,每日不下数万人,其唯一交通路线即北河南路及北浙江路两处。但以上两路均极狭窄,以致每日人车拥塞,警察指挥为难,常肇事端,行人苦之。

办法:

(1)由西藏路向北,经泥城桥[1]直辟一直路,径达北火车站。

(2)前项路线所经过中多草棚或将倾圮之破旧民屋,一律拆除,将住民移住市府所建之平民住屋内。

大会决议:

照审查意见通过。

签注意见:

(1)由西藏路向北,经泥城轿直辟一路,径达北火车站一节。查此路路线,工务局已有计划,即自西藏路桥向北开辟西藏北路,转向东,开辟新民路,与天目路衔接,确属切合目前需要,拟请提前开辟。

(2)关于前项路线所经过中多草棚或将倾圮之破旧民屋,一律拆除,将住民移住市府所建之平民住屋一节。查本市开辟道路拆让房屋,原有发给补偿费之规定,拟不必均为备屋迁移。惟值此屋荒时期,多建平民住屋当属补救办法之一。不过市建平民住宅有限,似可由市府商洽银行界,筹划大规模投资兴造,以资补救。

2. 工字第 25 号

审查意见:

查提字第 31、61、170、206、281、306、338、344、345、228、304 以上 11 案性质相同,应予合并讨论。经审查,拟提交大会,送请都市计划委员会,采择施行(提案人及连署人详见原提案)。

案由:

请切实规划、整理本市一市郊区整个交通案。

理由:

查本市市面,繁荣全在市区,市民聚集一处,颇感窒息。现在,租界业已取消,应即乘此时机,

初集

二一六

---

1. 即北泥城桥原址,因西藏路的前身泥城浜得名。大致范围在西藏路桥南堍至凤阳路的西藏中路两侧一带。——编者注

着重于近郊区域之开发，俾工商业逐渐向四周展布，祛除偏畸状态。欲达此目的，似宜先从扩展交通路线着手。现在郊区公路尚属寥寥，其已筑成者，路面崎岖，桥梁倾圮，亟须修理。至于村镇间交通，大都不相联贯，羊肠小道行路维艰，货物运输亦感阻滞。故辟筑郊区路线实属迫切需要。

办法：

（1）请政府迅速完成整个上海市区交通网设计。

（2）请政府迅速修复郊区业已损坏之道路、桥梁，若毗连沿浦江、连〔联〕系杨树浦、新市街[1]、江湾、吴淞四区之军工路等。

（3）请政府尽「量」先置备郊区交通工具。

（4）请政府奖励民营郊区交通事业。

（5）主管局与就地区公所，应发动民众自行修筑，邀集保甲长，分别切实剖陈利害，使民众瞭然之后，自可兴奋而收经之营之，不日成之之效。

（6）老闸桥（今福建路桥）为交通孔道，现已损坏，应加赶修，以免危险。

（7）乌镇路及三版厂桥（舢板厂桥，今恒丰路桥）为通市区之要道，在抗战期间多已损坏，应速建修，以利交通。

（8）虬江码头临时仓库之建造需费巨大，可由市府商请，行总建造，并加征仓库使用费，以为挹注。

大会决议：

照审查意见通过。

签注意见：

（1）关于迅速完成整个上海市区交通网设计一节。查本市都市计划总图及干道系统已在积极进行，并将陆续修订闸北、南市、沪西等区道路系统，进而规划郊区道路，以完成本市整个交通网。俟设计决定，即分别提出。

（2）本案其他各项办法均为目前急要之恢复工作，一部分且有已由主管机关办理。拟仍请市府分别发交各有关机关，斟酌情形办理。

3. 工字第 27 号

审查意见：

查提字第 362 号提案，经审查，拟提交大会，送请都市计划委员会计划办理（提案人及连署人详见原提案）。

案由：

确定大上海计划案。

理由：

本市为世界名都之一，故大上海计划应即确定公布。俾今后一切建设依照进行，不致因陋就简、削足适履而多事更张、少有成就。昔日美国纽约之建市，即弃旧建新，吾人应仿行之。

办法：

（1）呈请中央严令江苏省政府，立将应行划归本市之地区交本市接管。

（2）大上海建设计划应以中央划定之全面积计划之。

（3）确定机关府署（市政府各局、各警察分局、各自治区公所、各学校）及一切公有房屋形式及位置之分布。

（4）确定工业区、商业区、住宅区及各种新房室之图案。

（5）配合东方大港，迁移铁路车站、改建河流码头、明暗水道等。

初集

二一七

---

1. 位于今上海市区东北部。1945 年，以东界黄浦江，南沿复兴岛运河、长阳路，西沿沙泾港，北抵五权路（今民星路）、翔殷路（邯郸路）、水电路一线，西北至杨树浦港设置新市街区。1947 年改称新市区，后历属江湾区、北郊区，1958 年划归杨浦区。——编者注

大会决议：

　　照审查意见通过。

签注意见：

　　（1）关于市界之接管及大上海建设计划面积，拟照原提案办法及本会第一次会议议决之原则，以 1927 年行政院划归本市之地区为本市区域范围，交本市接管，并请市政府据此电请中央，迅予核定。

　　（2）原提案（3）（4）两款拟交本会区划及房屋两组研究办理。

　　（3）原提案第（5）款拟请市府电请中央核示，并确定与本会联系办法。

4. 工字第 31 号

审查意见：

　　查准《申报》社函转，该报读者张德采君倡议上海市民一日运动，以建设黄浦江大桥。经审查，拟提交大会作为建议案，并送请都市计划委员会参考（附张德采君建议书一份）。

办法：

　　（1）上海伶界联合唱最精彩义务戏二三天。

　　（2）运动界、体育协会举行最精彩篮、足、网、排球比赛数场，券资充造桥。

　　（3）商界全体将一日售货盈余移充造桥。

　　（4）各戏院、电影院、游戏场、跳舞厅、话剧场将全日营业收入提充造桥。

　　（5）交通事业，如电车公司、公共汽车之全日车资。

　　（6）建筑工程师义务绘图，测量工程师义务测量，上海有资望公正人士负责提倡号召主持，各律师当义务法律顾问，各会计师义务办理会计事宜。

　　（7）浴室、理发业廉捐全部当日营业收入。

　　（8）印刷业公会义务印刷各种文具宣传品。

　　（9）纸业公会义务赠送必需纸张。

　　（10）各报馆除将全日广告费移捐外，并担任义务宣传。

　　（11）各广播电台义务播送特别精彩节目，并欢迎点唱。

　　（12）医师将全日病金移捐。

　　（13）交易所将全日成交佣金全部移充。

　　（14）银行公会指定银行，义务代办收付事宜。

　　（15）公务人员廉捐薪津一天。

　　（16）薪水阶级同。

　　（17）工人捐工资一天。

　　（18）艺术家义卖名作一二件。

　　（19）房屋业主捐全月房租收入 1/30。

　　（20）各艺员廉捐包银一天。

　　（21）人力车夫、三轮车夫双倍交车账，车资全部移捐。

　　再有一种比较新颖办法，定名造桥竞选运动。发行选举票，每张 1 万元。将来开票，谁票数最多，即以此公之名以名此越江大桥。当选最低资格须〔需〕要 1 万票以上，1 000 票以上立石纪念，以垂永久。

详细办法：

　　由社会素孚众望人士组织建桥委员会。

大会决议：

　　照审查意见通过。

签注意见：

　　查本案为建设黄浦江大桥筹措经费办法，似可请交越江工程委员会研究。

附件
委员会第一次会议关于基本原则各项问题决议

1. 计划范围
（1）计划时期以 25 年为对象，以 50 年需要为准备。

（2）计划地区以 1927 年行政院核定市区范围为对象，必要时得超越市区范围以外。

2. 经济
（1）全国之经济政策。

（2）上海附近地区内之经济计划。

（3）上海在国际贸易、金融及国内贸易、金融上之地位。

（4）上海市本身在工、商、农业以及渔、盐业发展上应达何种程度。

以上各项问题由财务组拟具答案，向中央请示。

3. 文化
（1）全国大学之分配。

（2）上海市附近地区内文化及教育事业之分配与标准。

（3）上海市区内文化及教育事业之分配与标准。

由教育局拟具答案，（1）（2）两项并向中央请示。

4. 交通
（1）确定上海在国际交通及国内交通上之地位（至于市内交通之如何布置，乃完全地方性者，可由本市加以决定，拟不属于基本原则）。

（2）上海是否须设自由港。

（3）上海市内之铁道及火车站是否应予变更或增设（市内将来之高速铁道系统，拟不属于基本原则）。

（4）全国（东南区）之公路网如何确定，与上海之联系如何。

（5）上海应设飞机场几所，其各个之性质、面积及位置如何。

由交通组拟具答案，向中央请示。

5. 人口
（1）全国之人口政策。

（2）上海之人口总数应否限制。

（3）上海之最大人口密度如何规定。

由区划组拟具答案，向中央请示。

6. 土地
（1）土地征用法。

（2）应否建立土地市有政策。

关于土地及土地资金运用由土地组研究。

7. 卫生
（1）医疗卫生机构敷设设备标准、人事制度与实施进度。

（2）医疗、防疫、保健、环境卫生等项业务之技术标准、设施方案与评价准则。

由卫生组拟具答案。

初集

二一九

附件
对于上海市都市计划经济方面基本原则之意见　财务组拟

　　查上海市都市计划委员会第一次会议关于《基本原则各项问题决议》中经济方面问题, 计有四点:

　　(1) 全国之经济政策;

　　(2) 上海附近地区内之经济计划;

　　(3) 上海在国际贸易、金融及国内贸易、金融上之地位;

　　(4) 上海市本身在工、商、农业以及渔、盐业发展上应达何种程度。

　　并规定: "以上各项问题由财务组拟具答案, 向中央请示。" 兹即根据上述决议, 分陈管见如次, 以供讨论参考。

1. 全国之经济政策

　　(1) 关于全国之经济政策, 似宜以 1944 年 12 月 29 日国防最高委员会通过之第一期《经建原则》为准绳, 一面再参照经济主管当局对于战后经建原则之说明, 以作补充。

　　(2) 第一期经建原则规定: "我国经济建设事业之经营, 以有计划的自由经济发展, 逐渐达到三民主义经济制度之完成", 总期 "以企业自由刺激经济事业之发展, 完成建设计划之实施。" 即在国家指导扶助并促进经济建设之原则下, 由人民进行并实现建设计划, 并非一切经济事业均由国家举办及管制。

　　(3) 中国战后建设, 以经济建设最为必要。在经济建设中, 更以工业建设最为重要。建国能否成功, 全视中国能否工业化为关键。(见翁副院长关于中国工业化的几个问题演词)

　　(4) 中国工业化之目的, 在于取得我国独立生存之基础。(见蒋主席 1945 年演词)

　　(5) 中国在工业化途中, 依旧注重农业努力发展, 以农立国与以工建国同时并进, 并行不悖, 此实为中国经济建设之真实方针。(见翁副院长演词)

　　(6) 中国经济建设之标准, 当要妥量国民富力之限度, 逐步经营之程序, 求得适当规模, 并非过分夸大。(同上)

2. 上海附近地区内之经济计划

　　(7) 关于上海附近区域内之经济计划, 在纵的方面, 应根据前述全国经济政策所列之各项原则。

　　(8) 在横的方面, 应根据上海都市计划范围所决定之原则, 即: ①计划时期以 25 年为对象, 以 50 年需要为准备; ②计划地区以 1927 年行政院核定市区范围为对象, 必要时得超越市区范围以外。

　　(9) 本市在本质上为港埠都市, 但以其在国内外交通所处地位之优越, 亦将为全国最大工商业中心之一。

　　(10) 本市之经济建设, 应以推行有计划之港口发展及调整区域内工商业之分布为主要目标。

　　(11) 本市工业之发展, 以包括大部分轻工业及一部分重工业及其所需之有关工业为原则。

　　(12) 上海市除商业金融区有集中一区必要外, 在工业方面因系以轻工业为中心, 可分散建设。故上海市人口预计虽有千万左右, 然并不至密集一处, 各个区域大体上亦可平衡发展。

3. 上海在国际贸易金融及国内贸易金融上之地位

　　(13) 按照战前统计, 上海进口洋货总值约占全国进口总值 6/10, 上海出口总值约占全国出口总值 5/10 弱。将来国内经济建设虽须平衡发展，但上海在中国国际贸易上，恐仍将保持一极重要地位。

（14）中国战后经济建设既以工业化为目标，则国际贸易数额必较战前扩大。因此，上海在全国国际贸易中，即使相对的地位降低，而绝对的数字必较战前为高。

（15）上海战前为中国与国际金融接触之中心，将来因国际贸易发展之故，恐仍将保持此种地位。

（16）上海在国内贸易上之地位，虽无详备统计可以说明，惟其为长江区域之国内贸易中心，则可断言，战后上海在国内贸易上之地位恐将更趋重要。因东北为中国重工业区，长江区为中国轻工业区，其产品之交换，恐将仍以上海为中心也。

（17）上海在战前为全国金融中心，据战前统计全国银行数字，上海一埠银行总行数约占全国总数 4/10，分行约占全国 1/4。战后银行分布虽须平均，未必全部集中上海，但上海之银行数字在全国范围内之比例即使减低，而其地位则将更趋重要，因上海为战后国际贸易金融及国内贸易之中心也。

4. 上海市本身在工、商、农业以及渔、盐业发展上应达何种程度

（18）在工业方面，据战前统计，上海战前厂数约占全国 31.39%，资本 39.73%，工人 31.78%；又以各业生产力计，上海机纺业占全国 41.7%，棉织业 31.3%，缫丝业 30.4%，面粉业 40%，机器业 46.6%，炼铁业 1.2%，是则上海轻工业实占全国领导地位，重工业则微不足道。

（19）将来上海在重工业方面，因资源关系，恐难有发展。

（20）在轻工业方面，上海虽非理想区域，然不违反工业区位原则，其能发展、应发展者为纺织、面粉、机器（因有其他轻工业发展之故）；缫丝因原料所在上海，亦有发展可能。

（21）以上几种工业，因上海资金、劳力及市场均处于优越地位，故将来仍将处于全国领导地位，其发展之程度视全国经建计划而定。

（22）商业之发展，因上海在国际及国内贸易上地位之重要，自亦趋于发展，可能较战前增加数倍（其发展程度与全国经济建设之程度成正比例）。惟此种发展，并无须店铺及商人数作比例的增加，仅其交易额扩展而已。

（23）上海附近区域在目前情形下，为中国农产丰富之区域，但因农场分割太小，难于实现工业化与机械化以提高生产力。故上海区域内农业之发展，应以改良土地问题、发展生产力为第一「要」义。

（24）上海区域之农产品以棉、稻、豆、麦为主，蔬菜、花卉、果树次之。将来农业生产恐亦须如此，以农作物与园艺平衡发展为原则。因如此始能适合商业都市之需要，且亦为上海农业条件所允许也。

（25）上海农业生产，即使大量提高生产力，恐亦难于达到自给之程度。因农田现已尽量利用，而上海都市人口增加甚众，无论如何总感供不应求也。

（26）上海市渔业之发展为市场之发展，而非生产之发展，因上海区域之自然条件不及附近其他区域为有利也。

（27）盐业之情形，恐亦与渔业相似，在生产上似难有发展。

初集

附件

上海市区内文化及教育事业之分配与标准草案　教育局拟

1. 中等教育部分

（1）建设 4 中等教育区于本市四郊。每区拨用公地或征用民地，将所有市区公私立中学全数遍及。集中办理，澈底改进，期收实效。

（2）交通不便、乡僻之区，普设初级中学，务使平衡发展。

（3）推广师范教育，培植优良师资。

（4）扩展职业教育，筹设水产、纺织、化工、船工、农艺、畜牧、蚕丝、机械、建筑、海事、药剂等职业学校。

2. 国民教育部分

（1）每区设一中心国民学校，每保设一保国民学校。

（2）中心国民学校校舍，市区须有 20 ~ 30 教室，乡区须有 10 ~ 20 教室。

（3）保国民学校校舍，市区须有 6 ~ 20 教室，乡区须有 3 ~ 10 教室，视各地人口疏密而定。

（4）学校校舍建造式样、方向、采光、运动场地，以及卫生设备等，须请工程专家及教育专家会商决定。

3. 社会教育部分

（1）事业项目

　　①图书馆；

　　②民众教育馆；

　　③民众教育实验区；

　　④博物馆；

　　⑤科学馆；

　　⑥体育场、体育馆；

　　⑦音乐馆；

　　⑧美术馆；

　　⑨教育电影院；

　　⑩教育剧场；

　　⑪教育电台；

　　⑫动物园；

　　⑬植物园；

　　⑭民众学校；

　　⑮补习学校。

（2）分配标准

　　①于全市中心地点设立规模完备之图书馆、民众教育馆、博物馆、科学馆、体育场、体育馆、音乐馆、美术馆、教育电影院、教育剧场、实验民众学校及教育电台各一所，另于近郊设立动物园、植物园各一所。

　　②于四郊设立民众教育馆、图书馆、民众教育实验区中心、民众学校、体育场、艺术馆及教育电影剧场各四所，并于各公园内设立小规模之动物园。

　　③于每区设立简易图书馆、民教馆、体育场及科学、劳作、音乐、美术中心站各一所。

　　④每保设立民众学校及补习学校各一所。

初集

附件

对于上海市都市计划交通方面基本原则之意见　交通组拟

（1）确定上海为国际商港都市。

（2）上海不设自由港。

（3）分别估计上海港口每年之海洋江轮及内河船舶注册净吨位（Net Registered Tonnage）：

　　①根据1921年海关之统计，进出口船舶吨位每30年依直线加一倍。1996年（50年后）时，海洋及江轮进出口吨位各有4 000万吨，加内河及驳船吨位约1 100万吨，总数约为10 000万吨。

　　②按照25年估计，即1971年时，海洋及江轮进出口吨位各为3 000万吨，加内河及驳船吨位，总数约为7 500万~8 000万吨。

　　③采用分类估计，请施委员孔怀供给答案。

（4）估计上海总共需要停舶线之长度（假定用机械设备），请施委员孔怀、公用局宋科长耐行供给答案。

（5）确定上海港口之地位，按照其使用性质分别集中于若干区，其与铁路终站（Railway Terminus）连接者以采用挖入式为原则。

（6）确定上海河道之系统。

　　①利用黄浦江。

　　②蕴藻浜（蕴藻浜）与吴淞江连接。

　　③其因局部运输及与农业有关者开发之，其余不拟提及。

（7）确定铁路车站及调车场之位置。

　　①客运总站暂时维持北站，并在中山路以北保留客运总站充裕基地，以便必要时客运总站可迁往该地。

　　②货运总站及调车场设真茹（真如）镇以西（真茹（真如）车站以东）。

　　③货运岔道站设苏州河北及中山北路间。

　　④铁路客运总站确定地点请交通部组织委员会调查研究，并由交通部与本市会商决定。

初集

二二三

对于上海市都市计划区划方面基本原则之意见　区划组拟

1. 人口问题

1）全国之人口政策

（1）全国人口总数管制政策是否能维持现在人口数（1944年统计4.6亿人）。仅提倡优生，不奖励生育抑「或」提倡增加人口，并依照《中国年鉴》之估计，至2000年时人口数达9亿人为度。

（2）将来都市与农村人口之移动政策。依照《中国年鉴》1944年统计，农村人口为72%，都市人口为28%。但欧美工业化国家则农村为20%，都市80%。在我国工业化后，是否可从低估，农村40%，都市60%。

（3）将来全国各地人口之分配政策（依照地区之分配如东南区、东北区、西北区等等），请中央指示。

2）上海人口之密度

（4）上海市区面积共893km²，除去黄浦江、苏州河及各浜面积93km²，约为800km²。据本会秘书处设计组假定，浦西面积占630km²，人口密度为10 000人/km²，可容630万人；浦东面积170km²，因拟大部分为农作地带，可容纳70万人（此项对于浦东作为农作地带之假定，本组尚未得有结论）。

（5）根据秘书处联席会议商讨之结果，假定25年内增至700万人。

2. 土地使用问题

（6）土地使用之比例，根据秘书处设计组之假定，居住区应为40%，工业区20%，绿地带及公用用地40%（如照一般理想之规定，即绿面积（绿地）占全市50%，居住区25%，工商业区25%，则本市仅能纳容440余万人）。

3. 教育文化事业问题

（7）近代都市计划均采用邻居组合（Neighborhood Unit）办法，本市计划照秘书处设计组之假定，计分最小单位、中级单位、市镇单位及区单位四级，按假定人口密度与我国学校制度及本市学龄儿童人数之比例，可作下列之配合：

　　　　①每一最小单位设一小学校。
　　　　②希望每一中级单位有一初中学校。
　　　　③每一市镇单位有一高中学校。
　　　　④每一区单位有一职业学校。

（8）大学校乃国立机构，请中央指示。

（9）拟请教育局提出每级单位除学校外应有之其他文化设备。

附件

对于上海市都市计划土地方面基本原则之意见　土地组拟

（1）本计划以遵循国家土地政策为实施之中心。

（2）关于土地政策之实施，应采用土地资金化之办法。

（3）以整个区域与都市之配合及有机发展为目标，进行本市市界之重划。

（4）人地比率应受社会经济及人文因子之限制。

（5）本计划在各阶段之实施，必须严格执行土地征收之办法为原则。

（6）实施土地重划，以求本市土地更经济之利用。

（7）市政府应居主动地位，参加本市土地发展之活动。

（8）土地区划之设计应有其中心之功能。

（9）每区之发展应有预定限度。

（10）居住地点应与工作娱乐及在生活上其他活动之地点保持机能性之联系。

（11）区划单位之大小，应以其在本市结构内经济上之适宜性决定之。

（12）工业分类以其自身之需要及对公共福利之是否相宜为标准。

（13）各类房屋使用年限应有适当之规定，以利计划分期实施。

初集

附件
对于上海市都市计划卫生方面基本原则之意见　卫生组拟

1. 保健部分

（1）全市可能划为34区，每区设卫生事务所一所，主持全区内各项卫生业务，全市「统」计共34所。

（2）全市重要村镇约为70处，各设卫生分所一所，「统」计共卫生分所70所。

（3）全市市区面积约800km²，每3km²设卫生单位一个，共需266个，除卫生事务所及分所已设有104个单位外，其余均设卫生室，「统」计共应设162室。

（4）市中心区区域狭小，交通便利，故黄浦、老闸、邑庙、江宁、新成、普陀、北站、虹口等8区，除设卫生事务所外，不复设置卫生分所或卫生室。所有卫生分所及卫生室（共为232处），均按照上述8区以外之26〈个〉区之面积大小、人口多寡、地方形势及实际需要作适当之分布。

（5）江、河、港口地方另设水上卫生站10处，其编制相当于卫生室，以办理水上居民之卫生业务。

（6）卫生事务所直隶于市卫生局，卫生分所隶属于卫生事务所，卫生室及水上卫生站隶属于卫生分所或卫生事务所。

2. 医药部分

（1）5年内以每千市民设病床一张为标准，各市立医院病床总数应为6 000张。5年以后，25年内应逐渐扩增至每千人设病床二〔两〕张。

（2）普通医院，计50病床者22所，200病床者5所，500病床者一所，共计28所，共计2 600病床。

（3）专科医院，计50病床者12所，100病床者11所，「统」计共23所，共病床1 700张。

（4）传染病医院，「计」50病床者10所，100病床者10所，200病床者二〔两〕所，共计22所，共病床1 900张。

（5）于市中心区处设署大规模之医事中心一处，应设有病床1 000张（即普通医院之500床者、传染病医院200床者及专科医院100床者三单位），完善之卫生试验所及训练中心。

（6）医药设施计划拟于25年内完成之，其进度如次：

第一期（10年），逐渐减轻市民所负担之医药费用，故市立各医院诊所每年免费之门诊病人不得少于1/3，住院病人不得少于1/4。

第二期（10年），本期之末，由市民私人付给医药费者，门诊应不超过1/3，住院应不超过1/4。

第三期（5年），5年期满后，不应再由市民负担医药费用。

3. 防疫部分

（1）法定传染病未经查报者，不得超过全市病案总数10%。

（2）传染迅速、毒性剧烈之法定传染病人，其住院隔离者不得少于本市病案总数80%。

（3）霍乱预防注射人数应达全市人口总数70%，强迫种痘人数应达全市人口总数90%，白喉预防注射人数应达学龄儿童总数70%，学龄前儿童总数50%。

4. 环境卫生部分

（1）市内中心区居民饮用自来水者，不应少于70%，供应量平均每人每日不得少于10加仑（约45.46升），并逐日作化学及细菌检查。

（2）垃圾处置应力求机动化、工具机械化。

（3）着重卫生工程设备，改善粪便处置、扩展下水道，后者尤首重于前法租界、南市及闸北之污水处理。

（4）郊区之卫生工程设计，以各该区当地情形及实际需要酌定之。

（5）提倡火葬，逐渐减少公私墓地。

（6）尽量保留园林、广场及空旷地面，分区增设公园及运动场所，尤侧重于地狭人稠之市区。

（7）厘定各种有关卫生工程管理法规及其最低限度之标准。

附件

对于上海市都市计划房屋方面基本原则之意见　房屋组拟

（1）所有建筑物应就疏散人口之原则及优良生活水准之需要分布全市各区，使能达到预定程序之发展。

（2）区域最小单位内之建筑，应包括工作、居住、娱乐三大项之适当配备。

（3）在未发展各区，应根据实际需要推行新市区计划；在已发展各区，应照计划原则推行改进及取缔办法。

（4）在新计划各阶段之实施，以减少市民之不便利及求得市民之合作为原则。

（5）市容管理应根据各区性质及与环境调和之下，达到相当美化水准为原则。

（6）有历史性及美术性之建筑，在可能范围之内应予保存或局部整理。

（7）住宅区域之建设，以奖励人民各有其家为原则。

（8）市政府应以领导地位参加本市各区域公私住宅、教育、卫生、娱乐等建筑之活动。

（9）所有公私建筑应就优良生活水准及各区域之需要与全市之福利，分别订定标准。

（10）本市建筑之发展应充分开辟园林、广场，以求市民享乐及市容之改进。

初集

二二七

上海市都市计划委员会秘书处处务会议记录

上海市都市计划委员会委员名单

职别	姓名				
市长兼主任委员	吴国桢				
当然委员兼执行秘书	赵祖康				
聘任委员	李庆麟	吴蕴初	陈伯庄	汪禧成	施孔怀
	薛次莘	关颂声	范文照	陆谦受	李馥荪
	梅贻琳	奚玉书	王志莘	徐国懋	钱乃信
	王兆荃	赵棣华	项昌权	顾毓秀	谷春帆
当然委员	沈宗濂	李熙谋	俞叔平	田永谦	祝 平
	赵曾珏	张 维	吴开先		

秘书处第一次处务会议

时间	1946 年 9 月 5 日下午 5 时
地点	上海市工务局 348 号会议室
出席者	赵祖康　Richard Paulick（鲍立克）　郑观宣　A. J. Brandt（白兰德）　王大闳 吴朋聪　吴之翰　张俊埊　姚世濂　钟耀华　黄作燊 李德华　费　霍　陆谦受　余纲复　E. B. Cumine（甘少明）
主席	赵祖康　　　　　记录　　　费　霍　余纲复　李德华

主席：

以后秘书处处务会议，如本人有事不克出席时，均请姚兼组长代为主持，现请姚先生报告。

姚世濂：

报告都市计划委员会组织及该会系于 8 月 24 日成立，同时并开第一次会议，讨论提案五项（详第一次会议议程及记录）。

陆谦受：

今日参加会议系聆主席指示。嗣后，「关于」工作方针，本人有数项意见须〔需〕提出报告。

（1）此后工作必极繁重，以少数人员负责似难臻尽善，希望多请专家共同研究。再为便利工作起见，希望多购参考书籍。

（2）希望能将调查统计资料集中一处，以节省查阅时间。此外，希望同人共同努力，期必有成就。

主席：

（1）今日为都市计划委员会秘书处第一次处务会议，刻已由会务、设计两组组长报告。本市都市计划经半年之努力，可谓已得到相当结果。本市都市计划委员会现在成立，诸位均以冗忙中之时间、义务参加工作，本人代表都市计划委员会及工务局感谢诸位之热忱。关于本会成立之经过、组织、会议规程及秘书处办事细则，已详见分发之油印品。本会推进工作之核心在秘书处，而秘书处之工作核心则在设计组。

（2）本会工作步骤及基本原则在第一次大会时亦经讨论，基本原则各项问题在大会中亦有所决定（见第一次大会会议议程及记录），今日亦不妨讨论之。

（3）本会工作人员名单大致均已决定，会务组即可将名单付印分发。

（4）须〔需〕讨论事项：

①大会议决"于成立之日起 6 个月内，制成全部计划总图草案，送由市府呈中央机关核定"。故本人以为，须赶紧将前所完成之总图初稿两种修改，并配合基本原则同时进行。若候基本原则呈准中央核定后再行设计，在时间上恐不许可。此为本人意见，仍请各位讨论。

②各方面对闸北、南市之路线希望早有决定。现都市计划委员会已决定，计划以 25 年为对象，以 50 年需要为准备。在修正总图初稿时，如「与」以前闸北、南市道路图无大冲突，不妨同时研究，希望亦于 6 个月内完成该两区街道图。

③调查统计可由工务局统计室协助进行，惟仍应由本会主持。

④基本原则之外各问题，如土壤问题等须〔需〕指定专人研究，或由设计组担任，或请专家担任。

以上四项本人以为系最紧要工作。

其次需讨论者为处理工作方式，可根据本会《会议规程》及《秘书处办事细则》。

姚世濂：

关于最后一点本人有数项意见：

（1）过去图表如何整理并集中都市计划委员会？

（2）先将已有之少数书籍集中，再设法添购。

（3）调查材料之整理研究拟由设计组担任，征集则可由会务组协同办理。

（4）关于增进工作效率，拟请增加办公之便利，如办公室请增加两间、图书室一间。工作人员办公时间颇有参差，请添交通车一辆。

议决：

（1）办公方面：在工务局三楼腾出房间两间，作为设计组办公室，添装直接电话一具（原有都市计划组研究会房间作为绘图室）；在四楼增加工务局图书室一间，与本会公用（原有都市计划组研究会会议室作为本会会议室）；每日下午增给交通车一辆。

（2）工作时间：兼任人员每日下午 5 时起，每星期一、四须全体到组参加讨论，交换意见；专任人员或由工务局调用人员工作时间改迟二〔两〕小时，以便配合兼任人员工作，每星期四处务会议 0.5 ~ 1 小时。

（3）调查工作：由设计组主持，增加职员 3 人，负责向有关方面收集材料。

（4）闸北及南市街道图：明日下午 5 时检查已有图样。

（5）修改两种总图初稿：配合基本原则同时进行。

（6）每次处务会议对讨论问题得请有关各组委员或派员参加。

（7）请发每次市政会议记录一份。

（8）请程世抚参加土地使用组工作，陈孚华参加交通组工作。

初集

二三八

秘书处第二次处务会议

时间	1946 年 9 月 12 日下午 5 时
地点	上海市工务局 348 号会议室
出席者	赵祖康　A. J. Brandt（白兰德）　黄作燊　E. B. Cumine（甘少明） 吴之翰　陈孚华　程世抚　陆谦受　吴朋聪 Richard Paulick（鲍立克）　郑观宣　王大闳　张俊堃　姚世濂 钟耀华　费霍　余纲复　李德华
主席	赵祖康	记录	费霍　余纲复

姚世濂：

报告接洽办公室情形。

陆谦受：

设计组开会已有 3 次，但工作尚不能开始：

（1）办公室问题，惟顷据姚先生报告已有眉目；

（2）统计材料收集问题。盖吾人现在须〔需〕进一步修改总图，要有新的材料。开会几次讨论的结果，认为急需之材料有 10 项：

①区内电气化之程度、发电厂之地点、供应区电量及电气供应网之系统。

②通运河浜及水道。

③工业分类、工厂容量、原料来源等。

④公营及民营工业之分类及其资本额。

⑤区域内各市场中心之分布及其供应之范围。

⑥各区每日人口流动情形。

⑦各主要道路之每日交通车辆总数。

⑧每日废物之排泄量及其处理方法。

⑨区域内各项职业之人数及其平均入息。

⑩房屋种类及其年龄之统计。

至于调查之方式，不论专任人员担任或委托已有机构办理皆可，不过须〔需〕即行决定。

主席：

办公室问题，本星期六必解决，请姚处长向市府接洽拨用。如不成，可暂拨工务局会议室应用。

商务印书馆发行之百科小丛书《现代都市计划》内，著者曾提到都市计划委员会成立后，第一件实际工作为搜集现存之地形图及其他有益材料，关于地图方面有三种：

（1）为缩 1 英里（约 1.61km）为 1 英寸（约 0.0254m）之区域图（Maps of the Region）（即 1∶63 360）；

（2）为缩 1 000 英尺（约 304.8m）乃至 2 000 英尺（约 609.6m）为 1 英寸之市区及附近市镇地区图（Map of the City and Surrounding Urban Zone）（即 1∶12 000 或 1∶24 000）；

（3）为缩 200 英尺（约 60.96m）乃至 400 英尺（约 121.92m）为 1 英寸之市区地图（Map of the City）（即 1∶2 400 或 1∶4 800）。

初集

二三八

用第（3）种地图可以作成下列各图：交通现状图（Transportation Map）、街道公共设施图（Street Service Map）、街道运输图（Street Traffic Map）、土地价格图（Land Value Map）、现势图（现状图）（Existing Condition），此层亦甚重要。

姚世濂：

报告已有地图及进行中地形修改、房屋调查情形。

议决：

（1）由工务局设计处将1:25 000、1:10 000、1:2 500、1:500四种地形图准备，并提早限期完成。

（2）设计组分组工作内增设调查小组，由设计组指定专人或请吴之翰先生主持办理。

（3）请吴之翰先生参加人口及交通两组工作。

（4）会务组应增加主持翻译工作人员及助理员。

秘书处第三次处务会议

时间	1946 年 9 月 19 日下午 5 时		
地点	本会会议室（348 号）		
出席者	赵祖康　姚世濂　陆谦受　吴之翰　吴朋聪 陈孚华　钟耀华　费霍　余纲复　黄作燊 郑观宣　王大闳　李德华　林安邦　A. J. Brandt（白兰德） E. B. Cumine（甘少明）　Richard Paulick（鲍立克）　陈占祥		
主席	赵祖康	记录	费　霍　余纲复

姚世濂：

报告本会办公室业经腾出，所有室内布置已请营造处估价办理。

陆谦受：

（1）本星期正式开始工作，先将以前完成之总图初稿，对照新制之 1∶25 000 上海市全图校正面积。

（2）各项调查资料及总图初稿两种，已分发各员研究，准备下星期提出讨论。

主席：

将以前完成之总图初稿计划，用书面说明其理由，以免每次开会均须〔需〕口头复述耗费时间。

陆谦受：

计划研究各种问题，须〔需〕与有关机关发生联系，拟由「委员」会正式函请各该机关指派负责代表出席参加讨论，以资迅捷。

主席：

（1）由秘书处正式去函。

（2）对于本会工作，应先拟定一计划程序，书面表示以便按期检讨，兼备有关机关出席代表参照。

陆谦受：

都市计划系一种灵动之设计工作，似难予以呆板之限期。但为适应行政需要起见，自应尽力赶紧工作，早日编具进程，随时发表，以资应付。

主席：

决定在两星期内将基本原则（Guiding Principle）拟订完成，以便对外发表。在拟订时，可请各组派员发表意见，以期集思广益、随时修正。在此两星期内即可举行会议 4 次，尽速进行。

陆谦受：

在举行会议前，似应先行详细研究，定一讨论之程序。

主席：

（1）下星期四下午 5 时，举行讨论会一次，其讨论题材暂定：

　　①关于经济、交通、人口、土地四组基本原则之检讨。

　　②研讨前都市计划组研究会所拟总图初稿。

并函请出席人员如次：财务、交通、公用、土地四组召集人，公路总局局长，京沪区铁路局正、副局长，浚浦局正、副局长，航政局局长，招商局总经理，中航公司总经理。开会通知应于本星期内发出，并附送参考资料。

（2）图书室可即设法迁入本会。

（3）本会及各部分之英文名称应即拟定，呈请市长核夺。

（4）现请新自美〔英〕伦返国之都市计划专家陈占祥先生莅临本会，特为介绍，并请发表宏论。（略）

初集

二四〇

秘书处第四次处务会议

时间	1946 年 10 月 3 日下午 5 时
地点	本会办公室（工务局 337 号）
出席者	赵祖康　程世抚　吴朋聪　R. Paulick（鲍立克）　姚世濂 林安邦　黄作燊　王大闳　李德华　钟耀华 费　霍　余纲复　A. J. Brandt（白兰德）　张俊堃 陆谦受
主席	赵祖康	记录	费　霍　余纲复

主席：

　　本处开会时，请各位准时出席。如在时间上不能赶到，不妨酌予延迟。

决定（一）：

　　每星期四处务会议例会，改下午 5 时 30 分开会，请参加者准时出席。

检讨第三次会议决定事项

姚世濂：

　　关于"正式函请有关机关指派负责代表出席参加讨论"一项，正候设计组提出有关机关名单，即由秘书处正式去函。

　　本会及各部分之英文名称已拟定，呈请市长核定。

　　关于工务局图书室移至本会一事，正与工务局技术室接洽，惟须〔需〕请工务局令行之。添购书籍已由设计组开列清单，共 600 余本，约美金 2 000 元，会务组正在进行购办。

决定（二）：

　　图书室设于 337 号房内。关于图书管理及分类方法，请孙心盘先生指导，由李德华先生负责管理。

主席：

　　关于拟定基本原则一项，请陆先生报告。

陆谦受：

　　报告拟定之人口、土地、交通、财务等四项基本原则，并予解释。

主席：

　　（1）都市计划基本原则原由工务局临时草拟提出，为计划范围、国防、经济、交通、人口、土地等六项，有属于地方性者，有属于全国性者。经都市计划委员会第一次会议修正，决定并增加文化及卫生两项。其间，除计划范围已有确定及国防另案向中央请示外，其余六项均系决定由各组或局分别拟具答案，提出第二次会议后请中央核定，以期节省时间，并同时进行计划。

　　（2）为敦促各组提出拟具答案起见，在秘书处第三次处务会议时决定召开联席会议，检讨经济、交通、人口、土地等四项基本原则，并请设计组先拟原则，送各组参考。至文化及卫生两项，则由秘书处函请教育局及卫生组提出拟定答案。俟各组或局答案送到后，再由设计组研究，提出都市计划委员第二次会议讨论，然后呈请中央核定。

　　陆先生即系依据以上决定，拟具人口、土地、交通、财务四项基本原则。现请各位尽量发表意见，最好能于今日决定，否则延至下次会议决定。

姚世濂：

　　文化一项已由教育局送来，业已送设计组研究。

初集

二四一

-245-

财务组已指定伍康成先生(财政局秘书)负责,土地组已指定曾广樑先生(地政局第一处处长)负责,交通、公用两组已指定由徐肇霖先生(公用局技术室主任)负责。

决定（三）：

将陆先生拟订之原则油印并译成英文,于本月4日送设计组研究,于星期一设计组会议时决定后,由会务组送有关各组参考。

秘书处照都市计划委员会第一次会议议决案,函请卫生组提出拟具卫生一项之基本原则。

总图初稿书面说明由设计组于本月下旬以前完成,以便在本月下旬召开之都市计划委员会第二次会议时将总图初稿提出讨论。

鲍立克：

余以为调查统计工作必须由一技术人员兼具统计学识者担任,方能用统计程式供应吾人之需要。但目前各技术人员皆无空暇担任是项工作,且乏统计人材,似不妨请外界人员协助,如各大学统计教授。

陆谦受：

中国银行李振南先生对于统计、经济「方面」学识、经验均极丰富,若允担任此项工作,实为最理想人选。

决定（四）：

由秘书处向李振南先生接洽。

张俊堃：

以前吾人工作意见颇能一致,现在有新参加人员,意见已有分歧。据姚先生云将更有人员参加,则如意见不能一致时,须〔需〕用何种方式表决?

决定（五）：

设计工作系请陆先生主持;关于技术问题,依据学理讨论,意见应能一致,如有分歧照多数取决。

主席：

现提请各位研究者为一现实问题,即核发营造执照问题。目前工务局核发营造执照,系根据技术顾问委员会之决定,即黄浦区核发正式执照,其他各区核发临时执照,以免妨碍将来都市计划之实施。惟一年来之经验,已发现不愿造屋或不领执照造屋者甚多。

陆谦受：

以前技术顾问委员会决定核发临时营造执照办法不过为配合行政上需要,延缓准许正式营造时间,以便利将来都市计划之实施。若行政上仍有困难,似不妨依照已公布之道路系统及营造法规,绝无通融核发执照,亦可以减少将来都市计划之阻碍。

主席：

此外尚有一点与核发营造执照有关,即战前对于工厂营建已有规定办法,尤以前法租界比较具体;接收以后,环境较前不同,若无具体办法,执行上甚感困难,亦将发生不愿营造或不领照营造情形。可否依照土地使用总图初稿及以前规定之工厂区域图,请各位研究作一决定。

姚世濂：

报告工务局已拟有《管理工厂设厂地址暂行通则草案》以供参考,并解释如次。

前上海市政府曾公布《上海市管理工厂设厂地址暂行通则》,系于1934—1936年间,由社会局主办,与工务、土地两局会商拟定,呈市府公布施行,迄今并未废止。其规划范围以当时情形特殊,不包括黄浦区(即前两租界),且以开发市中心区关系,一部分工厂如南市、闸北、引翔方面似均采取包围黄浦区政策。至前两租界,则前公共租界对于工厂区并无明文规定;法租界除规定A、B、C三种住宅区限制设立工厂外,并规定肇家浜(肇嘉浜)一带及徐家汇路(今肇嘉浜路)一角为工厂区域。

目前,本市行政管理统一,前此布置不独对于都市计划抵触太多,且妨碍市区将来发展。近数月来,请领工厂营造执照者日见增多,应付为难。工务局乃参照过去办法、目前情形及都市计划总图初稿,重拟《管理工厂设厂地址暂行通则草案》提请研究。此草案系刻草作成，内容与文字方面不确当之处在所不免，希望各位尽量指教。草案中对于过去工厂范围拟暂分甲、乙、丙、丁四种区域。

甲种区，为永久性，拟设于下列范围：

（1）区在曹家渡、苏州河一带，系公共租界工厂区域，且与都市计划总图初稿拟定之地点相符（北部以铁路为界，南部以康定路为界）；

（2）（3）区在沪杭甬铁路以西，沿苏州河两岸及蕴藻浜（蕴藻浜）南北两岸，亦系过去规定之工厂区而与都市计划总图初稿拟定之地点相符。惟值得考虑者，即过去工厂区为一地带，目前是否即应考虑分段隔离问题；

再（3）区与将来港口位置有关，是否适当，亦请加以研究。

乙种区，在过去及目前均为工厂区，而都市计划总图初稿则拟定为住宅区。此种地区工厂一旦令其更变，势不可能，故拟以年限限制之，如（4）区即杨树浦、（5）区即南市。沿浦一带至原有日晖港以西部分则予除去，盖龙华飞机场及两路客货联运站，均已有扩充计划。

丙种区，过去作为工厂区，但因在地位上将妨碍今后市区南北向之发展，故除加以年限限制外，并规定使用电力以限制之。如（6）区为南市连接前法租界之工厂区，（7）区为闸北工厂区。但铁路以南原规定之工厂区则予除去。

丁种区，即浦东工厂区。（8）区以浦东大道为界，拟划出沿浦 300m 为码头仓库区，并限制使用动力在 2 000〈匹〉马力（约 1 491kW）以下。该区似与丙种区同一性质。

此外，并参照过去规定及目前情形，拟定不得设立工厂区 3 处，如（9）区为黄浦区中心区及南市城厢，（10）区为沪西区及旧法租界 A 字住宅区，（11）区为前市中心区。

在以前各项规定范围以外，则拟照《收复区城镇营建规则》第十九条之规定办理，即限制使用动力 2〈匹〉马力（约 1.5kW）以下者。

主席：

此案系工务局送请都市计划委员会秘书处讨论，故提请设计组研究之。市参议会对于恢复工厂、鼓励营造已有决定，催促进行。陆先生提议核发执照可依照营造法规不通融办理，很为适当。本人以为：

（1）管理工厂营造原亦应依照以前规定办理，但如此必妨碍都市计划甚大。是否可根据战前已有限制办法，并参照总图初稿规定限制营造办法，或根本不许营造，请各位研究之。

（2）照陆先生提议办法确很适当，不过黄浦区（中区）许多路线实在不够宽，可否在 5 个月内酌量予以放宽，并参照总图初稿将闸北、南市、沪西道路系统予以修改，或即以为 5 年计划亦可。

以上两点请各位专家研究，于下星期一或四给予答复，如认为仍须〔需〕限制，工务局自当尊重都市计划方面意见。

张俊堃：

（1）甲种区无限制，是否「为」永久工厂区？

（2）工厂区内住宅建筑是否规定有办法？

（3）黄浦区是否「发」永久执照？

姚世濂：

（1）本人意拟如此规定。

（2）似无此需要。

（3）目前发永久执照。

陆谦受：

关于主席所提问题，吾人于前两次会议时已予讨论，拟一方面修正总图初稿，同时进行南市、闸北较详细计划，并拟配合总图，规定市区内主要干道宽度，先行提出市政会议决定公布。如此，可以帮助将来都市计划之推行，并以解决目前行政上困难。

决定（六）：

本案于星期一会议后给予答复。

秘书处第五次处务会议

时间	1946 年 10 月 11 日（星期五）下午 5 时 30 分		
地点	本会办公室（工务局 337 号房）		
出席者	赵祖康　黄作燊　郑观宣　A. J. Brandt（白兰德）		
	吴朋聪　R. Paulick（鲍立克）　陆谦受　姚世濂　林安邦		
	张俊堃　钟耀华　费　霍　余纲复　E. B. Cumine（甘少明）		
主席	赵祖康	记录	费　霍　余纲复

主席：

会务组有无报告。

姚世濂：

前日陆先生告知，设计组工作时间恒在规定办公时间之后，工作人员进出常为市府警卫阻挠，拟去函市府总务处及警卫室予以便利。

决定（一）：

由本会正式去函知照。

主席：

关于上次会议决定，由设计组研究讨论基本原则一案，请陆先生报告。

陆谦受：

基本原则一案业经设计组 4 次讨论、详细研究后，始于昨日完竣，惟在报告之前拟声明两点：

（1）完全为原则，并无方法及技术问题之说明。

（2）讨论之问题为无论任何人来做上海都市计划都会承认的原则。

设计组即在此两大前题〔提〕下拟成原则各条，现逐条解释之。如各位认为应增减或修正，请尽量发表意见。

决定（二）：

"基本原则"请钟耀华先生将"区划"归并"土地"，「以」及综合各人所提意见，重新整编并修正译文，于本星期六前完成。

姚世濂：

（1）都市计划委员会第一次会议议决，基本原则由各组提出答案。此次秘书处决定由设计组拟具原则送各组参考，目的为表示设计方面之意见。本人以为，在总图报告书内对于基本原则必包括具体答案，若能提前完成报告书送各组参考，对于将来设计工作便利更多。

（2）都市计划委员会第二次会议拟于本月 30 日开会。各组开会时间：财务组定本月 15 日，土地组本月 17 日，区划组本月 19 日，交通组本月 21 日，公用组本月 23 日，卫生组本月 25 日，房屋组本月 26 日。各组会期或有变更，不过在大会前必可完成。

（3）本人尚未与各组接洽，因候设计组先拟定基本原则。

决定（三）：

函卫生组请提出基本原则。

主席：

本市港务整理委员会最近开会，赵曾珏先生提案，对于港口分类、专业码头征询本会意见。

决定（四）：

向该会索取提案，于下星期一开会讨论。

姚世濂：

关于工厂分区问题如何决定。

决定（五）：

下次例会讨论。

秘书处第六次处务会议

时间	1946 年 11 月 15 日下午 5 时		
地点	工务局会议室		
出席者	赵祖康　陆谦受　Richard Paulick（鲍立克）　程世抚　吴之翰 姚世濂　钟耀华　陆筱丹　余纲复		
主席	赵祖康	记录	余纲复　李德华

主席：

请姚组长报告会务组工作情形。

姚世濂：

都市计划委员会第二次会议记录业已油印，现先送各位一阅。会议中讨论区划意见，议决交秘书处设计组再行研究，其中争执最多者似为浦东如何利用问题。

昨日卫生组开会，本人前往出席。卫生局张局长（维）提出之问题为，卫生计划究为 25 年或 5 年。此外，对于卫生与都市单位之配合，希望能适合区划方面之配合，并将派刘秘书来本会接洽供给计划总图，以便布置卫生设备。

交通组已分小组研究各项专门问题，如水、电、水陆交通等。

主席：

请陆组长（谦受）报告设计组工作情形。

陆谦受：

关于设计组工作，查都市计划委员会第一次会议决定"6 个月内制成都市计划全部计划总图"，即明年 2 月前须完成。本组以为，工作如仍照旧进行，在限期内决不能完竣。故必须假定一工作方式，并少开会以省出时间从事工作，即如开会亦仅派代表，俾大部分同人能工作，则效能提高。

（1）关于计划总图之改进，吾人正候获有新资料。如单作改进，恐对于许多事不易周到。拟一方面进行改进，一方面从事详细计划。现分黄浦、闸北、沪南三组工作，从详细计划再改进总图比较确实，如路线交点等之确定。

（2）照第二次会议之结果，将来争执者为浦东之使用问题。吾人主张并非不发展浦东，不过由另一方面发展之而已。有人以为浦东适宜于工业及码头区，当亦有其理由。故吾人拟假定以浦东为工业及港口区研究，对于浦西及其他配合上（如交通联系等）将发生之影响作一答案，以供大家讨论。此一问题如可解决，则区划问题即可解决。

此外，在吾人工作方面发生之困难有数点：

（1）膳食问题。三组均有学生，共同之工作在午后 5 时开始，直延至深夜。若大家回家晚膳，势必影响工作，此点希望能设法解决。

（2）交通车问题。原派有 224 及 219 号两车司机不肯作夜工，其理由为精力不能继及天冷，吾人很同情。不过吾人亦有特殊情形，仅能在晚间工作，故交通车亦希望解决。

（3）设备问题，如对外直接电话、书架、画图台，希望早日办妥。

（4）参考书籍对于进行详细计划很要紧，可以参考权威意见及新都市之已有设施而得确实根据。

此四项问题如不获解决，则工作可谓无法进行。

初集

二四六

吴之翰:

陆先生（谦受）提出关于讨论浦东问题之办法，本人亦以为很适宜。用两种计划图来作比较，易于明了而易获最后决定。不独浦东问题须〔需〕如此，即对于其他发生争论之问题，如港口、铁路等问题，亦可用此种办法，即用方案、图表、数字来解决。第二次大会讨论者为原则，第三次大会恐将讨论比较具体的问题。

R. Paulick（鲍立克）:

巴黎之赛因河（塞纳河）为连〔联〕系之工具，并非为界线，横跨河面之桥梁几每一段落（Block）皆有一座。黄浦江面过阔，建桥不易，且建桥后两端交通必更拥挤。若于浦江大桥行驶火车，坡度必小，加长引桥后两岸直接交通则不方便。若浦东作为农业及住宅区，而以渡轮与浦西连〔联〕络，则可有较多交通点，不若桥梁之仅有数点而已。

姚世濂:

设计组《都市计划总图初稿报告书》已在第二次大会决定作为报告事项，但为促请各组研究起见，可否函送各组，请于开分组会议时提出讨论。

主席:

（1）关于铁路问题，本人前次赴京曾与交通部接洽。交通部对此希望有二〔两〕计划，一为将来的，一为目前的。由有关方面组一委员会，调查铁路路线、车站地点，讨论决定再送本会参考。

（2）港口问题，在最近港务整理委员会开会时，关于中央造船厂船坞，海事组以为可不妨碍航线。本人曾提出："既一样采用挖入式，则在其他地点亦可。"当时市长说，业已应允利用 20 年。故吾人都市计划设计，对于 20 年不能利用该段地面及如何过渡两点，均须予以考虑。希望设计组作成二〔两〕个计划，一为永久计划，一为 20 年不利用该段计划。

（3）浦东问题，可照陆先生（谦受）办法，提出一「个」第二计划及此计划引起之困难。希望设计组能于一星期「内」将报告图表准备，即召开各组召集人会议讨论，并可由设计组全体参加辩论。

（4）关于改进总图及进行详图，如姚先生所说，卫生局对于计划极有兴趣，不过希望明晓计划之内容。本人以为，总图初稿虽已另有报告书，但最好再用图表、数字表现之，即以都市计划之目光表示各项问题之标准，如人口密度、土地使用面积、道路宽度，等等。希望设计组于本月底前提出。

（5）关于少开会一点，本人亦很赞同，不过工作情形之报告也很要紧。如越江工程委员会之简单报告表也可适用，如能有工作报告则不一定要开会。此点请陆组长（谦受）研究。

（6）其他如书籍问题，俟工务局技术室迁至局内即可解决，大约本星期日可搬来书架等设备。请钟技正[1]（耀华）洽商工务局营造处赶办电话，由本人通知工务局总务室将技术室外线改装，都市计划委员会技术室则装分机。

姚世濂:

关于职员参加夜间工作者之晚膳，拟给加班费及车资以资弥补。至于交通车辆，原有 219「号」及 224 号两车司机，原言定加做夜班至晚间 9 时，各给津贴 6 万元，不过因设计组工作时间有时须〔需〕延至深夜，皆不愿担任。

主席:

（1）希望设计组能规定工作时间（不必一定每日工作，即每周工作 3「日」或 4 日），此层不独便利准备交通车辆，且对于工作之进行得按照时间推进、计期完成，不致有如以前赶做报告书之情形。

（2）签到虽为一种形式，但可藉知到达之人员而供参考。

二四八

---

1. "技正"为办理技术事务的官职名称。——编者注

陆谦受：

（1）工作时间不能规定，盖吾人确有特殊情形，设计组同人原各有其职务。现设计组已分组工作，各组因所负任务自能集合工作，有时如认为需要，可延长工作时间至深晚。本人以为，若设备与交通便利，则工作之进行当不致延误。至签到一层，仅为一种形式，且吾人每次集合讨论均有记录可资查考。

（2）设计组总图初稿报告书，上次系匆促印出，错字很多，且未断句，不易读阅，可否重印。

（3）浦东问题，吾人既需作辩获〔护〕，必须准备充分资料以作比较。如工业、码头等之调查，需要桥梁之多寡，因而增加之交通及连带发生之问题等。

姚世濂：

（1）计划总图初稿报告书各方索阅者甚多，但对报告书初步受批评之点为谢辞之类，可否在格式上略予修改。

（2）如各组常开会讨论，则可向「本组」索取资料。

决定：

（1）分函各组，附送设计组总图初稿报告书，请于开会时作为讨论之参考。

（2）请市府转请国防部，指定保留地（附送总图初稿及报告书）。

（3）本月 28 日召开各组召集人联席会议，讨论浦东问题，由设计组于会前拟妥利用浦东为工业及港口区计划及可能引起之困难问题，以资比较。

（4）与港务整理委员会工务组专门委员沈来义取得联络，每星期一下午 4：30 港「务」整「理」委「员」会工务组开会时（工务局会议室），由设计组派员参加。

（5）关于港口，由设计组作两个计划，一为永久计划，一为 20 年不利用中央造船厂地段计划。

（6）由设计组将总图初稿以都市计划目光，用图表、数字提出各种标准，于 11 月底前完成，以供各组参考。

（7）设计组总图初稿报告书由会务、设计两组会商，修改格式后付铅印。

（8）设计组规定工作时间问题，由陆组长（谦受）与设计组同人商酌。

（9）夜间交通车问题，请工务局机料处研究开夜班及待遇办法。

初集

二四九

秘书处第七次处务会议

时间	1946 年 11 月 21 日下午 5 时			
地点	上海市工务局会议室			
出席者	赵祖康　姚世濂　陆谦受　金经昌　吴之翰			
	沈来义　程世抚　陆筱丹　钟耀华　林安邦			
	余纲复			
主席	赵祖康	记录		余纲复

主席：

本处组织分设计、会务两组。工作人员有为本处专任人员，有为工务局设计处调用人员，惟设计组作计划者 8 位中，除钟技正（耀华）外均为兼任。本人感到七 7 位专任人员相当忙，规定办公时间很有困难，而不规定则工作不能按步〔部〕就班做去。但本会第一次大会议决之工作，吾人已仅余 3 个月时间必须赶成（关于此层 Mr. Paulick（鲍立克先生）很乐观）。在此情形之下，工务局设计处或本处会务组似应多担负点工作，因为一方面原为应做工作，另一方面兼任系属帮忙性质，不能希望按步〔部〕就班工作。

陆谦受：

关于设计组兼任人员规定工作时间问题，已与同人商定，为每星期一至星期五下午 5 时至 9 时。

决定（一）：

设计组兼任人员工作时间为每星期一至星期五下午 5 时至 9 时，参加该时间工作之专任人员每日延迟至上午 10 时到班。

姚世濂：

会务组对于本处上次会议决定各事项办理情形如下：

（1）关于第（1）项业已分函各组，不过照原决定略有修正如次："本处设计组总图初稿尚待修正，请于开会时讨论提出意见。"

（2）关于第（2）项已照决定办出。

（3）关于第（3）项在候设计组决定。

（4）关于第（4）项已照决定办理，现沈来义先生已来出席本处例会，港务整理委员会工务组每星期一例会已派钟技正（耀华）参加。

（5）关于第（7）项拟将报告书原有"缘起"及"谢辞"归纳为一"引言"，请决定。

（6）关于第（9）项已照决定函达工务局机料处。

此外，关于铁路路线及车站地点已代办府稿，函请交通部组织委员会调查研讨，会同市府决定。

主席：

关于本处上次会议陆先生（谦受）提出之两项问题，本人可答复如后：

（1）夜班膳食拟由「本」会设法包饭，但须〔需〕与会计方面商洽后决定。

（2）电话机，工务局 348 号直接外线号码已由公用局装用，工务局技术室系装分机。设计组亦可装一分机，因「下午」5 时后外线空出，可以确定一数号接通之，并无不便之处。请钟技正（耀华）以原有话机与工务局总务室高主任洽装。

铁路问题，本人尚未将与交通部接洽情形向市长报告。

关于委员会委员，最好全为技术人员，人数或假定为 7 人，由交通部、铁路局、都市计划委员会、航空公司、工务局、公用局及浚浦局各一人组成之，拟于明日即向市长请示。

飞机场问题，江湾飞机场恐航委会不允放弃。本人曾与中国航空公司沈德燮先生谈及此问题。沈先生以为，（江湾飞机场）如作为盟机起落机场最为相宜；现龙华决定作民用机场，扩大工程，交通部已在举办；江湾机场界址，交通部将有公事来；虹桥机场已有公事来市府，并已同意作为训练机场；大场机场恐仍为军用机场。

希望设计组将浦东问题比较资料于下星期四前赶工准备完竣。

姚世濂：

浦东房屋调查图已在着色，三四日内即可完竣。

下星期四联席会议，是否函请各组召集人全体参加。

决定（二）：

函请各组召集人全体参加，并提前发出说明，专讨论浦东问题，以便各组准备。

陆谦受：

吾人之比较计划拟将浦东充分发展为工业及港口区，并及一切需要上之配合，如住宅、交通等，以便比较。

主席：

（1）设计处工作如何与都市计划委员会设计组工作配合问题最为要紧。

（2）统计人员须〔需〕设法觅致。

（3）书报目录，工务局技术室已在编订。

（4）剪报工作亦宜注意，因可藉以获得很多好的资料及统计数字。

（5）收集资料工作似可由设计处指定人员负责。

姚世濂：

关于收集资料，在目前设计组尚无专人办理时，设计处自当代为设法搜集。如上次设计组所提出10个问题[1]，除河道调查因各测量队正在测量总导线尚未开始，「以」及区域内各市场中心之分布未调查外，其余8个问题均有相当材料供给。惟希望提出人员对于供给材料应同时加以研究是否适用。至于设计处之工作，为应付目前行政需要起见，不及等待都市计划总图之完成，拟先进行短期计划，可略述如下：

（1）关于工厂营建，已参照以前规定之工厂区及都市计划总图初稿，拟定一《管理工厂设厂地址暂行通则草案》，本星期五可提出市府会议。

（2）设计处现正着手研究，配合总图情形对于中山路圈内道路系统之修正。不过在作成一近期的5年计划，必要时，拟请设计组派员参加讨论。总之，设计处目前之工作一为行政方面，一为配合计划方面。

陆谦受：

本会大会决议仅在于6个月内完成计划总图草案，但吾人除修正总图初稿并已分3组计划闸北、南市、中区，详图可作近期计划之参考。

主席：

（1）工厂区问题，决定明日提出市政会议。本人并拟建议由公用、工务、社会、地政等局或其他局处会同审查，以资慎重。如联席会议能提前于下星期三举行，对浦东问题有决定，则可请市府参事室于星期四召集各局审查。工厂问题提案即可提出于星期五市政会议决定，否则须〔需〕耽搁一星期，此点请设计组斟酌之。

（2）闸北、南市、中区主要干道、次要干道图希望能于本年年底完成。

（3）由设计处指定3人（熟悉测量情形者）做该3区计划，并与都市计划委员会设计组配合，极为需要。

决定（三）：

（1）关于资料收集方面，目前暂请工务局统计室费主任（霍）负责，设计组可直接向其接洽。

（2）关于计划方面，由工务局设计处指定熟悉闸北、南市及中区情形者3人与都市计划委员会设计组随时取得联络，赶做3区近期计划。

（3）关于研究方面，请姚（世濂）、陆（谦受）两组长商酌，每一专题请一人负责研究，不论为市府各局人员，或外界人员。

（4）关于法规方面，由工务局设计处指定一人研究。

---

1. 见秘书处第二次处务会议记录。——编者注

秘书处第八次处务会议

时间	1946 年 12 月 19 日下午 5 时
地点	上海市工务局会议室
出席者	赵祖康　吴之翰　Richard Paulick（鲍立克）　姚世濂　余纲复 钟耀华　陆筱丹　费　霍
主席	赵祖康	记录	余纲复　费　霍

主席：

会务组有无报告。

姚世濂：

在第三次联席会议，对于浦东问题曾决定"由会务组将各方面所提理由整理，至如何开会表决，候请示市长后，再行决定"，是否已向市长请示。

主席：

陆谦受先生之意以为此一问题仍须〔需〕继续研究，拟暂缓提出。

1. 主席提议讨论杂项问题

决定：

（1）下次本处会议请杨蕴璞先生参加。

（2）供给设计组晚餐费均作暂记账，候与审计处接洽后再作决定。

（3）书籍编目录已由设计组派员会同工务局技术室办理，催促赶办。

（4）书架等由钟耀华先生催促工务局营造处赶做。

（5）装电话需用电线 5 圈，由本会购办。

（6）交通车晚班雇用司机费由本会开支。

（7）设计组办公室需用火炉，煤由执行秘书与工务局总务室谈供应办法。

2. 主席提议讨论区划组急待解决之几个问题

吴之翰：

（1）人口问题已有四种估计。

（2）土地使用比例已有二〔两〕种建议。

（3）土地使用须〔需〕确定港口、码头、仓库、商业区、工业区、居住区之面积、地位及绿面积（绿地）系统。

以上各项均详第 3 点。

主席：

公用局赵局长曾提出"25 年之人口估计为 700 万人"。

R. Paulick（鲍立克）：

依据巴乐氏之报告，在工业化过程中，各国人口皆向工业中心集中，瑞典为唯一例外。中国工业化乃既定国策，惟因全国电气化尚须〔需〕时日，各现有工业中心必先后发展。如按照全国城市人口预计平均增加倍数计算，上海人口将超出 2 000 万人。设计组报告中之 1 500 万及 700 万数字实系大

初集

二五二

上海区域内及上海市区内能谷〔容〕纳之人口最高限度。吴先生所言 5 000 人 /km² 密度系德国都市计划之理论数字，各都市从未依照此种密度设计。盖人口过疏亦能影响工作、居住间之距离。本市虹桥区最近按照 1 万人 /km² 设计，空地仍觉相当充裕。

至于所谓一城市人口不应超出 20 万人之说，计划中亦已顾及。盖除市区分散成十余单位外，各卫星城皆按照 15 万人设计。然发展卫星城需要复杂之交通系统及发电设备等等，故初期发展仍须〔需〕限于市区。

至于所谓原子时期，各城镇间距离最少为汽车半小时行程，否则无法减轻原子弹破坏损失，余觉颇有疑问。据比基尼珊瑚岛（Bikini Atoll）试验之结果，原子弹破坏半径不过 1.5 英里（约 2.41km）。照将来原子弹若大量应用，则无论如何疏散亦无法减轻其破坏损失也。

主席：

本市 25 五年后，人口总数可否假定为 700 万人。

姚世濂：

人口问题若提出大会讨论，可能决定为 700 万人，惟迄兹并未作一决定。可否请设计组绘制各种估计比较表，提出大会讨论决定之?

吴之翰：

Paulick（鲍立克）先生之估计，系依据欧洲各国工业化后情形推测，如在德国工业开始即系平均发展，与中国目前情形不同。故中国工业化后，各地（苏州、无锡等地）人口亦必增加，并不限于上海。

R. Paulick（鲍立克）：

其余地点，交通及其他条件较逊，人口虽将有增加，并不影响上海人口之增加。再本人之估计，系以区域人口增加平均计算，上海较其余各地条件为优，人口增加较大。

吴之翰：

依照 Paulick（鲍立克）先生之估计，20 年后为 680 万人，30 年后为 960 万人，则 25 年后当亦只 700 余万人。

主席：

Paulick（鲍立克）先生意见系指上海人口在 25 年后将增至一适当人口。

R. Paulick（鲍立克）：

（1）土地使用之比例，依照设计组标准，为绿地连同道路 40%，工商业区 20%，住宅区 40%，商店区并不计百分数。

（2）土地使用先布置工业区，因有水道、汽车道及铁路等交通关系，然后及于住宅区，再绕以足够之绿地。

码头当然最好须〔需〕集中数点，如吴淞、日晖港、闵行以东及乍浦等地。

姚世濂：

各项问题在计划总图初稿报告书已有提及。报告书虽经提出大会，但恐各委员无暇详阅，未能充分认识计划原意，讨论时必致意见分歧，难有决定。故最好将报告书内容作一简约概要说明。

钟耀华：

设计者当有充分理由及计划用意，若仅片段讨论，恐不能对全盘认识清楚。本人仍以为应先举行大会一次，由陆谦受先生将报告内容提要解释，然后讨论，易有结果。

主席：

最好每一问题提出理由并举例，以资比较。

决定：

人口问题由 Paulick（鲍立克）及钟耀华先生写一报告，土地使用问题由陆谦受及陆筱丹先生写一报告，报告内提出所得结论之理由，于本月底完成，以便开会讨论时应用。

3. 区划组急待解决之问题

1）人口

人口问题，已经过多次之交换意见，但迄至 11 月 7 日上海市都市计划委员会第二次会议仍未能有具体之决定。兹再将各方面意见胪列[1]如下，以便商讨，而确定一合理之数字。

（1）吴之翰先生之估计（参考 9 月 26 日上海市都市计划委员会秘书处联席会议记录及附图[2]），50 年后为 1 280 万 ~ 1 550 万人，25 年后为 700 万 ~ 750 万人。此系按过去人口增加之情形，并按复利公式推算而得之结果。但吴君附带申明并举出种种理由，此项数字应加以适当之削减。

（2）鲍立克先生之估计（参考 9 月 26 日上海市都市计划委员会秘书处联席会议记录及附件[3]），50 年为 2 100 万人，20 年后为 680 万人，30 年后为 980 万人。此项估计以"中国若工业化 50 年后都市人口将增加 6 倍"为根据，但似未顾及全国人口之疏散。

（3）何德奎先生之意见（参考 11 月 7 日上海市都市计划委员会第二次会议记录），为每一城市理想人口为 20 万人，但并未提及每一城市之理想面积。

（4）若按都市人口之理想密度，就全市面积而言，〈应〉平均每平方公里应为 5 000 人，则上海市现有面积为 893km²，应可容纳 5 000 人 /km² × 893km² = 4 465 000 人（参考上海市都市计划委员会区划组第一次分组会议议案及说明）。若以此为 25 年之人口对象着手设计，则人口密度可臻理想。倘经过数年之后，认为此项假定过大，则不妨将绿面积（绿地）增加；倘认为过小，则不妨将绿面积（绿地）略事减小，或人口密度略事增高，当有补救之余地。

总之，在全国工商业之分布政策、全国人口政策以及全国都市重行划分政策未经确定以前，任何假定之数字皆属一种虚拟。但必须有一假定，方可设计、布置市内之各种设备，故急待有所确定。

2）土地使用之比例

（1）目前建成区内（约共 100km²）28% 为居住区，0.67% 为绿面积（绿地），25% 为工商业及码头、仓库等，其余为未建及被毁之面积。

（2）理想之比例为绿面积（绿地）占 50%，居住区占 25%，余供工商业及码头之用。至于是否应按此比例设计，则又急待商讨而加以确定。

3）土地使用之分布

（1）上海既公认为国际商港都市，则应首先确定港口、码头、仓库等之面积及地位（与财务、交通两组会商决定之，并须〔需〕绘制草图以求具体）。

（2）确定商业区之面积及地位（「与」财务、房屋两组会商决定之）。

（3）确定工业区之面积及地位（与财务、房屋、卫生三组会商决定之）。

（4）确定居住区之面积及地位（与房屋、卫生两组会商决定之）。

（5）确定绿面积（绿地）系统（与房屋、卫生两组会商决定之）。

以上各点可先征集各方面意见拟草图，再与有关各组会商，然后与其他各方面之计划（尤其交通方面）配合修正，再提交大会通过。

---

1. 即"罗列"。——编者注
2. 即秘书处第一次联席会议记录及图会 -4 上海市人口预测图（参见本书第 315 页）。——编者注
3. 即秘书处第一次联席会议记录后《关于上海人口增加及总图之意见》。——编者注

秘书处第九次处务会议

时间	1946 年 12 月 26 日下午 5 时			
地点	上海市工务局会议室			
出席者	赵祖康　陆谦受　姚世濂　杨蕴璞　陆筱丹 钟耀华　林安邦　金经昌　吴之翰　费　霍 余纲复			
主席	赵祖康	记录	费　霍　余纲复	

主席：

会务组有无报告。

姚世濂：

上次会议，曾决定对于人口及土地问题，各写成一报告，于 12 月底完成，记录是否无误。

主席：

无误。

钟耀华：

计划总图报告书，英文本已完成，中文本方于本日上午修正。人口问题报告，拟即根据总图报告提要编制，月底可以完竣。

陆筱丹：

土地使用问题，亦拟同样办理。

陆谦受：

上次会议，本人因事未能出席。不过本人以为，都市计划报告应为整个的，其中各项问题均互有关联。若每项单独提出，反使人不能有整个认识，而成断章取义。是否可以将交印中之总图报告提出，若嫌冗长，可将总图报告书编成简要说明。

主席：

都市计划，在吾国尚属创办，故须〔需〕参考各国都市计划，惟目标与范围不同。如美国都市计划即最注意区划，包括人口、土地使用、干道系统。故一般人均希望对于区划能先有决定。

谈到造屋，先须〔需〕决定干道系统；谈到工厂，先须〔需〕决定土地之使用。吾人进行计划，一方面仍须〔需〕顾到市政府立场。

本人以为简单提要可不必超出 500 字，并同时再提出三个重要问题（人口、土地使用、干道系统）之报告书。

姚世濂：

过去一年工务局所根据者，为以往规定之道路系统（前上海市政府及旧两租界）。上项道路系统，均未经过内政部备案，故本局前拟有关开辟或整理道路之修正规章，至内政部时即行搁置。据哈司长（雄文）来函，希望本市能先厘定道路系统，此或为未明了已往情形所致，故已拟复函，说明上海以往情形。并拟先决定一新的干路系统，并分期进行分区道路系统。

主席：

都市计划虽为整个的，不能一部分先作决定，但行政方面，为应事实需要，有时须作硬性决定。

大会决定于明年 2 月前完成总图草案，定案则「明年」1、2 月前先须〔需〕决定干道系统，俾有研讨机会。

陆谦受：

事实虽须应付，然吾人应开诚布公，解释困难「及」不能如此做的原因，最少在原则方面必须说明。再在工作方面，亦有二点：①如超出范围则不能办到；②都市计划是整个有关联的。

如吾人从事干线布置，「假」设遇有问题，仍须回至土地使用。因为干道系统，最好须〔需〕有可靠根据，时间长，收集之资料可多，以便答复质询。故本人以为，在 2 月底以前，仍须以初步报告为讨论根据；至 2 月底，始能以草案定稿为讨论根据。若为使各方明了情形起见，可将初步报告扼要简单说明。此外，吾人已拟有两个月工作程序，希望能于两个月后提出整个方案。

主席：

关于答复质询必须有资料，对于都市计划有关之资料，公用局供给较多；其他各局如学校、房屋等调查统计，均有新的资科〔料〕，仍可设法收集。此层候与张处长商谈后再请杨先生接洽。

至于路线方面，本人今日曾往视察闸北大统路、金陵路等路，发现新建房屋（相当好的建筑）很多，与吾人想像中之空地、可以随理想计划者相去甚远，将来对于吾人之计划，必多有妨碍。如道路系统不从速规定，必失去很好的机会，希望设计组能早日将重要路线定出时限，请再研究。

陆谦受：

都市计划是很难做的事，必须政府从种种方面来帮助，如立法行政等。吾人自当尽最大力量进行计划，但将来实行，还是要看政府如何毅力去推动，否则恐难成功。本人以为，可于初步报告印成时，举办一能使公共认识之宣传运动。

主席：

收集资料，不单是书面的，口头也有很好的资料。宣传运动，可举行记者招待会。

决定：

（1）计划编写宣传刊物、论文及登报等，由会务组筹办。

（2）总图提要，用小型刊物式，由设计组办。

（3）总图报告书，用市府名义作为报告，送参议会参考。

（4）在参议会开会期间，举行记者招待会。

（5）关于人口及土地使用报告，仍照上次会议决定。干道交通系统可用图样，由设计组办。

（6）有关都市计划法规，由会务组编拟。

（7）资料调查，由设计组将调查项目表抄送杨蕴璞先生，向有关机关接洽。

秘书处第十次处务会议

时 间	1947 年 1 月 17 日下午 5 时
地 点	上海市工务局会议室
出席者	赵祖康　姚世濂　Richard Paulick（鲍立克）　杨蕴璞　林安邦 A. J. Brandt（白兰德）　钟耀华　余纲复　费 霍 陆谦受　黄作燊
主席	赵祖康　　　　　记录　　　　　费 霍　余纲复

主席：

请各位讨论设计组需用资料项目。

姚世濂：

设计组需用之资料，已开列清单交杨蕴璞先生。本日会议原曾函请公用、卫生两局派员参加。公用局江技正因事不克出席，惟曾来局声明，如有关公用方面需用之资料，当为设法收集；卫生局派员则尚未来出席。

讨论决定：

（1）上海历代地图，向通志馆接洽，并向警察局俱乐部借历代地图，拍照后送还。

（2）上海市地质图，向经济部地质调查所接洽。

（3）上海市气候图表（连上海区域），向徐家汇天文台接洽。

（4）上海区域交通路线图可设法「参阅」陆军测量图（向要塞司令部接洽）。

（5）上海区域土地使用图，参考别发书店出售之《中国土地使用》[1]（设计组已有此书）。

（6）最近人口数字及分布现象图，向内政部及江苏、浙江两省政府接洽。

（7）最近人口年龄分组、家庭平均人数，向市府民政处接洽；最近出生及死亡率（本市与其他大都市之比较），向卫生局接洽。

（8）历年人口流动状态图表，向通志馆接洽。

（9）人口曲线，全图者向内政部接洽，上海者由设计组绘制。

（10）本市交通运量统计，向工务局运量观测队接洽。

（11）各项交通路线设计标准（新旧之比较），由工务局设计处供给交通断面标准。

（12）本市现有各种民居型〔形〕式，参考《上海统计》，并请工务局营造处供给。

（13）最近公用设备标准（适合本市应用者），向公用局接洽。

（14）现有文化设备图表，向教育局索取。

（15）上海区内电气化之程度、发电厂之地点及未来之电气供应网系统，请公用局及资源委员会供给。

（16）通运河浜及水道实在情形，一方面拟定表格，分通航、灌溉及排水三类，分发各区公所查填，一方局〔面〕仍由工务局设计处进行河道调查。

（17）工业分类、工厂容量（工人）及原料来源之路线，向社会局顾炳元先生接洽。

一集

三二九

---

1. 即 J. L. Buck. 所著 *Land Utilization in China*。别发书店为英商所办，是 20 世纪上半叶中国著名的外文书店。——编者注

（18）区域内各市场中心之分布及其供应范围图表，先分析市场之类别，设法专人研究。

（19）各区每日人口流动情形图表，向公共汽车公司、电车公司、铁路局、轮渡管理处接洽，或向章名涛先生接洽。

（20）每日废物之排泄量及其处理方法图表，向卫生局及工务局沟渠工程处接洽。

（21）区内各项职业之人数及其平均入息图表，向民政处及市商会接洽。

以上各项需要之细目，由设计组拟定。

原始资料收集及统计，由杨蕴璞先生负责，研究资料由设计组负责。

制图之比例尺，由设计组规定，绘图则由工务局设计处负责。

主席：

此外，须增加地下各种水管、电线图，因与道路系统规划有关。

姚世濂：

设计处已有此项详图。

钟耀华：

航空测量图，现仅有南至张家塘，西至真如，此外重要部分均缺少。

主席：

可查明航空图缺少部分，由本人设法补齐。

陆谦受：

图架尚未做好，电话亦尚未装好，拟请催促。书籍在整理期间，可否借阅？再设计组同人服务证，拟请发给。

姚世濂：

请钟先生（耀华）将原拟添制家具清单及尚缺数量清单交来会务组，以便代为催促。

主席：

服务证由会务组办。书籍由本人通知工务局技术室，明日开始借阅。家具亦由本人通知工务局梧州路工场樊监工赶制。

此外，沪西区自来水系统已经参议会通过，由公用局组织委员会研究。此项计划，自须〔需〕相当时间。本人曾与公用局赵局长谈及应与道路系统配合。设计组将于2月底前完成之分区详细计划，是否包括沪西区在内。

钟耀华：

沪西区详细计划，亦已着手。

主席：

下次参议会在本年3月间必将召开，是否在开会前须〔需〕举办都市计划展览会，或在报章用文字宣传，请各位研究筹备。前此工务局举办之有关都市计划之专题演讲，亦可刊印专集。

秘书处第十一次处务会议

时间	1947 年 2 月 13 日下午 5 时
地点	上海市工务局会议室
出席者	赵祖康　姚世濂　吴之翰　祝 平（林全豹代） 杨蕴璞　程世抚　陆筱丹　Richard Paulick（鲍立克）　黄作燊 陆谦受　赵曾珏（胡汇泉代）　钟耀华　费 霍 林安邦　余纲复
主席	赵祖康	记录	费 霍　余纲复　林安邦

主席：

　　请先讨论市府训令两件。

姚世濂：

　　第一件为市府"奉行政院训令，以据物资供应局签呈'为容纳大量物资，拟征用虬江码头附近土地 6 000 亩（约 4km²）增辟库场，第一期先用一千数百亩，以应急需'一案，是否适合本市都市建设计划之规定，令查核等因"，检发原件，令本会核议具复。

　　此案已由设计组签注意见。以照设计组之计划，虬江码头附近土地之使用，应为工业区，虬江码头即利用为工业供应码头。物资供应局所需征用之土地面积，超出规定工业区之范围。如为应付目前需要起见，似可就需要之范围，由市府先将土地征收，再转租与物资供应局，以 5 年为限，建筑临时仓库，期满收回作原计划之土地使用。不过，应用范围，北面不得超越五权路（今民星路），南面可以虬江为界。此外，工务局设计处及结构处，对于此案亦有意见。设计处意见，以为该地段在《本市管理工厂设厂地址暂行通则》内，亦规定为工业区，并已有工厂在建厂，再则接近上海电力厂及闸北水电厂，将来该两厂扩充工业用电极易发展，最好予以保留；物资供应局既为建筑临时仓库，可以租用土地，不必征收。结构处意见，则以为如建筑仓库，该地段之道路桥梁建筑费，似应由物资供应局担任。

胡汇泉：

　　阅物资供应局拟征用土地图，将军工西路包括在内，似拟单独使用虬江码头。

主席：

　　行政院指令，虬江码头由物资供应局使用，而第一区补给司令部亦欲使用，不知已否解决？

胡汇泉：

　　虬江码头，原系由市府商由中央银行投资建筑，并征收虬江口民地 2 500 亩（约 1.67km²）为设立码头仓库及工厂之用，不过一切设备建设均应得市府同意。

林全豹：

　　征收土地再行转租之办法，于法无所依据。物资局既为建筑临时仓库，可由市府代办租用土地手续。

主席：

　　对于虬江码头之用途，公用局是否已有决定。

胡汇泉：

　　尚无具体决定，但阅物资局征用土地图，范围之大似近乎永久性，可否请将原案交公用局缜密考虑。

二集

三三三

主席：

综合各位意见可归纳为三项：

（1）虬江码头主权问题，请公用局查明签注意见，呈报行政院。

（2）征用该处土地建筑仓库，就都市计划方面看法，与工厂发展有碍。

（3）如行政院决定必需〔须〕征收该处土地建筑仓库，亦仅能为临时性质者，其范围至多至五权路（今民星路）以南，虬江以北，并须〔需〕留出军工西路。

R. Paulick（鲍立克）：

如使用该处建筑仓库之计划不能打消，则对于使用之面积亦须〔需〕予以考虑。余以为使用面积边缘，东、北、西三面不应超出公路边线，南面至第一河浜为止，如此则公路可不受其控制。再租地办法，亦应以短期为限。

决定：

物资供应局计划，不适合本市都市建设计划之规定。关于虬江码头主权问题，将原案送公用局签注意见后，一并呈复。

姚世濂：

第二件为市府"据地政局呈报，拟定第一期放租公地图表饬核"议案，已由设计组签注意见。除住宅区土地外，拟予保留。

林全豹：

关于救济屋荒，市府催促办理甚急。本市公地未使用者甚少，适于建筑公众房屋者更少。此次所选定者，为邻接郊区之公地，本人亦知有不少系在都市计划所拟定之绿地带内者。不过，放租公地建筑房屋为有期限的，需要时可以收回。

陆谦受：

（1）上海市有公地实太少。就都市计划之立场，尚希望市府能取得全市20%土地。故目前少数公地，最好不再出租。

（2）救济房荒仅30余亩（约2hm²）土地，实无济于事，况极为另〔零〕碎，恐难望有人租用建屋。

主席：

3亩（约2 000m²）以上之土地，似可考虑。曹家渡附近公地有无问题？

陆谦受：

曹家渡为工厂区，更不宜建住宅。

林全豹：

救济房荒为市府所决定；出租公地，亦为市府所决定。在地政局之立场，则希望地尽其利，即3分（约200m²）土地亦可建屋。再此次所提出之30余亩（约2hm²）仅为第1期，如有10期当建屋不少。现本局收到申请租地建屋之案，已达百余件，可以证明，实有人愿意建屋。如都市计划需要将来亦可收回，此层可于放租契约内注明。总之，此一办法之目的，仅为临时救济，在放租时期上，可以缩短。

陆谦受：

都市计划不过为一种建议性之计划，市府可以权衡是否采用。吾人就技术方面言，除住宅区外似不适宜。

R. Paulick（鲍立克）：

余以为此种出租公地办法，完全违背都市计划原则。都市计划之基本原则为欲使都市逐渐达到美满之预定计划。若土地使用在行政方面，与此重要原则相背，则设立都市计划委员会之举，似属多余。

决定：

就都市计划方面意见呈复。

主席：

请杨先生报告收集资料情形。

杨蕴璞：

关于收集资料事，已请陆先生另开详细清单，根据上次会议所决定办法，分函各机关：外埠者寄发，本埠者派员，或由本人持往接洽；现仅收到一小部分。

主席：

在本会第一次大会曾决定本月底提出全部计划总图草案。现时间将届，不知设计组已进行至若何程度。若届时不能提出定稿，亦应提出二稿。

陆谦受：

在初稿完成后及候新资料收到之前，吾人已进行修正总图初稿。但必须有新资料，始能确定吾人之假定是否可靠，故第二计划尚不能提出。

杨蕴璞：

如各机关备有吾人所需资料，当易办到。最困难者，则为机关本身亦尚无吾人所需之资料。

陆谦受：

本人以为主要者乃为时间问题。在收集资料方面，最好能有计划。

主席：

各方对于都市计划期望甚切，最好能于 2 月底提出二稿。

陆谦受：

有许多问题，必须等待资料解决，如河道调查，河道地位及情形影响计划甚大。如仅凭假定之计划，似无价值。

R. Paulick（鲍立克）：

设计组近来之工作，确不能如理想之速，原因乃在缺少需要之资料。以往之计划，乃按理想与原则拟定，但第二稿则必须有实在之数字与事实根据。故工作之进展，乃为供给资料之快慢所限制。余以为资料之收集，仍宜由行政部门负责。因设计组工作时间在 5 时之后，而资料接洽与收集皆须在每日办公时间以内。现时因资料缺乏，致吾人之计划，每有空中楼阁之感。

姚世濂：

工务局设计处前次代设计组收集之资料，除河道调查外，均有相当供给。所感到者则为，收集之资料每不够计划方面之用。此种情形，实由于收集资料「与」工作不能密切联系所致。再计划方面所需要者，有时为积以往若干年之记录或统计，以推测若干年后之情形，而在吾国恐极缺乏，如本市运量观测即其一端。都市计划在吾国尚属创举，对于不能获得之资料，有时或只能以假定或比较得之。

R. Paulick（鲍立克）：

余最近接到各种人口职业分类等之总数表，供给该项资料之机关，既能提出总数，则必存有较详之记录。

主席：

收集资料之进行，不能配合设计工作以致脱节，实由两者分别办理，缺乏切实联系。似应由设计组推出一人（最好为技术人员）负责收集资料工作，随时与杨先生或其他机关接洽。

决定：

（1）杨先生所进行之调查工作，仍速进行。由杨先生向有关各机关接洽，并定下星期二下午 4 时，请各机关派负责统计人员茶会，以便解释吾人需要资料之详细项目，并请规定时间供给之。此次茶会，并由设计组工作人员参加解释。

（2）由陆谦受先生、鲍立克先生推荐一人，负责收集资料工作。

秘书处第十二次处务会议

时间	1947 年 4 月 1 日下午 5 时
地点	上海市工务局会议室
出席者	赵祖康　陆谦受　杨蕴璞　王志超　鲍立克 费　霍　姚世濂　金经昌　余纲复
主席	赵祖康	记录	费　霍　余纲复

主席：

今日请各位讨论，如何可以加紧收集统计资料问题。盖本会第一次大会，曾议决于本年 2 月底前制成全部计划总图草案，送由市府呈中央机关核定。经与陆组长商议后，已呈明市长，改于本年 4 月底前提出。在设计组各位固已努力工作，其延迟之原因，实为缺乏统计资料，无法进行。此外，计划总图草案，若不从速完成，行政方面亦有困难，如工厂区域、公墓地点及道路系统等，均迟迟不能规定，外界责难颇多。即如 4 月底前能制成总图草案送市府，而经过参议会、行政院尚须〔需〕相当时日。故吾人必须加紧进行，于 4 月底前完成之。

杨蕴璞：

（1）现已由各方面收到不少资料，并已编有目录，但恐尚不够或不能切合用途。如陆先生（谦受）已谈及人口部分，尚缺少家庭状况之统计，此盖由于各机关使用编制不同之故。

（2）以后资料之整理、绘图、拍照等工作，将甚繁重，人手方面不敷，拟请派员协助。

陆谦受：

以前作成之计划总图初稿，因仅属试探性质，可无需若干统计资料。二稿则不同，或将以之送请主管机关审核。若无根据，决不能使人信赖，故二稿必需〔须〕有相当统计资料为根据，方可答复质询。英国孟都斯特城（指曼彻斯特）人口 70 余万人，进行都市计划时，有统计图表 1 500 余张，调查人员 40 余人。本市人口达 400 余万，若按照比例，需用之统计资料图表极为可观。吾人虽不能希望如此，但对于主要者决不可缺少。吾人所提出之清单，可谓为最低限度所必需者。再本人以为，欲加紧调查统计工作，必需〔须〕有专人负责赴各机关接洽，或径「直」派人抄录，并与吾人随时联系。至现有之资料，则尚不够需用。

（1）家庭状况之调查，仅有平均数字或总数字均无用。吾人需要者，为分区之各种大小户口之统计。

（2）工业调查，吾人需用者非笼统数字，必需〔须〕有分区分类统计。

（3）交通方面，现仅有铁路及轮渡两项，尚缺电车及公共汽车等项。

（4）公用事业，现仅有电气一项。

杨蕴璞：

（1）交通及公用资料，即可收齐。

（2）此后资料调查及统计工作，拟请王志超先生负责。

决定（一）：

资料调查、统计工作，由王志超先生负责随时与设计组陆组长取得联系。

姚世濂：

（1）关于工厂及交通两项，现公用局正为康威顾问团准备资料。对于本市工厂，若全部调查，自极繁重，故仅提出 38「家」厂，工人人数均在 500 人以上者；交通运量，正商由各公共交通公司观测。如此项资料，都市计划可以适用者，不妨向之洽取。请王先生（志超）明晨来工务局设计处，以便介绍。

（2）所须〔需〕绘制或拍照之图件，请杨先生（蕴璞）尽早提出。

杨蕴璞：

须〔需〕绘制或拍照之图件，即可提出。

主席：

（1）总图二稿，必须于 4 月底前完成，因 5 月间参议会开会，对于本市都市计划必将提出询问。

（2）本人以为二稿总图不必多，能有土地使用及干道系统两种即可，但必须有足够之支持资料及详细说明。若各位能有余时提出其他计划图表，当更美满。

（3）统计资料，应编订成册。萧庆云先生由美来信，已在美代本会接洽参考资料。如本会需要美国方面任何参考资料，可由本会去信索取。至本会已有统计资料，可先整理一部分，于本月 10 日前寄萧先生备用。

（4）市府统计处张处长曾允供给资料，应与接洽。

（5）关于收集资料，本人以为人口、交通、工业三项似最重要，可派定 3 人分别担任。如不能调用人员，临时雇员亦可。以半个月为调查时间，半个月为整理时间。临时雇员之待遇，亦不妨用包办制。

以上各项建议，乃在使设计组能于 4 月底前提出两项总图二稿，请陆先生及鲍立克考虑之。

R. Paulick（鲍立克）：

关于计划总图，设计组已重予校订。惟详细修正，仍须〔需〕等待资料。设计组并已在绘制新计划与现在状况之比照图。

王志超：

都市计划在吾国尚属创举。作计划自需统计资料，但统计资料须〔需〕积长期之资料作成，而收集资料亦非仓率〔猝〕可得。本人当尽力进行，惟办事上困难之点，如人手不够，交通工具缺乏，希望能代解决。

陆谦受：

设计组对于需要之资料，已制有空白表格，共 20 余种，仅需将数字填入，当较便利。

决定（二）：

（1）人口方面资料，由杨蕴璞、王志超两先生向市府民政处张处长接洽。

（2）工业方面资料，以向同业公会接洽为主。

（3）交通方面资料，直接向各车公司接洽，并由姚组长（世濂）介绍王先生（志超）向公用局接洽。

（4）将设计组制定之表格，依照性质归纳为三大类，如人口与土地、工业「及」交通，各指定一人担任。由工务局统计室设计处及本会设计组各调派一人，听由王先生（志超）指挥工作。

杨蕴璞：

工作人员出外接洽调查，必须顾及经济时间及精力，如交通工具、饮食等问题解决，方可进行迅速。再王先生（志超）现寄宿江湾复旦大学内，如晚间须配合陆先生（谦受）工作，则返江湾极感不便。

主席：

工作人员出外接洽调查之交通工具及王先生返江湾，利用工务局值班车，由杨先生（蕴璞）向工务局总务室接洽。

秘书处第十三次处务会议

时间	1948 年 6 月 5 日			
地点	工务局会议室			
出席者	赵祖康　鲍立克　姚世濂　林荣向　徐鑫堂			
	钟耀华　陆筱丹　王正本　庞曾淮　宗少彧			
主席	赵祖康		记录	庞曾淮

1. 闸北西区

金经昌：

报告闸北西区第二、四邻里单位设计布置情形。

依照鲍立克先生建议之四种房屋式样，其所占土地面积如下：

A（种）屋宽 4.25m，屋深 9m，应占基地 0.12 亩（约 80m²）；

B（种）屋宽 5.25m，屋深 9m，应占基地 0.158 亩（约 105m²）；

C（种）屋宽 6.25m，屋深 9m，应占基地 0.206 亩（约 137m²）；

D（种）屋宽 7.25m，屋深 9m，应占基地 0.261 亩（约 174m²）。

联合式住宅之段分（细分），乃依照以上四种基地面积排列，最小地段（Lot）为 0.22 亩〔0.12 亩〕（约 147m²〔80 m²〕）。假定每户以征用 50% 为标准，则原有土地在 0.24「亩」（约 160m²）以上者，可得 A 种一丘，在 0.316「亩」（约 211m²）以上者可得 B 种一丘，余以「此」类推。设计时，尝根据地籍图之统计计算各种地段之数目，并尽量使重划地段之地点与原有土地相近。至原有面积在 0.24「亩」（约 160m²）以下者，计第二邻里单位 13 丘，合 1 575 亩〔1.575 亩〕（约 105hm²〔1 050m²〕），第四邻里单位 53 丘，合 31 850 亩〔3.185 亩〕（约 21km²〔2 123 m²〕），原有地主或须〔需〕合并领地，故另划出 A 种若干丘。凡面积在 0.52 亩（约 347m²）以上者，可各按其应得面积具领数丘，或领半散立式区之土地。又鲍立克先生之意见，公寓建筑目下不无困难，故在原定之公寓式地段，似以建造三层楼联立式房屋，较为合宜。

姚世濂：

本人与地政局孙科长曾交换意见。地政局方面，希望最小地段面积仍维持过去 0.20 亩（约 133m²）之决议；对于征用成数，则主张用累进计算方法，以减少小地主之损失，并达到"平均地权"之原则。后一意见，似亦颇具理由。

主席：

（1）为尽量减少小地主之征用土地起见，并配合鲍立克先生建议之四种式样，将原有土地，照面积分为四级。本会之实施布置草图，可照以下假定办法设计：

①原有面积在 0.22 亩〔0.12 亩〕（约 147m²〔80m²〕）以下者，除去征用面积外，由市政府付价征购之，或由各地主自动归并，至足以具领 A 种地段一丘为止。

②原有面积自 0.12 ~ 0.24 亩（约 80 ~ 160m²）者，准领 A 种地段一丘（0.12 亩），照征用成数计算后，其溢领之面积应另付价，或由各地主自动归并，至足以具领 A 种地段一丘为止。

③原有面积自 0.24 ~ 0.52 亩（约 160 ~ 347m²）者，准照减成后之应得面积分别具领 A、B、C、D 四种地段一丘。倘具领后余留土地之面积，尚在各种地段 70% 以上者，得再申请具领一丘，其溢领部分应另付价。如余留土地之面积，不及最小地段之 70% 者，由市政府出价征购之。

④原有土地面积在 0.52「亩」（约 347m² ）以上者，准照减成后之应得面积具领 A、B、C、D 四种地段数丘，或半散立式及公寓式之地段。再有余留土地时，其付价、具领或征购办法如上条。

（根据以上原则，请林荣向先生向地政局调查各级土地之数目，以供金经昌先生重行设计。）

（2）鲍立克先生之四种房屋式样，应视为本会提供最合于各种地段之理想设计。

（3）经重划后之地段，为最小之买卖及租让单位与建筑基地单位，地主不得任意分划。

（4）为管制闸北西区营建起见，由营造处及设计处会同拟定《闸北西区营建补充规则》，制定建筑物在各种地丘上之房屋面积、方向及比例等「标准」。

（5）除商业地段外，各地主得在其已领得之地丘上建造其所需之房屋，但必须经工务局依据前条之"补充规则"予以核定。其地段之合并应呈请地政局核定。

（6）本会同人分别负责完成：①第二、四邻里单位实施布置草图；②各种地段之面积数目表；③实施计划之说明书；④《闸北西区营建补充规则》；⑤建议房屋图样；⑥各项公共建设之概算。于本月 10 日上午邀请地政局祝局长（平）、俞处长「参加」会议，将本会建成区意见提供参考，俾作决定。

2. 建成区区划问题

主席：

参照美国都市计划之实施，除 Planning Committee（规划委员会）外，常设一 Board of Appeal（申诉委员会）以仲裁〔裁〕、覆〔复〕议对于 Official Map（正式规划图）及 Zoning Map（区划规划图）之异见或纠纷，使足以收相成相制之效，人民权利且多得一重保障。但就中国情形，欲邀集专家设此类似之独立机构，殊非易事。自有关建成区区划各草案送参议会后，各方对之颇多评议研讨，而尤重于工厂区问题，以致迟未能决定。现参议会函请工厂设厂地址审核委员会研议中。故本席以为，即以此一组织行使 Board of Appeal（申诉委员会）对于工厂区划之职权，似无不可。

决议：

（1）将上述主席意见提交工厂设厂审核委员会，请在其组织法上说明。该会得提出本市区划图有关工厂部分之修正案，请市政府转征都市计划委员会之同意修改之。

（2）参照各方意见，由本会分别呈函市政府、公用局，划定最可能地区，赶速扩充水电设备，以应工业需要。

（3）请工厂审查委员会于本月 15 日召开会议，讨论区划问题各草案。

秘书处第十四次处务会议

时间	1948 年 6 月 19 日			
地点	工务局会议室			
出席者	赵祖康　鲍立克　姚世濂　王正本　林荣向			
	程世抚　钟耀华　翁朝庆　陆筱丹　徐以枋（刘作霖代）			
主席	赵祖康	记录		俞贤通

主席：

（1）建成区干道道路系统，大致已经确定。

（2）闸北、南市二〔两〕区之道路系统，须〔需〕加确定，以备送请参议会审核。

一等支路如已决定，亦可同时送请参议会审核。干道系统视区划之布置而决定，可参照实际情形而作若干伸缩。都市计划之理想不能太高，为顾全现实需要，不得不降低若干标准，否则反成纸上计划而难付诸实行。

姚世濂：

道路系统根据总图干道计划图，现有道路为地方道路。南市、闸北因原无道路，或已因战事摧毁，宜趁此机会重新计划。重建闸北西区阻力甚大，尤以土地重划为最。与地政局商量结果，以土地征收问题麻烦，故须〔需〕先有一整个道路系统计划，送请中央核准。如经中央通过，以后行政方面手续当可简便不少。但在目前，只有在不妨碍都市计划总之原则下参照实际情形而加以计划，先提出干道系统，再提出分区计划图备案，并保留以后修改之权。

主席：

我国都市计划尚在试验研究中，即「使」中央方面亦无确定之法则可为绳准〔准绳〕。如中央需官定地图（正式规划图）（Official Map），则计划一「幅」1:500 之地图最少需时三五年之久。总图（Master Plan）则不能视作法律依据，干道系统图之比例为 1:2 500，亦不能作为根据。故提出干道及一等支路系统以 1:10 000 之比例为宜，仅定其路线方向，但以后不应有何重大修改，以备送呈参议会及中央。

钟耀华：

闸北区干道无问题，一等支路在设计时已尽量利用原有道路。

翁朝庆：

南市区须先决定区划，然后方能确定支路，并作若干小节之修改。

决议：

（1）完成闸北、南市二〔两〕区道路系统详图，比例 1:500。

（2）建成区道路系统详图亦为 1:500 比例。

（3）整个道路系统计划，设计时须〔需〕与鲍立克先生取得联系。

（4）龙华风景区由程世抚先生负责。

（5）闸北西区道路系统，由金经昌先生负责设计；

建成区道路系统，由金经昌先生及陆筱丹先生负责设计；

南市道路系统由翁朝庆先生负责；

闸北道路系统由钟耀华先生负责；

总图组改由鲍立克先生负责主持，王正本先生予以协助，并注意调查工作；

分图组组长将另派他员充任。

（6）建成区主要道路设计之原则及区划布置原则，由鲍立克、翁朝庆二先生分别拟具要点，提供下次会议讨论。

秘书处第十五次处务会议

日期	1948 年 7 月 3 日下午 3 时		
地点	工务局会议室		
出席者	赵祖康　韩布葛　王正平〔王正本〕　鲍立克　程世抚 陆筱丹　姚世濂　钟耀华　林荣向　金经昌 翁朝庆　庞曾淮		
主席	赵祖康	记录	庞曾淮

主席:

参议会第六次大会,已将本会所拟闸北西区第一步实施计划、干道系统及工厂区等各案通过。故本会最近工作范围及各同人工作应如何分配,亟宜重行调整,并积极推进主要之工作项目如下:

(1)闸北西区第二、第四两邻里单位以外之第二步实施计划。

(2)干道系统之详细设计。

(3)各区 1:2 500 之区划图(Zoning Map)。

姚世濂:

江湾市中心区为前市政府有计划之设施,今虽一部分为军事机关占用,而道路等每与过去计划〈线〉有变更之处,为行政上需要,亦应重加计划。又建成区之 1:500 干路系统,测量工作大致可以告竣。希望在设计区划图时,同时即照参「议」会已通过之干道系统图,直接绘制 1:500 路浜〔线〕图。盖此项路线,对于工务局道路处之征用路、地及营造处颁发营造执照,均已迫不及待,能与区划图并进,可收时效。

翁朝庆:

区划图之设计,是否能因实地情况或分区需要而将干道路线可略予变更,且其详简程度如何应予规定,使负责设计者有所遵循。

金经昌:

道路系统为区划图之重要项目,故全部道路系统之设计与各分区区划图不能脱节。与其由各同仁负责分区设计,似毋宁先合力设计全部道路系统,以免相互出入,或重复工作。

决议:

1)工作分配

(1)上海市一般问题之调查研究(人口、土地使用、工商业情况、房屋状况、交通问题)——王正本。

(2)总图修正 1:25 000——韩布葛。

(3)闸北西区第二步实施计划——金经昌。

(4)干道系统 1:500 路线图——金经昌。

(5)分区区划图

　　①南市及旧法租界——翁朝庆。

　　②闸北——钟耀华、庞曾淮。

　　③黄浦、长宁区——鲍立克。

　　④杨树浦、虹口区——庞曾淮。

⑤龙华风景区——程世抚。

⑥江湾——商请陈孚华先生主持。

2）设计程序

（1）以上各分区区划图所应调查及表示项目，请鲍立克先生于最近拟定，交各负责设计同人。

（2）道路断面，应就实地情况分为郊区、中区、闹区三种。在不变更各路线已定功能之原则下，在郊区之道路可以稍狭，假定为以一次全部征用或保留；在中区道路最宽，在闹区者稍狭，均假定分为二〔两〕期实施计划。

（3）各负责设计同仁于调查实地情况及确定路线时，应与金经昌先生取得联络，共同研讨。

（4）先绘制 1:2 500 区划计划图，约计于 3 个月完成，以备与修正之总图送呈中央备案。再据此绘制 1:500 路线图，然后再将其正确位置缩成 1:2 500，送呈中央及送参议会，以为征地等之最后案件。

3）会务

（1）加强督促各职员工作。

（2）设法添置交通工具，以利调查。

（3）添用或向工务局调用人员，以加速进度。

（4）每星期三下午集会交换技术意见；处务会议定每星期五举行，讨论业务问题。

秘书处第十六次处务会议

日期	1948 年 7 月 9 日下午 3 时			
地点	上海市工务局会议室			
出席者	赵祖康　　鲍立克　　王正本　　韩布葛　　陆筱丹 顾培恂　　姚世濂　　林荣向　　翁朝庆　　庞曾澣 金经昌　　陈孚华　　陆谦受			
主席	赵祖康	记录		庞曾澣

鲍立克：

报告 1:2 500 分区计划图内应示之项目（另附）。

韩布葛：

报告 1:2 500〔1:25 000〕总图应修正及增添之项目（另附）。

王正本：

总图似宜以极简明扼要之方法表示。

翁朝庆：

总图为都市发展之全貌。分区计划图既为进一步之研究，似应注意中间单位（中级单位）及市镇单位之如何产生及其相互关系。此外，应作若干必要之计算，例如每单位中应建各式房屋之大约数目，以知可容之人口等。

陆谦受：

区划计划（Zoning Map）为引展总图之计划，二者均应各具有相当之伸缩性，当考虑到各分区内房屋之种类、高度、大小及人口密度等。

鲍立克：

在分区计划图中，除表示道路及分区范围外，其余公共设施之位置，如停车场、车站、消防队、学校亦均应列入。

主席：

总图应示项目，据 Bassett（巴西特）研究，不外下列七项要素：①道路；②园场；③公共建筑地；

图会 -1　洛杉矶都市计划之组织

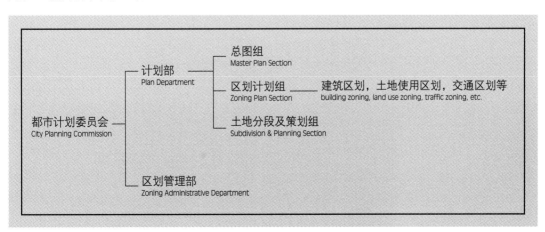

④公共保留地；⑤区划；⑥公用事业线路；⑦埠头线与驳岸线。又参考洛杉矶都市计划之组织，大致如下（图会 -1）。

以上 Zoning Plan Section（区划计划组）之工作，大致相当于本会现拟制之各分区计划图。而 Subdivision Section（土地分段组）「之工作」或可称为 Redeselopment〔Redevelopment〕Plan（重建计划），为某一特定区域内之重建计划，犹如本会之闸北西区计划委员会，则必须有详细、正确、一定之设计。本会各图类之功能及工作阶段如何分工合作，尚望各同仁再事研究，提供下次会议决定。

金经昌：

道路断面交叉点式样及曲线限度等，其首应解决之问题，厥为计划中之行车速度，希望能讨论一标准。

陆筱丹：

道路各项设计与运量有关，运量与区划有关，论定标准，似不能仅以车速为唯一条件。

决议：

1）工作

（1）总图及分区计划图应示项目，再请鲍立克先生参考以上各意见拟定。

（2）道路设计标准，由金经昌、陈孚华、陆筱丹、金其武四位研究。

以上二事，均须〔需〕于下星期四分印各同仁，以备事前研究，再行讨论。

（3）王正本先生担任人口及土地使用「现」状之调查之研究，并由林荣向先生协助。

（4）顾培恂先生担任调查研究房屋状况、工商业情况及交通状况，并请金其武协助研究交通状况。

（5）关于本市各区划问题，由陆筱丹先生负责注意。

（6）下星期三开始路线查勘，商请工务局机料处加拨吉普车一辆，先行查勘高速道路线。

（7）闸北分区计划由钟耀华、庞曾湉二先生继续完成。

2）会务

函各校保送建筑系及土木系毕业生，考录绘图或技术员 5 名。

附件

1:2 500 分区计划图应示之项目

1948 年 7 月 9 日　鲍立克

本市建成区道路系统之重新规划与改善，应包括下列各点：

（1）所有主要干路及干路，包括邻里单位及中间单位（中级单位）内之重要之地方道路。

（2）根据区划计划之标准，分别住宅区为一等、二等、三等。

（3）商业区分一等、二等，附有停车场、「停」车间及其他必需之设备。

（4）工业区分一等、二等。

（5）区划计划应决定并表明市区中心、镇单位、中间单位（中级单位）及邻里单位中心之地位及大小。此等中心，包括市行政及其他地点，如市政府、警察局、消防处、自来水公司、电力厂、煤气厂、沟渠处理厂等。

（6）区划计划亦应决定运输地点，如铁道车场、车站、码头、海港、仓库区、公共汽车站、电车站、飞行场等。

（7）绿地与娱乐地，应指明用途公用或私用。

（8）农业地区，包括农民之住所。

以上设计，并不包括邻里单位之分区与街道之设计，仅表明街道之性质、地位与宽度，暨交叉处之地位与大小。街道之设计，应由工务局完成之。

附件
1:25 000 总图应修正及增添之项目
1948 年 7 月 9 日 韩布葛

　　1:25 000 的总图应绘出本市之交通系统（主要道路、干路、铁道、市区小铁道、水道、飞机场）暨土地使用。

　　订正计划图应包括所有最小之更改与增加，不必十分详细，又应表明道路之型〔形〕式（改订之标准）、铁路轨数、高架部分桥梁及其他建筑；如属可能，并包括须〔需〕加改良之混杂使用土地与有助将来研究之事物。从整个区域观点下，应使冲突之理想成为和谐。

1. 增加者

　　（1）地形方面，1:25 000 图中（1946 年修正）最大之缺点厥为浚浦局 1948 年 4 月之报告，未经修正。目前正好将最近关于浦江之资料加入该图。

　　（2）界限方面，市界不仅应确定最后扩展之疆界，且目前亦须照规定之地域划出，警政区域亦应确立，唯此始可供给可靠之人口记录。

　　（3）区域布置方面，计划应顾及各种布置。如水上飞机场应处于区域以外。

2. 更改者

　　若干更改及修正，已见通过之工厂地带及建成区道路〈方向一〉。除住宅区、商业区、工厂区外，更应表明混合区域（住宅与商业「混合区」，住宅与小型工厂「混合区」或三等住宅区）。根据已往虹桥及闸北西区计划之经验，现在可以重新考虑住宅区、工业区、绿地带土地之分配（包括道路面积最好较原假定之 8% 增至 10% ～ 20%）。若能将人口密度"净数"提高至 300 ～ 400 人 /hm^2，则较易规划必需之住宅区。

3. 从前之布置

　　在表示方面，似亦应考虑可能之改善。深色及粗线可用于重要事物，淡色及细线用于次要事物。比例尺应较精细实用。有纵横格线图可注以数字或字母，俾便利表明地位。

　　虽然总图系表示最后阶段，〈但〉复制图上以虚线表示将来发展及计划路线，颇有助于计划时间之研究。

秘书处第十七次处务会议

日期	1948 年 7 月 23 日			
地点	上海工务局会议室			
出席者	赵祖康　鲍立克　王正本　陆聿贵　姚世濂			
	顾培恂　程世抚　金经昌　翁朝庆　金其武			
	林荣向　陆筱丹　韩布葛　庞曾淮　王志超			
	费　霍			
主席	赵祖康	记录		庞曾淮

宣读第十六次会议记录。

鲍立克：

说明所拟《以后计划之制图标准》（附件），请详加讨论。

韩布葛：

（1）规定工厂区面积较总图二稿原有者扩大，因此居住面积显示不足。在修正中之总图内，似应说明允许工业地带内存在农业用地，而假定若干工业区之发展预期至 40% ~ 50%，庶工业地与住宅地之比例得以相称。

（2）总图之修正工作，拟将现在所有已知已定之点，予以修改。

鲍立克：

此项总图修正工作，可仅就市政会议及市参议会已通过修正各案，将原图修改之。

翁朝庆：

鲍立克先生所拟标准中谓，在设计 1:2 500 区划图，如有意见得更改总图，而 1:500 之详图又不能更改 1:10 000 之总图，然则 1:2 500 区划图与 1:500 详图，岂不将大有出入？似在程序上有先后不调之嫌。

鲍立克：

1:2 500 区划图能更改总图者，只在路线之确实方面与土地使用。1:10 000 计划总图，系全市某一重建或新辟区域之计划；1:500 段分（细分）图工作时，应不能变更其原则与分布；当在计划 1:2 500 图时，即作充分之研究与考虑。

陆筱丹：

各类计划图之比例，系于都市面积之大小及希望表示之精确程度及意义而定。据美国习惯，25 万人口以上城市之总图，普通比例自 1:2 500 ~ 1:5 000；区域计划图（Regional Plan）则自 1:18 000 ~ 1:30 000。内政部《都市计划法》规定，总图「与」市区现状最小比例为 1:25 000。故各类图案之比例，可以权衡需要而决定之，重点犹在图案中所应表示之意义。就上海论，1:25 000 之总图当能表示计划之原则与意义；重建或新辟之分区，方需要 1:25 000 之计划图。表示区划之地图比例不必太大，1:500 路线详图似应由工务局绘制。盖根据都市计划委员会在立法及事实上均无制定 Official Map（法定规划）之权限也。

姚世濂：

1:25 000 及 1:10 000 计划总图，不能在行政上发生效力。鲍立克先生报告中 1:25 000 图，所应设计之项目至多，全市恐非短期能够完成。应就可以发展及需要改建之区域，分别缓急着手，如南市、闸北等。然 1:10 000 之建成区干道系统，既已通过即应公布全市 1:2 500 道路系统图。故现正进行中之 1:2 500 设计，拟请先注意道路系统并包括一等支线，以利确定路线及订界收让等工作。

王正本：

总图，所以示都市计划之目标与纲领。事先似宜充分研究当地各项有关情形，以定区划，而后根据总图作分区设计，但不能有背于总图所示之原则。

主席：

据孟鸠司德（曼彻斯特）计划报告，计划初步之调查工作，即有九种不同类别不同比例之测量图。

（1）Undeveloped Land Survey（未利用土地调查）1:2 500（比例尺）。

（2）Civic Survey（居民调查）1:1 250（比例尺）Position, Size, Lines of Water, Sewers, Power, etc.（区位、规模、上下水、供电等）。

（3）Building Use Map For〔for〕Particular Use（特定用途建筑使用情况图）。

（4）Composed Map, 6″ = 1 Mile, Population Density, etc.（反映人口密度等信息的地图为 1:63 360 比例尺）。

（5）Life of Property - Draft of Redevelopment（物业寿命图—重建计划草案）。

（6）Age of Housing, 6″ = 1 Mile（房屋寿命图为 1:63 360 比例尺）。

（7）Special Survey Map. Indicating positions and uses of godowns, banks, offices, shops, land useful for shops, etc.（专题调查图，表明货仓、银行、办公楼、商店等的区位和用途，以及可用于商店的土地）。

（8）Density of housing〔Housing〕. Indicating present density of residential houses（房屋密度图，表明住宅建筑密度现状）。

（9）Regional Survey Map（区域土地调查图）。

今本会势不能作如此周详之调查，但基本资料之搜集及调查统计工作，实不可忽视。至各图类之计划程序及内容，归纳各位意见，参酌欧美方法以及行政需要，可由三方面研究：①各图之性质；②各图之立法地位；③决定适当之比例及内容。

论性质，鲍立克先生报告中之 Plan B（第二类计划图），本人以为可称为"区划地图"（Zoning Map），在工作中为总图及 Redevelopment plan（重建计划）间之桥梁，并以之充分表示区划之详目。区划问题，在都市计划中与交通系统同样重要，上海至少应做到土地使用区划能予实行。

论立法院地位及程序，应有一全市之计划总图（Master plan）「与」一全市之区划图（Zoning Map）。初步首请市参议会审核计划原则，并送呈中央备案。然后作最后之设计，成为全市或分区之详细设计图（Detail plan），即鲍立克先生报告中之 Plan C（第三类计划图）及 Plan D（第四类计划图）。

今上海市计划及本会工作可用如下之比例图（表会 -1）。

表会 -1 各种都市计划工作图纸比例尺

序号	图纸类型	范围及内容	用途	比例尺	绘制程序	
1	总图	/	对外（公布或呈报备案）	1:25 000	/	
2	区划图	全市或分区	工作图（参考及存会备查）	1:10 000	并行绘制	
			对外（公布或呈报备案）	1:10 000		
3	计划详图①	区划，干道及一等支路，邻里单位	调查图（以资详究实地情况）	1:2 500	并行绘制	/
			工作图	1:2 500		随时互相修正
4	最后详图②	/	根据计划详图作更精确之定截〔裁〕并为行政上之档案	1:500	/	
			公布或呈报备案	1:2 500	由 1:500 详图缩尺	

注：①根据秘书处第十八次处务会议记录，此项原为"初步详图"，后修正为"计划详图"。——编者注
②根据秘书处第十八次处务会议记录，此项修正为"实施详图"。——编者注

至各图详细内容，希望各位再加研究，留下次会议讨论。

金经昌：

说明所拟干路断面之意义：

（1）分闹区、市区、郊区三种。

（2）各干路均不可避免卡车与小客车同时行驶，二者速度不同，故不论运量如何，快车道至少须〔需〕有四车道。至欲在建成区以内开辟四车道以上之路面，几为不可能之事实，故三种断面均用四车道。慢车道在现时可为非机动车之用，将来即或非机动车渐被淘汰，可利用为机动车停靠路边房屋或支路出入之用，故亦属必要。

鲍立克：

郊区干路断面，人行道路面应有 1.5m，慢车道路面似可减为 4m，而仍与快车道以分车带隔离。

陆筱丹：

市区之分车带为 3.5m，两「向」共 7m。如为停靠私人汽车之用，殊不经济。因私人停车，将来可建汽车库，如在慢车道边选择地点，似可较为经济。郊区汽车与人行道间，可设分车带。又据陈孚华先生之意见，闹区分车带，应为 5 公寸〔5m〕或 2m。

主席：

关于干道路面，快车道中间似应有分车带。并请各位注意下列四问题：

（1）设计之车辆速度。

（2）路外及路边停车场。

（3）郊区干路断面。

（4）相对车道之分车带。

主席：

虹桥路至北新泾一带，因事实需要，拟着手计划发展。如何进行，下次会议再行切实讨论。

附件
计划工作之制图标准摘要
1948 年 7 月 鲍立克

欲使计划工作易于施行起见，必须采用若干制图标准，以表明各种计划图（欲反映之内容）。以下所举之摘要，为讨论标准之用。

计划图可照下列比例设计：

（1）大上海都市计划总图 1:25 000 比例尺。

（2）计划阶段之本市建成区或新市区总图 1:100 000〔1:10 000〕比例尺。

（3）建成区或新市区内各地区之重建计划（Redevelopment plans）或计划图（Development plans）1:2 500 比例尺。

（4）分区计划图 1:500 比例尺。

1. 总图（1:25 000）

为城市通盘远大之发展计划之设计图，应包括建筑物之一般发展情形与主要交通之发展情形，图内应表明下列各项：

1）区划

分为：住宅区，轻工业区，普通工业区，商业区，区域、镇、市中心，绿地（如公园及林园道路等）。

除上述各区外，更须〔需〕表明：特种住宅区、特种工业区、特种地区（如教育、宗教、市政等地）。

2）主要交通线

对都市或区域有重要性之干道（或次要干路，若计划图（乙）中业已计划者）。

铁路线（包括车场、货站与客运站）。

港口区域（包括各种性质之仓库堆栈）。

高速道路（包括高架铁路，地下道路及其他高速交通）。

空运站（包括陆运或水运）。

2. 计划阶段之建成区及新建市区总图（1:10 000）

应表明现存及建议之：

（1）一等住宅区、二等住宅区，特种工业区（危险及有碍公众安宁、卫生之工业），商业区、市区商店中心、镇单位商店中心、行政中心及公共建筑地带，医院、教育、宗教及其他地区，绿地（公有地、私有地、运动场、公墓）、农业地带（园艺附有房屋、农作）。

（2）交通线，「包括」主要干路及干路之方向及终点，铁道、车场、货站及客运站，高速道路系统（地下道路、高架道路等包括车站终点），电车及车站，公共汽车、〈及〉无轨电车及车站，空运站，港口区（包括各种仓库堆栈、码头及卸货处），桥梁、隧道、轮渡，平交或分层交叉。此项总图表明设计镇单位与中间单位（中级单位）之界线。

3. 重建计划图或计划图（1:2 500）

应表明各区域新发展之一切详细情形，以至小单位——邻里单位。

另「附」—计划地区之详细调查图，表明土地使用性质、房屋高度及面积、房屋性质与年龄、不规定使用之土地。

「另需表明」车辆密度、停车设备、装卸设备。

凡可利用为必要扩充之空地，应于计划开始时予以利用。

计划图或新计划图之目的，系将远大之策划付诸实现。此项计划图，除应表明 1:10 000 图中各点外，更应指出下列各细项。凡 1:10 000 图中不规定使用之各区而因特殊理由不能废除者，应建议方法以减少其不规定使用之性质。此图尚应表明下列各项之地位：

（1）行政机关建筑，警察及消防建筑，学校与操场、庙宇、教堂，医院与卫生站，各种商店中心，公用事业 (自来水、煤气、电力、沟渠等) 路线及「厂」站，邮政、电话、电报等局，文化机构如图书馆、大会堂、戏院、电影院、游憩及娱乐地区。

（2）详细之交通运输图，除表明主要干路及干路之确切设计地位、路宽、交叉型〔形〕式及计划外，至少亦应指出划分中间单位 (中级单位) 为邻里单位之道路系统。道路系统上，复须〔需〕表明有轨电车、无轨电车及公共汽车之停车处。

所有铁路、市区铁路、地下道路，或其他运输工具、车站、车场、总站等应于此阶段设计其路线数目、长度、平台数目暨与他种运输工具间之联系与所需之面积。

桥梁、隧道、轮渡等及其引道，或与其他交通工具联系之车站等，亦应表明。

4. 分区计划（1:500）

为实施以上各图之最后蓝图，此图应于某一地区允许建筑以前绘制完成，藉使纷乱之土地划分成为计划需要之定型。在甚多情况下常为缩小地主之土地，以一部分充作公共用途。

此图应表明户地之新地位、尺寸、界线、房屋〈型〉形「式」、高度、面积及用途。

计划图如因特殊理由，亦可建议稍微改变总图之土地使用及街道路线。至于详细分项，则分区计划图不可更改 1:2 500 图之原则与布置。

分区计划图亦应提示各街道及各类房屋建筑式样之管理根据，同时应表明建筑物之高度、体积、外表、装修、布置，兼街道花园等之布置。

第十八次处务会议

时间	1948 年 7 月 30 日			
地点	上海市工务局会议室			
出席者	赵祖康　王正本　姚世濂　金其武　韩布葛 林荣向　程世抚　钟耀华　费　霍　陆筱丹 翁朝庆　金经昌　杜培基　顾培恂　王志超 陈孚华　吴文华　庞曾渚　黄　洁　徐以枋 杨蕴璞			
主席	赵祖康		记录	庞曾渚

宣读第十七次会议记录。

修正：

"初步详图"改为"计划详图"。

"最后详图"改为"实施详图"。

主席：

（1）全体人员工作分别分调查、研究、计划、保管四项，业已规定（附表会 -2），望加强进行，并随时互相取得联系。

（2）嗣后各同仁所研究问题及计划工作之进度，应提「出」书面报告，必要时并缮〔誊〕写分发。

金经昌：

说明《规划上海市建成区计划路线之有关问题》（如附件，经讨论修正见复）。

吴文华：

参议会决议组织南市复兴委员会案，应如何与都市计划委员会连〔联〕络配合，请予讨论。

徐以枋：

该会为一督促实施机构，应参考都市计划之方案，但完全遵照都市计划，恐非目前所许可。

姚世濂：

座谈会上各方意见，"复兴南市"宗旨在利用地方财力解决切要问题，恐不若都市计划之远大。

陆筱丹：

都市计划本非仓卒〔猝〕可就，如闸北西区迄今犹仅及第二、四两邻里单位。南市现状尤为复杂，实施方案，只要不「违」背本会计划原则，对于地方有所改善，当可由市政府及地方人士合力进行之。

决议：

（1）计划总图内容，以主席第十六次会议提出之七项要素为基本，请韩布葛先生将鲍立克先生前次报告修正，说明各类图案对于此七项要素应表示之程度，报告希力求简明。

（2）规划建成区计划路线之原则（实施方法暂缓讨论）。

　　①在可能范围内，对于 1:10 000 干路系统图利用原有道路部分，以维持原有路线为原则。

　　②利用原有道路，如须〔需〕拓宽时，以平均放宽为原则。

　　③原有道路，在经济或技术条件下，必要时得酌量情形，将原路单面或不平均拓宽。

　　④新辟路线，以经济之节省及技术上之需要为原则。

一集

三五四

⑤一等支路，以尽量维持原有道路及原计划路线为原则。

⑥根据现代计划原理及技术上之必要时，对于旧计划路线可以取消加宽或减窄之。

⑦凡原有道路不复为新计划之一等扩路计，视区「划」图及交通需要情形〈与〉「予以」干道封闭。

（3）关于区划图支路设计，请鲍立克先生、金经昌先生拟具原则。

（4）南市分区计划，请杜培基先生与翁朝庆先生取得连〔联〕络。

（5）南市复兴委员会组织方案，请吴文华、徐以枋、姚世濂三先生拟具复，提下次会议讨论。

（6）各分区计划，应注意邻里、中间（中级）、市镇单位之组合，道路面积及各区划之比例。

（7）下星期四，翁朝庆先生报告南市分区计划情形。

（8）会务组通知各负责人员，拟具 8、9、10「月」3「个」月工作进度计划。

（9）本会各项会议记录及调查资料，整理付梓。

	工作项目	人员	协助人员	备注
调查	自然及工程调查	费霍	/	/
	经济及社会调查	杨蕴璞 王志超	/	/
研究	人口及土地使用状况研究	王正本	唐萃青 杨仲贤	兼及公用地保留研究
	房屋及埠际交通状况研究	顾培恂	同上	/
	公用路线研究	林荣向	/	包括水、电、煤气、沟渠等线路及厂站地址
	道路及本地交通研究	金经昌 陈孚华 陆筱丹 王总善 金其武 郭增望	/	包括本地水陆交通
	总图修正及总图七要素之整个研究	韩布葛	/	①道路 ②园场 ③公共建筑 ④公用保留地 ⑤区划 ⑥公用线路 ⑦岸线
	园场研究	程世抚	/	/
	区划研究	陆筱丹 黄洁	/	/
	公共建筑研究	汪定曾 张良皋	/	/
	岸线研究	朱国洗 陆聿贵 严恺	/	/
计划	中区黄浦、长宁区划支区计划	鲍立克 程世抚 宗少彧	朱耀慈	包括本地水陆交通
	中区沪南区划支区计划	翁朝庆 杜培基	顾汉民 傅志浩	/
	中区闸北区划支区计划	钟耀华	周镜江 朱敏钧	/
	中区闸北西区区划计划	金经昌	周镜江	/
	杨树浦区及中区虹口区支区区划计划	庞曾湉	俞贤通 吴信忠 杨志雄	/
	龙华风景区计划	程世抚	沈兆钤	/
	江湾区区划计划	陈孚华 金其武	/	/
	总图三稿及路线规划	鲍立克 金经昌 韩布葛	/	/
保管	保管图表册籍	高天锡	/	/
	保管图书	方润秋	/	/

附件
规划上海市建成区计划路线之有关问题

（1）上海市建成区干道系统计划，路线在可能范围内，以不更改为原则。

（2）拟先决定计划道路系统建筑之先后程序。

（3）拓宽道路，以平均放宽为原则。

理由：

①地价昂贵。我国城市虽多，惟能适合于近代都市条件者甚少。故房地产之投资均集中于此等大都市中，而其地价之昂，较诸其他城市相去奚啻[1]天壤。故于拓宽道路时，宜平均宽放之，庶几政府向两旁业主征收土地之时，较为便利。

②本市地产亦系投资之一种，以利润为前提。拓宽道路，除市府负担一部分外，其余费用则由工程受益费方法收集工款，藉以偿付征收土地之地价及工程费用等，务使两旁业主，利害均匀，法至善也。至若新辟之都市或新筑之道路，因一旦道路贯通，地价骤涨，故业主亦乐于接受。本市建成区域道路阔度及设备已至相当程度，若一旦放宽改善，则两旁业主所能增收之房金，势将不足以抵偿建筑费之利息，于投资者以利润为前提之原则下，业主必延迟翻造房屋之日期，诚足以影响计划之实践。

（4）在经济或技术原则之下，必要时得酌量情形将路面单面或不平均拓宽。

理由：

①经济「方面」，如遇单面房屋大都为高级或高大之永久性房屋，或房屋使用年龄未久，或勒令翻造时将浪费物资过巨；反之，其对面房屋之建筑及结构均属平凡时，则应酌量情形，将路面单面或不平均拓宽。

②技术「方面」，有因技术关系，无法平均拓宽者，例如两段道路若平均拓放时，势将无法衔接者。

（5）道路以一次拓宽为原则。在特殊情形下，得分期拓宽之。在第一次拓宽与最后拓宽之界线范围内，或布置花园，或建筑临时房屋，其标准及高度应予以限制。

理由：

道路拓宽，除必需者外，须〔需〕俟业主翻造房屋时，逐户收让，惟需积年累月，始抵于成。故一次拓宽，实属必要。然于全路房屋无法收让时，为避免瓶颈建筑，在第一次拓宽与最后拓宽之界线范围内，住房可布置花园，商店「可」建筑临时房屋，其建筑标准及高度，在房屋建筑规程内另行规定。

（6）瓶颈房屋规定先后次序，依次拆除。第一步至原规定计划路线为止，其第一步界线与界后边界间之建筑物标准及其高度，仍应照第四项条文予以限制。

办法：

将市区内交通要道车辆阻塞之两旁瓶颈房屋，经市参议会及工务、警察、公用、地政各局组织之"改善瓶颈房屋委员会"，按其阻塞交通之严重性，由该会编列号数，呈府备案，逐一拆除。其贴补房客之费用，则由该委员会直接与房客洽商，经双方同意后，由市府向市银行借款，于3日内垫付。如按号次第拆除时，遇某号突受波折，则其毗连之后一号房屋，应暂缓继续执行。该委员会得通知公用局，于该拆除「过程中」发生问题之某号，在谈判决裂之10日后，断其水电，并请本市新闻界作舆论上之协助。务须俟该户拆除之后，再行次第执行之。

一集

---

1. "奚啻"即"何止"。——编者注

（7）瓶颈房屋市府取消其申请杂项执照权。

理由：

瓶颈房屋十之八九破坏不堪，住户或有藉口油漆门面，加固房屋结构，以图延长其房屋之年龄者，恐亦所难免。若取消其杂项执照权，同时并由工务、公用两局随时指派高级人员作实地之查勘，考察其房屋本身之倾斜程度，屋面漏水是否影响走电，以作必要之取缔。

（8）主要道路两旁房屋，应调查其使用年龄，逾龄房屋应即勒令于规定期内翻造。

理由：

逾龄房屋，非特影响市容，抑且危害市民及行人之安全。主要道路来往行人较密，一旦塌毁，为害尤甚。如能组织委员会专司其事，除谋公众安全外，对于拓宽路面实有莫大裨益。

（9）查勘路线及计划时，拟请注意事项：

①各测量队负责测量人员，随带已测 1:500 路线地形图及地形底图，参加勘线工作。

②各设计同仁于计划路线时，请参考已测 1:500 路线地形图。

③应补测地形部分，请各设计同仁随时通知，由测量队即行补测。

④请各设计同仁于计划 1:500 区划计划图决定路线时，并在 1:500 路线之地形图划示路线。

秘书处第十九次处务会议

时间	1948 年 8 月 6 日			
地点	上海市工务局会议室			
出席者	赵祖康　鲍立克　姚世濂　金经昌　王正本 陆聿贵　王志超　林荣向　陆筱丹　费 霍 金其武　程世抚　顾培恂　韩布葛　汪定曾（宋学勤代） 张良皋　吴文华　庞曾涟　黄 洁　钟耀华（周镜江代）			
主席	赵祖康	记录		庞曾涟

宣读（第）十八次会议记录。

顾培恂：

报告拟具《上海市房屋状况调查绘图工作概要》。（如附件）

翁朝庆：

报告《中区沪南支区计划初步研究工作》。（另刊）

关于沪南支区计划之讨论

主席：

翁先生之报告，为本会支区计划之首次，十分重要，希望各同仁尽量发表意见。尤以翁先生提出未曾决定之各问题，请详加讨论研究。

吴文华：

兹提出三点问题：

（1）城厢区之旧道路系统，在新计划中是否即予废弃？

（2）绿地带人口密度 1 万人 /km^2，如何容纳？

（3）日晖港处理办法。

翁朝庆：

关于日晖港问题，尝与顾康乐先生交换意见，拟仍利用为排泄污水。惟肇嘉浜则拟将之填塞。

程世抚：

上海建成区内之绿地，少得可怜；加以人民之塞填公浜、侵占公地者，不一而足。市府各局对于绿地之执掌互分，故颇难统计。规划在拟新开发之区域，似应预先由市府收买，并多保留公共空地。虽未必能达到每千人 4 英亩（约 1.6hm^2）之标准，于实施时，亦得有充分伸缩余地。保留及计划之绿地兼作农业地者，如何利用以维持其地价，不致与非绿地悬殊太多，颇值得研究。在绿地中，1 万人 /km^2 之密度不免过高，日久玩生，势必失去绿地之本质，普通应为 600 人 /km^2。又园场绿地设计，地形预〔尤〕为重要，而上海地势平坦，一无丘壑，惟一可资利用之天然地形为原有河浜，故绿地规划，似应注意及此。

韩布葛：

翁先生意见，以为南市现存之木材码头较易迁移，可发展为住宅区，而以木材码头移至龙华。但龙华未必能全部容纳，本地供应又属必要，恐仍须保留一部于原处。各火油公司拟在龙华建储油库，本人以为储油库不若木材码头之重要。此项问题实应再作进一步之查勘研究。

浦东越江交通，用完备之轮渡设备，较为切实合宜。

　　程先生（世抚）提及，在上海布置园场缺少丘壑，可能之方法有二：开掘池沼，推〔堆〕成小山；或择定地点，利用垃圾之推〔堆〕置。

王正本：

　　南市支区计划，按照警察局分区，包括第三、四、八全区及五、六、七各约半区。表[1]依1947年人口数为准，三区为20万余，四区为28万余，五区约为36万，六区约16万，七区17万余，八区约9万。按工商职业人数而分，三区商业占28%，工「业」占19.5%；四区工、商「业」各占19.5%；五区商店占21.8%，工「业」占14%；六区商「业」占19.5%，工「业」占15.0%；七区商「业」占19.0%，工「业」占13.8%；八区商「业」占13.0%，工「业」占28.0%。由此可知工商职业分析与〔于〕设计之重要性。又本区东向沿浦江至老城地带，极为繁荣，向西则渐次冷落。又就工作居住方便而言，老城与沿浦地带，对一部分中下级市民而言，颇称方便，惜过分集中，致渐结成贫民窟。故各区似应配合其职业趋势与〔以〕适宜密度。考本市除工商约占1/3外，2/3人口居家者多。此种情形，似宜就其生活方式以配合适宜之居住地段，以达到工作与居住需要之原则，「各区」均有其特性，故其密度亦不相同。

金经昌：

　　干路路线，在原则上，固以不更改既定路线为宜，但在必要时，亦非绝对不可更改。南市支区中更改部分，在未研究前，不便妄加断语。惟西藏南路之高速干道之28m，不免过狭，不足为高速干道之用。

陆筱丹：

　　支区计划，系根据计划总图所示之意义而设计。惟南市部分在已通过之《建成区营建区划规则》内（已将之包括）。为配合计划〈及〉、避免将来抵触执行都市计划及「其他」困难起见，应将现实环境再行详细研究。在南部人口较稀、建筑较少之一带，方可作较理想之布置；在建筑及人口较多之地段，则可酌量情形，在不「违」背都市计划原则下，将[2]实际环境之特质，另行布置，以免实施时之困难。

黄洁：

　　今沪南支区计划，以原定第三住宅区改为无烟工业区，但营建区划规则中第三住宅区，得设立30〈匹〉马力（约为22.37kW）以下而装有锅炉之工厂，是则二者不无出入，请予考虑。

宋学勤：

　　文庙、邑庙、龙华沿浦一带，望能多保留公有土地。旧城厢区之支路路线间距，似不必过于放大。

陆聿贵：

　　沿浦一等住宅区之发展可能，似尚待研究。

鲍立克：

　　计划市镇单位时，应注意一地之社会经济有机体组合之关系。三等住宅区之存在，在上海情形下，实十分重要。每一市镇单位之分界划分，因不仅以面积及路线为根据，应当在经济及社会条件下，能自成一个社团，各具一活动中心。而中心之地位，当就已有之公共建筑物择定之。在新建区域之发展，应顾到居民工作及经济上之趋向。干路路线与整个系统有关，非沪南支区一隅之问题。故本人仍主张维持原定路线。如快速干路B线，在邻近中山路一段，因利用旧路而更改，但旧路并不很宽，未必值得保留，反使工厂区面积因而增加。干路12线，拟循旧大木桥路。该路现状，亦未见良好，舍弃损失并不严重。此外，支路与干路之交点不应太多，原则上应尽量避免及限制入口。

---

1. 原文未见此表。——编者注
2. 即"顺从、将就"。——编者注

主席：

关于本区南车站之范围地点，请顾培恂先生研究，并参照上海市区铁路计划委员会历次会议记录。沟渠及公用路线，请林荣向先生调查，如何将保留土地收归市有，为一极重要之问题，道路面积之比例是否适当，希予注意。至第三住宅区之存废，《营建区划规则》既已通过，未便更改，但如任令设置工厂，不免成为一杂居区。应进一步「制定」规则，在此区内若干特定地段，得以设置工厂，而非广泛任意地设立工厂。

韩布葛：

上海根本无重工业可言。过去工厂以马力及工人数分别，本人建议，上海之工业可分为四类：①制造工业；②加工工业，大都为无烟设备者；③特种危险工业；④商场工业；「如此」似较合实情，而易于规划限制之。

姚世濂：

翁先生沪南支区计划为经相当研究之结果，楚楚可观。若干尚待修正之点，则希望容纳各位意见，积极进行之。

决议事项：

（1）会议记录及调查资料之整理印刷事，请余纲复、费霍两先生负责。

（2）下次会议由程世抚先生报告龙华风景区计划。

（3）工作分配表中增加总图三稿及路线规划一项，请鲍立克、韩「布」葛、金经昌先生负责。

附件
上海市房屋状况调查绘图工作概要

1. 工作程序

都市计划委员会,为绘制全市房屋状况详图,藉供路线计划参考,其调查制图之工作,分别先后如下:

(1)建成区沿干道系统各线,共 21 路,长 193.5km。

(2)建成区沿高速干道各线,共 6 路,长 62.4km。

(3)黄浦区、法华区、沪南区、闸北区、引翔区,等等。

2. 工作范围

调查干道沿线之范围,以自路线中心至两旁各 50m 止。调查高速干道沿线之范围,以自路线中心至两旁各 50m 止。分区调查,以完成全区面积为范围。

3. 调查方法

暂派调查员 1 ~ 2 人,每日按上定工作程序,依次调查之。

4. 调查表格

调查员出发调查时,应按表格详细填写,其有不明情形者,应就当地查询之(表格式样见图会 -2)。

5. 收集资料

在闹市地段(前公共租界地段),其房屋状况早有测量,可向各有关局处收集之,不必外出调查。

图会 -2 上海市都市计划委员会房屋调查表样例

上海市都市计划委员会房屋调查表																	区	路
调查编号	地册编号	建筑编号	使用情形					结构材料				层数	建造年份	设备情形	建筑物		空地面积(m²)	附记
			A	B	C	D	E	A	B	C	D				面积(m²)	体积(m³)		
													调查员:		调查日期:	年	月	日

6. 房屋状况

房屋状况定下列四类：

（1）房屋使用分 A 住宅，B 商业，C 工业，D 绿地，E 特用。

住宅分注中式或西式、散立式、联立；商业分注写字间、商店、游艺场、菜场等；工业分注何种工业；绿地分注花园、广场、坟地等；特用分注机关、学校、医院、庙堂、仓库、油站、铁路等。

（2）结构材料分 A 全部钢筋混凝土者；B 混凝土砖木合建者；C 砖木合建者；D 木料建造者。

（3）高度层数分单层、双层、三层、四层……多层者。

（4）房屋年龄按建造之年份填注之。

7. 制图方法

暂定绘图员 1～2 人，按调查表或收集资料绘制之。

8. 建筑图例

建筑图例，用下列方法表示之。

（1）房屋使用图例，以各种颜色表示之。

例如，住宅为黄、工业为红、绿地为绿、商业为蓝、特用为白。

（2）结构材料用投影之密度表示之。

例如（图会 -3），A 为全部钢筋混凝土「者」；B 为混凝土砖木合建者；C 为砖木合建「者」；D 为木料建造「者」。

（3）高度层数以圈线表示之。

例如（图会 -3），①为单层；②为双层；③为三层；④为四层；⑤为多层。

（4）房屋年份以数字表示之。

例如（图会 -3），X 为 1932 所建，Y 为 1946 所建，Z 为 1889 所建等。

9. 混合图例（图会 -3）

甲表示 1936 年用钢筋混凝土所建三层楼住宅。

10. 图样缩尺

房屋状况图缩尺，暂定为 1:2 500。

图会 -3 部分建筑图例及混合图例

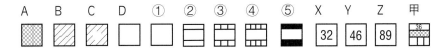

秘书处第二十次处务会议

地点	上海市工务局会议室
时间	1948 年 8 月 13 日
出席者	赵祖康　姚世濂　顾培恂　程世抚　陆筱丹 鲍立克　张良皋　翁朝庆　林荣向　陆聿贵 徐以枋（刘作霖代）　陈孚华（虞颂华代）　韩布葛 金其武　钟耀华（周镜江代）　庞曾涟　金经昌 王正本　费霍
主席	赵祖康　　　　记录　　　　庞曾涟

主席：

此次本席赴京与内政部交换意见，建成区区划图可获准备案。惟中央希望计划总图早日送呈审查，并须〔需〕与国防机关取得联络。

金经昌：

报告闸北西区码头仓库区设计问题。

闸北西区之码头仓库区，介于成都路桥及恒丰路桥之间沿河一带。但光复路为通行交通之路线，如任令货物自岸线横越路面上卸，妨碍交通殊甚。经与鲍立克、韩布葛两先生研究，拟自成都路桥堍筑路折入区内，再以约 3% 之斜坡到达沿河所筑与路同宽之平台。平台高出路面 5m，成为二层建筑。如是，车辆交通得以无阻；货物上卸则利用起重设备，自平台送入各仓库。又仓库建筑，鲍立克先生「以」建筑目光，拟规定为四层、六层、八层三种，并其布置如图示。此种方法是否完善，或有将交通及上卸货物兼顾更好之解决办法，请予讨论。

韩布葛（补充报告）：

平台毋须扩展至仓库全部之长度，在仓库未建筑完成前，空地可利用为露天堆置货物之需。仓库地段划分，与岸线平行最为合宜，其大小根据普通 1 000 吨之驳轮及内河船只。「此类驳轮及船只」长 40 ~ 50m，不致超过 80m，故仓库「地」段「划」分，长度应自 60 ~ 80m。平台最大装卸量，约每年每米 1 000 吨，则 200m 长一年装卸量为 20 万吨。假定用卡车之装卸量亦为 20 万吨，共 40 万吨。装卸等量[1]，是总计此区内可供一年 20 万吨货物之用。再假定，货物存储期间为半年，则本区仓库储货之最大总量，须〔需〕40 万吨。

主席：

首应解答之问题，该处需要储藏者为何类货物，「以」及其来踪去向。经济上问题解决后，方能在工程上谋取合理之解决。至仓库建筑标准，似不必限制过严。

韩布葛：

该处需藏物品，虽未能有确实之调查估计，但平台建筑高出地面仅须〔需〕4.5 ~ 5m，利用轻量吊车设备即可上卸裕如，而合宜于一般中等价值之货物。

一二集

三六六

---

1. 即"装货与卸货数量相等"。——编者注

翁朝庆：

平台工程，必然浩大。何不将光复路减窄，仅能作为仓库上卸进出货物，而将仓库地位略向南移，在区北余〔预〕留地位，作为通行交通路线。

张良皋：

本问题为一极饶兴趣之交通问题。如以平台上卸货物，必须「用」机械设备，既用二层建筑，何不将上层作为车道，而沿岸平地为货物上卸，则仓库建筑亦毋须特殊设计。

韩布葛：

路线绕道北行加长甚多，与平台建筑，何者经济尚待详计。且仓库之北，原定为快速干路。据鲍立克先生意见，初期应保留为绿地。至车道筑于上层，荷重更大，长度又增加，且下层高度限制，不利于起重设备之运用。

姚世濂：

本处之所以保留为码头仓库区，有其历史性。盖抗战前为米业、木业及菜市场所在，由内地自苏州河运抵上海后，大都在此堆置岸边，即行转送或暂时储藏仓库，因而阻塞交通。虽菜市场可计划迁移至他处，但因有传统习惯及货物品类，高大之仓库并不急切，平台建筑亦太不经济。初步似可利用保留之快速干路线，以为通行交通。

陆聿贵：

此处到货多系土产，存储不久，应考虑其运卸费用负担。二层楼之仓库最为相宜，甚或多搭敞蓬〔篷〕。平台建筑费及日后装卸，均不合经济条件。

林荣向：

本问题应就苏州河来去货物量，统盘调查估计，以知其需要及本处可能之发展。如有完备之设计，既不妨碍交通，装卸亦得利便，则未尝不可将苏州河东面各仓库之业务移至此处，或为其他处所之范法。

程世抚：

菜市场问题，在初稿拟订时期已经讨论。由四乡运抵上海之蔬菜，不惟因堆置沿岸阻塞交通，且因无保藏，腐烂损失不赀，故完备之冷藏设备等实属必要。本会一方「面」为市民作周全之设计，一方「面」应同时指导市民，如何利用而减少其损失。

费霍：

报告房屋调查及整理已有资料工作情况。

按顾培恂先生所拟房屋调查办法，仅〔经〕再度商酌，拟改用1:500图。〈干〉干路线两旁50m亦不够，如〈干〉干路线两旁调查至次一段落（Block）约计须〔需〕人工304工，晒图纸150卷，其他尚有表格印费及交通费用等。故非短期有限人力所能完成，并须〔需〕会款。

本会所有资料已分为人口、教育、仓库、码头、交通、工业、杂项等，有自行调查者，有自其他机关索来之整套材料者。如即照原来付印，并不实用，拟将之整编一调查资料索引，以便同人查阅，并随时将新资料补充。

王正本：

关于工业分析，兹分为纺织染业、机械工业、化学工业及食品工业等四种，已着手将资料归纳分析。

姚世濂：

关于房屋调查，都市计划所需要者，不仅为沿线部分，似应全盘调查。

庞曾溎：

干路路线之设计，决不能坐待房屋调查之完成，而后着手。在不得已中，惟有参考本会已有及其他有关资料，偶有特殊问题，犹可实地勘察。房屋调查，应视为都市计划基本工作之一种，非仅为目前设计。而调查能就全市作详细有系统之调查，实为各种计划之必要资料，在人力、物力限制下，以较长时间完成之，并不失其意义。倘仅着眼于干路沿线之房屋调查，急求事功，待调查既毕，路线设计仍未及将之利用，但部分不完全之资料，反使其价值因之减低。且本会宜应与工务局营造处取得联络，对于新建房屋随时记录，否则调查将永无章日。

主席：

关于各种调查资料之搜集，可先就下列对象依此进行。

（1）本会及工务局设计处已有材料。

（2）工务局各处及市政府其他各局之资料。

（3）上海市文献馆、各图书馆、各大学及学术团体。

（4）市商会、工业协会及各同业公会等。

（5）经济部工商辅导处及其他有关机关。

（6）实地调查。

程世抚：

报告《上海市绿地系统计划初步研究工作》。

决议事项：

（1）本会工作地点不足，洽请工务局总务室设法。

（2）总图三稿请鲍立克、韩布葛、金经昌三先生即日进行，约于3星期内完成之，其说明请陆筱丹先生起草。

（3）虹桥北新泾区计划应即进行，请姚组长拟派专人负责。

（4）闸北西区码头仓库区之布置，于下星期四召集米业、木业、地货[1]业同业公会代表及公用局码头仓库处、地政局等会议，再行决定。

（5）建成区营建区划说明及闸北西区计划说明修改付印，以后本会各印刷品依次编号。

（6）房屋调查先择一干路线着手，视成绩再定统盘进行办法。

（7）关于本市绿地问题：

①建成区营建区划规则绿地界线，应即规定。

②各支区计划应依照建成区绿地系统计划。

③研究全市绿地保留问题之必要与否，如属必要，拟定保留办法。

④关于基地建筑面积比例之管制，请营造法规标准修订委员会从速拟定。

⑤研究郊区绿地之保留问题。

（8）下星期内庞曾湖先生报告杨树浦区及虹口支区计划。

二集

---

1. 指附地而生的蔬果，如白菜、萝卜、番薯等。——编者注

秘书处第二十一次处务会议

时间	1948 年 8 月 20 日 3 时半			
地点	上海市工务局会议室			
出席者	赵祖康　姚世濂　杨蕴璞　余纲复　翁朝庆			
	徐以枋（刘作霖代）　刘作霖　林荣向　韩布葛			
	顾培恂　王正本　金其武　吴文华　陆筱丹			
	钟耀华　程世抚　庞曾涟　俞贤通			
主席	赵祖康	记录		俞贤通

宣读第二十次会议记录。

主席：

《建成区内非工厂区已设工厂处理办法》，经与 50 余同业公会交换意见，反响良好。本会目前工作不应专注意中区，总图二稿中之其他地区亦应着手计划。如虹桥区及吴淞、江湾区应先计划，以免听其自然发展，既为已成事实，再加计划则又将困难重重。如虹桥路，二稿原意为上海通太湖流域之公园大道，工务局原意沿路两旁保留 500m，但查二稿已将之改线。该处近来发展颇速，宜作计划准备。其两旁房屋建筑如何限制，绿地如何规划，亟应确定，以免将来多所变更及困难。此外，其他郊区重要干道亦须〔需〕预作调查勘测。

本会除与工务局加强合作外，并应与公用局等密切连〔联〕系，协同研究。

姚世濂：

关于虹桥、北新泾区计划，因本会人员不足，现尚在准备地形图等资料，不久即可完成。至虹桥路绿地规划，已请程世抚先生开始研究中。闸北西区码头仓库区之布置，昨日会〔座〕谈会，各同业公会代表未曾出席，公用、地政各局均派员参加，对于设计原则，咸表同意。

已公布之工厂区，限于本市已接收区域，其他因有未定因素，难于〔以〕确定区划。如因吴淞港口计划尚未决定，故蕴藻（蕴藻）区中之工厂区，亦未能决定。至外围各区之道路区划等，二稿已有一大概之方向、地位之决定，其界线地点并未完全确定。

韩布葛：

在较重要地位之工业区，具有水陆交通便利者应加以扩大；而在他处未为参议会通过或地位较逊之工业区，不如撤去，以免全市皆为工业所散布，并保持各区划面积之平衡。各区面积应于总图上注明。

陆筱丹：

上海市民经"一·二八"、"八·一三"两次战事经验以后，一般趋势认为西区较为安全。战前工务局〔工部局〕越界筑路，水电设备随之，环境优良，地价昂贵，发展甚速。本会似应在该区先决定干路之方向及区划，再作详细之计划。

程世抚：

商业区之干道宽度为 28m，因两旁多已成房屋，无从扩宽成林荫大道（Boulevard）。郊区林荫大道宽度至少 54 ~ 58m，方可种植行道树 4 排。至于公园大道（Parkway）则更宽，盖其本身即为一带状公园。绿地之宽狭不必一定，但其内容究应如何布置，以便沿途人民有所适从。

姚世濂：

保留绿地中，似同时可为别墅区，并容许部分农业。

王正本：

绿地带在市区仅有隔离之作用，普通多利用作市民休憩之地，似不必有严格之规定。

顾培恂：

房屋调查工作已完成 40 处，其余尚在继续进「行」中。汉口路 15 号干道沿线之房屋调查工作需 20 天可完。

庞曾淮：

报告杨树浦区及中区虹口支区计划初步研究工作。

钟耀华：

杨树浦区最早计划时，并非为一种独立区，而为中区之一部，故其各区划区之面积不能平衡。其中工厂区之工人，皆计划居住于闸北及浦东区。故其道路系统方向，乃为配合此计划而设计。

韩布葛：

杨树浦区为极佳之工业区，但其不必一定自容其工人人口。工厂区近自来水厂，将使水源染污，故应注意工厂之性质及其排水问题。支路之交叉点，应避免成锐角。本区沿浦江，应多设渡口，以便浦东、浦东〔西〕之连〔联〕系。

王正本：

区划计划中，除规定工厂外，似尚应研究本区内宜于何类工业之发展，然后计划可更健全而有根据。

金经昌：

按照都市计划之程序应：①注意整个区域之河流系统及排水地位；②以不适于居住之处设立绿地带；③区划；④计划道路系统。

今因程序矛盾，步骤倒置，处处迁就现实，故有此行不通之情形。

陆筱丹：

杨树浦区及虹口支区与南市计划之途径方法，似完全不同。前者根据干道系统及已决定之营建区划图，而后者则采取总图二稿之方向与意义[1]。在都市计划委员会立场，不应顾虑营建区划图之约束而设计，此点应请注意者。

翁朝庆：

报告中关于人口计算，假定密度颇值得考虑，如工厂区每公顷工作人数 600 人。据王正本先生尝告，柏林发展成熟之工业区每公顷只 300 人。因假定之不同，则结论自成问题。

庞曾淮：

报告中所述本区人口不能自容，仅为就区划之平面图所指出需要研究之问题，且尚有种种假定。假定之准确性影响所得结论。整个计划之适当、合理与否，尤不能仅以平面设计为已足，法定之管制发展，实施之先后，均有关系。干道系统与营建规则，既为立法文件于先，而着手计划于后，自遵之进行。至所提问题非不可补救或解决者，尚有待继续研究耳。又计划中虽应遵从学理原则，但人民之经济能力及心理习惯等趋向，似尤重要。

主席：

归纳各位意见，可知尚待研究者如下：

（1）计划分区最好能与警察分局互相配合。

（2）路线与人口之配合，宜加研究。

（3）研究经济趋势之趋向。

（4）调查研究河道计划，完成河道现状图。

---

1. 根据上下文，"前者"似指南市区，"后者"似指杨树浦及虹口支区，与原文叙述顺序不符。——编者注

（5）注意棚户之调查及计划。

（6）研究电车存废问题。

（7）工厂对工人住家问题之解决，宜作规定。

（8）工人社会〔区〕之整个计划。

（9）工厂区中建筑物所占面积之百分率标准，应有规定，以防火灾及空袭。

根据 *Action for Cities*（《城市行动计划》）一书提示，为加速计划之进行有四点须〔需〕加注意：

（1）集中力量以求主要问题之解决，以代散漫无章之设计。先决定若干根本主要原则，使工作有所依循，详细细则可留待以后再加研究。

（2）收集之资料应简明而切实用，去芜存菁，尽量利用现有资料及当地人民之判断。

（3）促使当地政府、人民社团共同参加研究解决，不必事事由设计者亲自为之。

（4）组织设计工作使收互辅相助之效。

都市计划，应先以社会经济为研究对象，然后再辅以实体计划而完成之。一城市社会之实地计划，其步骤如下：

（1）计划之区域：包括市区范围邻近地区及有关地区。

（2）理想之土地使用图：为避免受现实之影响，应于事先绘就理想之土地使用图。

（3）现有之自然发展：「包括」现有土地使用图、交通及公用系统图。

（4）将来发展趋向：研究其自然及人为趋势。

（5）城市之设计：调整理想及现实情形，而成一大概草图（即本会总图初稿、二稿），同时绘制总图、分项研究草图。

（6）研究并试验此计划：观其是否可行，有否遗漏。

（7）有形发展之计划及步骤：根据需求之缓急及经济之裕拮，以定各种计划实施之先后，完成总图（即如本会之分区计划及修正中之总图三稿）、公用事业计划及住屋问题之解决。

以上所论颇有裨于本会工作之参考，特提出希予注意。

决议：

（1）总图 12 计划区，各区同时设计研究。吴淞港、蕴藻（蕰藻）区请工务局第一区工务管理处周处长书涛及陆聿贵先生负责。浦东区请工务局第六工务管理处朱处长庆玉负责。北新泾、虹桥区请工务局第四工务管理处张处长佐周负责。龙华风景区请工务局第二工务管理处吴处长文华及程世抚先生负责。

（2）工厂区划确切界线画 1:2 500 图，由工务局设计处负责。

（3）建成区外干路，虹桥测量定线工作请工务局测量总队积极进行。

（4）建成区外干道（即高速道路）、中山西路外圈绿地带，应速规定如何布置，确定界线，由程世抚先生负责完成 1:2 500 界线图。中区之绿地如何保留及计划，可用 1:10 000 图计划，以备于 9 月中参议会开会时提出。

（5）请林荣向先生负责调查研究河道计划，完成河道现状图。

（6）棚户之调查计划，请工务局营造处进行，并供给本会资料。

（7）下次会议请钟耀华先生报告闸北区计划。

秘书处第二十二次处务会议

地点	上海市工务局会议室
时间	1948 年 8 月 26 日下午 3 时
出席者	赵祖康　鲍立克　陆筱丹　钟耀华　朱庆玉 王世锐（孙国良代）　汪定曾（宋学勤代）　费霍 黄洁　王正本　陆聿贵　余纲复　程世抚 庞曾湘　金经昌　韩布葛　吴文华　林荣向 顾培恂　陈孚华
主席	赵祖康	记录	庞曾湘

宣读第二十一次会议记录。

姚世濂：

自众发堆栈发生巨祸后[1]，行政上对于本市仓库管制，亟须加强。公用局曾以主管当局之地位，在黄浦区划定范围，绝对不能设置危险品仓库。然在范围以外，未予置议，似此与都市计划原则不符，故曾将此意提供该局参考。该局表示，危险品之储运限制为临时性办法，至本市永久性仓库区，仍由本会规划，并须与港务委员会会同研究。在原则上固当以《建成区营建区划规则》为依据，但其他包括之问题甚多：

（1）危险品仓库之登记及设备。

（2）工厂自用仓库之请照及管制。

（3）第二、第三住宅区及商业区，可否设置或建造堆栈。

（4）非仓库区已设仓库是否准予扩充问题。

本人以为，建成区营建区划中仓库面积有限。仓库问题似与工厂问题相同。工务局方面，请发仓库建筑执照者每星期均有数起，在行政上之处理原则，迫不及待。今日会前，请陆聿贵先生拟具办法（如表会 -3），系就每一建筑地段，以百分率限制仓库建筑。尚望各位提供意见从长议处。

陆筱丹：

关于建成区内「第」二、三住宅区及第二商业区新建仓库之处理办法，就建成区营建区划而论，实为一临时过渡性之区划办法。其规定既允许若干工厂、工场、商业之存在，必须附设堆栈。建成区内工厂、工场，性类不同，或工人多而材料少，或材料多而工人多，其所需仓库之容量，亦因时而异。现本会对于非工厂区工厂及仓库之种类大小，仅有一模糊观念，而乏精确统计，似应就所有资料调查，参酌需要，然后厘订限度。至工厂之需要堆栈，往往不必在同一区内，规划仓库地点及建筑，并须顾到不妨碍交通居住等条件。

陆聿贵：

仓库营建处之限制，仅及全市局部范围，即失去一致性。如作硬性规定，行政上又不易执行；经详细调查研究后，恐失时效，故应即定原则，规定市民营建之限度。本人所拟办法，系就仓库分类及营建区划分类，而约计其在每建筑地段之百分率限度，为时匆促，或未尽善。

第一集

三七四

1.1948 年 6 月 5 日下午 5 时 10 分，河南中路 333 弄 10 号，众发堆栈存放的氯酸钾、赤磷、白蜡、废影片等易爆易燃物品发生爆炸，引起大火，殃及周围商号 10 余家，至晚上 7 时许扑灭。死 15 人，伤 100 余人，直接经济损失法币 2 314 亿元。——编者注

表会 -3　上海市建成区各种准设仓库面积限度表（陆聿贵建议 1948 年 8 月 26 日）

建成区	专用仓库	工厂自备仓库	商店自备仓库	银行仓库	军用仓库	总面积百分数
第一住宅区	/	/	/	/	/	各种仓库均不准设立
第二住宅区	5	5	5	/	/	准设小型仓库，占地面积不得超过全面积 15%
第三住宅区	10	10	10	10	/	准设小型仓库，占地面积不得超过全面积 40%
第一商业区		5	10	5	/	准设小型仓库，占地面积不得超过全面积 20%
第二商业区	10	5	20	10	5	准设小型仓库，占地面积不得超过全面积 50%
工业区	5	20	5	5	5	准设小型仓库，占地面积不得超过全面积 40%
油池区	20	/	/	/	/	准设小型仓库，占地面积不得超过全面积 20%
仓库码头区	30		15	40	15	准设小型仓库，占地面积不得超过全面积 100%
铁路区	20	5	5	20	10	准设小型仓库，占地面积不得超过全面积 60%
绿地	/	/	/	/	/	/

注：（1）限度面积照每一营造区段（Block）总面积之百分率表示之。
　　（2）限度面积包括旧建仓库面积在内，旧建仓库面积已超过限度者不得另建新仓库。
　　（3）准设仓库绝对应有防火设备。
　　（4）准设仓库应沿 8m 宽以上之公路建筑之。
　　（5）准设仓库之建筑均应依据《上海市建筑规则》办理。

主席：

仓库营建问题之限度，非常急迫。本会应即确定管制之方法及原则，送请市政会议及港务委员会通过执行，然后再作细目规划，但原则却不能时作更张。

林荣向：

仓库问题，应就营业性仓库与非营业性仓库分别考虑。凡银行、押品、堆栈及专营仓库业务者，为营业仓库；凡工厂堆存原料、成品者或商店存货处所，当以非营业性仓库论。

顾培恂：

工厂仓库大多数与厂房在一起。为避免危险，似应先调查化学原料之仓库，余可从缓。

主席：

为使问题简化，本会今日应首先决定仓库之营建规则。对于危险品与非危险品之储运管制，属公用局及消防处职掌，可从长研究后，提供有关方面参考。

鲍立克：

如住宅区及商业区得任意设建仓库，将使营建规则之精神全部破坏。且本人在各次报告中，均强调上海交通拥挤之原因——货品沿路上卸，实占重要地位，尤应注意。兹就陆聿贵先生所拟表内之数字，建议修改如下：

（1）第一、第二住宅区及第一商业区完全不准设立；

（2）第三住宅区得设建工厂商店自备仓库，以 2% ~ 3% 为限；

（3）第二商业区及工厂区不得设军用仓库，其余各类仓库之百分率以 15% ~ 20% 为限；

（4）军用仓库得设于油池区内；

（5）铁路区不得设军用仓库。余类仓库之百分率，须视该区内有无足量面积而定。

韩布葛：

中区内绝对禁建仓库，似不可能，一因既成事实之不能取缔，二因商业货品存储之需要。但巨大仓库则不相宜，对于小型堆栈，可查勘其建筑情形及有无保险等。

宋学勤：

仓库问题，应顾到工商需要及业务方便，然后加强建筑管理。本市对于仓库使用，尚无限制，市民往往于建屋后变更其请照时所称用途。南京建筑规则，对于仓库建筑完工后须另发使用执照，足资参考。

余纲复：

仓库在上海实为一重要业务，必择水陆交通便利之处。过去厘订《建成区营建区划规则》之时，仅侧重轮〔运输〕运有关地带，而并未视仓库为一单独业务，故仅有仓库码头区，而无仓库区。例如苏州河，即未规划在内，事实上却为重要仓库地段，致仓库面积不敷需要，营建随成问题。

王正本：

查本市已有仓库之分布，多在黄浦江沿岸、杨树浦一带、苏州河西岸、外滩中心商业区与旧城沿浦江地带。就工厂本身而言，自应有其堆存货品之仓库。又如民生食品，亦应按其来源水路或陆路，设方便之总仓库数处于各区内适宜地点，亦宜分设小型仓库或堆栈，以便储藏供应市民之用。关于纯粹营业性质之仓库，尤以商业中心区之仓库，妨碍市区交通，自应受相当限制与管理。他如危险品之仓库于规定特殊地点与建筑物外，更宜注意与管理。

黄洁：

工厂自备仓库，只可视为工厂之一部分，且常因制造或营业需要而变更用途。此类营建管制，可照非工厂区之工厂建筑同样处理。

孙国良：

仓库营建之应予限制，不外影响交通、储存危险品及土地使用之不恰当三项，可由此三点着眼规划之。

主席：

仓库分类：

（1）就经营性质，可分为营业性及非营业性。

（2）就存储品类言，可分为危险〈及〉易燃品及普通二〔两〕种。

（3）就存储量大小言，大者统称仓库，小者常称堆栈以及小至商店之储藏室。

（4）就建筑地点言，可分为附设于工厂、商店内者及专用仓库。

似可据此分类以确定仓库营建之管理办法。

钟耀华：

报告中区闸北支区计划初步研究工作。

姚世濂：

钟先生自始即参予〔与〕本会总图计划工作，故对于本市都市计划之原则充分认识。闸北支区计划，自更能驾轻熟虑，与总图相配合。报告中提示闸北尚未全面发展，则尤为新都市建设之良好对象。

决议：

（1）关于仓库营建管理，本会确定原则如下：

①营业仓库，只准设立于仓库码头区内。如经研究，认为《建成区营建区划规则》所规定范围不敷需要时，可予修正添加。

②自用仓库得设于第二商业区及工业区内，或附设于各住宅区及第二商业区已有工场及商店之自有范围以内。

③非附设于工场或商店范围内之自用仓库，以营业仓库论。

④非仓库码头区之已设仓库，暂得在原有基地范围内扩充，但不得增购基地扩充建筑。

⑤关于仓库建筑，依照建筑规则办理。

⑥关于仓库使用证之发给及危险易燃物品之储运管制，另行研究，提供执行机关参考。

（2）下次会议请鲍立克先生报告总图修正工作。

秘书处第二十三次处务会议

时间	1948 年 9 月 2 日下午 3 时		
地点	上海市工务局会议室		
出席者	赵祖康　鲍立克　王正本　林荣向　陆筱丹 费　霍　金经昌（周镜江代）　翁朝庆　韩布葛 陆聿贵　陈孚华（虞颂华代）　姚世濂　程世抚 张良皋　杨蕴璞（陈雨霖代）　钟耀华　吴文华		
主席	赵祖康	记录	张迺华

姚世濂：

请鲍立克先生报告修正总图二稿意见。

鲍立克：

报告内容见后。

韩布葛：

报告修正总图二稿内容见后。

王正本：

报告人口分布情形。根据上月警察局调查，本市人口增加，以第 14 区为最快。自第 1 区至第 20 区人口发展之情形，可分五个时期：

第一时期为上海旧城时期，人口总数约 3 万人，密度 140 人 /hm^2；

第二时期为租界成立初期，人口约 6 万人，密度 115 人 /hm^2；

第三时期为租界发展时期，本市面积 26km^2，有人口 46 万人，密度为 172 人 /hm^2；

第四时期 1914—1925 年，面积 35km^2，人口 110 万，密度 310 人 /hm^2；

第五时期 1937—1947 年，建成区内面积 85.79km2，人口 373 万，密度 435 人 /hm^2。

综计第 1 至第 20 区内：

以第 1 至第 5 区人口最密，五区面积共计 13km^2，人口总数 110 万人，密度达 810 人 /hm^2；

「第」13、14、15 三区面积 8.9km^2，人口 56 万人，密度 630 人 /hm^2；

「第」6 至「第」13 区面积 33km^2，人口 143 万，密度 430 人 /hm^2；

「第」17 至「第」20 区面积 28km^2，人口 63 万人，密度 220 人 /hm^2。

以上为人口发展及分布情形。若以 1947 年底人口总数为基数，以 2% 或 3% 之增加率计算，则 25 年后本市人口将达 700 万人。

主席：

总图二稿经修正后，将进行编制三稿，鲍立克及诸位先生之提议，可为重要之根据。鲍立克先生所报告二稿中对道路、铁路、飞机场及联运车站等之修正。此次在京得悉铁路方面，何家湾一真如支线业已修筑完成；联合车站已由交通部开始设计，预算须〔需〕款美金 1 200 万元，共分三区阶段施工，预计 14 年成功。至于飞机场之迁移，最好先得中央之允许。因事关军事国防，处理不得不慎重。再者三稿草成计划后，在未正式送呈中央时，应送交内政部都市计划研究会，作为参考之资料。

陆筱丹：

二稿内关于人口问题，乃是以计划时期 50 年为对象，市界内只可容纳 700 万人。以为目前人口增加之趋势,此数恐嫌不足。本人以为目前人口特〔突〕然增加之原因,实由于国内政治、经济环境之不稳定,或即「使」环境稳定以后,一部分人口仍将滞留上海。如鲍立克先生之意,欲维持原稿设计土地及人口比例数字不变,则必须将各区域内设计人口密度增加,否则影响整个总图设计工作至大。

主席:

照目前情形推想,即使时局平定后,本市人口不一定为减少。因旅居本市之外乡人,一部分因生活方式已有基础,不便再行变更;一部分因安于都市物质文明之享受,不愿回至简陋之乡村。是故以后中区之人口仍将继续增加,设计对象之700万人似应提高,中区及郊区之设计密度,亦应同时增加。又鲍立克先生所提出之棚户问题,甚为重要。本席之意,最好模仿英国陋巷区之设置,划定某块土地指定为外来之难民棚户居留之地。该区应设有工厂、水陆交通,使棚户获得谋生之道。如此中区人口剧增之现象,似可减少。

王正本:

据研究结果,北新泾区作为此种土地较为适宜。该区有河流、工厂,接近铁路,设计人口为20万~30万。不妨以工业性质为基础,试办如上之棚户区。

翁朝庆:

棚户区之设,既须〔需〕替居住者谋求生之道,则不应离都市太远,使工作不便。本席提议以南市十六铺一带划作棚户区,既有交通之便,又近都市易于谋生。

林荣向:

棚户区之位置,在目前情形下,不妨较近都市;俟郊区设计完善后,再行迁移。

陆筱丹:

难民问题,个人意见认为甚难解决。主要原因为,难民一经脱离都市,即无谋生之道。

主席:

难民一经进入市区,若责令迁移,很难实现。最近政府有将难民移往江西之说,此事恐难成功。

程世抚:

本市难民露宿街头者甚多,大都求生乏术,死亡率甚高。是故处置问题,应作永久之计。

主席:

二稿内容,人口问题应专篇讨论,难民问题亦应注意。12分区面积、人口密度之数字尤须〔需〕确定,土地使用应明确划分。总图二稿工作者,原有鲍立克、韩布葛、金经昌三先生,现三稿工作会请王正本、程世抚、陆筱丹三先生参加。

陆筱丹:

国防部现拟在江湾场中路附近,征用土地达900亩(约0.6km²)地之兵舍,在总图规划为农业地带,此事应加注意。

主席:

此事将予参虑,又中区内支区与支区间之"镇单位",三稿设计时应明确加以划分。

陆筱丹:

关于中区区划情形,现拟分别绘制水、电、煤气、地形、交通、经济及社会一般调查图,资料正在搜集中。各图制成后,对目前中区之现状,即可有较具体之认识。

主席:

闸北区计划,请钟耀华先生作一书面报告。又三稿起草时,宜用结论式笔法,不必采用二稿讨论式之文辞。旧城市之改造置于最后一章。中区道路系统如何实行,应当论及。

姚世濂:

资料不足时,设计方法由理想接近事实,此为过去之现象;若资料充足时,设计工作应从事实接近理想。关于道路系统方面,设计处测量工作业已完竣,仅待各区计划者将建议之路线划上。过去规定 3 个月内（即至 9 月底为止），各区应将 1:2 500 图完成，但现在该图尚未完成。又晒印图纸需款 24 亿「元」，为数甚巨，须设计节省。

主席：

　　最近参议会需要本市计划之道路系统，以便市民建筑，是故制图工作应加速完成。关于 1:2 500 图担任者，应于 9 月底赶成。除金经昌先生负责外，希望其余人员加以协助。关于 1:500 图，应从速划线，完成道路系统。黄浦、长宁区，请道路处刘作霖先生协助。海港、铁路、车场方面之资料，请王正本先生整理。又以后处务会议，应令所经考试来会之大学毕业生列席旁听，增加智识，并应多读书籍，两星期作读书报告一次。关于都市计划方面之名词，请王正本、韩布葛二先生于二〔两〕星期内，翻德文资料，每一名词予以定义，以供工程师学会提出讨论。

　　散会。

附件

总图二稿之修正

1948 年 9 月 2 日 鲍立克

总图二稿必须加以修正之理由「见下列 1—5 点」。

1. 干路及高速道路系统之变动

初稿及二稿内建成区道路系统，经详细研究后，觉干路及次干路有减少之必要，因此市区与郊区间交通系统，亦须重行计划。

2. 铁路计划之变动

铁路计划经小组委员会决议，有所变动。本人提议立〔于〕干道 A 与 C 两线交叉处建造联合车站，当局意谓此项措施将使建南车站之议完全废弃。铁路当局要求最近进行下列三项措施：

（1）在新划港口区建立铁路码头。本人认为此种措施确为新港建造之良好肇始。

（2）在真如与麦根路货车站间，建造 5km 长、800m 阔之调查〔车〕场，以为京沪、沪杭两线之用。

（3）在市区之南，龙华机场之东，浦江旁建造铁路码头，与沪杭线联系。

3. 飞行基地之变动

参议会曾建议关于本市飞机场之若干改变。

（1）闸北飞机场应向北移，以绿地带与都市隔开。

（2）在长江中保留水上机场之用地及一切与交通工具间之联系。

国防部曾建议保留虹桥、汀湾与大场之机场作为军用。事实上此种措施极不合理。因其能于战时对城市造成莫大之危险，妨碍城市之发展，促成畸形之状态。闸北飞机场与东面江湾机场、北面大场机场之民军混合使用，对两者均感不便。

本人曾以此问题询及两位美国籍军事专家。据云，军用机场欲使其发挥最大的效能，必须离开城市外围 20 里〔英里〕（32km）。

4. 市政会议与参议会通过之《建成区暂行区划图》

在建成区内因注意工厂，故工业区与住宅区面积之比例已有若干变动。

再者浦东广大之地区，前曾划为住宅区者，业已规划为工业区。此种更改，使大部分工业活动重心集于都市中区。不良计划之促成，系过分迁就私人利益及不正确观念所致，在将来需费大量金钱，以改正现在错误所造成之事实。

本人区域计划报告曾说明，约 100 万市民必须经过各种区域以到达彼等之工作地点。设若浦东地方不划为住宅区，而改为工业区，则其处境更为恶劣。是故，二稿中使大部分在建成区工作之市民，能在浦东方面就近觅得居住。通过之过渡区划计划，实足造成极不良之情形，市民必须从遥远之地域至中心区或浦东工作。

因此总图二稿之修正，在各新计划市区应减少工业区，在某种情形下取消工业区之设立。市民每日必须至工业区工作，故计划中应考虑此高速交通系统。

5. 较密之人口

暂行区划计划最大之影响，厥为本市人口之迅速增加。1945年底工人人口估计当不超出400万，而本年8月警局调查之结果，本市人口竟已达600万人之巨。虽然过去或系警局方面调查工作之有遗漏，但因内战而逃亡之难民实为人口迅速增加之主要原因。初稿及二稿均估计1970年人口将达700万人，而内战若仍继续，明年人口数或将到达900万或1000万人。

此种人口之迅速增加，使总图之实施与新市区之兴达〔建〕，并扩充上海市区范围，如总图所建议者，确属急切需要。新增之人口更应另行划地居住，不使加重现有之恶劣状态。有一紧急措施极应实行者，即在新区域划地以供难民建造简陋之蓬户，不容彼等在现在城市中、铁路土堤、河浜两岸或空地上，建造足以破坏周围环境之建筑。本人深信，总图之修正，应设法具体解决人口问题暨难民问题。苏丹落伍之社会水准与中国目前情形相似，而1947年其城市计划法规包含若干优良原则，有足以答解吾人之问题者。除去土地使用外，区划规则并包括依照建筑材料或建筑型〔形〕式之划区：高等建筑限用砖、石木、水泥等物，第四级规定为泥砌砖屋，第五级为草棚——苏丹土着〔著〕部落之典型房屋——所有建筑划在措〔指〕定的区域。最可注意者为，兴造第四、第五级房屋时，土人可从政府方面取得土地，而政府复可以土地征用权取回该块土地。土人所能领用土地之最小面积为200m²或2200平方英尺（1/3亩）。土地之所有权仍属于政府，当公共事业需要时，政府有权责令居住者迁让。居住者每月须付费用，并可在分配而得之土地上、限定面积内，自由兴建，但不能私自将土地转让他人。居住者若抵触法令时，则被剥夺居住权。以上各种与目前本市居民侵占公有或私人权益之现象相较，该项办法颇合理想。

在总图拟定之区域内，若将人口较前估计提高，则有两种情形可能发生：

（1）维持各区人口密度100人/hm²不变，而将新市区之区域增加；

（2）增加人口密度而维持区域面积不变。

最好的解决方法为，保持新市区的地位大小，而将住宅区人口密度提高至250人/hm²。因外围工业区密度希望减少，故住宅区密度可能增加。以前区划计划拟定建成区人口为270万，二稿内增加150万，则在拟定区域内估计能合理的〔地〕容纳950万～1000万人。若人口再有超溢，则使用小型卫星城镇以区域系统式环绕上海。

6. 建成区之重新计划

1）计划单位

从西方国家之经验得知，社会之存在必赖乎各单位之组织完整。此种单位之形成，乃为近代计划之目的。无论苏联、美国、德国或英国，都有一种趋势，倾向于在城市社会中组织一种社会经济单位，其形质均符合各该国家经济之发展和政治上的特性。

吾人设计工作注重于建立适合本市及中国「特」性之城市社会，总图计划及〔乃〕根据组成大都会之部分单位系统而完成，每一单位兼担双重任务：

第一，各种邻里单位、中间单位（中级单位）、镇单位和市区单位，均为城市结构之因素，联合而形成都市区域之骨干。

第二，利用机动车辆之运输，各单位在城市经济社会生活上，占有重要之地位。

1947年纽约出版《牛津大学杂志》所载狄金森[1]著 *City Regionalism*（《城市区域化》）一文谓："目前最基本之改变，厥为使城市之功用，由综合性而改为特殊性。"

1931年麦康齐克（R. T. Mc. Kanzic）著《都市社会》（*The Metropolitan*）[2]："近代都市社会不

一集

---

1. 可能指迪金森（R. E. Dickinson），他的《城市，区域与区域化》（*City, Region and Regionalism*）一书出版于1947年。——编者注
2. 可能指麦肯齐（R. D. McKenzie）1933年出版的《都市社区》（*The Metropolitan Community*）。——编者注

似一般无机动交通之社会，系从以特殊功用划分区域之方法中组织各单位，而不采用集中式和综合功用之构造。"

近代设计不应如曩昔以市政府或市长办公处等地为城市中心，使所有道路集中该地；而应计划独立或半独立式之单位，充分自足。近代都市计划不以单个房屋为城市设计之组织，而以小型经济社会单位作为城市之细胞，譬如拥有 4 000 或 6 000 人之邻里单位等。

2）道路系统

建成区新道路系统之设计中有一显著之缺点，即若干道已变为城市中之障碍。虽然就"交通尚未机动化"一点而论，原设计之干道似为合理。然干道之功用，在目前已非专为联接房屋与房屋间之交通，而为广大区域或含有各种特性单位间之连〔联〕系。

7. 镇单位如何形成

此项问题在吾人讨论镇单位之定义时，已经遇及。镇单位是一个平衡的社会经济单位，充分自足，同时亦成为一个管理单位，居民数目为 15 万～20 万人。镇单位在社会及经济上之平衡，不应偏重于某种工业或商业之繁盛，而应容有各种工商业之活动，以应付严重之经济危机。

若在本市考虑镇单位之组织，应注意两点：

1）地理方面

每城市之发展，均有其本身之历史、习俗、地形、天然地理疆域。较有经验之计划者很易自地图上发现此种地域，地理学者称之为"天然地域"。除由历史及习俗产生外，亦可受街道、地方交通及日常频繁规律活动之影响，或为城市中特殊功用之结构。

2）社会方面

系关于人群集合及其在城市中之联系。无论个人或团体皆倾向于"物以类聚"一途，市民选择居所时，皆考虑自己之境遇与自己所能担负之房屋型〔形〕式，并游乐场所及食物店铺。以是社会及经济单位之功用，其主要之因素为：工作、职业、商业、住屋、国籍和种族、宗教、道德、语言，而最主要者则为收入之水准。

8. 分析之程序

世界各国已采用科学化之分析程序，以重新计划现有城市，兹可简略说明如下：

（1）土地使用图：详细表明房屋之种类、功用、年龄、建筑型〔形〕式、高度。

（2）土地使用总图：根〔据〕前图制成，表明房屋沿街线及其主要用途。

（3）表示全城市主要土地使用之分图。

（4）表示社会经济构造之分图。〔包括：〕①人口密度；②收入水准；③国籍及省籍之分析；④犯罚〔罪〕者之比例；⑤卫生状况；⑥国家性与地方性之社会职业情形。

如将此图〔（4）图〕与（2）（3）图相较，则〔（2）（3）图〕与（4）图将大致相称，而成一自然之界线。此种办法所得者，其所包面积至少[1]，实不足以成一市镇单位。至于如何规划，则端视计划者之如何设计。本人以为上海情形，市镇单位人口应以自 15 万～20 万为宜。

此种分析实为发展将来本市各新计划之市镇之基础，盖其表示地方性质经济及社会之现象也。

一一集

三八四

---

1. 即"极少、甚少"。——编者注

附件
总图二稿修正草图之说明

1948 年 9 月 2 日　韩布葛

　　总图之设计，乃融合都市计划之较理想原则所作成。而吾人今后之工作，应更倾向实践，俾使理想之实现，不致成为冒险。故应采取一种折衷办法，避免错误之原理，似属需要。易言之，不可将理想定之过高。

　　修正时，吾人应注意不使错误存在。自开始计划即比较多注意于本市旧中心区，并曾在 1:10 000 及 1:2 500 图上修正改善；而都市外区区域面积甚广，则仅有少数交通路线。目前有关于后者之资料及调查增多，吾人当可着手较有系统之工作矣。

　　最先应加考虑者，厥为地形、排水、给水。本市地势平坦，雨量达每公顷每秒钟 100 公升之多，因此排水极感困难。潮水及地下水之移动、上下及进出，亦有关连，而"径流"（Run-off）仅能在"遮蔽条例"（覆盖条例）（Coverage Rules，包括道路路面情形）范围内有所管制。但战时在本市建成区内，上述条例已被忽略。积雪问题当属次要，气候及土壤构造对排水问题则极有影响。至于给水问题，黄浦江在一般情形下颇嫌过远，而苏州河又污秽不堪。是故如现存小河系统，对排水、给水问题颇属需要，尤其以工厂为甚。处理地面"径流"，似以避免用唧水站为合。埋水管坡度虽少于 0.1% 者，其长度应不超过 3km。因此排水沟渠之距离不能超出 4km，现在则为 1 ~ 2km。此项水源亦可充作洗濯及消防之用。此外，尚应有一航运系统，每河距离 5 ~ 7km，其断面应较目前河流断面为大，俾能通航 100 ~ 200 吨之船只。而目前 40 吨之船只已属罕见，苏州河之船只限制为 20 吨。除河流外，亦应有一运河系统与大运河连接，能航行 600 ~ 1 000 吨船只。此问题与区域有关，而非上海市之直接问题。苏州河之污秽可用处理污水方法改善之，清洁之河流应与湖泊相连。绿地之设立，可先择底〔低〕洼地与水道连接，河中之污泥经挖掘后填至两岸土地或公路，以修整地形上之缺点。欧洲许多低地城市及近海平原，系建立于由人工筑成的土堆上。上海整个地区逐渐下沉，可以此法补救。

　　欲整理总图内各区域，吾人可更改区域之面积及人口之密度，而后者更因区域现在之发展情形而趋于复杂。短时期内减少已经居住区域内之居民，固属不可能，则吾人仅能使密度平衡，维持平均数低于 300 人 /hm²。

　　表会 -4 中（总图二稿原以 250 人 /hm² 为计算标准）假定中区 800 人 /hm²，杨树浦区 600 人 /hm²，近工业区 250 人 /hm²，其他 200 人 /hm²。

　　以上平均数恰低于 300 人 /hm²。第二、第四区面积特小，可以合并，使杨树浦区在接近之江湾区内得到住宅地带。

　　以上密度颇接近各区之设计数字。

　　一等住宅区 300 人 /hm²，二等住宅区 440 人 /hm²，三等住宅区 500 人 /hm²。建成区中心之道路，应与区域内之重要地点联系，故交通应予考虑。原有区域计划，因尚未详细计划，就理论言，区域应扩展至宁波、杭州、苏州（南京）及三角地之北部，但〈自〉目前伸展至乍浦、青浦、浦东已属足够，不论基本条件是否足够。交通计划图，虽疑点仍多，目前似应开始试行设计，浦东区及闵行区向北之道路地位〈年〉略加修改；彭浦区"编配车场"（Classification Yard）上之交叉道路使之减少，以便利大场飞机场向西南扩展；虽另一水上飞机正拟计划，但尚未确定。

　　在多种情形下，应将道路计划「延」展至市界之外，甚至界外含有明确土地使用之地区，亦可予以指出之，惟行政上有不能直接实施之困难存在年〔耳〕。

一集

三八五

分区①	住宅用地面积（km²）	密度（人/km²）	人口（100万人）
一	25	20 000	0.50
二	13	25 000	0.33
三	36	80 000	2.88
四	12	60 000	0.72
五	37	20 000	0.74
六	29	20 000	0.58
七	23	25 000	0.58
八	32	25 000	0.80
九	30	25 000	0.75
十	32	20 000	0.64
十一	21	20 000	0.42
十二	24	20 000②	0.60
共计	314	/	9.53

注：①分区名称参见本书第 053 页表 6-12。——编者注
　　②根据表格内其他数据，该数据似应为"25 000"。——编者注

一集

三八六

秘书处临时处务会议

时间	1947 年 8 月 15 日下午 3 时			
地点	上海市工务局局长室			
出席者	赵祖康　陆谦受　姚世濂　金经昌　陆筱丹			
	韩布葛　朱国洗　庞曾湛			
主席	赵祖康	记录		庞曾湛

主席：

施孔怀先生之沿浦两岸布置草图，经上次技术委员会讨论后，已经修正。今天请各位再就其计划，对于港口区域问题，加以讨论。昨日公用局亦召集会议讨论港口码头，本人曾提出：

（1）码头沿岸保留地带伸入 300m，应视实际需要而定；

（2）驳岸线（Bulk-Head〔Bulkhead〕Lines），须由港务机构与市政府会商决；

（3）港务计划应依据都市计划委员会之计划总图。

朱国洗：

昨日公用局之会议，决定在永久港务机构成立后，首先接管现在已有港口、码头仓库区域，分别予以保养、维持或改善，然后拟具将来港口计划图。凡有新建码头区域需用土地，当向市政府请求保留；或有旧码头失去效用而在取缔之列者，拟亦随时报请市政府辟为其他用途。

韩布葛：

据本人研究浚浦局所刊行国联专家 1932 年及浚浦局顾问工程师 1924 年两报告，前者所主张在虹江码头南、北两面之挖入式码头地位（亦即施先生计划草图中所示），实宜于作为都市计划之工业区域。因此项码头式样，不便于铁道联运之布置。如〈设〉在码头铺设铁道，徒然使岸线以内之地区因铁道交叉而与市中心交通感觉不便，故不如划为工厂区，则该地自成区域，并无妨碍。至后者，主要建议将上海港口筑于尽可能距离上海较近之地，其宗旨实与都市计划委员会总图之吴淞挖入式码头，意义相吻合。

主席：

关于此两项计划比较之理由，请韩先生另作一书面意见，以备研究。

陆谦受：

今日鲍立克先生未曾到会，本人代表申述其意见。鲍先生以为，一般人均误认现在上海港口之缺点，在于码头长度及码头机械化设备不足，故纷纷主张增加码头、改进设备。实则问题不在码头长度。今日上海最严重问题，在船舶进口后之停留时间（Turning time）太久太不经济，故须〔需〕从码头之质着眼，而不在量之多寡。如利用挖入式，机械集中，管理便利，效率可以增加，而码头需要长度反而减少。

本人负责设计工作，惟就所知以贡献意见，在行政上之能否推进，是为另一事。最近总图设计方面，对于浦东工业区已进行修正。而对于港口区，本人仍主维持总图二稿原则。

韩布葛：

对于现在已有码头，吾人不能否定，故在都市计划码头区以外而现存之码头，只可暂准存在。

三八七

朱国洗：

中正路（今延安路）以南之码头，似可留为客运码头，因其与市中心交通最为便利。

决议：

根据参议会决议及各方意见，确定码头仓库区域原则三点：

（1）码头仓库区域，应集中于数点。

（2）暂时利用现有码头及其他扩充岸线。凡扩充岸线，必与都市计划相符合。

（3）利用已有码头，而此项码头不在都市计划规定之码头仓库区者，不能增加扩充，仅能作为临时码头。

依据以上三原则，对于现状，拟定具体办法如下：

（1）吴淞口至殷行路，仍为计划中之集中码头区。

（2）虬江码头予以保留，得适应目前需要，加以改善。

（3）申新七厂至苏州河，作为临时码头区。

（4）新开河至江海南关，作为临时码头区。

（5）日晖港码头，照都市计划原理。

（6）自高桥港口至浦东电气公司，作为军用码头。（浦东）

（7）自西沟起至三井码头、自陆家浜至上南铁路，除工厂使用码头外，作为临时码头。（浦东）

一集

三八九

秘书处业务检讨会议

时间	1947 年 11 月 22、23、24 日上午 9 时至 12 时下午 3 时至 5 时
地点	上海市工务局会议室
出席者	赵祖康　鲍立克　程世抚　钟耀华　金经昌 金其武　宗少彧　黄　洁　陆聿贵　汪定曾 庞曾淮　俞贤通　陆筱丹　章　煚　杨蕴璞 王志超　陈孚华　徐鑫堂　王金鳌　周书涛 陆谦受　林荣向　姚世濂　费　霍　余纲复 张万久　黄　杰　吴之翰　宋学勤　李国豪 杨迺骏
主席	赵祖康　　　　记录　　余纲复　费　霍　庞曾淮

1. 第 1 日会议

主席：

　　此次举行本会秘书处业务检讨会议，希望将过去工作作一综合之整理与检讨，并讨论今后工作之推进。本人以为，工作之具体对象，当仍以干道系统、工厂区域及闸北西区计划三项为最重要；而工作之讨论研究，又可分为计划、法规及行政三方面。兹依照会务组所拟程序，逐一讨论。

费霍：

　　宣读《上海港口问题研究报告》（另刊）。

决议：

　　原稿请余纲复先生再加整理：

　　（1）应添入挖入式码头之面积。

　　（2）报告中所列油池专业码头岸线，约占永久性码头全长 1/3。港口计划标准之拟定，第（5）节〔点〕中每年每英尺 500 吨之标准，是否已包括油量吨位在内，应予查明，以资正确。

余纲复：

　　宣读两路局所拟之《上海市区铁路路〔站〕点改善计划报告》及《上海市铁路建设计划委员会第三次会议记录》。

金经昌：

　　报告最近干道系统设计概要。

　　（1）拟在西藏路、新民路（今天目中路）口，设立市区高速道及铁路之联合车站。

　　（2）直达干道，四线起迄如下：

　　　　①吴淞—杨树浦—北站—闸北西区—北新泾。

　　　　②南翔区—西藏路—过浦江—接浦东干道。

　　　　③蕴藻（蕰藻）区—江湾区—中山路—龙华—塘湾区—闵行区。

　　　　④南站—龙华区。

　　（3）建成区辅助干道共 19 条。（详图）

决议：

直达干道之设计原则：

（1）高速交通，应兼顾客运及货运之需要。

（2）因樽节汽油，大量客运利用高速电车或市区铁路。货运则因路线起迄不一，仍应有汽车道之设备。

（3）高速电车及汽油「车」是否在同一道路行驶，抑「或」分二层建筑，以及地下车道之可能性，另设研究小组，请杨迺骏、李国豪、陈孚华、张万久、鲍立克五君共同研究。

（4）如设立联合车站，北站地位应有变动，一线干道并须占用现有车站土地。本会设计图完成，先洽铁路局、地政局征求同意，并会商如何交换土地，本「会」再作最后决定。（张万久先生表示联合车站之设计原则，路局当能同意。）

（5）辅助干道之断面标准，最大宽度暂定46m，最小暂定27.5m。

2. 第2日会议：关于闸北西区计划

金经昌：

报告因整个干道系统变更计划、闸北西区道路系统与以前提经市政会议通过之计划不同之点。

汪定曾、鲍立克：

说明联立式房屋设计意义。

宗少彧：

宣读所拟《上海市建成区营建区划规则草案》。

陆筱丹：

宣读所拟《上海市闸北西区营建区划规则草案》。

决议：

（1）道路系统，依据现在设计绘制正式图样，俟铁路局同意后，提市政会议。

（2）直达干道，如暂时尚不能建筑，所需路线及广场基地，应先保留。

（3）在车站土地未能利用及直达干道未兴筑前，地方道路之设计，尽量顾及与干道路线之联系。

（4）闸北西区作为重新规划区域，不受《上海市建成区营建区划规则》之影响。营建区划规则各条款之修正意见，由陆筱丹君负责整理，备提都市计划委员会联席会议之商决。

（5）营建区划规则中所列各项营建标准，由汪定曾、鲍立克会商决定。

（6）各类房屋设计图样，仍请汪定曾、鲍立克继续进行，并附说明以备参考。

（7）进行程序：闸北西区计划实施要纲〔纲要〕、各项计划图（附说明书）及营建区划规则，由各负责人于12月1日完成，11月2日〔12月2日〕召集都市计划委员会联席会议商决后，再行提交12月5日之市政会议。

3. 第3日会议：工务局与都市计划有关之一般问题

姚世濂：

说明《上海市建成区营建区划暂行规则》各条款及区划图。

黄洁：

报告所拟工厂分类表。

决议：

（1）关于建成区分区办法，采取下列原则：

①尽量以总图二稿为依据，并依疏散工厂至四郊为目标。

②参考土地使用现状图及现在地价图。

③将标准较现状略予提高。

④如在规定区域内不应设建之工厂，而目前已存在者，为顾及行政上困难计，得将迁出限期酌予延长。但原则上，不能降低区划之标准。

（2）关于区划规则及区划图之修正意见。

①取销杂居区，增列铁路区，绿地带及油池区。

②分区界线重加研究，在一区内，可并列各种不同性质之区域。

③规则条款及区划图，请姚处长负责整理，备提都市计划委员会联席会议商讨。

（3）关于工厂分类办法。

原拟「之第一类」"大型工厂"〈一〉与「第二类」"普通工厂"〈二〉，并称为"普通工厂"，其标准定为马力 20〈匹〉（约 14.9kW）以上及工人数 30 人以上。

原拟之「第」三类，改称为"商业工场"，其余仍依次编列，由黄洁先生重予整理。

（4）其他。

①市区内园林大道，由程世抚、鲍立克两先生会商研究后，提出讨论。

②辅助干道两旁，准否开设商店问题，由陆筱丹、林荣向两先生究研〔研究〕后，提出讨论。

③辅助干道 19 线，请金经昌先生将所经路线列表，提下次会议讨论。

④广告牌管制办法，由营造处另订，不必并入区划规则中讨论。

上海市都市计划
委员会秘书处联席
会议记录

秘书处第一次联席会议

时间	1946 年 9 月 26 日下午 5 时		
地点	上海市工务局会议室		
出席者	赵祖康　祝 平　侯彧华　沈德燮　黄伯樵 鲍立克　丁贵堂（施孔怀代）　施孔怀　陆谦受 程世抚　吴之翰　谷春帆　赵曾珏　王大闳 程应铨　吴朋聪　姚世濂　陈孚华　伍康成 李孤帆　李德华　林安邦　费 霍　金其武		
主席	赵祖康	记录	费　霍　金其武

主席：

今天讨论的问题：

（1）都市计划委员会第一次会议关于基本原则各项问题决议，今天提出讨论；

（2）工务局技术顾问委员会都市计划组研究会草拟之总图初稿亦请各位加以指正。

为节省时间起见，本会工作系采双方并进，一面讨论基本原则，一面修正总图初稿。秘书处预备先将基本原则在两星期内拟就草案，分送各组讨论。希望各位在〔就〕七项基本原则中之经济、交通、人口、土地四项，因连带关系先请发表意见，其他卫生、教育则可单独讨论。

兹先研究，讨论之方式如何最为适宜。

李孤帆：

中央造船厂请求在吴淞建浮船坞（Floating Dock），已向港务委员会申请。最近各码头秩序不宁，卸货速率锐减，其严密管理亦为重要因素。请先讨论"码头面积"（Harbor Area）在多少面积以内划作码头范围，庶易于管理。若太疏散，管理亦复不易。本席意见，须规定若干地点。

陆谦受：

如专以吴淞沿岸为码头，将来能否供应本市对外进口贸易之需用。

主席：

港口问题有两种意见：一为集中一处，如吴淞等〈等〉处；一为分散而沿黄浦江岸。究拟采用何种意见，须早日作最后之决定。

Paulick（鲍立克）：

港埠发达必须施用现代化之器械，以增加货物起卸及运输之迅速。欲达到上项目的，以集中码头比较经济。其集中地点不宜于吴淞口外，因滩地易受天然之冲击。故初稿内配置在蕴藻浜（蕰藻浜）附近，宁愿构筑深水码头，尤较经济。

施孔怀：

吴淞口兴筑深水船坞，如长度超过 2 000 英尺（约 610m）以上，极易淤塞。每年可积土 5 英尺（约 1.53m）左右，所需之维持费甚巨，故于技术方面不无困难。

侯彧华：

上海大部货物向内地推销，希望半年内先在吴淞建造 2 000 英尺（约 610m）码头，日后磅〔码〕头兴建须经三个阶段：

第一步，先发展黄浦江原有码头。

第二步，黄浦码头发展至不敷应用时，发展吴淞。

第三步，发展吴淞尚不敷用时，再发展乍浦。

主席：

附带报告，港务整理委员会筹备会本星期开会时，曾讨论中央造船公司请求在吴淞蕴藻浜（蕴藻浜）以北建坞，地位计需用岸线 3 200 英尺（约 976m），吃水为 50 英尺（约 15.25m），下月中旬必须决定。经筹备会议决，如系浮船坞可暂由该公司使用，以 20 年为期。此事对于都市计划颇有关系，特此提出报告。

陆谦受：

上海日后发展仅赖吴淞江码头恐不敷用，故假定以乍浦为外洋港，吴淞为内地港。我们决非有开发乍浦而放弃上海之意。施委员所谓挖入 2 000 尺〔英尺〕（约 610m）以上所费甚巨，且易淤塞，是我们所希望知道之港口技术问题。希望各专家对于此种问题多多发表意见。

施孔怀：

以前浚浦局有一计划，在复兴岛及周家嘴至虹江码头开辟运河，建筑码头，此点可供参考。

陆谦受：

对于轮船吃水深度问题，据某专家云，将来轮船吃水须在 45 英尺（约 13.73m）以上。

施孔怀：

中国对于国际贸易方面进口多、出口少，所以到中国的船大都用吃水浅的较小轮船，即使多用几只亦属经济。据海关记录，到中国之航轮中吃水最深者为 32 英尺（约 9.76m）。所以航轮吃水深度，船商须视我国进出口货数量来配合轮船大小。国际航业委员会标准吃水最大者不得超过 15m。

鲍立克：

关于航轮吃水深度，最近一般趋势以 4 万 ~ 4.5 万吨为最合用，在利物浦建船深度以 40 英尺（约 12.2m）为标准。

李孤帆：

对于沿江私有码头，本席主张仍以维持为原则。

主席：

今天谈话所得结果颇为重要，拟提交交通组予以决定，请吴之翰先生报告人口问题之研究。

吴之翰：

关于人口研究，过去以 50 年为对象；现在经本会第一次会议议决，计划时期以 25 年为对象。惟对于人口研究方式不论 50 年或 25 年是相同的，所以本席先将研究 50 年对象之经过情形向各位报告。当然欲得较为可靠之预测，应选择若干与上海情形相似之都市，研究其人口之变迁，绘成若干曲线，而取得其适用于上海之平均值（见图会 -4）。但此项统计材料非一时所能收集，不得已退而求其次。

（1）按照《上海港口大全》（1943 年英文本第 77 页），自 1880—1942 年中之人口增加几形成一缓和之曲线（子）。惟自 1935 年起，因战事影响而有不正常之现象，姑不计入。则 1880 年人口为 100 万，至 1935 年渐增至约 370 万，兹按复利计算法求出此 50 年之平均增加率得 2.4%，依此增加率绘成曲线（甲）。

（2）再按《上海港口大全》（1943 年中文本第 107 页），每年人口平均增加率为 4%，仍依复利计算，完全如（1）项方法绘成曲线（乙）。

（3）按 Malthus（马尔萨斯）之假设，人口每隔 25 年增加一倍。若以 1935 年为 370 万，则 1960 年 740 万，1985 年 1480 万，2010 年 2960 万。并由 1935 年起，按此假设追溯以往之人口，则 1910 年应为 185 万，1885 年为 92.5 万人，依此则得曲线（丙）。

（4）将《上海港口大全》（1943 年英文本第 77 页）之曲线乘势延长则得曲线（丁）。

按以上四种预测所得(甲)、(丙)两曲线与《上海港口大全》所示以往实际人口变迁之状况（曲线(子)）

初集

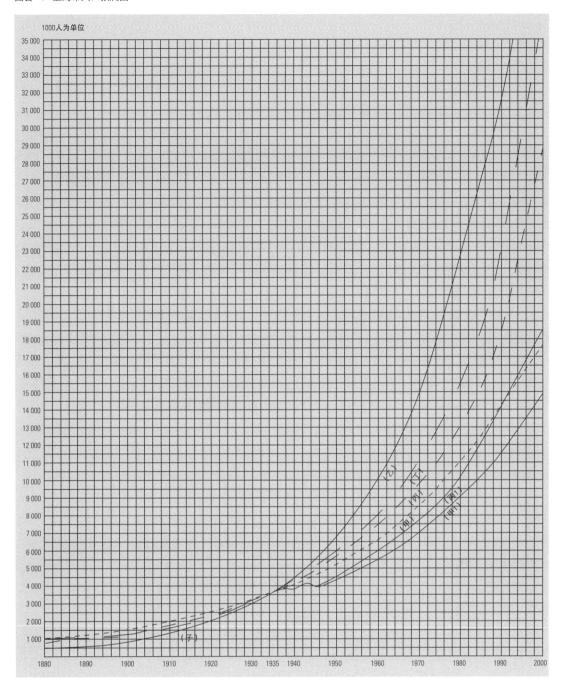

颇为近似；至于曲线（乙）则与曲线（子）相差过远；而曲线（丁）乃原有曲线（子）之乘势延长，不易得到准确之结果。因此放弃（乙）、（丁）两曲线，而将（甲）、（丙）两曲线移至 1946 年，得（甲「1」）、（丙「1」）两线。于是，测定 1995 年之上海人口总数约为 1 280 万 ~ 1 550 万人。将所得之结果更进一步研究，则又发生八点疑问如下：

（1）按复利法计算人口增加之适用性，是否应有一限制，即在若干年数以上及若干人口总数以上，此习用之复利计算法应否加以修正。

（2）以往上海市人口增加是否因上海有租界之存在，不仅以经济为动机，而含有政治之背景。在租界收回之后，是否人口增加之情形有所改变。

（3）以往中国各港埠未能平均发展，原动力之获得以上海最为方便，加以全国交通状况未能普遍开发，故上海人口之增加实属畸形。而今后 50 年中，一切建设如能循有系统之计划进展，则上海人口之增加速度似应有所改变。

（4）此后国防方面对于全国工商业之分布应有所规定，亦即人口之如何疏散亦应有具体之计划，必须确定妥善之工商业政策及人口政策以策安全（此处所言疏散，不仅就一市之分区，乃就全国之各市而言，宜加注意）。

（5）近代都市计划专家，如 Blum（布洛姆）教授等认为，都市人口无超过 70 万人之必要，世界上若干数百万人口之都市并非合理之发展。

（6）今后，动力日趋改进，机械化之程度日高，则同一规模之事业所需要人力之比例亦必相差甚巨。

（7）欧洲各工业国家之都市人口与乡村人口之比例为 80% 与 20% 之比，中国则反是，适为 20% 与 80% 之比。倘 50 年后，中国工业化亦达到此程度，则每都市人口似应平均各增加至 4 倍。在 50 年后全国人口当然又复增加，则此所谓 4 倍之数又似过小。但 80% 与 20% 之比率并非理想之数，倘运用人口政策，使此比率变为 60% 比 40%，乃至 50% 比 50%，则此二〔两〕种之消长几可相抵。因此，可预测 50 年后上海人口似应为 1 600 万。但中国都市均未充分发展，且工商业应倾向于分散至各都市，则预测为 4 倍反嫌过大。若假设上海人口 50 年后再增加 1～2 倍，亦较近情理，则约为 800 万～1 200 万。

（8）以往上海政治不统一，都市无计划，交通无系统，港口无设备。一切缺点若今后一一加以纠正，则上海人口之增加势必突飞猛晋。

以上除第（8）点偏于将上海人口从高估计外，而其他 7 点均不特提示，上海人口增加率将自然逐渐减少，且应运用政策使人口不复过分集中于一都市。但以达何种程度为宜，是有待于商榷而加以决定者。至于将 25 年为对象，人口方面当然不及上次 50 年为对象所假定 800 万～1 000 万之巨。惟以今天未将上次绘就之曲线带来，所以依上述推算办法，25 年后人口之估计数字，俟下次会议时再报告各位。

谷春帆：

都市经济之发展与人口关系最巨。如照吴先生所假定之结论，本市人口于 50 年时以 1 000 万为对象，似觉较高。伦敦都市议计之对象为 800 万，且交通方面尚有地下设备。如按照经济原则之记载，每年增加率均以 3% 计算之。本席希望各位将现有统计数字及假定标准源源供给，以便财务组之参考。

鲍立克：

在将来社会中，人口繁殖必速。因卫生环境日渐改善，则婴孩夭折率必迅速减低；居住问题能有理想之解决后，居民寿命必能增长。

在未来 50 年内，中国虽将由农业国而趋工业化之途，但其工业化之程度决不能如今日美国之盛，且上海附近所能发展者仅为轻工业而已。故人口虽能增加，但可不致集中过密。

上海原动力之获得颇为不易，而地价太高、生活费用太大，皆足以妨碍重工业之发展，因而人口不致过密。

原计划假定之 1 500 万人口并未集中于现在已建成区之内，而分散于总图上所示之各区。各区容纳人口视其地位重要性、交通及其他因素分 60「万」～80 万不等。上述各区均须自给自足，内部更分为各小区，隔以绿地带。

赵曾珏：

以前本局所拟电话计划，其人口增加系按 3,4〔3.4〕比率计算之。其结论以 700 万在市区，100 万在乡区，共计 800 万，此为最高数字。但其最大问题在乎交通之能否维持。以每电话一具供给 10 人施用时，即需 70 万具。惟因人口之变动因素复杂，欲得一确切数字殊属非易。

陆谦受：

关于人口问题，兹再补充意见如下。查人口率之增加，计有二因，一为天然，一为人力。第一点业已详细讨论，第二点即系国家之人口政策，此点影响甚大。目前，本市计划按面积计算，市区内仅能容纳 700 万「人」，其多余之人数即须向外发展。故目前决案不如以最大容量 700 万为原则，再行请示中央关于人口国策之范围。关于空地面积，伦敦每千人占据 4 亩〔英亩〕（约 1.62hm²），孟鸠斯市（曼彻斯特）每千人 7 亩〔英亩〕（约 2.83hm²），本市则与孟市（曼彻斯特）相仿。关于人口密度，现计划以每平方公里容纳人口 5 000、7 500 及 10 000 三种，视其离中心之远近及交通之重要与否而变更其密度。

祝平：

　　关于土地政策，本席主张确实推行"市地市有"政策，但决不使原有地主受损。盖政府方面不妨付给比市价较高之单价收买，而使地主利用现金投资于市内之公共事业，仍可获利，并可促进市区之繁荣。

赵曾珏：

　　都市计划之最终目标为解决经济计划，亦即三民主义中民生问题之解决。

谷春帆：

　　人口如已假定为 700 万，则第二点重要性之进出口吨位亦应同时予以假定。

主席：

　　本会前有假定为 10 000 万吨，现既为 25 年则可查表探索（约为 8 000 万吨）。

陆谦受：

　　如能实行"市地市有"政策，则都市计划同人深感欣快。因如此始可解决甚多之难题，苟不能全部市有，亦希望有 20% 成为市有。

　　赵委员提出，谓都市计划之最终目标为解决经济问题，十分赞同。且非仅为普通若干人之经济，而须为一般国民之经济。

主席：

　　对于经济之范围甚广，本会职权有限，似不宜太为广泛，应有一适当之限制。

鲍立克：

　　如政府能拥有全市土地 1/10，已足够控制。不须征用全部土地，使归市有，但须有完善管制土地划分之计划。市政府应有权将全市土地重行作有理之划分，则一切计划实施时之困难皆可迎刃而解矣。

主席：

　　土地收归市有有两二〔两〕方法：第一种方法，按照青岛市之前例，可将全部需用土地由市府购入，将公用部分施用外，余出租于市民；第二种方法，可将全部土地购入，除公用部分施用外，余地重行划分，按市府原付总价分摊各地主收还之。

施孔怀：

　　做事虽须按照理论而希望实施，但仍须顾及阻力之设法减低。故对土地市有或重划，必须顾及民意而免生阻力。

祝平：

　　办事时，须认清理想是否合理，苟属合理，则施行时必少阻力。本市情形，如使市民投资土地之资本移作投资工厂，仍可获利，仅换一途径而已。想不致有巨大之阻力，惟执行时应秉公处理，是诚于民有利。

谷春帆：

　　将来，本市将成为何种都市极属重要，重工业不易发展，恐仅属轻工业而已。

赵曾珏：

　　上海有熟练工人或可成为轻工业中心，惟将来附近各区均易发展轻工业，故不如视为商港都市为合宜。

附件
关于上海人口增加及总图之意见
鲍立克

（1）工业发展后，全国总人口在 2000 年将增至 9 亿人，即较现时增加 100%——参照欧美各国工业革命时之比例。

（2）都市人口与乡村人口之比例将由 20%:80% 至 60%:40%。现时都市人口为 4.5 亿之 20%，即 9 000 万；至 2000 年将为 9 亿之 60%，即 5.4 亿。由是观之，中国若工业化〈后〉55 年后，都市人口将增加 6 倍。

若上海人口照此比例增加，则将为 2 100 万人。至此吾人可作两种假定之因素，一为不利于人口增加者，如原料之缺乏及食粮之不足等；另一为有利于人口增加者，则如劳工之集中、交通之方便、棉花及造船工业之中心、电力之获得等。惟此种问题皆需长期之研究，但有一假定可确定无疑者，即在未来之 15 年中，人口增加之速度将较中国一般之平均速度为高；再后之 10 年中，上海人口之增加速度与全国相仿；25 年后，中国内地各省将有剧烈之进展，工业之生产将较上海为多。

人口之增加可依复利计算，惟并不根据以往之利率，而以将来之情形为定。上海之人口约略如下（见表会 -5）。

关于人口过挤及交通问题，余有数端阐明。此总图初稿所示者，为一有统一性「之」都市之组织。在纽约及伦敦，初有人口全皆集中于都市中心。然在总图中，系一新组织，包含各种单位，每一单位自给自足，并根据现代之土地使用分区、交通设计以减少交通之频繁。上海之总图略解如下：

（1）邻组（NEIGHBORHOOO〔neighborhood〕）为一约 2 万居民之单位，有小学与日常需要之供应店铺及游乐设备。

（2）SUB-CITY（辅城）为一约有 8 邻组之单位，约有 15 万居民，有一基本行政机关包含公共卫生、防火、警防等工作，并一般之机构，如中学等。

（3）TOWN-DISTRICT（城镇）含有 4 ~ 6 个 SUB-CITIES（辅城），约有 60 万 ~ 90 万居民，有一行政机关、高级学校、商店集中地、电影院、戏院及娱乐设备。

第四单位为全市之交通网。

由居住处所至工作地点、学校、游乐场所及商店之交通限于在 SUB-CITY（辅城）之内，而不与全市之交通路线相交叉，此交通路线仅在 TOWN-DISTRICT（城镇）之间，而使：

（1）DISTRICT（邻里）中之交通工具可不用机动车辆（步行至多 30 分钟）。

（2）SUB-CITY（辅城）住宅区内仅有较窄之道路。

（3）自 DISTRICT（邻里）至 TOWN（城镇）之交通线之方〔环〕形，而不与接触。

（4）高价之公路构筑物宜予减少。

在此种计划下，交通之拥挤不再有如今日之上海、伦敦、纽约矣（纽约马哈顿（曼哈顿）区道路面积占全面积之 27%，而拥挤仍甚）。故此点为此总图最大之利益，而吾等将以此为基本原则，而进行计划。

表会 -5　上海将来人口估计表

时间	人口（人）	说明
现在	350 万	/
10 年后	480 万	/
20 年后	680 万	/
30 年后	980 万	
40 年后	1 430 万	此 30 年中，人口增加将迟缓或仅至 1 500 万人而已，尚有待于以后经济及统计材料之研究。
50 年后	2 100 万	

秘书处第二次联席会议

时间	1946 年 11 月 28 日下午 5 时
地点	上海市工务局会议室
出席者	谷春帆（伍康成代）　伍康成　吴之翰　鲍立克 金经昌　齐树功　俞焕文　张维（魏建宏代） 魏建宏　陆谦受　E. B. Cumine（甘少明）　林安邦 徐肇霖　赵曾珏　赵祖康　黄伯樵（赵曾珏代） 祝 平　沈来义　江德潜　姚世濂　程世抚 陆筱丹　施孔怀　钟耀华　卢宾侯　余纲复 黄作燊
主席	赵祖康
记录	余纲复　林安邦

今日联席会议承各位莅临讨论，深为感谢。关于都市计划中不易解决之问题，本人已向市长报告，在联席会议讨论，从长计议，以谋解决。查第二次大会中争论最多者为：①港口如何布置；②铁路车站地点；③如何利用浦东。关于第①点，已得有一折中办法。关于第②点，留车站准备地位，并请交通部组织委员会调查研究，会同本市市府决定。本人前次晋京已与俞部长谈过，已得其同意，且已与铁路当局谈过。关于第③点如何利用浦东问题，有二〔两〕个主张：有主张发展为工业区、港口区，有主张仅发展为住宅区、农业区。想诸位都已知道，本人不过重述一次。今天请各位讨论者即为浦东问题，希望得一结论。陆谦受先生并拟有将浦东作为工业区及港口区之全盘计划，兹请陆先生提出报告。

陆谦受：

承各位来讨论浦东问题，同人等十分欣快，今天为讨论浦东问题并非为辩论。浦东问题此为一基本慨〔概〕念，必先行提出，至同人等所拟之计划，则请各位不吝指教。诸位或为都市计划委员会委员，或为各部门长官，一切计划必须经各位通过才能实行。如决定好的话，市民当受惠非浅。世界各国对于都市计划亦常有意见不同，情事皆有，一决定「之」好坏，则责任非常重大。

都市之发展为有机性的，各单位之功能不同，发展之方向亦异，但以各单位之不同发展配合成整个的发展。兹请进一步讨论上海市如何发展。上海为港口商埠，因所处地位特殊优越，亦为一工业中心，故作上海计划必须满足此两种需要。

摊开地图一看，首先引起吾人注意的是，浦东有深水、有工业、有码头仓库，与浦西一水之隔，所以要来〔求〕一计划。根据现况将浦东发展成港口及工业区，自吴淞至罗汉松（张家湾以南）沿岸40 余公里都予利用（因为有人提出岸线为一种资产，应尽量利用）。深水作港口，浅水作为工业区，并配合需要之居住区。浦东面积共约 200km²，如发展整个区域为一完全单位，可容纳 200 万人（如上海将来人口为 700 万，则浦西为 500 万人）。浦西既有商业区，浦东既计划为整个单位，也应有商业区。地点拟在陆家嘴，可与浦西商业区遥遥相对，很美观。谈到交通联系问题，第一当为桥梁，如巴黎之赛因河（塞纳河），伦敦之泰晤士河，纽约之赫德逊河（哈德逊河），均有桥梁，上海还没有。不过浦东没有腹地，而桥梁对于一港口都市之业务不能有妨碍，则高度须使往来船只不受阻滞。

查世界标准，最高水面至桥下应为 225 英尺（约 68.63m），连桥梁高度共约 240 余英尺（约 73.2m）。此标准当然很高。若照美海军部所规定之标准，则水面上空间为 135 英尺（约 41.18m），较前减少颇多，恐为最低限度标准。现假定采用后者，并假定桥身高 15 英尺（约 4.58m），则桥面下至最高水面空间为 150 英尺（45.75m）。关于坡度，吾人也找了不少参考：

（1）根据铁路局意见，按现有机车情形，坡度不能超过 1/500，即 0.2%。如此，则桥梁连引桥共长 46km，一半为 23km。如在龙华建桥过江，则起点将在松江，真将如"长桥卧波，未云何龙"。

（2）交通部规定，主要桥梁之坡度不能超过 0.5%，则桥身连引桥须长 20km，一半为 10km（吾人以为，如将来机车改善或可应用）。

关于地点，有人主张在十六铺或中正路（今延安路），如此又遇到了困难。因为龙华将成为国际飞机场，其标准为跑道 5 500 英尺（1 677.5m），预备跑道 5 500 英尺，共 11 000 英尺，约 3km，降落角度为即 1140〔11° 40′〕，在此角度内不能有高建筑物。查桥梁高 150 英尺（45.75m），连桥塔恐至少有 200 英尺（约 61m）。在 10km 圆内，既不能有此高建筑，故拟设于曹行镇附近，两端在颛桥镇及周浦镇，距离南京路约 15km。引沪杭线至浦东，拟在新桥镇相接至浦东后，再用线连接沿江工业码头区。沪杭线既接通，自还要接通京沪线，以完成一环形路线。吴淞附近造桥不可能，拟用隧道。隧道伸入地下约 80 英尺（约 24.4m），盖须维持港口水深度 40 英尺（约 12.2m），隧道之空间约 25 英尺（约 7.63m），上面厚度约 15 英尺（约 4.58m）。地点拟自三角宅至宝山旧城之北凌家宅附近。但如浦东假定有 200 万人口，则仅此两点联系并不够，尚须有其他交通联系。拟就龙华嘴设汽车隧道，坡度为 3%，长度约 2km，以连接环形之中山路；另一隧道联系则在杨树浦渔市场西。尚有二〔两〕主要公路须予连接，自罗汉松至华泾镇以接沪杭路，在吴淞附近以接京沪路；又一点则自周家渡附近以连接西藏路快速车道，如电气火车之类。总之，在交通联系上，除轮渡外，①为大桥，②为大隧道，③五个小隧道。以上为计划之概要。

此一计划之缺点：

（1）仅就交通联系之建筑费用恐即系一天文数字，此项费用可用来建筑整个上海之需要房屋；

（2）连接之交通线均为干路，而干路很宽，至桥梁及隧道，因工程上之限制必皆成为交通线上之瓶颈。若采用此计划，则交通将凌乱不堪，盖轮渡原已拥挤，将来浦西有 500 万人口，浦东有 200 万人口，连接处均成为交通之集中点。

（3）浦东工业实处于不利地点，因绕道之运输，适足以增加成本、增加交通上之困难。

以上为吾人对此计划不满之各点，若就需要上言：

（1）都市计划原无绝对的，而是相对的。根据研究之结果，若港口集中于吴淞，采用现代化设备工作，实极便利，并无需要将港口分布甚长。

（2）浦东之工业为造船、棉织、火柴、榨油等，吾人以为蕴藻浜（蕰藻浜）之南可为一极好之造船厂地带，南翔、虹桥为极好之棉织厂地点，火柴工业应离市区很远，榨油工业浦东仅占 1/5，大部分均在苏州河北岸。

故就分折〔析〕之结果，费用既大，引起困难甚多，实不值得将浦东发展为港口及工业区。如单就浦东人利益而言（此与都市计划基本原则相背，盖都市计划应以大众利益为前题〔提〕，非为一部分人之利益）。发展为工业区，地价并不能提高，在浦西方面即有证明，如曹家渡一带目前每亩约 15 条「金」，而贝当路（今衡山路）一带每亩约 25 条「金」。

故吾人认为，若浦东发展为住宅区，则对于中区之人口惊人密度立可解决其拥挤情形。浦东假定容 60 余万人口，交通问题可用轮渡解决。再浦东农业区出产蔬菜，可供将来 700 万人口之需要，因现代都市食品之供应亦为主要问题之一。再提倡新生活运动，不单是铲除恶习，还须提倡体育及正当娱乐，浦东可并发展为调脐〔养〕身心之中心。

最后一点虽非主要因素，不过亦可供参考，即在军事方面对海面之应战，浦东亦为最近距离。

故浦东是否应发展为港口及工业区，使整个市民负担加重（此负担可以作其他建设），使整个交通系统混乱，此一答案将落在诸位身上。

主席：

　　陆先生对于两种计划说得很详细。

　　第一层，发展浦东为港口及工业区有困难三点：①费用太高；②使交通混乱；③浦东工业处于不利地位。

　　第二层，港口可以集中吴淞，无需在浦东，许多工业在旁的地方更为有利，并照浦东成为住宅区后地价可提高。

　　第三层，若回复到原来的计划，即发展为住宅区及农业区，从人口、农业产品、市民身心休养、军事各方面均有许多利益。

　　现请各位在正面及反面不厌求详的〔地〕予以讨论。

伍康成：

　　就经费方面来说，经济的原则是以最小耗费收到最大效果。将来是否能得到许多钱来发展交通，而用作其他建设是否更为有益。整个国家经济政策是着重于自由性发展，大部分还依赖人民来建设，故须顾虑是否便利。陆先生提到的困难各点，本人很同意，也赞成回复原来计划。盖 50 年内恐难筹到许多钱，何况可用作其他建设更为有益。

主席：

　　浦东建设仓库是否可能。

伍康成：

　　浦东建设仓库或者有利轻工业，亦或属需要。本人以为，在相当范围内浦东须有轻工业区，以供给当地。

主席：

　　关于经济政策着重自由性发展一层，在三民主义国家极为可能并属需要，但在都市计划者之目光中或有不同。此点本人曾与谷局长谈过。建设可分为三种：①自然建设；②经济建设；③社会建设。就国家计划来看，自然建设由各单位去做，而经济建设则为整个的。但因为自然建设容易控制，都市可以整个计划，并可影响经济及社会建设。盖都市计划如经核定成为法案，人民必受限制，此点必须阐明。

魏建宏：

　　就卫生方面说，很赞同陆先生意见。因在原计划中，卫生方面可在浦东设立心身休养医院、疗养院、园林、运动场等。如计划决定，卫生局亦愿照此来布置。至于已有港口、工业，如予限制，可以搬移；不限制，在不利条件下亦自然搬移。

俞焕文：

　　疏散中区人口，对于市民康健很为有益，不过单用轮渡来解决交通问题恐怕不够，是否可考虑用隧道。

钟耀华：

　　按照市轮渡之统计，6 月份 6 艘轮渡共载客 108.5 万人，即每日 36 700 人。如假定浦东人口为 60 余万人，以 5 人为一户，共 12 万余户，以每户一人工作，则照现有设备加 3.5 倍即可解决。

施孔怀：

　　（1）港口集中吴淞后，龙华上游附近是否需要造高桥；

　　（2）吴淞筑港地位已发生问题，因已允资委会设立造船厂，若不利用浦东，深水岸线恐不敷用；

　　（3）关于汽车隧道坡度，在美国用 7% 而非 3%，可以减少长度，减少费用；

　　（4）吴淞之隧道是否需要；

　　（5）出产地与销〔消〕费地可能有相当距离，利用水运成本并不高；

　　（6）桥梁设计技术问题，应考虑浦东作为工业及港口区，还是有考虑之必要。

赵曾珏：

交通之联系在都市计划之立场：①须最经济，最有效；②因上项原因不能不考虑当地环境。浦东产棉，将来恐以棉纺织为主。工业之成本系根据原料及人工计算，本人以为不致增高，因原料在就近，一部分销于当地，再则浦东生活程度低，地价廉。至于交通拥挤原因，大部分因工作地点与居住地点相距甚远，故本人主张，应同时有工业及住宅区。关于建设费用如施先生所说，可以减少，如用之相宜，则其他经济条件可以平衡费用。港口，不独须集中吴淞及日晖港两地，浦东亦不宜放弃。浦东已有很好的港口，本市仓库 2/3 在浦东，均应予利用。如就近有工厂，制造成本自低。本人主张并非完全以浦东为工业区，但须与浦西同样计划，使能一致平衡发展，此点请陆先生考虑之。

卢宾侯：

此一问题非常广泛，关系很大，一时颇难具体作答，不过可以报告者：

（1）为市轮渡之运输情形，东东线小轮二〔两〕艘，长约 60 余英尺（约 18.3m），每日可供 3 万人来往，如有需要可以增加。

（2）同意陆家嘴作为住宅区，以解决中区拥挤状况。

（3）关于桥梁，施先生之意见很对，即如港口不集中吴淞，外洋轮仅至白莲泾为止，上游船只甚少，可造低桥或活动孔桥。

（4）铁路桥之坡度可至 1% ~ 2%，隧道必用电气车，则坡度可以加大。

（5）建设费用将必个别统筹及如何还本，故无庸顾虑，如钱江大桥于战时撤退物资之价值，早已超过成本。

（6）如谓工业设在浦东成本增加，本人意见恰与相反，此层赵局长已提及。且浦东仓库甚多，煤及燃料油大部分都在浦东。至于运输，则至外洋、长江上游、华北、华南者，均可不经过浦西，若有需运至浦西者，〈一〉水运费极属有限。

（7）若同时有住宅、工业、商业，地价必可相当提高，如九龙之与〔于〕香港，九龙开发后轮渡收入增加 3 倍，地价增加 10 倍。

（8）交通状况，香港在 40 万人口时，交通人口约 10 万人，上海情形恐不至此，如假定人口总数为 700 万，则交通人口至多 100 万，有大桥、隧道、轮渡必可解决。

（9）瓶口拥挤情形，本人以为不致发生。一方面都市计划为邻居单位组织，可减少交通量，一方面瓶颈处为快车道，车辆通过因速度高，每日可估计 8 000 ~ 10 000 辆。所要紧者，还是在地位上必须连接干道。

（10）飞机场，龙华接近中区，江湾接近前市中心区，对于 C.46 机之降落均有问题。本人以为，大场去市中心区约 9km，至前市中心区约 11km，汽车交通尚为便利（如伦敦飞机场在第三环路，距离中心为 18km），若不作其他发展，似可作为国际飞机场。此外，浦东近浦江口之三角地周围空旷，亦很好作为国际飞机场，因距吴淞很近，距市中区至多 20km，约为汽车 0.5 小时行程。塘桥可作为国内飞机场，因距离市中区更近。

祝平：

都市设计须稍偏重理想，对于现实不能太顾虑而牺牲理想。本人赞成陆先生意见，在计划上不必加强浦东工业。如浦东有其工业上之自然条件，可不必严格限制（对于其余地点则严格限制），但对于交通则不必发展。

Richard Paulick（鲍立克）：

吾人不能想像一现代工业化之城市，而无一优良之铁路交通网。若需设桥过江，则应以最优良之结构为目标。因吾人之计划非单独用以应付目前之需要，亦需顾及将来不测之变化，则高坡永久铁桥似不相宜。陆先生所提之坡度，已超过欧洲最大之标准（最大之许可标准为 1:400）。交通部之规定如此标准，因中国有铁路以来以客运为主，而欧美工业国家则以货运为主，故坡度标准甚小。中国将来必趋向工业化，则桥梁坡度应有酌量改小之需要，其理甚明。

关于公共投资问题，在正常时期，如属于公共需要之事业，而能收获成本及利润，则投资数额虽巨，亦绝不成问题。今开发浦东为工业港口区，可先就各方面计估，尽量发展亦不能达期望之标准，则如需大量投资，似属非计。况同量之资金，如陆先生所言，应可投于其他有利之公共建设事业。

最近，政府已决定将龙华飞机场扩大，以适合国际飞机场之标准。至于"伦敦阿伯克隆比（Abercrombie）计划"[1]，设飞机场于第三环形路，恐不至于实行，因此项计划已不完全采用，而修改之计划亦已有公报。余于其修改之计划中得见，其将来国际飞机场将接近港口及市中心。又美国克来佛兰特城（克利夫兰市）（Cleveland City）费 40 万美元建一超等高速公路，以减少飞机场至市中心行车之时间，而每次行程所减少之时间不过 10 分钟。是知，国际飞机场应尽量接近市中心为标准，乃现代都市计划之趋势。

陆谦受：

今日承各位赐予宝贵意见，无论如何，同人等均极为欣慰。因都市计划须总合各方面之意见，关于各位提出之问题拟答解如后：

（1）关于局部发展问题，都市计划为整个的，若局部来解决，不能经济，且违背都市计划原则。

（2）施先生说龙华附近不需建高桥，吾人所提出 135 英尺（约 41.18m）之标准乃依照美海军部之规定，其规定须有 135 英尺高之空间，当属有此需要，故吾人亦考虑将有此需要。

（3）吾人之计划，即为配合居住地与工作地，但区间之交通为不可避免者。

（4）吾人对于如何解决交通拥挤问题颇感困难，卢先生为交通专家，如能抽暇会同研究，吾人极为欢迎。

（5）浦东出产棉花，数量似极有限，如以纺织工业设于浦东，恐原料供应不够。

（6）浦东现有码头、仓库，均用人工，设备亦已陈旧，用以应付目前则可，用以为将来发展则不够，且都市计划乃着眼于 25 年之发展，并不即予取缔。

（7）关于坡度问题，吾人所拟用之 0.5% 坡度，较欧洲所应用者已经高了，交通部所定标准似相当合宜。公路采用 7%～8%，仅适于短距离及不能避免之处。故「吾」人认为，铁路 0.5% 及公路 3% 已为最大标准。不过此层纯属技术问题，如各位有暇请会同研究。

主席：

综合各位意见，本人以为，研究时须注意者有数点：

（1）如伍先生所提，物质条件应不违反经济、自然趋势，或妨碍其发展。

（2）如施先生所提，港口集中吴淞，则龙华可以不造高桥。此外，对于桥梁结构技术方面亦可研究。

（3）如赵局长所提，顾到当地环境，似可从上海整个大计划及当地特性，先决定浦东，然后再及于交通费用技术等问题。

（4）如卢先生所提，液体燃料及煤之仓库都在浦东。

（5）卢先生估计将有 100 万人口交通，鲍立克先生以为 100 万人应造桥，故对于人口方面亦值得研究。

（6）祝局长所提，计划应稍偏重理想。

（7）陆先生所提，浦东产棉不多，及浦东在军事上之需要。

决定：

浦东如何使用问题，于下星期四（12 月 5 日）再开会一次，讨论决定之。

1. 即艾伯克隆比（Patrick Abercrombie）主持的大伦敦规划。——编者注

秘书处第三次联席会议

时间	1946 年 12 月 5 日下午 5 时
地点	上海市工务局会议室
出席者	赵祖康　卢宾侯　陆谦受　吴之翰　金经昌 朱国洗　A. Age Corrit　黄作燊　E. B. Cumine（甘少明） A. J. Brandt（白兰德）陆筱丹　谷春帆（伍康成代）　伍康成 程世抚　钟耀华　林安邦　沈来义　费　霍 姚世濂　余纲复
主席	赵祖康	记录	余纲复　费　霍　林安邦

主席：

上次会议对于浦东如何发展问题有赞成及反对原计划两面。本人曾归纳各位意见，请注意研究者约为 7 点，已详见记录。当然原计划设计者亦有其理由。此外，技术问题如桥梁及隧道之空度（净高）及坡度因影响长度，亦值得注意。现请各位继续讨论。

朱国洗：

浦江造桥，大家都认为高架桥很困难。越江工程委员会亦已讨论，认为高架桥（High Level Bridge）即或升降开启式桥（Vertical Lift Bridge）均不合宜，不在研究之列。浦江造桥当为低桥或低架双开式桥梁（Low Level Bascule Lifting Bridge），不然则用隧道，坡度为 4% 或拟 5% 作比较设计。此专指为汽车用而不是为火车用者，因为浦江将来不只一桥或一隧道，如伦敦泰昭士河（泰晤士河）有十余座桥及四五隧道。以上为越江工程委员会之研究。至于浦东问题，拟侯〔候〕聆各位意见后，再提出意见。

陆谦受：

今日会议非常重要，而必须有一决定。上次会议时：

（1）祝局长提到，都市计划须偏重理想，吾人亦以为，若迁就事实等于局部改善而非都市计划。所谓计划，须偏重理想，并非完全理想。

（2）谷局长代表伍先生提到，建设必须以经济为立场，故值得投资的虽多亦应投资，如不合经济条件，则少数亦不应投资。故浦东问题在是否需要发展为工业码头区，即造桥一项非注意能不能造，而是需要不需要造，所以须讨论者非技术或费用等问题。

吾人以为浦东仍应发展为住宅、农业区，对于上海很有利。并在最近一星期遇到不少专家都认为，除农业区外，保留一大片土地为市民调养心身，对于上海很属需要。此外，尚有一点须请大家注意者，即浦东工业在上海整个工业所占成份有限，而现有码头、仓库建筑设备都已陈旧，不能应付将来港口发展之需要，故不必为现状影响将来整个计划。

A. Age Corrit：

本人须声明者，请各位勿以余今日之列席会议乃为造桥之意念，而以余之意见视为一种偏见。再在陈述管见之前，余拟指出"滬"字之构造，系一面为"水"，一面为"户"及"口巴"，可知上海乃面临大海，在长江之"嘴巴"，重要如中国之"户"。诚然，上海得天然之地利，不独为中国最优海港，将来必为世界一最重要港口。因将成为 1 500 万人口之上海，其船只吞吐量必大。然则港口应设于何处？余以为既有天然之黄浦江，则应尽量沿其两岸深水地带设置，方足敷将来需要，若单集中吴淞必不敷用。以前，因租界关系仅有浦西发展，浦东因交通不良而无发展。将来若不发展浦东，必遭遇社会强力经济阻力，故计划上海应重现实。本人希望上海整个发展。目前市内交通拥挤，乃因往来均在一个方向，将来如能东、南、西、北分散居住，则交通自可疏散。

陆谦受：

顷聆 Corrit 先生所说，觉得都市计划似乎太简单了，世界上的都市应该都是好的了，然而事实不是如此，而是好的少，坏的多。所以都市计划并不是太简单的。如打开地图一看就知道何处该作什么的话，那么吾人之计划不是近于儿戏吗？然而，吾人经 8 个月之研究，根据不少的统计资料，始作成计划。若 Corrit 先生知道是如此的，恐不会作如是想法了。Corrit 先生说吴淞港口面积不够，不知有无数字依据。

A. Age Corrit：

关于实在之数字，今日未事前准备。如若需要，必能收集，以供参考。

卢宾侯：

余可代 Corrit 先生答复陆先生。照目前上海所有码头岸线不下 30 000 ~ 40 000 英尺（约 9.15 ~ 12.2km），不敷目前需要。若将来集中吴淞一点，而船只吞吐量则大增，数千英尺吴淞岸线必不能应付需要。

至于浦东以往之不能发展，完全为一畸形政治原因所造成。如浦江位于现在河道以东，则现在浦东地方是否要发展？如上海无浦江，则上海之发展必如其他世界各大都市之同心环式发展（Concentric Ring Development）。

再如纽约曼哈顿岛（Manhatten〔Manhattan〕Island）及香港岛均能发展，则浦东更可发展。

朱国洗：

（1）都市计划偏重理想自属合理，但亦应视地理之有利条件，善于应用，即把握其有利点。在上海之商业，浦西及浦东均备具有利点。浦西之能发展，完全因以往政治关系，苟当时租界地位设于浦东，则情形必大异于今日。浦西虽有苏州河等便利，但浦东亦有其天然有利条件。现在行政统一，故应以整个大上海为重心，以黄浦为中心，一致发展。

（2）若说浦东现有的码头、仓库设备已陈旧，要放弃，但是一切进步是逐渐的，应该以经济为前题〔提〕，去逐渐改进，不宜全部放弃。

（3）在上海，工业尚属次要，主要的是港口。现在国策规定，外洋轮不能驶入内河，货物都得卸在上海再转口，需要很大的地位。浦西已经很拥挤，不能再加重其负担。关于直接转口的货也可以卸在浦东，因为有不少深水地带。即须〔需〕改装的货，以前常装到南京改装，将来也可以在浦东改装后转口。所以放弃浦东，对于上海是种很大的损失。

A. Age Corrit：

余拟补充一点，即上海浦江之无桥梁完全由于政治关系。若上海一向即行政统一，则余断言浦江即早有桥梁矣。

伍康成：

（1）上海是港口，也是工商业都市，外洋来的货要经上海往内地，而内地的货也要经上海出口。同样，上海的出产品也要运出，若在浦东发展，则运费增加，故不如在浦西发展。

（2）工业区之成就须顾到经济立场，如不方便，不会有人去设厂。如在市区，虽政府有许多限制，事实上工厂仍很多，当有其经济原因；其他地点工业甚少，或为运费增多之故。本人以为，浦东不适于工业，或即由于运费及市场之关系。

陆谦受：

（1）聆朱处长所说，似对于吾人计划有所误会。吾人主张并非不发展浦东。浦东没有腹地，不过不主张发展为工业、码头区而已。途径不同，目的则一。对于其他如文化、卫生等水准，还是与其余地点一样。

（2）经济问题，须从远大设想。如1929年福特汽车工厂改设新厂，将全部旧设备取消，增加投资，其忍痛改革，实具远大目光，乃得成功。故吾人以为，上海都市计划从将来经济条件看，也许更为有利。

（3）分区问题，吾人已于总图初稿报告书内谈及，兹不再赘述。

伍康成：

中国都市大都在河道一面发展，如万县、重庆、叙府（今四川省宜宾市）等，大约系为交通等关系。

主席：

（1）工厂与码头、仓库及造桥或隧道是三件事，似可分别研究讨论。

（2）计划图内飞机场及铁路均接近现状，而码头、仓库则变动甚多。

钟耀华：

（1）飞机场，如江湾在北面及南面已有限制，龙华亦有同样情形，扩展不易，故须另辟新机场。铁路除增加之路线外，大部分系保留原有路线，但进入市区后，均改电气化，与道路系统不平交。故实际变动很大。

（2）如卢先生所说，浦江河道向东移，但工业发展仍旧在浦西。上海若无黄浦，则根本无今日之上海。

朱国洗：

设计时应注意天然条件。福特厂之改革，在破坏旧设备之先，已有经济新目标，此目标实较有利，故断然执行。现浦东、浦西均有港口、工厂之天然条件，吴淞及南市岸线不够，如不利用浦东，则港口放在何处，是否有更好的地方？若说乍浦则距离更远，运费之损失比造桥或造隧道的费用更大。

金经昌：

浦东并非没有腹地，如看较大点地图，则浦东并非完全与陆地无连接，故发展浦东对于上海之发展是有帮助的。

吴之翰：

总合双方意见，有主张利用黄浦岸线，有不主张利用，本人以为：

（1）如吴淞岸线不够为应付上海港口需要，则吴淞可供海洋轮停泊，其余船只可利用浦江岸线，那末浦东、浦西都是一样。

（2）浦东腹地如金先生所说并非没有，因与浙江省连接范围很广。如沪杭线由嘉善接至浦东，并无需越江，则情形必大改观。

（3）浦东工业之不能发展，大约还是安全及交通问题。安全可以不谈，交通实为开发之先锋。如东三省，自铁路开发后，人口增加与铁路适成正比例。再如本市贝当路（今衡山路）一带，自22路公共汽车行驶后，已被视为市中心之一部分。

（4）沪杭路如通到浦东，则将来货物可分东、西疏散。故如交通问题解决（除海洋轮船外），则由陆地转口至浙江一带者，可在浦东靠卸。至于由水运转口者，则在浦东、浦西靠卸，均无差别。

陆谦受：

吾人所须讨论者，不是能不能发展浦东为工业、码头区。因为吾人已作有发展为工业、码头区之比较计划，而是如此发展有利没有利的问题。吾人研究之结果认为，在浦西还有更有利的地点。至于交通问题，不过为技术问题而已。

卢宾侯：

本人以为，发展浦东为工业区实为有利。浦东之岸线，有非金钱所能获得之天然地利，其重要超过巨量造桥或隧道之费用。若浦东发展为工业区，则原料在浦东起卸者，不必再运至浦西工厂制造，此实解决现时本市一极重要问题。故目前所需调查者，为何种工业适宜于上海，及何种式样码头适宜于黄浦。

主席：

　　总合各位在今、前两次会议所提出之意见，为卫生组、财务组、土地组大体赞成原来计划，公用组、交通组及工务局一部分同人、又越江工程委员会 Corrit 先生则主张维持现状，似为 50% 对 50% 情况，无法决定。本人以为，此问题关系重大，拟交由会务组将双方理由整理后，送各方面研究，召开大会表决之。

姚世濂：

　　都市计划须偏重理想，本人颇为同意。惟在初步计划中，则不能绝对放弃现状，故主张对于浦东仍须暂予利用。若自然条件不许可时，必自然淘汰。祝局长所说不必严格限制一点，本人颇为赞同。

A. Age Corrit：

　　运输之趋势有重心。按上海地势而言，一线为沿浦江之纵线，一线为浦西、浦东之横线。浦西既已发展，浦东必为将来发展趋势之目标。若港口单设于吴淞，则货运之起点，离制造地区过远。

钟耀华：

　　本市都市计划总图初稿虽曾提出第二次大会，但仅作为报告性质，从未正式予以研讨。若将浦东问题提出大会表决，似为冒险之举。不若先举行大会一次，仍请陆先生解释，然后再开大会表决，较为妥当。

E. B. Cumine（甘少明）：

　　本人在开始参加设计时亦主张尽量开发浦东，但经 8 月之研究后，觉开发浦东为工业、码头区并无需要。

决定：

　　关于浦东如何发展问题，由会务组将各方所提理由整理。至如何开会表决，候请示市长后，再行决定。

秘书处第四次联席会议

时间	1947 年 5 月 24 日上午 9 时			
地点	上海市工务局会议室			
出席者	吴国桢（赵祖康代） 赵祖康 黄柏樵 Richard Paulick（鲍立克）			
	陆谦受	钟耀华	陆筱丹	徐肇霖 吴益铭
	吴之翰	姚世濂	陈孚华	张万久 费 霍
	金经昌	侯彧华	钱乃信	吴锦庆 汪定曾
	江祖歧	田永谦	伍康成	施孔怀 朱国洗
	程世抚	林安邦	张 维	俞焕文 祝 平
	李剑华	余纲复	赵曾珏	王绳善
主席	吴市长（赵祖康代）	记录		费 霍 余纲复

今日为都市计划委员会第四次联席会议，同时请参议会方面代表以及与都市计划最有关系的铁路局、浚浦局主管参加。兹均承于百忙之中，抽暇到会，十分感激。市长本拟于开会时来致训话，因事不能赶到。惟市长尝与本人谈到本市不能无都市计划，且现有两个重要问题，必须待都市计划从速决定。一为交通方面的道路系统问题，一为工厂区问题。关于第一点，以前上海的道路系统，有许多地方须待整理修正。8 年战事以后，不少的房屋及道路都已破坏，现在确是重新规划的好机会。所以对于营造，除黄浦区外，都是发临时执照，但不能长久如此。虽然市民还能体谅，但政府总感到十分抱歉。市长希望早点规定道路系统，以便核发正式执照。第二点是工业区，以前公共租界没有限制，上海市政府有工厂设厂地址之规定，法租界也有小规模的规定，但从整个都市发展来说，应该从新规定。工务局曾根据以往之规定、目前情形及都市计划总图初稿，拟定本市《管理工厂设厂地址暂行通则》，呈送市府。已经市政会议通过，函送市参议会，经市参议会第二届大会，组织专门委员会审查，大约在第三届大会时，即可有决定。因为这两个原因，市长希望都市计划总图二稿，赶快决定，送市参议会〔参议会〕。有了总图，多少能有根据些。可以说，这是今日开会的用意。市长原拟召开本会第三次大会，但因参议会「第」三届大会开会在即，而讨论时，以各组负责人之意见最关重要，故召开联席会议。希望各位不吝指教，有纠正的尽量纠正，总须有一结论。即将各位修正意见连同总图二稿，一并送至市参议会，请作一原则上之决定后，送还市政府，再根据修正计划。

在去年 11 月 7 日本会第二次大会前后，本会各组曾举行分组会议及联席会议，市政府各局局长都参加讨论。主要的是关于都市计划基本原则各项问题，其中以经济、交通、区划最重要，兹将会议要点提出一谈：

本市 25 年后人口，各方面对于 700 万人数字，都很满意。

本市港口，每年进出吨位，估计在 25 年后，即 1971 年时，海洋及江轮各约为 3 000 万吨，加内河及驳船吨位，总数共约为 7 500 万～8 000 万吨。至分类估计，当时系决定请施委员供给答案。

由进出口吨位，论到总共需要的岸线长度，当时系决定请施委员及公用局宋科长供给答案。

至于港口，原则为确定港口之地位，按照其使用性质，分别集中于若干区，并于第二次大会中议决："其与铁路终点连接者，以准备采用挖入式为原则"。但对于港口之集中或分散，尤以利用黄浦两岸问题，各方面意见尚未一致。铁路客运总站，暂时维持北站，各方面都可同意。至于确定地址，本人可向各

一集

三九七

位特别提出报告者，为交通部会同本市各有关机关组织之"上海市区铁路建设计划委员会"，人选均已推定（以吴益铭先生为主任委员），即将成立。

关于土地使用方面，争执最多的，是杨树浦与浦东如何利用问题。杨树浦在总图二稿内已有修正。至于浦东问题，在本会第二及第三次联席会议讨论时，卫生局则赞成浦东为住宅区，地政局祝局长亦以为计划应稍偏重理想，财政局也赞成原来的计划。不同的意见则以公用局赵局长提出者最有价值，以为计划应顾到当地环境特性，浦东有其有利条件及浦西、浦东应平衡发展。工务局一部分同人亦同意此种意见，越江工程委员 Cortit〔Corrit〕先生亦主张顾到现状。故本人以为今日讨论之范围，大致还仍为港口、铁路及浦东等问题。在市政府立场，对于各位拨冗来此共同讨论，非常感谢，希望得一结论，请各位不吝指救〔教〕。关于总图二稿，已由设计组各位编有书面报告。不过因时间不及，未能先送各位研究，此点本人特提出向各位道歉。报告书甚长，恐各位不能详细读阅，现请陆先生予以说明。

陆谦受：

主席，诸位先生，今日能有机会将同人之工作贡献于诸位之前，同人等感到无限欣幸。现在社会在动荡，人心彷徨，一般人只求生活。市长对于都市计划很热心，但是这几日的事情太多，还要以都市计划去烦他，于心似觉太说不过去。但是譬如家庭教育，在生活不安定时，对于子女教育是没有心情的，但幼而不教，则将贻害将来。都市也是如此，计划的〔得〕不好，将是社会很大的负担。

在报告之前，有几点须提出向各位说明。同人在工作之际，常与各方面保持联系。有很多人以为同人计划太重理想，不合实际，但同人在开始时即顾到事实。同人有很好的原理，而在不适合事实时，每多牺牲原理。有人说同人计划太欧美化，专步欧美专家的后尘，实则同人并没有跟着人家后面跑。科学是没有国际界线的，当然可以说受到些影响，但如说同人没有顾到事实，是不能承认的。同人也并没有完全采用欧美的标准，此点在说明土地使用时可以见到，再如计划中之道路系统，也没有采用欧美的标准。

同人总图二稿，是由初稿来的，所以有许多地方，在二稿报告书内没有重复说明。同人在初稿时，已与各位交换不少意见，拟请各位在研究二稿时，同时参阅初稿。现在本人的说明，因时间限制，也仅能将几个主要问题提出来：①人口；②土地使用；③道路系统；④港口；⑤铁路；⑥水道系统；⑦飞机场。

1）人口

研究都市计划，除自然环境外，第二个要点就是人口。没有土地，当然根本人〔不〕会有都市；但先有土地，没有人口，也就不成其为都市。所以谈到都市计划，必须先把人口问题解决。本市人口在 25 年后，将达到 700 万数字，大家都同意，同人研究之结果也是如此。我们的国家，在走上工业化大道的起点；我们的政府，也在极力推行工业化政策。一个国家，在工业化进程中，人口增加是必然的趋势，都市人口增加非常快，农村则减少。「人口增加」在欧洲是 4 倍，在美洲是 8 倍。近点来看亚洲，如苏联自 1900—1934 年，人口增加了 55.6%，而农村只增加 20%，都市却增加到 400%。如研究都市人口增加的过程，则自 1900—1922 年，增加了 50%。第一个五年计划实施后，始扶摇直上，而达到如上的最高峰。在 1939 年，人口的分配为，农村 67.2%，都市 32.8%。日本从 1909—1939 年，全国的人口增加了 54%。在 1910 年，农村人口占 54.4%[1]，都市占 49.6%；但在 1935 年，农村人口下降至 35.5%，都市人口增加至 64.5%。再来看德国，自 1800—1930 年，都市人口增加了 24 倍，农村人口几乎没有变动。是故，上海市人口的增加是势所必然，25 年后至 700 万，50 年后至 1 500 万。

---

1. 该数据在二稿中为"50.4%"（见本书第 024 页）。——编者注

我们对于如此庞大的增加，必需〔须〕要有准备。并非同人希望其如此，这是事实上必然的趋势。

2）土地使用

都市计划最主要的目标，是提高市民生活水准。最低的条件要：①有相当大的面积；②划分为各种单位；③加以组织，才能得到希望的结果。目前的情形是非常坏，中区 75km² 内有 300 万人口，拥挤的情形，可以想见。这是土地使用未能达到理想的功能，并且工厂与住宅混在一起，无法分出工业区、商业区和住宅区。过去的建筑，没有计划，有已三五十年的，很危险，尚不能拆除，还要增加人口来住。可以说，上海是世界上最丑恶城市中的一个，没有旧式都市之美丽，又无现代都市之设备。同人的计划，是针对此种弊病，对症下药：①土地使用分类；②疏散办法；③区划制度；④普遍减低人口密度。根据以上各种研究之结果，发现吾国与外国的情形不同。在欧美划分单位很小，每个区域人口在 1.5 万～2.5 万，且常有三四千人的区域。我国在工业化的过程中，是要生产设备、交通、人口集中。同人以工业发展来计划的单位，不能如欧美一样，却须在 50 万人左右。

人口密度，在初稿时所定的三种标准是：每平方公里 5 000 人、7 500 人、10 000 人。最近经详细研究后认为，每平方公里 10 000 人最为合宜。故在二稿中，对于人口密度标准略有变更，〈（一）〉中区每平方公里最高 49 700 人，中级 33 600 人，再次 24 700 人。

土地使用相互的关系，在配合上之条件为：①居住地至工作地之路程为 30 分钟步行距离；②居住地至学校路程为 15 分钟步行距离；③居住地至日用品商店路程，不过 10 分钟步行距离；④居住地至娱乐地，不过 30 分钟步行距离；⑤居住地至行政机关，不过 45 分钟步行距离；⑥工业区与住宅区之位置，须避免住宅区受闹声、臭味、煤烟及其他有害事物之骚扰。

计划中，每一单位均用大量绿地带包围，以限制其发展，保护其卫生环境。每一小单位约 4 000 人，以一小学校为中心，有日用品供用商业；几个小单位组成一中级单位，人口 14 000～18 000，用辅助干道环绕，比小单位设备较多，并有初级中学和电影院各一所；合 10～12 个中级单位为一市镇单位，人口约 16 万～18 万；合几个市镇单位为一市区单位，人口届〔介〕乎 50 万～100 万之间。可以说全部计划为有机体的，互相维持密切关系。

工业区之划分，以顾及各种工业之特性及原料供应与成品输出为根据。每区工业设计，以经济平衡发展为原则。

3）道路系统

同人曾以很多时间研究本市交通拥挤原因，发现有几个问题。在美国平均每 3.5 人有一辆车，上海每 180 人有一辆车。如欲达到美国的情形，则上海的车辆要增加 50 倍。照理上海的交通情形应该较美国为好，但实际极为恶劣。上海交通拥挤的情形，决非车辆太多。同人分析的结果，有下列数种：

（1）驾驶人技术不佳或不守规则。

（2）现有道路系统不好与交叉点太多，设计恶劣。欧美道路之设计，原照马车标准，上海中区有若干道路仅能容人力车通过。

（3）土地使用不妥，交通集中。一切运输，大半须经过中区。

（4）各种车辆速度差异。将速度分类，上海不同速度车辆计 12 种，而同类车辆行驶亦有缓急。若再研究，至少有 18 种速度。

以上各种问题，并不是仅仅放宽马路可以解决的。即或能较目前状况可以改善点，也是临时的，将来仍不免要拥挤。放宽马路，不是同时放宽，结果还是有许多瓶颈。放宽马路的费用太大。再则本市近年来最重要的道路放宽是南京西路（跑马厅（今人民广场和人民公园）附近一段），增加的宽度都给停车占去了，余下的「道路」只能在每方面〔向〕通过一行汽车；而行人跨过道路，要走一较广阔而没有保障的距离。故以为局部放宽道路办法可以解决交通问题，是一种错觉。同人建议一种新的道路系统，来解决这个问题，包括直通干道，完全为机动车行驶；辅助干道，有公共交通并容纳人力车。因恐在最近之将来不能完全淘汰人力车，但系分道行驶。地方路利用现有道路。同人认为新道路系统为最经济，只须〔需〕有限之直通干路、辅助干路即可解决交通问题。至于地方路利用现有道路，可以无须放宽。

建议之直通干路共 7 条：

（1）由吴淞港经虬江码头、杨树浦、北站，而至虹桥。

（2）自法租界外滩起，经南市、环龙路（今南昌路）、复兴路、虹桥路，而达青浦，此路预备为林荫大道，以通太湖（拟建议之国家公园）。

（3）埋〔由〕吴淞港经江湾、虹口、外滩、南市、南站，而达松江、闵行各区。

（4）由肇嘉浜经善钟路（今常熟路）、普陀路，而达蕴藻浜（蕰藻浜）（肇嘉浜附近拟建运煤港）。

（5）由南站经西藏路，北站至大场。

（6）由吴淞港经中山路至江湾。（绕越路线）

（7）由吴淞港及蕴藻浜（蕰藻浜），经大场、虹桥及松江外围，而达闵行。（绕越路线）

在每一交通范围，同人均已考虑停车地位。在中区确很困难，从地价而言，实太不经济。最近统计，每日中区停放的车辆，约有 4 000 辆汽车，每辆所占停放面积约为 31m²，约共需 207 亩（约 13.8hm²）[1]。所以同人建议，采用多层汽车库，约 8 层，则每车所占的地面积，可以减为 4.5 平方尺[2]。但应由市府来办，可以收费，以能应付投资利息和维持费为原则。如是有利的业务，商人亦愿投资。

4）港口

有人主张应尽量利用天然资产之黄浦，有人主张应顾到现在的情形，先尽量沿浦江发展，将来不敷时，再迁往吴淞。同人则认为沿江发展，①必将引起交通集中，中区更加拥挤混乱；②现代化机械设备，普遍装置太不经济；③码头分散，管理困难。现在的理论是面的（Port Area）（码头区域），而不是点的。将许多码头配合在一处，很为经济。同人建议在吴淞建一现代化码头（区域计划内，同人曾建议以乍浦作为海洋船舶港，则将来吴淞可作为内江及沿海船舶港），占地约 30km²，利用蕴藻浜（蕰藻浜）开宽挖深（图上所表示者，仅在表示采用挖入式），用铁路连〔联〕系，管理极为便利。同人并未放弃利用浦江，如渔业港、虬江码头作为工业码头，龙华附近有煤业码头，闵行工业区有工业码头，浦东有油池码头。盖利用浦江，须在有利无害上发展之。

有人主张发展浦东为工业区码头区，同人研究之结果，认为不相宜。盖如此势将各种交通伸延至浦东，桥梁隧道颇不经济，交通将集中沿江数点。就造桥言，如造高桥，桥空约 190 英尺（约 57.91m），引桥颇成问题，且妨碍中区交通；如用活动孔低桥，则桥上及浦江交通，均发生问题。同人在设计时毫无成见，经研究后，认为发展浦东为工业区，就整个言，极不相宜，而不能得到好的结果。若发展浦东为住宅区及农业区，可以解决中区拥挤问题。两岸间之交通，用新式轮渡即可解决。都市人口极众，若就近有农产品供给，对于市民生活很有裨益。

5）铁路

近年来，有许多专家认为铁路的时代已成过去，有人主张用新式的公路来代替铁路运输。但最近 15 年，美国铁路运输又重新抬头了。大量运输还是经济，一列车可抵一个数千吨船的运量。铁路已在改良，用油或电力，必有很大的前途。同人认为，铁路在本市 25 年之发展中，将是很重要的。

建议在市区内加修铁路新线：①自吴淞经蕴藻浜（蕰藻浜）至南翔，连接京沪线；②自北站经虹桥至青浦，以达太湖；③自南站经闵行、松江，连接沪杭线。此外，建议「修建」市镇铁路，以解决

1. 二稿中原文为"12.4 万 m²"，"合 207 市亩"（见本书第 101 页）。此处若为"12.4 万 m²"，则符合上下文，但约合 186 亩，推测此处数据有误。——编者注
2. 根据二稿，此处应为"4.5m²"（见本书第 101 页）。——编者注

较远的大量运输。市镇铁路连接每个市镇单位，与远程铁路打成一片。市镇铁路系统，共有 6 条：①自吴淞港经江湾、虬江码头、杨树浦、北站至普陀路、虹桥；②自吴淞镇经江湾、闸北、外滩、南市、南站、龙华至松江；③自蕴藻浜（蕰藻浜）经大场机场、普陀路、善钟路（今常熟路）至龙华港；④自北站经中山路、龙华机场、浦南、闵行至松江；⑤自南市经外滩、环龙路（今南昌路）、阴山路至中山路；⑥自南翔经北站、西藏路、南站至川沙、南汇。

同人计划的车站，有北站、南站及吴淞站。吴淞站为便利不至上海之客货。并计划设主要货运终点站于南翔、松江，在昆山设一货车总场。除大站外，尚有很多小站。货站客站分开，以免耗费时间，并减轻大站之负担。

6）水道系统

（1）苏州河裁湾〔弯〕取直后，对于沿河工业，必极便利。同时并建议在新河道旁建仓库区。

（2）蕴藻浜（蕰藻浜）接通苏州河。

（3）其他河道能利用者，尽量利用。

7）飞机场

本市现有飞机场共四处，为龙华、江湾、大场、虹桥。同人建议保留龙华、大场两处，作为国际标准机场。龙华机场在现在扩充范围之外，更予扩充，作为国内航空总站，与高速运输系统连〔联〕系。大场飞机场向南扩充，成为 6km×7km 面积，作为国际航线中心，与铁路公路水道连〔联〕系。

总上各点，二稿与初稿确有很大分别。其与地方情形不能配合之处，在二稿中均已纠正。杨树浦及其西北各有一工业地带，闵行方面添设一港埠，中区方面向北增加发展，道路系统亦有很大差异。同人对此极为审慎，系将房屋现状，在很大地图上予以研究，每个交叉点都详细考虑过，将来更详细的研究，当更有改进。各位为各部分之主管，必能给予很好的指教。此外，尚有附带报告的是建成区内，直通干道及市区内铁路是高架的，使与低层交通隔离。本市因地质关系，地下车道造价太贵，维持困难。

主席：

顷陆先生对总图之说明，颇为详细。各位对于设计，在原理上或实施上，如认为有问题，请不吝指教。在市府的立场，希望今日讨论能有结论，可以送请参议会参考。

黄伯樵：

第二稿确较第一稿进步，尤其在物质条件不够的环境中作成，很不容易。本人有一点须提出，即大场飞机场可否与当局商量迁移。吾人不能不想到战事，如发生战事，大场恐不能避免。再以后航空将有很大发展，不如移至浦东，该处空旷地价甚廉，很好发展。

钱乃信：

计划如何实施，也是计划的一部分，人力、物力、财力等都得要考虑到。本人认为应在计划内补充。如现在计划中的分区如何实现，有消极的和积极的。消极的办法，可以限制营造；积极的办法，是建立交通动力等。将来采取何种法定手续，手续既定，将如何实施。如公用事业，需费很大，是否由政府办，抑「或」由商人办。因为开始时，很可能亏本。港埠建设也是如此。

都市人口之增加，固无可否认。农村人口移至都市，在欧美是自由的，苏联情形不同，有很多都市是平地建设起来的。本人认为，人口增加，可以人力限制，如限制动力和工厂，所以人口的增加，不一定是自然的。

徐肇霖：

油池地点，集中一处，很危险，似可分散，多加地点。

吴益铭：

港口如能照计划实现，在铁路方面极欢迎。计划中远程铁路线及市区铁路线，是以25年为对象。

交通部京沪区当前改善工作，则是在最近几年要实现的，但两者应该配合。此一问题，拟当待上海市区铁路建设计划委员会详细研究。

侯彧华：

（1）计划中关于铁路分为至国内各地的、市内较远程的及港口的三种，本人很赞成。

（2）现在走私很严重，港口集中，本人以为有此需要，管理可以便利。不过建筑费很大，六七亿美元，就目前财力看来不易实现，希望分期实施。

（3）关于市外铁路，路局另有意见提出上海市区铁路建设计划委员会。至于计划中之在昆山设编配场，本人以为机车往返太远。

（4）闵行设港埠，是否有此需要。

（5）吴淞站可否迁近市区。

（6）浦东交通单用轮渡，恐不够应付。可否在外滩公园附近筑一隧道，黄浦江上淤〔于〕日晖港以南造一桥？

李剑华：

（1）上海都市计划，若不考虑全国建设计划，恐怕很多地方成问题。

（2）上海人口的增加，以往是因为内战与租界的关系。若全国和平，则人口不会再同样的增加。本人以为人口问题，应从社会科学上去看。

（3）规定若干地方为工厂区域，对于工厂如何迁移及工厂运输问题，应该考虑。上海应设若干工厂，何种工厂，都该研究。

主席：

（1）关于人口问题，已有很多的究〔研〕究。

（2）本市都市计划，应配合全国建设计划，在初稿时业已谈到。

以上两点，请参阅总图报告书及会议记录。

赵曾珏：

（1）港口设计与交通组所提出及各〈前进〉委员之意见相合，本人认为很适当。

（2）杨树浦一部分划为工业区，事实上有此需要。

（3）闵行以前无工业，完全因缺乏电力关系，若电力解决，实为一理想工业区。

（4）军用码头，陆先生未提及。军用码头事实上有此需要，虽可稍远，但必须有规定地点。

（5）军用飞机场，最好迁移远些，如黄先生所提出的，迁至浦东。

（6）龙华飞机场太小，确宜扩充。

（7）浦东区计划，仍宜加以考虑。本人认为最好能有一轻工业区及一码头仓库区。浦东腹地颇广大，可发展。在江之两岸不平均发展，似不公平。

（8）交通方面，陆先生曾提到上海每180人有一车，但有很多小车仅坐一二人。本人主张大量运输，发展公共交通。汽车需用油，中国不产油，小车可以限制，而需要的是大家可以坐到车。

（9）高架车道亦有缺点，本人则赞成地下车道。至于地下水的问题，为技术问题，可以设法解决。

（10）总图二稿，就大体说，较初稿令人满意。

吴锦庆：

（1）大场飞机场既为国际飞机场，有否考虑到水上飞机。如有水上飞机，则在地点上须有变更。

（2）港埠设计，挖入式费用甚大，对于上海潮水之涨落，是否考虑？本人认为港埠设计形式，应用经验决定。

伍康成：

（1）上海都市计划，应该在贸易、经济、工业发展前题〔提〕下来计划。

（2）计划需要质〔具〕有弹性，以便实施时，能有修正余地。

一集

四〇三

-333-

（3）计划实施的费用很大，将来市财政收入恐怕有限，中央之补助也不会多。上海市都市建设，在财政上应予考虑，政府要负担若干？本人以为政府做的愈少愈好，人民做的愈外〔多〕愈好。就是说，凡是人民不能办的，始由政府投资。

施孔怀：

（1）在第二次大会时，曾决定以准备采用挖入式为原则，计划中作为挖入式当无问题。

（2）港口地点是否合宜，似尚可考虑。以前外籍专家之研究，以为在蕴藻浜（蕰藻浜）附近建筑码头不甚相宜，该处适在江流外湾，流速最大。

（3）二稿报告书谓，将来浦江改窄，可以拓宽新土地，还可以收到其他的效果，自然加深，本人对此有点意见。中国治河是筑堤缩水，流速可以冲刷河身。但黄浦与黄河不同，黄浦是潮水河道，河宽潮水进来多，退潮时自动疏深。如河身缩窄，潮水进来的少，退潮时刷底力小，再〈流〉流速亦妨碍航行。

（4）关于黄浦建筑码头形式，曾函询各轮船公司意见。得到的答复（中国轮船公司答复者不多）都以平行式码头，轮船停靠、离开便利，并希望在沿浦有岸线时，建造平行式码头。

（5）陆先生说，沿浦筑码头使交通集中。本人可以提出，由陆地转运的货，都是用船驳到麦根路车站，其余用驳船的多，用卡车的很少，因为卡车运费高。

（6）码头用机械化设备，平行式与挖入式在使用上不知有何分别。

（7）就航运及经济方面，均希望深水码头沿浦建筑。准备将来岸线不够用时，当然要保留地点。专家的意见，以为「码头进深」1 000英尺（约305m）就够了，若用挖入式，需3 000英尺（约915m），浚浦局亦希望如此。

张维：

（1）中央造船厂圈用地，系自炮台湾至蕴藻浜（蕰藻浜），是否对计划有妨碍。

（2）平时须想到战时，不知国防方面对都市的看法如何。

（3）垃圾的清除，如何处理，最关重要。如垃圾之出路、垃圾码头、垃圾仓库等，希望在计划内连带考虑。

（4）地下交通，希望仍加考虑。

（5）上、下水道似应与道路计划同时顾及，并在水、电破坏时，如何准备。

（6）至于卫生事务所、医院等之配合，似尚属次要问题。

（7）实行计划，似可利用外资。

祝平：

（1）讨论初稿时，曾讨论区域计划，今日未见提出。本人以为区域计划之基本原则，要先有决定。

（2）都市性质，在计划之前应有决定，计划始有目标。

（3）上次联席会议时，本人不赞成以浦东作为工业区，因交通费用很大。上海可以向西南发展，何必用很多钱来建越江交通。

（4）设计者似乎很考虑土地法令之便利，本人可以保证法令上有根据。

（5）本人主张远处着眼，近处着手。目标确定后，如五年计划等，也要确定。

田永谦：

本市财政状况，经常维持，已感不足。对于实施计划，如有余力，自可进行，但仍须〔需〕中央补助。

主席：

归纳各位意见：

（1）二稿较初稿具体而合理。

（2）铁路方面，铁路局对于建成区部分同意，至少对北站是同意的。

（3）港口方面，尽量利用平行式，准备采用挖入式。

（4）浦东问题，尚未一致。

（5）法令方面，至少在道路系统及区划方面确定之。

（6）土地政策，在法令方面有根据。

（7）财政：①善于利用土地政策；②如何利用外资及民力；③升科。

其他问题，可由设计组再加研究，如大场飞机场、油池、高速道「路」结构方式、大桥及隧道、军用码头、水上机场、垃圾问题、国防问题、短期计划及施局长（孔怀）宝贵意见。

现请各位对浦东问题再作一结论。

赵曾珏：

本人对浦东问题，拟补充如次。工业含义很广，重工业上海不相宜，家庭工业亦属于轻工业。浦东有轻工业之条件，就近可以供给原料，工价地价低廉，水运便利。浦东有两条小规模铁路线，本市码头仓库 2/3 在浦东，自陆家嘴至白莲泾有深水岸线。如有工业，则造桥投资有办法。事实上浦东已有工厂，至于电力，亦已有计划。故本人以为浦东可以侧重农业区、住宅区，但不必限制其轻工业。

祝平：

赵局长（曾珏）说，应该平均发展一点，本人不甚同意。计划为决定将来发展之方向。如家庭工业、农业、工业，当然不必限制，但须避免大量运输之工业。本人与赵局长之意见，在大原则上可以说是相同的，但是在确定方向上，本人认为须如此。

赵曾珏：

电话公司极愿在浦东设一厂，因地价低、交通方便。电话机厂是轻工业，因为限制不能设厂，吾人应予便利，至少有一区可设厂。

施孔怀：

本人拟提出一折中办法：范围 4 000 ～ 5 000 英尺（约 1.22 ～ 1.52km）深水作为码头区，浅水作为工业区，其余作为农业区、住宅区。

据本人所知，江南电力局、耀华玻璃厂二〔两〕家，即拟在杨思设厂。耀华玻璃厂则系在浦西找不到相当地点。

王绳善：

本市区在浦东方面占地太小，所以觉得不甚平衡发展。若是浦东面积与浦西相仿，我想必会计划平衡发展的。可否由市府向中央请求扩大市区，包括南汇、川沙后，整个设计就不致有偏重了。

主席：

康威博士返国时，市长与之谈话之间，本人觉市长之意（虽未明言），若浦东完全作为农业区、住宅区，事实上恐有困难。前此工务局所拟的《上海市管理工厂设厂地址暂行通则》，经市府通过送参议会后，参「议」会专门委员会审查的结果，对于浦东工业，尚拟增加。所以本人以为，须照施先生提出之折中办法，保留一部分作为工业区，作为今日讨论浦东问题之结论。

决议：

浦东问题采用施先生所提折中办法作为结论。请吴之翰、Paulick（鲍立克）、金经昌三先生将今日讨论各种意见作一归纳，附总图二稿一并送市府〈转送市府〉转送市参议会。

主席：

今日原拟请各位讨论工务局所拟《修正本市干道系统图》及《上海市管理工厂设厂地址暂行通则》。现各位对于都市计划总图二稿并无若何不满，则本市道路系统当俟参议会将总图二稿审定原则送还市府后，再行修正。至于《管理工厂设厂地址暂行通则》，将由市参议会第三届大会决定，拟请市参议会于审查总图二稿时再予考虑，以使能与都市计划配合。

附件
秘书处第四次联席会议对于都市计划总图二稿修正意见节略

1. 关于港埠者

（1）各方面大致赞同将港埠采用适当方式（挖入式或平行式），而集中于数点。惟在最近将来，得尽量利用已建成沿浦之码头。如遇增设或扩充码头之必要时，则宜就指定之地点建筑之。

（2）各港埠之地带，尚须详加研究，且建议增设军用码头。

2. 关于飞机场者

（3）大场国际飞机场之地位，将再加考虑，使离中区较远，或加绿地带使与市区隔离。

（4）拟于国际飞机场附近设一水上飞机场，其地点似仍以宝山之西北，沿长江南岸为宜。

3. 关于铁道车站者

（5）顾及两路局最近铁路终点计划草案，似急需与交通部及上海市政府共同组织之上海市区铁路建设计划委员会会商，俾铁路建设与整个都市计划相适应。

（6）都市铁道系统与远程铁道系统，尽可能范围，使之各别划分。

4. 关于道路者

（7）直通干道采用高架式或改用拖入式，须就技术方面及本市情形，再加考虑后决定之。

（8）工务局所拟之《修正干道系统图》，须再加订正，使与都市计划二稿相配合。

5. 关于浦东发展者

（9）浦东方面，可设轻工业区，但以按其性质，无论现在及将来均无需铁道交通者为宜。并就通航之内河口，增设若干码头，以利该项工业之发展。

6. 关于工业区者

（10）《上海市管理工厂设厂地址暂行通则》，最近已由市参议会作相当之决定，似须再按都市计划二稿，加以审核使相配合。

秘书处第五次联席会议

时间	1947 年 7 月 11 日下午 3 时		
地点	上海市工务局会议室		
出席者	俞叔平（陆侠代）　黄伯樵　周书涛　程世抚 陆筱丹　张　维（江世澄代）　吴之翰　汪定曾 金经昌　钟耀华　姚世濂　鲍立克　赵祖康 田永谦（伍康成代）　朱国洗　吕季方　侯彧华（张云鹤代） 陆谦受　徐天锡　赵曾珏（黄维敬代）　费　霍 宗少彧　周镜江　余纲复		
主席	赵祖康	记录	费　霍　余纲复　周镜江

主席：

今日联席会议，为讨论闸北西区计划。在讨论之前，本人有两点提出，向各位报告：

（1）都市计划总图二稿，承各方面协助完成，已提出市参议会研究，加以修正，大家均希望早有决定。惟都市计划工作甚繁，困难重重。多数人士以为，不妨选择若干地区先行试办。此在欧美各国固有先例，大陆报亦载有此种意见。现本会闸北西区计划，即系此意。

（2）本会在组织方面，拟增加委员数人。秘书处下则分设总图设计组、分图设计组及会务组等三组，业经今晨市政会议修正通过，希望下星期起，即照新组织进行工作。总「图」设计组仍请陆谦受、Paulick（鲍立克）两先生主持，分图设计组请姚世濂、金经昌两先生主持，会务组请姚世濂、陆筱丹两先生主持。如此组织，可以加强工作之进行。今日讨论之闸北西区计划，即系分图设计组之工作。其内容请姚组长报告，请各位不吝指教。

姚世濂：

闸北西区，为本市受战害最烈地区之一。该区战前原为繁盛之工商业区，战时几整个破坏，存余之房屋甚少。敌人占据时，为军事管理区，大统路西围有铁丝网；胜利后，仍由军事方面就原地堆存物资，现已可能迁出。本年 4 月间，本人曾随同赵局长前往视察，区内已有不少棚户。嗣经呈奉市府核准，就西藏北路以西、铁路以南、苏州河以北 2 000 余亩（约 1.3km²）地面，先行计划，由各局派员在都市计划委员会下成立闸北西区计划委员会，筹划进行。本年 5 月，原已根据工务局干道系统完成初步设计。但在本年 6 月，本市都市计划总图二稿脱稿后，秘书处第四次联席会议议决，工务局干道系统应配合总图二稿修正，故复根据决议重予设计。该区确应从速计划修复，以疏散中区一部分人口，配合工务局设施解决中区交通问题，使自新民路向西车辆，无庸经过中区，实颇有价值。并拟仿照前市中心区办法，进行土地重划。此次计划之进行，得 Paulick（鲍立克）先生之帮助很多，深为感谢。设计方面，如何配合都市计划，拟请 Paulick（鲍立克）先生说明；邻里单位之布置，则请金经昌先生说明。

Paulick（鲍立克）：

闸北西区计划范围，占地共 1.4km²，将有西藏路、成都路及恒丰路等三桥与苏州河南沟通，确为一极重要区域。战时遭受重大破坏，故目前需重新计划。在车站附近有两个新地区，即铁路局〈是〉要求之客车扩充车场及汽车修理厂。在西南有两个港，系为避免苏州河船只拥挤及起卸货物便利而设。南北主要交通道路为中正北二路（今石门二路）、成都路、西藏路之延长线；东西则为新民路经广肇路（今天目西路、长安西路），接沪西之长寿路。

为避免车辆拥挤，整个区域，完全根据总图，以邻里单位为设计对象。计划分为 7 个单位，每一单位包括公共建筑、绿面积（绿地）及商店中心。

根据计划总图，自杨树浦西向三主要干道，经过区域内之路线。在未实行前，计划中作为绿地带，俾保留地面，以备将来需用。

全区房屋之布置皆为朝南方向，并以能享受最多阳光为原则。至于其余详细情形，将由金先生为诸位介绍。

经金昌〔金经昌〕：

计划内容，业经姚世濂及 Paulick（鲍立克）两先生说明很多，本人现拟就数字方面予以补充。此次计划范围为西藏北路以西，苏州河与京沪铁路之间，总面积共 1.43km²。据 6 月间之人口调查，该区内共 78 500 人，每公顷平均为 546 人，较理想之人口密度高出甚多。战争破坏之后，存余之房屋甚少。计划内对于有价值之房屋，如面粉厂、四行仓库及其他仓库，加以保留，其余棚户及年龄甚大之房屋均不予保留。

在都市计划之立场，人口密度以不超过 200 ~ 250 人 /hm² 为原则。但闸北西区之地价颇贵，本人以为不妨略予提高。

房屋之布置，其相互距离以在冬季阳光最短时期，均能享受数小时阳光为原则。房屋之方向，除公共建筑外，均为南向或东南向。全区共划为：

（1）7 个邻里单位共面积 114.68hm²。

（2）苏州河船港及货栈仓库区，为改善苏州河客〔交〕通，希望船舶均能停入船坞。仓库除保留者外，均集中船坞附近。以上共面积 198hm²。

（3）京沪铁路北站扩充客车场 5hm²。

（4）京沪铁路上海汽车修理厂 5.1hm²，计 77 市亩。查京沪铁路局原要求划给 140 亩(约 9.33hm²) 作为汽车 300 辆停车场，30 亩（2hm²）办公室，40 亩（约 2.67hm²）为员工宿舍。但因地面有限，仅能划出 77 市亩。不过员工宿舍可以包括在邻里单位内。

以上四项〈共〉总面积 143.78hm²。其中包括道路面积 37.32hm²，约占全面积 26%。设计内仅计划有辅助干道及地方道路。因主要干道一时不易实现，故对于都市计划总图之主要干道路线，保留为绿地带，以备将来应用。辅助干道宽 46m，地方道路隔离邻里单位者宽 20m，邻里单位内者宽 10m。查该区内原规定之道路系统所占面积约共 34hm²，长约 21 900m，宽度自 9.1m 至 24.4m 不等，约占全面积 24%。此次计划内道路面积，若以西藏北路之辅助干道中心线计算，占全面积约 25%，与原规划相差无几，但长度较减，似比较合理。

关于邻里单位房屋之种类，共分二层楼房、四层楼房、四层楼房较高标准及散立式四种。至于公共建筑，因时间关系，尚未详细计划分配。

各邻里单位之布置概况已列有详表，请各位参阅。其中，第五邻里单位人口密度特高，而图上布置反较疏散，系因四层房屋较多之故。

主席：

此次闸北西区计划，设计时本人亦尝提供意见，以为：

（1）道路面积较原规划之道路面积相差无几，而长度较短，颇为合理。

（2）人口密度标准不能太高。因目前该区已有 7 万余人口，计划仅能容纳 3 万余人，将来剩余人口如何迁出，尚属一社会问题，故设计之人口密度为 2 万余人，比较尚近乎事实（该区居民一半系流动性）。

现请各位就技术、经费及如何迁出剩余人口等问题，提出意见。

伍康成:

经费问题,希望将来在进行土地划分时再讨论。

张云鹏:

铁路局方面,员工需要住宅者,共 8 000 余家。希望在铁路以北能有土地 500 余亩(约 33.33hm²),最少亦需 400 亩(约 26.67hm²)。其余该与侯副局长商议后,再用书面提出。

周书涛:

(1)苏州河上宜增加数座桥梁,以利交通,如西藏路、成都路之间,即可增加一座。

(2)成都路向北延长之路线,不知是否与沪锡路及沪太路衔接,如此可使沪太、沪锡间交通更为简捷。

金经昌:

(1)由成都路向北延长之路线,与沪锡路连接,但不与沪太路连接。因沪太路路线妨碍都市计划总图内飞机场地位,或须改线。

(2)西藏路、成都路间原为乌镇桥桥址,建筑地方路之桥梁,当属可能。

Paulick(鲍立克):

(1)苏州河上建筑过多桥梁,反将使交通系统混乱。如西藏路、成都路间,建筑行人或人力车桥梁则可,否则快速车将采取捷径,经由地方路以达辅助干道,转「而」扰乱交通。

(2)计划中之道路面积,较原有规划之道路面积超出数仅为全区面积 1%,长度较短,系因原有道路距离太近,不甚合理之故。

程世抚:

可否将沿苏州河绿地带沿河延长,作为游憩之地。

吴之翰:

(1)计划中布置房屋之方向甚为合理,因均为南向或东南向。

(2)道路面积向可以用人口来比较。欧洲普通为每人 5 ~ 6m²,计划内超过 10 ~ 11m²,则将来市民负担之道路建设费及保养费较多。补救之方法,可将房屋改为三层建筑,此就建筑方面言,亦最为经济。

(3)桥梁方面,目前恒丰桥之宽度仅 18m,而路宽为 46m,相差甚多,似须设法补救。将来成都路等桥〔桥等〕建筑似宜与路宽配合。

汪定曾:

(1)第五及第六邻里单位,过于接近铁路车场,似不宜作为住宅区(如计划总图定为住宅区,当另有布置,又当别论)。

(2)四层房屋,大约系钢骨水泥公寓式建筑。若接近车场,恐不易受居民欢迎。三层房屋因习俗及经济关系,常有分租情形,结果必极杂乱。故建筑型〔形〕式,仍值得考虑。

陆筱丹:

照图上看,似为住宅区。则靠近铁路之邻里单位,宜比较疏散,其余单位住宅可以较密。

钟耀华:

(1)保留作为主要干道之绿地带,宽窄不一,是否图上有误。

(2)该区内现有人口为 7 万余人,计划仅许容纳 3 万余人。若铁路员工住入,则须迁出之人口更多,此点似宜注意。

金经昌:

保留之绿地带,最少均有 50m,图上并无错误。

徐天锡:

(1)绿地带之分配,很合理想。绿地如何分布? 是否计及? 可否培植森林?

（2）高架路不能种植行道树。

（3）住宅与铁路可用树木隔离。

陆谦受：

都市计划总图完成后，当然须做详细计划。赵局长急于详图之设计，此种情形，实堪钦佩。此次闸北西区计划图，本人未参加，但经手设计「之」人，已费去不少考虑，且系配合总图，则一切布置，当甚合理。本人以为从总图至详图以至实施，其间有非常不同之处，总图可以简略，盖在设计详图或实施时，可以修正；详图则不同，必需考虑当地实际情形，如：

（1）如何疏散人口问题，必须予以解决。现有人口为 7 万余人，计划仅许容纳 3 万余人，则过剩人口必须设法安置。

（2）房屋种类问题，必须适合国情。需要不同，则设备与布置不同，希望特别予以注意。应以居住者为对象，属于何种阶级，需要如何，故须根据生活情形，考虑条件，再分布于邻里单位内。

（3）详图不能如总图，对于经济问题必须想到，不单是想到，并须由专家定出方案。

（4）实施时必需〔须〕配合营造法规。现完善之营造法规，尚未厘订，将来必须「有」一新的法规，以配合实施。

（5）对于修造最多之房屋，尚应有建筑形式之管制（Architectural Control），而惟有实地试验，始能得到效果。

Paulick（鲍立克）：

（1）西藏北路及中正北二路（今石门二路）桥堍之交叉口，必须增大，但成都路者，可以仍旧。

（2）经济方面，铁路局似宜担负相当数额。

主席：

（1）计划与总图二稿，尚称配合。

（2）技术方面，各位颇为赞同。

（3）计划与铁路水道尚称配合。

（4）各位提供之意见，设计者必愿采纳，加以研究。

（5）剩余人口问题，该处苏北人颇多，江淮同乡会同意在柳营路造屋迁移，或由政府办理，成为闸北平民村，可容纳一部分，故可以局部解决。

（6）经费问题，如陆先生所说，确值得注意，本人以为财源问题，可用土地重划方法来解决。

秘书处第六次联席会议

时间	1947 年 9 月 16 日下午 4 时半
地点	上海市工务局第 335 室
出席者	赵祖康　黄伯樵　祝　平　侯彧华　陆谦受 陈占祥　叶传禹（社会局）　姚世濂　金经昌 韩布葛　吕季方　钟耀华　程世抚　江祖歧 陆筱丹　鲍立克　陈孚华　朱国洗　何德孚 赵曾珏（王庆孙代）　汪定曾　卢宾侯
主席	赵祖康	记录	余纲复　费霍

主席：

今天秘书处召开联席会议，邀请各位主管长官及专家莅会，讨论者有两项问题：

（1）工厂区分布地点，并请附带讨论非工厂区工厂管理方法。

（2）急待决定之建成区干道系统。

关于第（1）项，叠〔迭〕经本府有关机关，如社会局、公用局、地政局、工务局等详细讨论，并已送上海市参议会，将于本月 18 日由参议会都市计划审查委员会决定，提出「第」四次大会。所以，今天本会应作最后之讨论，将秘书处所拟之工厂设备地址、分区图及管理规则予以修订。其意义甚为重要，请各位各抒所见，尽量提出，以资遵照修正。

关于第（2）项之建成区干道系统，因系市民申请营造每日遇到之实际问题，必须早为规划决定，庶工务局核发营造执照时，有所依循。现已大致计划完成，请各位发表意见，再作完美之修正。

除上述二问题有待研讨外，最近都市计划委员会工作已获有若干之结论，顺便报告如下：

（1）港埠选择及岸线施〔使〕用问题，本会设计组主张在蕴藻浜（蕰藻浜），浚浦局施副局长主张在虬江码头及复兴岛附近，虽有争辩，各有利弊。现经各港口专家并与前本市市中心区计划主持人沈市长及郑权伯诸先生研究，大致赞成采用蕴藻浜（蕰藻浜），并希望先做模型，研究其带沙量及河床淤积冲刷之程度，对于港口有如何实际之影响。

（2）铁路问题，业由有关机关允予依照都市计划总图考虑计划。

（3）虹桥飞机场问题，接奉行政院令，应予保留，现已提请参议会讨论中。

姚世濂：

《上海市工厂设厂地址分区图》系根据都市计划总图及市参议会第三次大会提示之意见修订，其原则如下：

（1）按照市参议会及各方意见，在浦东增设工厂区。

（2）按照市参议会意见决定，本市新道路系统应配合都市计划总图修正分区图，并与新道路系统配合，以主要干道为区域干线。

（3）本市未接收区域之工厂区，暂不规定。

关于本市干道系统，因港埠、机场及铁路路线犹未决定，故建成区外之干道，甚难决定。本人希望全部计划于本年底以前完成，并请先将建成区内干道系统决定。庶工务局可根据赶测路线地形，制成分区道路系统图及 1:500 路线图，以供发照、订界之依据。

工厂设厂地区，除二、七两区，均已将道路系统决定，俾便实测。

韩布葛：

希望各区均有专名，不用数字代表，庶易认识。

陈占祥：

（1）管理规则第一条文字欠当，拟请修改。

（2）第五条所述范围似觉广泛，应予严格限制。

（3）某种工业设在某区似应规定，如在九、十等区设立有臭味之工厂，即属不合，且于市民健康有碍。

（4）八、九两区如何连〔联〕络，交通应予注意，如仅赖船只，似不经济。

陆谦受：

都市计划委员会设计组，原不主张在浦东设工厂区，但因接受各方之意见，故勉为设立，亦仅限于轻工业，可不需要铁路运输者。将来对于某种工厂设于某一区，自应严格规定，以免造成混乱局面。

黄伯樵：

管理规则，文字方面须加考虑修改。"管理"两字似可改为"监理"两字，较为适当。"英国烟草公司"改为"英美烟草公司"。第三、四条内关于各区之说明不易明了，不如附一简图，较为醒目。

卢宾侯：

工业区分类确甚需要。惟每种工业，须有二〔两〕区以上之选择，使工厂得以自由发展。各种工业间之如何配合，亦应注意。浦东沿浦工业区，使码头隔绝，似有「需」考虑之处。

上海目前各工业，大概均属于轻工业。在浦东方面，造船工业发展甚速，应予注意。洋泾镇目下已成为工厂、住宅区，所以工业区似可「发」展至该镇附近，请各位考虑。

汪定曾：

工务局营造处现在研究各工厂之如何分类，目前计分四大类：①大型工业；②普通工业；③家庭工业；④特种工业。

主席：

归纳各位意见，兹得结论如下：

（1）市界问题，仍按照市参议会之决议，依1927年之界限。

（2）工厂区内水、电问题，请公用局代表向赵局长提出，请予注意，作有步骤之配合发展。

（3）管理规则交〔文〕字方面之修正，交都市计划委员会秘书处，照本日各位意见，研究修正。

（4）第四条第十款可另列一条，加以充分说明。

（5）第二条内补充说明工厂之定义。

（6）第四、五条，于各区界域说明外须另加说明，系包括某几种工厂，尽可能想到者先注入。

（7）浦东方面因风向关系，对于多烟工厂应予剔除。

（8）八、九两区似可多划分若干区，中隔绿地带，以利居民卫生。

（9）送达参议会时，在说明内注明，工厂区内不准建筑工人或职员宿舍，工厂与住宿应予隔离。

（10）本日讨论时间已久，关于建成区干道系统，俟下次会议再行详细讨论。

秘书处第七次联席会议

时间	1947 年 10 月 29 日下午 4 时半
地点	上海市工务局会议室（355 室）
出席者	赵祖康　施孔怀　邵福昕　吴益铭　陆聿贵 王心渊　徐善祥　赵　骅　韩布葛　姚世濂 张　维（江世澄代）　杨遄骏　江祖歧　卢宾侯 鲍立克　钟耀华　金经昌　吴之翰　薛卓斌 费　霍　余纲复　庞曾淮
主席	赵祖康	记录	费　霍　庞曾淮　余纲复

宣读都市计划委员会研究港口问题简要报告。

韩布葛：

说明吴淞港口计划初步研究工作。

主席：

韩布葛先生对于吴淞港口计划之研究，因时间不充分，现仅能有初步报告。惟仍请各位就韩先生所提出之数点，发表意见。

邵福昕：

港口地点，自以选择水深或陆地低处，以减少挖方为最经济。上海均属平地，故以愈近河口愈好。至是否宜在蕴藻浜（蕴藻浜）或新开港，则须俟详细研究后，始能提供意见。韩先生计划内颇值研究者为港口之深度。本人对于最近造船情形，不甚详悉，惟知世界船只，80% 吃水深度均较 30 英尺（约 9.15m）为低。其吃水特深者，为数并不多；普通船坞能有 30 英尺，已称满意；再有数个 40 英尺（约 12.2m）或一个 50 英尺（约 15.25m）者，应够应付。

陆聿贵：

（1）吾人须先明了政府之计划，即乍浦是否将筑港。如乍浦将筑港，则上海将为次要港。

（2）复兴岛地位虽较深入浦江，但为深水地带，淤积亦少。吴淞方面筑港困难很多，如用地困难，淤积很大。

王心渊：

关于淤积问题，想浚浦局当有统计。吴淞方面淤积确很大，欲藉蕴藻浜（蕴藻浜）水流冲刷，恐不可靠，须用模型试验。

杨遄骏：

上海之商业吞吐，自须依赖有完备之港口。惟因神滩之存在，若不好好处理，则不论采用任何挖入式码头，港务终受限制。1936 年为上海进出口最多之一年，此年亦为浚浦局挖浚神滩最有效之一年，以后即因战事停顿。神滩之处理，相当困难。以前租界并无远久计划，仅用一二条船挖浚，以应商业上之需要。惟随挖随积，实无济于事。盖长江上游冲下之泥沙很大，每年淤积约 2～3 英尺（约 0.61～0.91m），而新挖处更多。希望各位于讨论本市港口计划时，先注意神滩之处理。

卢宾侯：

挖浚神滩工作，以前听说已很成功。现据杨先生〈以〉说，仍很困难，此点拟请施局长予以说明。神滩之主要成因，为扬子江出口太宽，若出海口不改善，则神滩之处理，确有困难。

二集

四一七

就上海港口而言，本人以为整个港务：

（1）应配合都市发展计划；

（2）应有航船靠岸及上下货物之便利；

（3）须减少浦江全线淤泥挖浚之负担；

（4）关于淤积问题，蕴藻浜（蕰藻浜）及复兴岛可作一比较；

（5）吴淞—蕴藻浜（蕰藻浜）开港，或只能解决本市港务之一部分；

（6）就经济问题而言，吴淞—蕴藻浜（蕰藻浜）土地甚廉，铁路连〔联〕系便利，位置很相宜。

薛卓斌：

本人对于韩先生之计划，因事先未能有详细研究，故现在只能概括提出几点：

（1）关于浦江码头计划，已经各方面多年之研究。国际专家于1921「年」及1932年，曾二〔两〕度提出报告。浚浦局施副局长及各工程师最近研究之结果一致认为，宜尽「量」先利用浦江岸线，候发展至最大限度时，然后考虑作挖入式码头，因此为最经济之办法。

（2）吴淞挖入式港，土方工程数量甚巨。

（3）港坞内易于淤积，经常维持40英尺（约12.2m）深度，甚为困难。

（4）吴淞港位于浦江出口，在河道凹处，该地段原为最佳之沿岸深水码头地带。挖入式码头，似可另觅适当地点。

至于防止神滩，有筑堤及挖土两种办法。筑堤需款甚巨，故采用挖土办法。浚浦局在1935—1936年两年中，将全长20英里（约32.18km）之沙滩中之3英里（约4.83km），自18英尺（约5.49m）开深至27英尺（约8.24m）。以后因战事停顿，致又淤积，此系工作停顿之关系，并非计划不合。

施孔怀：

本人于表示个人意见之前，愿就韩先生报告提出数点：

（1）韩先生报告内谓，浦东、浦西两岸面临深水之岸线，几均已筑成码头，然实际情形并不如此。浦西方面自下港界线至蕴藻浜（蕰藻浜）有5 000英尺（约1.53km），自蕴藻浜（蕰藻浜）至闸北水电厂10 000英尺（约3.05km）；浦东方面高桥以下6 000英尺（约1.83km），高桥至东沟9 600英尺（约2.93km），均尚未利用。

（2）最近在美国举行之国际航政会议，决定船舶吃水深度为15m，约合49英尺。纽约港为45英尺（约13.73m）。"伊利沙白皇后号"在最大载重时，吃水41英尺（约12.51m）。

（3）报告内谓，港岸水位应较最低水位高出4.5m，似尚不够。应高出最低水位19～20英尺（约5.8～6.1m）。

（4）上海每年煤斤一项，到埠数量即有300万吨，故散装货较普通货为多。

（5）棉花输入亦有自印度及美国运来者。

（6）上海情形与鹿特丹不同，而与纽约相似。鹿特丹完全为一转口港埠，而上海有工业。历年统计，约60%进口货消耗于上海及其附近

至于吴淞港计划，本人以为：

（1）港坞入口宽度320m，约合1 000英尺（苏州河进口亦为1 000英尺宽）。新辟港坞可能变更黄浦江水流。

（2）港坞内船只进出时，与浦江内船只航行有碍。

（3）港口计划，似应先考虑航行问题，然后使铁路、公路计划与港口配合。本人主张尽「量」先利用沿浦岸线。

韩布葛：

（1）乍浦筑港与吴淞开港，功能、目的不同，不能并论。

（2）复兴岛情形，今日与1932年大不相同。沿岸内部，已有工厂及住宅，铁路交通显较困难。

（3）挖浚黄浦与挖浚一港坞相较，并不经济。

（4）淤积及妨碍浦江船只问题，可用模型试验，作进一步研究。

（5）煤斤之起卸方法，须单独研究，似无关港坞本身问题。

Richard Paulick（鲍立克）：

吾人现考虑者，为上海日后整个之发展计划。客货运输，亦以达到最终目的地之经济便利为条件。故不仅水运，其他运输，亦同样重要。船只在上海港口耽搁之时间与货物起卸费用，为世界最多、最昂之处。故为经济起见，吴淞港计划实属需要。尤其在今后 25 年，中国工业化以后，施先生所谓 60% 货物消耗于上海附近地带及散装多于普通货之情形，必大改变，货物运往内地之比例及普通货物数量，必致增加。故港口亦应据此计划，吴淞筑港与铁路运输之联系，可不妨碍上海整个道路计划。

施孔怀：

（1）本人并非谓航行为港口计划之仅有问题，而系谓航行乃首要问题。

（2）本人不赞同吴淞港坞计划，并非放弃吴淞岸线，仍须利用筑沿浦码头。

（3）货物起卸费用较船运费用为贵，不独为上海一地之现象。

（4）将来内地货运，可经由南方之粤汉铁路或北方之新港，以径达汉口及其他各地。

邵福旿：

港口计划，常有两派意见。一派主张就已有设备加以改善发展，另一派主张整个重新规划树立，各有利弊。此一问题之决定，关系甚巨，得视政府之政策而定。

主席：

关于挖入式港坞，以前决定是可以采用的，惟地点由于经济及技术问题，未能决定。本人前时赴南京，亦曾与各方面讨论，认为两种意见都值得研究。最妥当的办法是：①两地都予保留；②做模型试验。

现时间已迟，不能继续讨论。惟各位对于港口布置地位及韩布葛先生计划所提出之许多意见，约可归纳为下列六项，拟仍请韩先生调查研究：

（1）船坞之维持费用。

（2）淤积问题。

（3）船只进出船坞之航行问题。（（2）（3）两项用模型试验）

（4）神滩及乍浦港与上海港之关系。

（5）铁路连〔联〕系问题。

（6）商业及工业发展前途之进一步研究。

秘书处第八次联席会议

时间	1947 年 12 月 9 日下午 4 时		
地点	上海市工务局会议室		
出席者	赵祖康　陈福海　张万久（何家瑚代）　伍康成 吕季方　吴锦庆　高步青（杨启雄代）　王慕韩 姚世濂　王子扬　吕道元（孙图衔代）　施孔怀 陆　侠（叶世藩代）　翁朝庆　许兴汉　沈宝夔 韦云青　王治平　程世抚　陆筱丹　庞曾湛 林荣向　鲍立克　祝　平（王慕韩代）　江祖歧 周泗安（李宜机代）　杨蕴璞　钟耀华　费　霍 余纲复		
主席	赵祖康	记录	余纲复　费　霍

主席：

今日会议，为请各位讨论有关闸北西区计划之各项问题。查闸北西区计划草案，业经提经第 88 次市政会议，通过干道及一等支路并土地重划原则。关于土地重划部分，第 98 次市政会议已通过地政局提出之土地重划办法。故目前已由行政问题，进至实施之技术问题阶段。本会分图设计组，在进行详细计划时，发现两点：

（1）以为火车站最好能移至新民路、西藏路口，做一联合车站。盖假定将来上海有两条高速道，一经西藏路向南，一经天目路、新民路向西。但须收用一块土地，作车站及场地。同时，铁路方面亦须让出一块土地，作道路基地。以上各点铁路局均表示同意，不过要求圈内土地约 500 亩（约 0.33km^2）左右或一个邻里单位土地，作建筑职员宿舍之用，并表示房屋建筑可以很快完成，标准亦可提高。

（2）由于都市计划总图干道系统已有修正及联合车站之布置，闸北西区道路系统亦有修改之必要。

此外，本会会务组尚拟有《闸北西区营建区划规则草案》，今日拟提出讨论。地政局拟定之《闸北西区土地重划办法》，已经市政会议通过，其要点则拟请王处长慕韩报告。

以上各项，均请各位切实指教。

陈福海：

上星期赵局长曾带同专家来铁路局商议联合车站问题。铁路局意见，可归纳为下列三点：

（1）尽量不动原有建筑物；

（2）铁路局客运总车站计划，以 500 辆客车为目标，故为将来 50 年计划，恐保留之车站地位仍不够用，希望市政府供给确实图样，再作计划配合；

（3）铁路局向银行借款，此较容易，希望市政府能划给荒地一块，由铁路局建筑职员宿舍，明年即可造好。

其他一切，均追随市政府进行。

王慕韩：

《闸北西区土地重划办法》，经第 98 次市政会议通过后，已送地政部。上项办法仅为土地重划之纲要，主要者仍为土地重划计划书及重划地图，此两项须根据道路系统。闻赵局长云，道路系统已有变动，故现尚等待道路系统确定，始能作成。送地政部俟核定后，即可开始进行。

土地重划办法之原则为：

（1）土地重划后，仍发还原业主；

（2）公共用地，照比例扣除（或按地价比例）；

（3）重划费由业主共同负担；

（4）其他重划之技术及法律方面，均根据地政法令办理。

王子扬：

关于闸北西区计划委员会会议，参议会代表已参加多次。在技术方面，一步步做去，可谓已离事实渐近。顷闻铁路局陈副局长谈及，要求划给一地建筑职员宿舍；地政局王处长谈及，土地重划计划书及图尚须等待道路系统之确定。本人感觉闸北西区计划，自开始至今，已有数月，虽已渐近事实，若照手续办下去，不知等到何时始实行。该区土地大部均为私有，目前土地使用，均予停止，使守法者不能营建，而棚户日渐增多。此种现象，极为不妥。故希望：

（1）采取捷径，早日实现计划。陈局长希望先划一地予以实施，本人颇为赞成，先择一二个邻里单位实施。

（2）将来营建，不宜太多限制。因为实现计划，必须取得人民合作，始能事半功倍。若规则太繁，恐成功很慢。

金经昌：

说明修正闸北西区道路系统之原因，在新民路、西藏路口设置联合车站之需要及车站附近高速道之布置，并报告修正后之闸北西区范围及土地使用情形。

陆筱丹：

宣读《闸北西区营建区划规则草案》。

主席：

今日希望各位讨论决定者，为下列数项：

（1）闸北西区计划范围；

（2）闸北区西〔西区〕道路系统；

（3）《闸北西区营建区划规则草案》（技术及行政方面的）；

（4）《闸北西区土地重划办法》；

（5）实施计划时之棚户迁让问题；

（6）铁路局要求划给一个邻里单位建造职员宿舍问题。

1. 讨论闸北西区范围

议决：

照分图设计组修正图通过。

2. 讨论闸北西区道路系统

议决：

照分图设计组修正之道路系统通过。

3. 讨论《闸北西区营建区划规则草案》

议决：

修正通过：

第五条（即修正之第四条）修正为："本区内道路系统，由工务局根据上海市都市计划总图规划，呈由市政府转呈行政院备案公布施行。所有 1929 年 6 月上海市政府所公布关于本区之道路系统，应予废止。"

第六条（即修正之第五条）修正为："本区内各项公有之公共使用所需要之土地，经划定后，其地价由市政府补偿之。"

第十一条"随时呈准市工务局核定之"修正为"随特〔时〕呈准工务局、地政局核定之"。

第十一条内（三）删除，即并入修正之第七条之（一）。

第十二条（即修正之第九条）内"并应呈准市工务局核定之"修正为"并应呈准工务局、地政局核定之"。

第十四条（即修正之第十一条之（一））修正为："散立式住宅，每幢基地面积，不得超过 2 市亩（约 1 333m² ）或小于 0.5 市亩（约 333m² ）。"修正之十一条（二）为："半散立式住宅，每幢基地面积，不得超过 2 市亩（约 1 333m² ）或小于 0.4 市亩（约 267m² ）。"

第十五条（即修正之第十一条之（三））修正为："联立式住宅，每幢基地面积不得小于 0.2 市亩（约 133m² ）。"

4. 讨论《闸北西区土地重划办法》

议决：

无修正通过。

5. 讨论实施计划时之棚户迁移问题

议决：

柳营路及市政会议通过之平民新村处 5〔5 处〕地址，呈请市政府准由闸北西区棚户尽「量」先迁住。

6. 讨论铁路局要求划给一个邻里〈单〉单位建造职员宿舍问题

议决：

计划实施时，再行洽办。

陈福海：

提请将闸北西区计划初稿内汽车修理厂地位，保留作为铁路局扩充客车场之用。

议决：

由铁路局拟具计划与本会分图设计组会同研究后，再行决定。

王子扬：

提议讨论：

（1）实施时期。

（2）择定一二个邻里单位，先行办理作为示范。

（3）主持实施计划之机构。

议决：

（1）修正闸北西区计划图，限本星期五提出市政会议并送地政局。

（2）在闸北西区计划委员会下组织实施研究小组，请地政局吕处长道元、工务局周处长书涛、参议会王参议员子扬、警察局闸北分局周处长泗安、闸北区区公所王区长治平五人，为实施研究小组委员，并请王子扬先生担任召集人，研究迅速实施之方案（包括迁移棚户问题）。

上海市都市计划

委员会秘书处技术

委员会会议记录

技术委员会简章

第一条　本委员会隶属于都市计划委员会秘书处。

第二条　本委员会以都市计划委员会执行秘书为主席，执行秘书缺席时，由出席会员中互推一人为临时主席。

第三条　本委员会以左〔下〕列各项人员为委员：

（一）都市计划委员会秘书处各组正副组长。

（二）都市计划委员会执行秘书指定有关机构之技术人员。

（三）都市计划委员会聘任之各技术人员。

第四条　本委员会之任务如次：

（一）关于都市计划总图设计事项之研讨。

（二）关于都市计划分图设计中分区、分期计划之研讨。

（三）关于都市计划各项法规之研究。

（四）关于都市计划调查统计资料之汇集及研究。

（五）关于都市计划各项标准之研究。

第五条　都市计划委员会秘书处各组间拟议事项未能解决者，得提由本委员会研讨核定之。

第六条　本委员会每星期开会一次，其日期由主席定之。

第七条　本委员会委员为无给职，聘任委员得酌支车马费。

第八条　本简章自呈奉核准之日施行。

一集

四四九

秘书处技术委员会委员名单

主席	赵祖康			
委员	鲍立克	陆谦受	吴之翰	陈占祥	姚世濂
	汪定曾	朱皆平	吴锦庆	卢宾侯	陆筱丹
	钟耀华	金经昌	翁朝庆	程世抚	陈孚华
	张佐周	王正本	顾培恂	韩布葛	林荣向
	庞曾湉	刘作霖	黄作燊	甘少明	张俊堃
	郑观宣	王大闳	白兰德		

秘书处技术委员会第一次会议

日期	1947 年 8 月 5 日下午 5 时
地点	上海市工务局会议室
出席者	赵祖康　程世抚　郑观宣　甘少明　鲍立克 陆筱丹　钟耀华　吴之翰　姚世濂　金经昌 陆谦受

主席	赵祖康	记录	陆筱丹

主席：

此次为本会秘书处技术委员会第一次会议，对于本会此后工作，应如何推进，总图组、分图组应如何取得连〔联〕系，以及各个将〔专〕题应如何指定负责人〈负〉担任研究，请各位发表意见，现先请姚兼组长（世濂）宣读《技术委员会简章》。

姚世濂：

宣读《技术委员会简章》。

议决：

《技术委员会简章》第四条内修正为：

（一）关于都市计划设计事项之审议；

（二）关于都市计划设计专题之研究。

将原有第五条改作第四条之（六）为"关于秘书处各组间拟议而未能解决事项之研讨"。

陆谦受：

技术委员会之任务，应为都市计划已成工作之批评及审核暨专题束〔研〕究。

姚世濂：

一切批评最好用书面提出。

主席：

现在进行工作，以道路系统之决定及工厂区分布为最重要。将来更有闸北西区之详细设计及龙华风景区之设计。现请陆组长报告总图修正之进行情形。

陆谦受：

市参议会意见，对总图应重行研究之要点计有：①工业区之分布；②浦江交通修桥抑「或」修隧道；③大场机场应否远离市区；④应加设水上飞机场；⑤区域内是否应有海军根据地。所有各点，现正加紧研究中。

主席：

9 月初市参议会开会，本会应采何种态度？

姚世濂：

分图组设计当根据总图意义进行，以求配合。过去工务局所拟道路系统及工厂区之设计布置，均在总图二稿完成以前，故与总图甚有出入，「即」刻正会同进行修订。港务委员会及市区铁路建设委员会，对于港区区域及铁路终点暨路线，已开始规划应如何配合、密切合作。

主席：

7 月 6 日会函浚浦局，请送关于上海港口及码头仓库区计划大纲，经施副局长来函提出三项原则：

（1）因自然之理非人力所能强制，上海港口浦江两岸似应均予使用；

（2）应尽量利用两岸深水岸线建设码头，不敷时再在适当地点建筑挖入式码头，自当先予保留码头仓库；

（3）选择挖入式码头，应就实际潮流情形，以利航行。

此五〔三〕点希望大家研究。

鲍立克：

根据施函，仅注意浦江航行，而对于港口码头之如何布置，与其他铁路、公路之运输如何取得联络，「以」及港口之管理，均未论及。

陆谦受：

都市计划委员会总图「在」设计时，愿与各方取得技术之联络合作，素无成见。惟施函中谓"港口码头之发展，非人力所能强制"一点，殊未见合理。譬如人身生毒瘤，而任其自然发展，必滋成大害。

姚世濂：

施君正准备浦江码头现状图及今后计划图，盼能供给参考。

吴之翰：

港口计划，是否可如铁路计划，组织一计划委员会，由各方参加讨论？ 施局长对于本会 25 年及 50 年计划，完全不能同意。但若同时考虑近期计划及 5 年或 10 年计划，则意见似可接近。一切工程建设，除考虑初步建设经费外，并需研究长期整理费是否合算经济。

议决：

由本会函施局长及铁路计划委员会吴主任委员益铭，请其在下星期二参加讨论。8 月 20 日以前，由总图设计组根据市参议会决议，将二稿研究修订完成。大场、江湾飞机场问题，请市府函国防部解决。

主席：

现更有一问题，请各位发表意见：即总图是否应予以通过，抑「或」为弹性的〔地〕通过几个原则？

陆谦受：

总图应有法律之依据，但应有弹性修订之性质。

主席：

似应通过总图之内容及主要原则，总图则为附件。一切实施工作，俟正式详图（Official Map）通过后实施较妥。道路系统、工厂区均需市参议会通过。

鲍立克：

绿地带亦应由市参议会通过。

陆筱丹：

本会对外工作，除一切图表文字外，模型工作亦颇重要，是否应即制作模型。

议决：

由总图组及分图组视经费许可情形，先行分别制总图及闸北西区模型。

陆谦受：

已请钟耀华先生研究：

（1）各项运输工具之比较研究；

（2）飞机场距离市区之研究；

（3）高架路及下穿路之比较等。

议决：

（1）（2）（3）项由钟耀华先生分别同本局胡沛泉先生、陈孚华先生研究，其他：

（4）港口问题，由韩布葛先生研究；

（5）道路系统，由姚世濂先生研究；

（6）公共建设，由郑观宣先生、王大闳先生及黄作燊先生研究。

秘书处技术委员会第二次会议

日期	1947 年 8 月 12 日下午 4 时			
地点	上海市工务局会议室			
出席者	赵祖康	施孔怀	吴益铭	程世抚	吴锦庆
	黄作燊	王大闳	钟耀华	张俊堃	韩布葛
	金经昌	甘少明	陆筱丹	白兰德	姚世濂
	陆谦受	鲍立克	庞曾澌		
主席	赵祖康		记录		庞曾澌

主席：

今日为本会技术委员会第二次会议，主要议题在讨论都市计划总图二稿关于仓库码头及铁路终点两项问题。上次参议会大会关于都市计划委员会之决议，曾对总图二稿提出修正原则数点，本会自当遵照决议将二稿加以修正，俾在 9 月间开会之参议会中提供讨论。又上海港务整理委员会规定港区区域，亦极盼能与本会意见相配合。因以上两原因，本会 8 月 5 日第一次会议时，决议请浚浦局施副局长及上海市区铁道委员会主任委员吴益铭先生出席本会，希望各位同人于聆取施、吴两先生报告后，充分讨论对于码头仓库之意见，取得一致之结论，「望」于 8 月 14 日送交港务整理委员会、总图设计组及分图设计组，一方面于 8 月 20 日以前完成仓库码头及铁路终点之修正工作。夫仓库码头、铁路及飞机场，实为上海三大问题，如能有合理之决定，则都市计划亦可迎刃而解。现在请施先生报告。

施孔怀：

黄浦江岸线：

（1）自上海港下界线至蕴藻浜（蕰藻浜）11 405 英尺（约 3.48km）。内约 8 000 英尺（约 2.44km）可用，（其中）除中央造船厂 3 000 英尺（约 0.91km）外，尚余 5 000 英尺（约 1.53km）。

（2）自蕴藻浜（蕰藻浜）（不包括蕴藻浜（蕰藻浜）在内）至殷行路口 12 370 英尺（约 3.77km）。内铁路局及浚浦局已用 2 000 余英尺（约 0.61km），尚余 1 万英尺（约 3.05km）。

（3）自殷行路至新间港（新开港）3 400 英尺（约 1.04km）。

（4）自新开港至虬江 17 445 英尺（约 5.32km）。除虬江口下游 3 000 英尺（约 0.91km）外，余系浅滩，内中信局已建虬江码头 1 200 英尺（约 0.37km）。

（5）自虬江经新运河至申新七厂 27 000 英尺（约 8.23km），系属工业港区所有。上海电力公司、上海自来水公司、上海煤气公司、英联造船厂均在此段之内（自虬江沿浦至定海桥 12 800 英尺（约 3.90km））。

（6）自黄浦码头至苏州河 8 940 英尺（约 2.73km），为优良码头区域。

（7）外滩公园岸线长 700 英尺（约 0.21km），自北京路外滩市轮渡码头至董家渡 11 620 英尺（约 3.54km），现为船舶区域。

（8）自董家渡至日晖港北汊口 14 330 英尺（约 4.37km），现为工业区域。南市自来水厂、法商自来水厂、江南造船所均在此段之内。

（9）自日晖港北支至北票码头 3 825 英尺（约 1.17km）。

（10）自北票码头至张家塘 14 415 英尺（约 4.39km），除龙华飞机场一部分岸线外，余为工业区。上海水泥厂即在此段之内。

以上浦西岸线，除防浪堤 3 250 英尺（约 0.99km）外，共 127 020 英尺（约 38.72km）。

（1）自上海港下界线至老航道口 14 100 英尺（约 4.30km），水浅尚未开发。

（2）自老航道口至高桥港 18 280 英尺（约 5.57km），现定为油池区域，上半「部分」水深业已使用。

（3）自高桥至东沟 15 695 英尺（约 4.78km），尚未开发。

（4）自东沟至洋泾港 16 180 英尺（约 4.93km），业已部分使用。

（5）自洋泾至三井码头 10 430 英尺（约 3.18km），为深水船舶区。

（6）自三井码头至怡和码头 8 005 英尺（约 2.44km），为工业区。

（7）自怡和码头至中华码头 23 525 英尺（约 7.17km），为深水船舶区。

（8）自中华码头至鳗鲤嘴 19 050 英尺（约 5.81km），尚未开发。

以上浦东岸线共 126 455 英尺（约 38.54km）。

从上述数字而论，可知浦江两岸未经使用之岸线几达半数。尤以虬江码头以下，未经开发者为多。

黄浦江为本市重要水道，运输便利，无论开办工厂或经营码头仓库事业，均欲利用浦江岸线，此为自然之趋势。违反此自然趋势，则对于计划之施行必不便利。纽约、伦敦、利物浦等都市，情形皆然，故吾人应注意及之。

本人主张：①先建沿浦码头，俟必要时再建筑挖入式码头；但②经费需有来源；③地点必需〔须〕适当，以免发生船只碰撞情事〔况〕，妨碍全港航务。根据以上三点，本人拟有计划草案（如图）。浦西自下港界线至蕴藻浜（蕰藻浜）可有 5 000 英尺（约 1.52km）岸线，上面已经述过。自蕴藻浜（蕰藻浜）至殷行路口 12 307 英尺[1]（约 3.75km），可作深水船舶区域。殷行路一事，唯一缺点，军工路离浚浦线太近，将来须向内伸展。

计划中之挖入式码头，在新开港至定海桥之间，码头长度共 59 500 英尺（约 18.14km）（包括虬江码头 200 英尺（约 0.06km）在内）。在 1921 年时，浚浦局已有此计划。至蕴藻浜（蕰藻浜）建筑挖入式码头，以前国联专家曾反对此议，因方向须予考虑。新开港至虬江之间，虽为浅水地段，与蕴藻浜（蕰藻浜）相同，均须挖泥，但方向顺适。

计划中之挖入式码头内侧为小船码头，不包括在 59 500 英尺内。

浦东方面，自高桥港至东沟一段，深水岸线 15 000 英尺（约 4.57km），可作船舶区。

浦东、浦西方面，除现有码头 40 000 英尺（约 12.19km）外，计可增加：

59 500-2 500（虬江码头）+5 000（吴淞）+12 000（蕴（蕰藻浜）—新（新开港））+15 000（高桥—东沟）= 89 000 英尺（约 27.13km）

以每年每英尺装卸货 500 吨计算，计为 44 500 000 吨，则港口船舶吨位为 44 500 000×3=133 500 000 吨。

主席：

施先生对于上海港口之现状及将来计划，既作此详尽之报告。昨日曾邀约公用局赵局长、京沪区铁路局候副局长暨施先生等举行港口问题座谈会。本人愿就昨日座谈会经过，补充报告数点如下：

（1）都市计划委员会方面对于港口问题，似未能与浚浦局之计划完全一致。盖充分利用黄浦岸线，比较现实；而都市计划之挖入式码头，比较理想。港务整理委员会方面之意见，却与浚浦局比较接近。

（2）根据施先生报告之数字，即不将复兴岛挖入式码头计入，沿浦码头长度已达 8 万英尺（24.38km），以每年每尺能起卸货 500 吨计，年可起卸货物 4 000 万吨；再以上海货吨与船吨 1:3 之比例计算，上海港口每年尚能容纳 1.2 亿吨出进船舶净吨位。都市计划委员会估计未来 25 年内上海进出口船舶净吨位为 7 500「万」~ 8 000 万吨。据此核计，则即使不利用浦东岸线，码头亦足以应

---

1. 上文为"12 370 英尺"，此处数据疑有误。——编者注

付未来之发展。

　　故昨日之座谈会中，尝作非正式决定四项：

　　（1）浦西自吴淞岛起至张华浜作为海洋轮船码头；

　　（2）杨树浦至苏州河间作为沿海船舶及内河轮船码头；

　　（3）苏州河至董家渡间之岸线，尽量划为绿地带及市内公共水上交通码头（今天施先生提供意见，以苏州河至中正中路（今延安中路）间之3 200英尺（约0.98km）作为绿地带）；

　　（4）浦东方面自怡和船坞至陆家浜间作为绿地带区域或工厂区（今天施先生则声明可自怡和码头至东昌路划为绿地带区域）。

　　依据上述沿浦两岸均予利用，现已超过进出口船舶净吨位8 000吨之容量。是否可以尽「量」先利用浦西岸线，以应付25年内之估计？兹将问题归纳四点，请各位讨论：

　　（1）现在计划是否仍以8 000万船吨之数字为对象。

　　（2）如船吨估计数字确定后，抑「或」浦东「浦」西并行发展，抑「或」尽「量」先利用浦西岸线之问题。

　　（3）自杨树浦以南岸线码头，是否须考虑其逐渐取缔之问题。

　　（4）兴建挖入式码头之时期问题。

鲍立克：

　　浚浦局与都市计划方面意见不同之点，技术问题实为次要，而焦点在于经济问题。吾人不能仅就航行问题讨论港口，而必须以经济点为出发。港口之作用，不仅在自船舶卸货至仓库，或自仓库装至船舶；货物集散，又必赖铁路、公路、内河等其他交通设施之联系，故须考虑及整个货运之经济，以确定港口性质。都市计划委员会与浚浦局港口计划之不同，不在其码头长度或容量诸技术点。据本人所知，战前上海港口效率每英尺每年装卸货物为250吨，由联总[1]所得数字，则目前情况犹远逊于此。自旧金山至上海之航程，平均约两星期，而货物在上海装卸所需时间，达10～14天之久。每一万吨船在港口停留一天，即须〔需〕多耗法币1亿元。此项无形损失，即增加于货物成本，从而亦即中国人民之负担。都市计划委员会在吴淞挖入式码头之计划，即所以使货运能与公路、铁道相连〔联〕系，以减少船舶在沪停留时期，而减轻其成本。即或码头费用较高，船公司必乐于接受，码头之投资当可偿得也。

施孔怀：

　　对于鲍先生之意见，本人愿先提出答案。论"建筑港口虽沿浦式较为便宜，而未必经济"一点，本人已〔以〕为，上卸货物之经济与否在于机械设备，沿浦式亦可利用机械及铁道，而使效率增加。至上卸货物吨位之估计，据浚浦局1924年统计，每英尺码头每年上卸货物平均为285吨，如有机械化配合以后，则每英尺每年500吨之估计必可达到。如政府能投资于挖入式码头之开辟，本人亦不坚持反对。

主席：

　　现在最困难之问题，即政府尚无力投资于挖入式码头。

韩布葛：

　　吾人研究任何问题，似当同时考虑其相反方面。上海港口之商业，可能因仓库码头设备欠佳、起卸货物延时过久诸节，而逐渐减退，促使贸易移至香港或他处，此实上海港口之危机。码头机械设备，固不因式样而异，但货物不仅自码头进入仓库或自仓库装载上船，尚赖其他设备以分运之，则沿浦式即比较困难与不经济，并将妨碍市内交通。故未来改良之码头及机械化设施，因向吴淞发展，而留浦

一集

四三二

1. 指"联合国善后救济总署"（United Nations Relief and Rehabilitation Administration, UNRRA, 简称"联总"）创立于1943年，发起人为美国总统罗斯福，其名称内之"联合国"指第二次世界大战期间的同盟国参战国家。其本质为福利机构，目的乃于战后统筹重建二战受害严重且无力复兴的同盟国参战国家。其中，受害最严重的中国成为最主要被帮助国家，而施予帮助者则为美国、英国与加拿大。——编者注

江岸线为市民公共之用途。在究用何种码头未予决定前，大量机械化设备之投资，必需〔须〕审慎行之。毋宁先投资增加港口之容量，盖一切机械之使用寿限，亦不过 25 年也。至主席所提浦东、浦西问题，似可订定规章，将货物分类，凡非上海市内消费或不经浦西转运之货物，可限其存储浦东仓库，使尽量避免浦西方面之市内交通。再施先生曾向船员、引港人[1]调查，对于码头式样意见之统计，本人以为足反映真实需要。盖彼等个人均极愿滞留上海者，而忽略于货物上卸之时间及经济诸端。如试一调查船公司方面之意见，则必异是，照航行条件，莫不盼望航线两端能有相等之设备，则一切管理，最为便利，故必先考虑如旧金山等处之港口状况。

陆谦受：

施先生沿浦式码头之建议，自值得吾人尊重。技术上效率诸问题，当可以数字比较，而不致成为问题。争执要点，总图设计组韩布葛先生，正作此研究，日后可供各位参考。惟本人以为，都市计划者与港口专家，各具相异之观点：黄浦如尽量发展，以应港口之需要，就都市计划之目光衡之，似过分偏重于航行方面而忽略都市其他方面之发展。即如施先生所论及效率问题，每年上卸货物之吨数，仅限于货物自码头至仓库，然自仓库再至其他目的地之问题，均未予考虑，故码头以外之"效率"，如是否影响交通或都市区划~~等等~~，即易忽略。故本人对于完全利用黄浦岸线辟为港口，未便苟同而有考虑余地也。

主席：

本会意见须于 8 月 15 日送达港务整理委员会，行政与设计须互相配合，仍希各位就本人归纳四点集中讨论。兹因时间限制，请吴益铭先生先报告上海市区铁路计划委员会最近之意见。

吴益铭：

上海市区铁路计划委员会方面最近决定，将现有北站、西站、南站分别扩充。该项原则，参议「会」亦有同样决议。至扩充程度，已请京沪区铁路局候副局长，将 1915—1935 年历年运输记录详加统计，绘制曲线。此项材料，不久可供铁路计划委员会之研究。大致估计在最近 25 年内，一年货运总量须至 1 000 万吨，客车每日须 75 对，方足应付，故问题仍重在客运。至北站与港口联系问题，是否自何家湾接轨至真茹（真如），则尚待码头地位之决定。

主席：

今天时间已迟，关于港口码头问题，本会意见须于 8 月 15 日送达港务整理委员会。各位有其他意见，希于时前送交秘书处，以便参考后拟具报告。

1. 又称"领港员"，为协助船只进港的专业海事人员。——编者注

秘书处技术委员会第三次会议

日期	1947 年 8 月 19 日下午 4 时			
地点	上海市工务局 355 室			
出席者	韩布葛　　陆筱丹　　吴之翰　　金经昌　　钟耀华 姚世濂　　赵祖康　　程世抚　　卢宾侯　　陆谦受 庞曾湆			
主席	赵祖康		记录	庞曾湆

决议：

修正 8 月 15 日临时处务会议决议如下：

（1）吴淞港至殷行路，仍为计划中之集中码头区。

（2）虬江码头，予以保留，并得适应目前需要，加以改善。

（3）申新七厂至苏州河外白渡桥，作为临时码头。

（4）新开河程〔至〕江海南关，作为临时码头。

（5）日晖港码头，照都市计划原稿，为集中码头。

（6）闵行专业码头，照都市计划二稿，为集中码头区。

（7）浦东之高桥沙，作为油池区专业码头。

（8）浦东自高桥港口至浦东电气公司，作为军用码头。

（9）浦东自东沟起至陆家嘴东之三井码头，除规定一部分为工厂码头外，现有码头得作为临时码头。

（10）浦东陆家浜起至上南铁路，除规定一部分为工厂码头外，现有码头得作为临时码头。

主席：

参议会开会在即，总图工作，请各位加紧进行。

陆谦受：

设计组方面已依照参议会原则，在浦东增加轻工业区，大场飞机场略加北移。惟道路系统过分迁就现实情形，则路线必湾〔弯〕折太甚；如过于理想，则又极难实施。究竟采取如何折中之原则，殊值得考虑。

陆筱丹：

现有设计工作，均根据地图及搜集之统计材料，但有时必须实际勘察，甚或将现状照相。本会是否可添置交通工具，以利工作。

决议：

设法予以交通便利。

陆筱丹：

为编写参议会之《都市计划简要报告》，深感初、二两稿资料不够充分，希各方多供具体资料，以便编入。

姚世濂：

道路系统、工厂区划及闸北西区方面，现有资料尚可供给。

主席：

道路系统与区划为本会主要工作，希各位从速进行。关于集中码头地点之理由，各位如有书面意见，请于本星期五前送交总图组汇集研究。最近哈佛 Gropius（格罗皮乌斯）教授来函，对于初稿之意见，请总图组研究拟复。

秘书处技术委员会第四次会议

日期	1947 年 9 月 2 日			
地点	上海市工务局会议室			
出席者	赵祖康　鲍立克　金经昌　黄作燊　张俊堃 郑观宣　陆谦受　韩布葛　姚世濂　程世抚 陆筱丹　吴锦庆　吴之翰　甘少明　钟耀华			
主席	赵祖康	记录		庞曾洪

宣读第三次会议记录。

1. 报告事项

姚世濂：

（1）公用局上星期召开之港务整理委员会，由陆筱丹先生代表出席。关于如永久、临时及专业码头区，该会已同意照本会第三次会议决议，分别规定之。

（2）市参议会都市计划审查委员会 8 月 30 日会议，本人代表列席。该会拟将前工务局所送设厂区域予以通过。经本人声明，都市计划委员会已照第二次参议会大会意见各点将二稿修正中，如：①浦东增设工厂区；②工厂区与交通系统密切相关，故必须与新干道系统同时决定；③以前工厂区仅及于已接收地区，现在应包括全部地区，作整个规定，请暂予保留。兹该会定本月 18 日再行会议，本会之道路系统及工厂区，似应及时送该会审查。

（3）虹桥飞机场，交通部不主张取消。公用局曾请地政、教育、工务各局会商，工务局由章煃、钟耀华两君出席。教育局对于文化区并不坚持，地政局则主张将征用民地发还原主，未得定议。兹定本星期六前各局将意见送公用复〔局〕，送请市政府核夺。

2. 讨论事项

陆谦受：

总图设计组最近二〔两〕星期工作进行，未能尽合理想。盖一部分职员尚须求学，非全日到公，以致效率较差。总图组对市参议会二次大会修正及建议诸点，如龙华风景区、铁路线、大场飞机场移离市区较远地点等，在原则上大致可以接受，并非短期间可能完成。故本月 22 日参议大会开幕，都市计划委员会采取态度，是否可送一报告书，而不复将"二稿"修正为"三稿"。俟若干基本材料具备，能作正确决定后，再定为总图三稿。

主席：

"Master Plan"一义，似释为"总案"较"总图"更为恰当。故本届参议会大会，本会可根据其修正意见，送一总案之说明，而总图乃为总案之附件。惟工厂区域与道路系统则亟须决定，否则行政上将无所适从。

姚世濂：

完备之道路系统，须根据 1:500 地形「图」订立路界。全市辽广，且建成区域新订路线必须顾及原有建筑物，决非现有人力、物力短期内可以办到。

决议：

（1）先照二稿制成中山路以内市中心区1:10 000之干道系统图，于路线等级、方向作必要之决定。由鲍立克、金经昌、陆筱丹三位负责，于本月10日以前完成。先提请市政会议通过后，转送市参议会。其余完备之道路系统，定期分区完成。

（2）全市工厂区，请鲍立克、金经昌、陆筱丹三位同时完成之，并定本月15日下午4时，由本会函请公用、社会两局商决后，备文送市议参〔参议〕会。

（3）本届市参议会开幕，本会所应提请审查者，须包括下列各项：①根据上次参议会决议二稿修正意见之工作经过；②干道系统；③工厂区；④码头区及铁路；⑤闸北西区计划。

（4）韩布葛先生之吴淞码头计划草图，由韩布葛、吴之翰、鲍立克、金经昌、陆筱丹诸先生，再作进一步之研究。

秘书处技术委员会第五次会议

日期	1947 年 9 月 9 日			
地点	上海市工务局会议室			
出席者	赵祖康 甘少明 吴锦庆 陆筱丹 程世抚 韩布葛 姚世濂 陈占祥 黄作燊 卢宾侯 张俊塈 钟耀华 鲍立克 金经昌 陆谦受			
主席	赵祖康	记录		庞曾涟

1. 讨论非计划中之工厂区域已设工厂或请永〔求〕扩展之处理问题

决议：

（1）干道系统图、工业区域图、铁路终点图及港埠岸线图，应由本会拟定后，提请市政府及市参议会通过，成为公开之法律文件。计划总案仍保持其弹性作用，而为一切设施之参考文件。

（2）关于已设工厂而其地点不在上述规定工厂区者，在计划实施过程期间之取缔问题，由各委员研究过渡处理办法。

2. 关于总图二稿拟定全市之 12 分区，浦南及松江两区其名称与地点不甚相称，应否更改案

决议：

（3）浦南区改为塘湾区，松江区改为新桥区。

秘书处技术委员会第六次会议

日期	1947 年 10 月 8 日
地点	工务局会议室
出席者	赵祖康　金经昌　姚世濂　陈占祥　钟耀华 陆筱丹　林荣向　费　霍　鲍立克　韩布葛
列席者	杨蕴璞
主席	赵祖康　　　　记录　　　　宗少彧

1. 报告事项

姚世濂：

（1）干道系统修正计划，业由金经昌、陈占祥两先生正在计划进行中。

（2）工厂调查，已将黄浦区东区、沪南、闸北、沪西等区次第完成，惟闸北、沪南两区尚拟加以补充，刻正进行调查旧法「租」界及苏州河一带工厂区。关于工厂分类，暂依营造处编制之工厂分类初稿办理。目前散布黄浦区里弄内之小型工厂，拟参照即将刊出之《上海行名图》（《上海市行号路图录》）进行调查，较为便利。

（3）闸北西区模型，现正开始进行。惟 10 月 10 日应邀参加中国技术协会模型展览，以时间促迫，恐难照办。闸北西区道路系统及邻里单位计划，已由鲍立克、金经昌两先生会商修改，拟请加以决定，以便配合工务局道路处计划路基工程。又该区建设实施大纲及土地重划办法，希望早日决定，以期配合行政设施。

（4）港口计划初步研究，业由韩布葛先生拟具报告，并由主席携京征取专家意见，以便由韩君继续研究，并可提出希望有所指示，铁路计划委员会根据研究铁路路线计划。

2. 讨论事项

主席：

此次会议应行讨论之较重要事项为干道系统之修正，「以」及有关工厂区、港口等应行决定事项，兹拟报告者。本市港口，本席曾洽商水利部须技监及渠港司杨司长及港口专家多人。彼等意见大多主张利用蕴藻浜（蕰藻浜）。干道之修正请陈占祥先生阐述报告之。

陈占祥：

目前正进行之干道修正计划，与前有计划略呈不同。其中干道部分，除仅保留自龙华北来沿铁路东向，经虹口绕前市中区外围，而达吴淞港之干道外，现有建成区内，别无主要干道之计划布置。该干道宽度仅容四车道，行车速率为每小时 30「英里（约 48km）」[1]，全路略形 S 曲线，为本市主要运输交通之大动脉。且将上海境区划成两中心区，一为现有建成区，一为前市中心地带〈哩〉。至于将来建成区之中心，可建于跑马厅或旧城址之圆形民国路（今人民路）。前者主要意义为减少黄浦中区拥挤之交通，后者则因该地多属中式建筑，将来殊可表扬中国建筑之风格。至于北站、南站间应取联系一则，似无重大必要性，故高速宽大等型之道路似属糜费。该项 S 形干道之主要功用，为适应大量之客货运输需要。至于与建成区次要道路之连接，多采平交式，次要道路则以辅佐，发挥短程交通

---

1. 原文此处缺少单位，但隔行有"哩"字，疑为印刷错误。——编者注

运输之功效。此外，西部郊区如大场、真茹（真如）等区之干道布置，尚在研究中。

鲍立克：

前计划修正干道系统中之干道标准为四机动车道，二高速电车道，且与普通 Service Road（便车道）架空隔离。其与干道或辅助干道之交叉处，多采 Clover Leaf（四叶草）立体式交叉；其间连〔联〕系，则用引道式。辅助干道之交〔叉〕口则多用广场，行车速度为每小时 100km。预计将来上海人口 750 万中之 60%，为定向之经常流动量。该项流动量中之 20% 为乘用公共交通工具者，为数约 90 万。此项流动量之运输，倘无标准较高之道路系统，殊难适应需要。

主席：

请陈占祥、鲍立克两先生各就所拟计划，核计各项主要交通情况中所需时间及便利等之要点。

关于港口之计划，请韩布葛先生赓续[1] 研究港口设备详细布置，如铁路终点、水陆联运以及其他有关技术等之计划。

韩布葛：

港口之详细布置，业在继续进行。惟目前甚需要各种货物进出口之重量数字等统计资料，以及中央造船公司及铁路等主管机关所需之土地面积，俾可依据为计划参考资料。此外，尚有吴淞镇现有房屋因建港而产生之迁徙及改造等问题，亦望市府预为注意，并研究之。

主席：

为集思、广益、慎审计，该有港口之铁路及造船厂面积布置等问题，将邀请京沪各主管专家洽议之。

杨蕴璞：

统计室前代办都市计划委员会所需统计资料，业已完成 6 集，约 300 余统计表。现统计室因人员名额限制而发生工作支配等困难，故该项统计工作，可否交由都市计划委员会会务组办理之。

姚世濂：

统计资料之收集，仍宜加强进行。故统计室发生之困难，前曾洽商人事室，增添名额，惟无结果。统计人员需保留，似可暂由设计处余额补充。

陆筱丹：

统计室以往供给资料，往往供非所需。希望今后调查、统计所需资料，拟由本会总图、分图两组提出范围，商请统计室协助办理之。

林荣向：

关于土地重划研究工作，曾于留京时征询地政部人士意见。经充「分给」予协同，进行研究诸事宜，并曾供给地政法规等资料。此外，地政研究所土地重划之资料，均可供给参考。

金经昌：

恒丰桥头仓库，因系永久性建筑物，故拟予以保留。前计划经过该建筑物道路，则拟向北移。

1. 即"继续"。——编者注

秘书处技术委员会第七次会议

日期	1947 年 10 月 16 日			
地点	工务局会议室			
出席者	赵祖康　金经昌　姚世濂　钟耀华　鲍立克 陆筱丹　卢宾侯　程世抚			
主席	赵祖康	记录		宗少彧

宣读第七〔六〕次会议记录。

主席：

今天会议讨论主题为干道系统计划，陈占祥先生因事赴京未克[1]出席，暂请金经昌先生代为报告陈先生之计划意见。

金经昌：

本席承陈占祥先生嘱托，转达报告所拟计划意见如下。都市计划总图二稿所示道路系统及其他各重要计划措施，似太偏重于高速干道。然目前上海交通的紊乱，是否仅系纯粹之交通问题所产生者，确待详慎思考。问题之重心所在，似与社会经济状况业已发生密切的关系。盖土地不经济的使用，即是经济水准低落的发〔表〕现。今天上海市区中之里弄，鲜有不是住宅、行号、工厂、栈房相混而居者。此种情况，为目前世界各大都市中所仅见。是以欲使上海市道路系统能作有效的适应需要，即应有一有效的、能适应上海情况的都市计划道路系统，乃其计划中之一部分。是故，道路计划亦宜配合使用合理的计划、予以布置为原则。

倘使中区用做行政、商业，则该区无关行政、商业的机构及一部分居民必需〔须〕迁移，且须彻底实行，否则交通问题仍然不得解决。

过去都市计划工作，似太偏重高速交通，然在高速交通工〔中〕，一切交通设施须均变成机械化，俾使车辆行驶至最高速度而无危险。是以建筑该项道路的意义，为提高行车速度及维持行车安全，在适应长途交通上，意义较大。此都市与郊外市镇间之连〔联〕系等计划。二稿所示之直达道路，即属此种性质。该种计划设施，以高架方法，使不影响两旁商店的繁荣，可谓合理。设若仅为解决交通为矢的，倘无经济困难等阻碍时，使用高架电车未始不是好办法。然目前上海交通拥挤之成因，是否仅起因单纯之交通问题，吾人甚易回答为不是。倘为预计 50 年后之需要而设置，则 50 年后之需要，能否因此设置而解决，诚有待于将来事实之证明。

高架干路行车最高速率为 60 英里（约 97km）。然当车辆驶近交叉口时，则将减至 15 英里（约 24km）。这速度之骤减，无法免除因停驶而发生之混乱与拥挤。且干道联接于辅助干道，辅助干道除担负本身交通运量外，还承接一部分之干道运量，则辅助干道由上下乘客及来往车辆交织而成之交通情形，概可想见。且高架路交叉处之引道，需长 300 余米，尽管技术无问题，然购地拆屋费用浩大，经济环境能否准许，殊宜慎重考虑。吾人估计，由吴淞及其他郊区市镇到达中区外围，利用高架路需时 10 分钟；设其抵达中山路后改行辅助干道，其平均速率为 20 英里（约 32km）计算，则较高架路直达市中心仅多需时 10 分钟，消耗于赴目的地的 20 分钟概为各都市设计所通用。本席据此建设性之批评，遂另拟有道路计划，然须附带声明要点有三：

1. 即"不能"。——编者注

一二集

四四一

第一，该项另拟之道路计划，系根据另一不同认识之表示；

第二，两年来都市计划研究工作中，相信已有此计划；

第三，仅据短时期中之考虑制此道路计划，不适之处在所难免。

其中，第一点尤属重要，盖本席认为长途交通之标准，不宜使用于市内。其主要理由为，干道的目的为安全与速度，市内交通则是安全与流畅无阻。都市计划二稿所示高架干路，其中有二，一为行车速率增高，二为大量运输。本席认为应视作二〔两〕件事。即以乘客而论，市民虽乘高速道路直达市中心，然仍须循行辅助干道赴目的地，且大量运输之乘客，上下其车站处之安全与转运，均易发生困难。本席所拟系统，干路位置只在郊外，大致沿现中山路在市西部绕成半圆，东向杨树浦，循黄浦江方向又绕成半圆，恰如一例〔倒〕S形。都市计划二稿所示郊外六大主要干路，均可连接于倒S路上。市区内的布置，则尽是辅助干道。除自杨树浦码头到沪西工业区，另有两条辅助干道，大致与计划二稿相同。此外，尚有不同之一点，即南站、北站间之连〔联〕系，因无必需而未加连〔联〕系。大量运输之方式，二稿所用高架电车路线，本席无异议，惟确实路线殊应慎审研究。譬如房屋调查，以及今后郊外卫生〔星〕市镇计划等，过去工作率皆近似大纲的编制，今后的工作，似应积极展开分图计划的工作。缘可因分图产生之困难，藉以「为」更正总图计划之根据。本席以为，今后主要工作应着重下列数项：①市中区之改造；②南市旧城区之改造；③跑马厅之使用；④北站附近之设计；⑤一个典型工厂区之设计；⑥一个典型里弄之改造；⑦海港设计；⑧一个典型卫星市镇之设计；⑨沪南建设计划；⑩正进行中之闸北西区计划。

其中，①②③④项涉及立法，⑤⑥⑧项是合理之标准，⑦项是将来必需要的，⑨⑩两项是比较可能实现的。前有之上海现状调查图，比例为1:25 000，殊嫌太小，不足适应设计需要。本席甚愿依据即将出版之《上海市行号路线图》，另制一详细之现状图。该地图采用 China Land Survey co.〔Co.〕（中国土地调查公司）的地契图，其比例较前大10哲〔倍〕，即1:2 500，俾使计划各项易于接近事实。

卢宾侯：

本席以为，陈先生所拟干道系统比较切乎实际。盖都市计划二稿所示高速干道穿过中区，或将增加辅助干道之交通负担。又干道穿入市区之交叉处，占地几近200余亩（约13.3hm²），将来实现时，或将发生许多经济困难。且陈先生所拟之辅助干道，业已布满中区，交通需要想不致成问题。

主席：

吾人于从事都市计划时，当以适应需要及考虑环境经济能力为前提。都市计划二稿，为二〔两〕年来许多专家精心研究之心得，与陈先生数星期之研究心得，当不无异。陈先生计划之高速干道，较二稿为少，土地问题较简单，经济的困难亦较少。

钟耀华：

二图较显著之分别，除陈君草图中干道不进入中区，陈君草图中辅助干道亦较少。乍视之下，陈君草图似比较易于实行。然在进一步研究之后，倘发觉辅助干道仍宜加多时，则此惟一优点，亦必失去。中区西藏路至外滩，土地使用杂乱，欲求任何有效之改善，不必要人口及不适合事业之迁出，在所必然。中区今日无目的之交通，自可减少。但陈君与二稿皆假定中区用作商业中心区，则将来我国第一个大商埠之商业中心区，每日与城市其他部分之交通，当然可观。由此观之，干道直达中心区之缘境及辅助干道数量问题，都有影响。总之，二稿费时年余完成，欲使任何草图达到同样之精细程度，亦须经过相当时间之研究。

陆筱丹：

陈先生及计划初稿、二稿之收获，因〔固〕为极为宝贵。然吾人在研究都市内道路系统之如何布置，似应考虑并假定郊区、中区之人口分布情形。各郊区人、货需要进入中区者，究有若干；所采用之交通工具为何种；所需要之运输之时间为若干；高速运输线与市内道路之交点，以何处为最适宜；交叉之方式如何；凡此种种皆为设计市内道路断面最重要之张本。细察所拟各道路系统，对此种问题，均无肯定数字足资为设计之依据。又吾人现所拟者，为50年计划，吾人似应同时研究此种道路系统在

50 年内是否可以逐步实现，亦即市民经济财力是否可以负担，俾可分期实施；否则计划虽佳，不能与事实相配合，则计划仅系一种空洞渺茫之意见而已。对此二点均有再详加考虑研究之必要。

金经昌：

　　都市计划二稿以及陈先生拟具之道路系统，本席均曾参加计划工作。惟觉中区内高架干道不平交设备，殊深困难。且不平交叉口设备，需费 10 倍以上于圆形广场之造价，是故不平交路口设备，殊觉不适宜于中区。

主席：

　　可否将陈先生之原则意见修正二稿，以便互相配合。倘依陈先生之原则修正二稿，或将发生许多实际之困难问题，可否将二稿中之一部分道路，以不违反陈先生原则中之优点，进行计划之。

钟耀华：

　　二稿经过相当研究，由无数草图中脱胎而成。其每一路线之取舍，皆有相当之理由。不妨利用而尽量采纳陈君草图中之优点，俾 Master Plan（总图）得早日完成。

姚世濂：

　　陈先生之原则，似偏重于中区之成份多。吾人从事研究都市计划，应注意各方面之事实及需要。深望陈先生仍考虑都市计划二稿之心得，并望能兼顾技术及行政诸困难情形下，进行计划。

主席：

　　依照各位讨论的意见，都市计划二稿大致可不更改。惟越江之交通，是否应为高速路，是否仍沿成都路南下，尚请各位继续研究。至于中区设备不平交叉路口一则，价昂巨，恐难实现。都市计划二稿「中」，中区内高速干道稍多，可否能再减至为东西方向一干道，南北方向一干道，且该干道标准为仅行驶电车不行汽车，请诸位继续研究之。

秘书处技术委员会第八次会议

日期	1947 年 10 月 28 日			
地点	上海市工务局会议室			
出席者	赵祖康　黄作燊　林荣向　郑观宣　陆筱丹 金经昌　姚世濂　王大闳　鲍立克　韩布葛 吴锦庆　程世抚　钟耀华　陆谦受　卢宾侯 白兰德			
主席	赵祖康		记录	庞曾湉

主席：

本会工作，在技术方面，如道路系统、港埠问题、工厂区划及铁路等，经本会同人之研究及与各有关方面之商讨，大致均能逐步解决。本人殊感实施时之法律与行政问题，却不足跟随技术之进行，如都市计划法、区划法令、土地管理规则等，必须加以研究或译述，然后拟订各项则法〔法则〕；又如土地重划时之逾额征收办法，均极须提供市政府或内政部参考颁布，使都市计划易于推行，希望各位于此有兴趣者，从事研究。

姚世濂：

关于征收土地，为地政局职掌。然其目标重在土地行政与清理地权问题，与都市计划中之土地问题，目的似有不同。本席尝与地政局方面有所洽谈，颇同意如闸北西区最近之土地重划时，地政局之行政能与本会计划相配合。

金经昌：

报告最近拟具道路系统概略。

最近中区道路系统计划与二稿原图略有更正。其目的在使穿入中区之高速道路减少，而希望不损其功能。附图所示，将原拟 6 条直达干道加以减缩，必要时并将市镇铁路与高速汽车路分开，二者所经路线如下：

1）高速汽车路路线

（1）自吴淞起，经江湾，沿闸北之北，经中山北路、中山西路，接沪杭公路。

（2）自吴淞起，经虹江码头、杨树浦、闸北西区，渡苏州河，沿康定路向西，往苏州路 [1]、北新泾。

（3）自锡沪公路，经闸北，过铁路，沿西藏路往南至黄浦江边，与浦东高速汽车路相联接。

（4）沿中山南路、龙华路（今龙华东路、中山南二路），东接西藏路，西接中山西路（此线或有改用徐家汇路（今肇嘉浜路、徐家汇路）可能）。

2）市镇铁路路线

（1）自吴淞起，经江湾、闸北、宋公园路（今和田路、西藏北路），过铁路，沿西藏路往南，渡浦「江」接浦东市镇铁路。

（2）自吴淞起，经虹江码头、杨树浦、闸北西区，渡苏州河，沿康定路向西往苏州河、北新泾。

（3）沿京沪铁路线、西藏路、沪杭铁路往南。

---

1. 根据下文，此处可能指"苏州河"。——编者注

主席:

关于道路系统，经多次讨论，各方面意见可分三种：

（1）最保守者，以为高架道路尽量避免进入中区，而仅在中区外围辟 Bypass（干路）；

（2）折衷办法，高架道路可以进入中区，但须减少，其中又有主张高速道路仅供电车或仅供汽车行驶，或两种并行等意见；

（3）最理想之主张，即维持二稿原设计。

本人与市政府及参议会各方之商讨，大致以为计划不宜过于理想。上次座谈会后，又与鲍立克先生研究参酌上海实际情形，以为高速道路完全不入市区，恐不能应付集体运输；至高架车，仅有电车，则工商业之货物运输仍不便利。故今所拟道路系统，高架车道仍羼[1]入中区，但尽量使路线减少，电车、汽车仍拟同时并用。

陆谦受:

都市计划，必先有事实之根据。两年前因上海调查统计资料之缺乏，工作上乃因果并进，实非得已，即先作若干假定与理想为计划之出发点，然后设法证实此假定或理想之真实性。然迄至现阶段，已不能再据此假定与理想，而计划到了必须证实之地步，否则实不足取信人民，实施并发生困难。故关于各处地价、房屋年龄，必及时详细调查，然后能有所比较，而计划可有所本。

韩布葛:

确定计划，不仅当视实际之"需要"，并当视实际之"可能性"。例如道路分布较疏，于实际需要或感欠缺，但于实际之经济观点角度衡量之，或较为适当。

鲍立克:

调查统计工作，不限于过去与现在，并须顾及将来发展。故调查统计，非计划之最终资料，又须作将来之估计。且政治影响，尤为不定之因素。

主席:

都市发展之背景，不外物质的、经济的与社会的三种。对于物质背景的调查，请工务局设计处积极进行测量工作。经济及社会背景，如上海将来工业发展与人口之情况、货物进出量以及市民生活习惯等，本会兹（缺）乏经济研究人才，请会务组尽力向有关方面收集资料，并须作顾「及」将来「本」市「可」能之发展。

卢宾侯:

设计之优劣，厥惟[2]经济问题，征地若干、拆屋若干，反为次要。我人应埠〔根〕据经济观点，计算究竟土地费用、建筑费用若干，而计划实施后能为公众节省若干消耗，通盘比较，而决定最后之取舍。

鲍立克:

本席对于本道路系统计划，曾就行车时间、路线长短、油量消耗等详细计算所可能节省之费用。大约此项计划完成后 5 年内，市民全部所得利益，即可将建筑费用收回。

姚世濂:

〈报〉报告非计划中工厂区，如南市、沪西、杨树浦最近工厂调查概况。

决议:

（1）关于道路系统者，请鲍立克、陆谦受、陈占祥、金经昌继续完成中区以外之计划。

（2）关于都市计划法规者，请林荣向先生根据《土地法》及内政部《都市计划法》并参照所译美国法式，拟具各种法则及土地余额征收办法，必要时请市政府呈内政部采择施行。

---

1. "羼"为混杂、掺杂之意。——编者注
2. 即"就只是"。——编者注

（3）关于调查方面者，请工务局设计处加紧测量工作，尤须注重于永久性房屋之地点。最近两年内起建之工厂、学校及公共建筑等，应向营造处调查发照存卷，补给于 1:2 500 地形图上，以为道路系统详图设计之张本。

（4）关于工厂区者，原有工厂而不在计划中之工厂区者，设法令之迁移。

  ①沪西区工厂迁移至北新泾或普渡区（普陀区）。

  ②闸北工厂移至普渡区（普陀区）或黄浦区东区。

  ③杨树浦西区一带工厂移至东区或复兴岛一带。

  ④南市及"旧法租界"交界一带工厂移至南市区沿浦地段。

上列迁往地点，请公用局开放电、水路线。

  ⑤关于干道两旁应否保留空地，其宽度若干应予决定，并函复公用局，建议高压电力网距离路边之宽度。

秘书处技术委员会第九次会议

时间	1947 年 12 月 18 日下午 4 时				
地点	工务局会议室				
出席者	赵祖康	鲍立克	金经昌	姚世濂	汪定曾
	翁朝庆	黄 洁	程世抚	宗少彧	林荣向
	陆筱丹	钟耀华	吴之翰	庞曾淮	
主席	赵祖康		记录		庞曾淮

决议：

（1）《建成区营建区划图》，除设计处原拟草图外，请鲍立克先生及黄洁先生另拟一区划图，以资比较研究。本月 22 日上午 10 时，再行召开技术委员会决定。

（2）《建成区营建区划暂行规则草案》，由工务局局务会议修正，再提市政会议。

（3）1:10 000 减〔干〕道系统路线图，尽「量」年内完成，并须包括浦东大道以西之干道路线，继「而立」即设计干道断面标准图。在各分区详细设计时，尽量避免修正原拟干道路线。各干道所经地段，请工务局测量总队绘制地面及地下之 1:500 详图，以凭参考。

秘书处技术委员会第十次会议

日期	1947 年 12 月 22 日上午 10 时		
地点	工务局会议室		
出席者	赵祖康　鲍立克　钟耀华　黄　洁　陆筱丹 卢宾侯　翁朝庆　姚世濂　汪定曾（黄洁代） 金经昌　林荣向　宗少彧　庞曾潀		
主席	赵祖康	记录	庞曾潀

　　黄洁、宗少彧、鲍立克三先生，分别报告所拟建成区区划草图

决议：

　　（1）关于工厂区者：

　　第一工厂区（康定路以北），依照设计处建议，惟须保留相当绿地。

　　第二工厂区（杨树浦），依照鲍立克先生建议，划出一部分为住宅区。

　　第三工厂区在第一住宅区之西，增加轻工业地段，并在斜土路一带，参酌实地情形规划。

　　第三住宅区（南市）。

　　（2）商业区及商店区地段：

　　依照设计处及鲍立克先生之建议修正。

　　（3）关于住宅区设立工厂之限制：

　　第一住宅区不得设立任何工厂（无马力）。

　　第二住宅区得设立特定工厂及 2〈匹〉马力（约 1.49kW）以下之工场，并在营建规则中，规定予以相当限制，或划定其设厂地点及范围。

　　第三住宅区内得设立 20〈匹〉马力（约 14.91kW）以下之工厂，并特定不准设立之工厂性质类别。

　　各住宅区之等级，应详加考虑，再作决定。

　　（4）根据以上各节原则，重行绘制区划草图，并修改《建成区营建规则》，再行邀请工联会等有关团体代表，举行联席会议决定之。

二一集

秘书处技术委员会座谈会

日期	1947 年 10 月 21 日			
地点	上海市工务局会议室			
出席者	赵祖康　姚世濂　鲍立克　赵福基　汪定曾			
	陈占祥　陆谦受　陆筱丹　吴之翰　吕季方			
	王世锐　陈孚华　周书涛　朱国洗　钟耀华			
	金经昌			
主席	赵祖康	记录		庞曾涟

宣读鲍立克先生拟具之《上海市干道系统计划说明》，及第八次会议陈占祥先生对于干道系统之报告意见。

主席：

都市计划总图，经本会同人之努力，渐臻成熟。根据此原则而拟之干道系统，建成区内有高架干道之交叉点凡九。如高架干道上电车、汽车并行，交叉点当采用 Clover Leaf（四叶草）式，则每一交叉站占地 160 亩（约 10.7hm²），全部共需征地达 1 500 亩（约 100hm²）之巨。近据陈占祥先生之研究，如高架干道避免在建成区通过，而仅辟辅助干道，则交叉点采「用」环形广场已足，达〔建〕筑经费较为节省，每处需地仅 20 亩（约 1.3hm²），似较切近事实。虽然为大上海未来远大计划，上述 1 500 亩征地似不为过，但此却为一政策问题，亦即实现计划之决心与可能性问题。本席与市政府及参议会方面商讨，大都均以计划能稍接近现实为善。今天请各位于聆取陈、鲍两先生报告后，各抒高见，归纳讨论建成区干道系统之原则：①高架干道是否应穿入建成区域；②如采用高架式干道，是否汽车、电车必须并行。「进」而如何将陈先生新拟系统与二稿原则相配合。

陈占祥：

上海都市计划，乃根据 25 年后之需要为对象，同时以 50 年后之准备为原则。原拟干道系统，对于全市交通问题作整个解决，涵义至深。本席参加工作，时仅月余，细审二稿，既以 25 年为对象，似不得不考虑现实，而将水准减低。姑拟一建成区之干道系统草图，与二稿原来设计主要分异点，即利用建成区外围之中山路，辟为一倒 S 形之干道（或称"Bypass"），取消建成区之高架干道，减少 Clover Leaf（四叶草）式交叉点，以免征用广大土地，俾易实现。凡他区进入中区之交通，可自 Bypass（干道）转入辅助干道，然后再入地方道路，渐次疏散，有如细筛之过滤。至路线布置，与原来二稿稍有出入之处，则并无一定成见。因在此短促时间中，尚未及作周密充分之设计，技术上问题，当可随时加以修正也。

总之，本席所拟干道系统，系采用另一种之设计方式，且认为较为"节约"。

鲍立克：

总图二稿之干道系统，与陈先生所拟草图，似不能相提比较。盖前者着眼点重在市民集体运输，而后者仅为一中区道路系统。在最近 20 年来，各国交通专家几皆公认此二问题已不能个别解决，必须相互连〔联〕系，有集体运输系统始可简化交通问题。二稿不仅考虑建成区之交通，而对计划中之 12 分区、港埠码头等，作整个配合。故分全市道路为干道、辅助干道、地方道路三大类。今日交通拥挤原因，既在车辆混杂与交点太多，故二稿主张采用高架干道。所以吸收交通容量，固不仅在节省时间而已也。故我人必须想像大上海计划实施以后之最大需要，所拟交通路线已为最小之设计，以之计划总图。而计划实施期间，则选择缓急各部分之发展情况，次第进行之。及陈君草图中，由两线归并一线，同至杨树浦，不免仍发生拥挤现象。「本人」以为，将来北站扩充范围至广，为避免扩充后在干道内圈土地之浪费，故将其 Bypass（干道）南移。然计划二稿中，则主张以吴淞为上海铁路总站，将来北站、麦根路间之机车场，且须迁移。北站仅为通过之客运总站，其扩充范围不致太大，此点亦似无必要矣。

吴之翰：

陈先生之道路系统，顾到实情，原则上实与二稿并无冲突。50 年后之远大计划，理想固属完善，或因经费浩大，或因上海进步不够，而难期实施。故本人以为，陈君之草图，可视为完成二稿过程中之分期图加以研究。都市计划实现中，行政困难随时可以发生，本必须有分期计划、分期收地之办法也。

陈孚华：

本席尝对高架路加以研究，以为高架路为解决市区交通拥挤之唯一方法。而惟有自动车辆适用于高架路，电车似不相宜，解决集体运输而增加公共客车。至高架路之交叉点，不必定用 Clover Leaf（四叶草式），可用 Separate Turning Lane（独立转向道）方法。一良好之设计，车辆到达交叉点时之速度既不必减低，占地亦不致太大。

王世锐：

高架路不失为直达运输之良好方法，但似以之作近郊干线为上，不必屬入市区。

周书涛：

计划首重实现，故本席颇赞同吴之翰先生分期进行之建议。陈君计划对于杨树浦一带运输路线通入市区，似尚感不足。

朱国洗：

中区今已密集不堪，为便利交通，商业中心必须疏散，即较西之住宅区亦然。本市中区道路系统，仅就旧路加宽，不能容纳大量交通，故拟向高空发展。但既以集体运输为对象，高架路上行驶公共汽车或电车，皆非善策。唯一办法即建筑地下车道。或以为上海土壤质劣而不可行，本席以为在地下挖掘取土，而代以隧道管子，管子本身，加上车辆、乘客重量之总和，较取出土壤之重量犹轻，则即无下沉之虞，反须考虑其将否上浮。此外即地下水之问题，地下水可以空气压缩法（压缩空气施工法）（Compressed air）及冰冻方法（Freezing），使不妨碍隧道之建筑。虽然地下车道之建筑费用较贵，但比诸高架车须加上拆屋收地等费，不至相去太远，应可考虑。

陆谦受：

都市计划，不外原则与技术二〔两〕大问题。原则问题，亦即为政策的问题。所谓总图，不当仅着眼中区，更不仅为一交通问题而已。我人应依据其他部分土地运用之发展，以设计道路，而后可以适应需要。过去都市计划工作，将全市分为 12 个区，何处为工业区，何处为商业区，何处为住宅区；又在 25 年中上海之工商业，将发展至如何程度。根据此原则为遵循，而有二稿之成果。如我人以为过去之原则（或政策）为合理，则一切技术上问题，不难探讨、迎刃而解，若以此原则为不然，则一切皆将推翻。故必须肯定原则，否则任何设计，徒托空言。主席及各位郑重考虑，当机立断者也。

抑有进者[1]，二稿之道路系统为区域至区域系统。而今陈君所拟草图，似已为近今都市计划者所放弃，认为不合经济与不能发挥集体运输之效能。此种道型在英国早已推行，根据经验，仍不足以解决交通拥挤之困难。

1. 即"更进一步说"。——编者注

陈占祥：

木席所拟道路系统草图，实为达到总图二稿之中间计划，故水准较低，似易实行。又全面计划，必与分图设计相配合。因在分图设计工作中，发现困难，而作此建议，初意不在变更二稿原则，且期能配合二稿也。

鲍立克：

若干行政上困难，常因缺乏远见与准备所致。故计划必对将来土地使用预为规划，然后视必要与可能实现之。二稿之计划实为最低之需要，而非最高之要求。

主席：

今天归纳各位意见，所得简单结论如下：

（1）高速路线经过市区似属可行。

（2）高速路线中，电车、汽车单独使用或并用，尚待研究，但并不鼓励增加私人车辆之发达。

（3）高架车道交叉点，可不用 Clover Leaf（四叶草）式。

（4）地下车道之可能性须同时研究。

一集

四五二

上海市都市计划委员会各组会议记录

上海市都市计划之基本原则草案

1946 年 10 月 秘书处设计组拟[1]

1. 总则

（1）大上海区域以其地理上之位置，应为全国最重要港埠之所在。

（2）本市一切计划应为区域发展之一部，并与国策关连。

（3）针对国家在工业化过程之逐步长成，应有实施全面计划发展之必要。

（4）本计划以适应现代社会及经济之条件，进而调整本市之结构。

2. 人口

（5）全国人口之增加及乡村人口流入都市，为国家在工业化过程所产生之主要人口动向。

（6）本计划之设计，以用适宜标准容纳本市将来人口为原则。

（7）人口之数量，系于政治、社会及经济之背景。

（8）本计划应考虑区域人口与本市人口之关系。

3. 经济

（9）本市主要上为一港埠都市，但以其在国内外交通所处地位之优越，亦将为全国最大工商业中心之一。

（10）本市之经济建设，应以推行有计划之港口发展及调整区域内工商业之分布完成之。

（11）本市工业之发展，以包括大部分轻工业、一部分有限量之重工业及其所需之有关工业为原则。

4. 土地

（12）本计划以援用国家土地政策，为实施之推动。

（13）以整个区域与都市之配合及有机发展为目标，进行本市市界之重划。

（14）人口密度应受社会、经济及人文因子之限制。

（15）本计划在各阶段之实施，以执行给价拆除障碍之建筑为原则。

（16）现行土地之划分，应加重划，以求本市土地更经济之发展。

（17）市政府应居主动地位，参加本市土地发展之活动。

（18）土地区划之设计，以土地专用为原则。

（19）每区之发展以预定之程度为限。

（20）居住地点应与工作、娱乐及在生活上其他活动之地点，保持机能性之关系。

（21）区划单位之大小，应以其在本市结构内、经济上之适宜性决定之。

（22）工业分类，以其自身之需要及对公共福利之是否相宜为标准。

初集

三一五

---

1. 本节内容与初稿"计划基本原则"一章（见本书第 017 页）不完全一致。——编者注

5. 交通

（23）水、陆、空三方运输，在交通系统上应取密切联系，港口之需要应尽先考虑。

（24）港口业务应予分类，并集中于区域内适宜地点，以利高效率之运用，沿岸旧式码头及仓库等项应分期废除。

（25）土地使用应与交通系统互相配合，藉以减除不需要之交通。

（26）联系各区之交通路线，以计划在各区边缘通过为原则。

（27）地方交通及长途交通，在整个交通系统上应有机能性之联系。

（28）道路系统之设计，以功能使用为目标。

（29）客运与货运及短程与远程运输，应分别设站。

（30）客运总站应接近行政区及商业中心区，并须〔需〕有适宜及充分之进出路线。

（31）公用交通工具，以各区之天然条件及经济需要决定之。

土地组第一次会议

时间	1946 年 10 月 19 日下午 5 时		
地点	上海市地政局会议室		
出席者	祝 平　赵祖康　王志莘　陆谦受　姚世濂 甘少明（Cumine）　钟耀华		
列席者	傅广泽　吕道元　曾广樑　孙图衔　孙鹤年 张维光		
主席	祝局长	记录	/

开会如仪

1. 报告事项

主席：

今日，上海市都市计划委员会土地组召开第一次会议。讨论目的在土地使用、重划征收等各问题。请执行秘书赵局长报告确定土地组基本原则之经过。

赵局长：

关于都市计划，于本年 8 月间开始工作，当「时」曾规定分组研究。今日土地组第一次会议，承诸位热忱参加，请就土地组基本原则商讨具体办法。至于都市计划之基本原则，系根据下列三点：①交通布置；②房屋布置；③园场布置；加以设计，并分左〔下〕列 8 小组分别研讨：①土地；②交通；③区划；④房屋；⑤卫生；⑥公用；⑦市容；⑧财务。

所有土地组各项原则拟订之经过情形，请陆谦受先生报告。

陆谦受先生：

上海市都市计划土地组基本原则，为总原则中第（12）至「第」（22）项，共 11 条。本人并非土地专家，仅就各方收集之资料与个人观感草率拟订，聊供诸位参考。请各专家发抒高见，予以增删。

赵局长：

计划委员会希望土地组加以研讨者为下列三点：

（1）确定土地组基本原则；

（2）搜集土地使用之翔实情况及房屋结构、土地使用等图表；

（3）请土地组在本月开第二次大会前，将土地基本原则确定，以便提送大会讨论。

祝局长：

土地组应以讨论土地问题为范围，惟都市计划原以土地为基本，本人所负责任甚重。本局成立不久，土地登记尚未完竣。关于调查土地使用状况，当可设法进行，以供参考。现将已拟订之基本原则加以讨论。

王委员志莘：

本人从前旅英时，深悉该国各大都市对于建筑物使用之时期有硬性之规定，至使用期满时，即予强迫拆除。该项使用期间之规定，似应列入基本原则中。

2. 商决事项

（1）土地组基本原则就原列各项修正如左〔下〕：

第（12）项　本计划以遵循国家土地政策为实施之中心。

第（13）项　关于土地政策之实施，应采用土地资金化之办法。

第（14）项　以整个区域与都市之配合及有机发展为目标，进行本市市界之重划。

第（15）项　人地比率应受社会经济及人文因子之限制。

第（16）项　本计划在各阶段之实施，必须严格执行土地征收之办法为原则。

第（17）项　实施土地重划以求本市土地更经济之利用。

第（18）项　市政府应居主动地位，参加本市土地发展之活动。

第（19）项　土地区划之设计应有其中心之功能。

第（20）项　每区之发展应有预定限度。

第（21）项　居住地点应与工作娱乐及在生活上其他活动之地点，保持机能性之联系。

第（22）项　区划单位之大小应以其在本市结构内经济上之适宜性决定之。

第（23）项　工业分类以其自身之需要及对公共福利之是否相宜为标准。

第（24）项　各类房屋使用年限应有适当之规定，以利计划分期实施。（添列）

（2）对于土地之使用征收及重划等实施方案，由地政局研「究」拟「定」，提下次土地组会议讨论。

散会

初集

二七六

交通组第一次会议

时间	1946 年 10 月 21 日下午 3 时			
地点	上海市工务局会议室			
出席者	黄伯樵	叶家俊	鲍立克	卢宾侯	吴朋聪
	吴之翰	宋耐行	吕季芳	徐肇霖	赵莹章
	卓敬三	江德潜	陈孚华	陆谦受	胡汇泉
	姚世濂	林安邦	施孔怀	张万久	赵祖康
	汪禧成	赵曾珏			
主席	赵祖康（代为主持）	记录		卓敬三

赵祖康：

现因交通组召集人赵局长曾珏出席参政会不能如期到会，故先由本人代为主持，先予讨论。本人曾会晤吴市长，商讨本会工作推进。现拟于本月 31 日下午 3 时在市府会议室举行都市计划委员会第二次大会。希望在大会举行前，各组均有具体报告，得一结论。

本会第一次会议决定基本原则，计经济、文化、交通、人口、土地、卫生六大类，已分由财务、交通、区划、房屋、卫生、公用、土地七组分别讨论。此中，以交通组之范围为最广。文化方面已请教育局李副局长拟订原则。本人之希望有三点：

（1）各组对于有关之基本原则之草案早日拟就；

（2）各组向各方收集资料供给本会；

（3）各组多编拟计划，汇送秘书处，以便完成整个都市计划，使臻尽善尽美。

现由秘书处设计组编拟各条基本原则之说明，油印分发，请各位尽量批评，予以指正。

陆谦受：

奉执行秘书之命，先由设计组拟一基本原则之草案以供各组参考，从而修正之。本日系交通组会议，故将原则中有关交通逐条解释（参阅基本原则第（23）条至「第」（31）条，演辞从略）。

赵祖康：

总观各条文结论，此次会议最重要者为讨论港口、铁路两点，希望多加讨论。

黄伯樵：

本日讨论方法，希望按原则所载各条逐一讨论，请各专家提出意见。不论增添、删减，总以尽量发表高论为原则。

施孔怀：

都市计划之前提，应先决定上海市属于何种都市，是否仍应维持往日在全国属于领导地位之第一等商埠。

黄伯樵：

赞成上项建议。

姚世濂：

在总则之第（1）条已有说明，可供参考。

讨论结果「为」将第（1）条之文字意义予以补充修正。

赵蓥章：

谈到上海之港口计划，似应先发展吴淞较为积极。

汪禧成：

普通一般心理对于已成之旧都市、旧建筑总不忍即予废弃，故必须认清目的，有创造精神。对吴淞先行设港甚表赞同。

卢宾侯：

以上讨论渐入于实施问题，离开 25 年之计划已远，兹将目标仍还至港口问题。本人主张，浦江东、西两岸应同时发展。如放弃浦东，似不经济，故两岸均应设有码头。

如适应将来军器之进步，都市居民应予疏散；但为便于管理，又宜于集中。对于疏散、集中两种原则，应善于利用，因地制宜。本人意见，可采用小规模之集中码头，分布沿浦两岸，并须〔需〕间以绿地带，以娱市民之身心。沦陷期内，日本人之上海市计划，拟在蕴藻浜（蕰藻浜）建设码头，亦值得研究。

吕季芳：

可否将码头分为三大类：一为海洋船舶，二为扬子江船舶，三为内河船舶，各择适宜地所而分设之。

施孔怀：

码头之地点及式样之如何选择最关重要，应早为决定。本人认为，不妨先利用黄浦「江」两岸筑平行码头，如有不敷，再建挖入岸线之码头。欲增加码头之效能，对于管理制度亦应改善，使能集中管理，其效自宏。

卢宾侯：

为实施工作计，可先由设计组划出沿浦两岸应作为码头之长度，究可容纳若干吨位。如有不敷，再向其他处所发展之。

赵曾珏：

现有美国运输专家卡威博士，已应我国行政院工程计划团之聘来华研究。近有来电，即可来华，并愿与本市都市计划之负责主持者有所洽询。

挖入岸线码头，不宜等候平行码头建过后再建，因须争取时间。故主张同时并进，方为经济。

沿码头必须铺设铁路以利运输，但以何种方式为经济应加研究。

汪禧成：

凡有国际性之港埠，必须成为铁路之调车站，可使货物易于疏散、转运。本市计划时，即须注意及此，其他内河运输等，仅属小问题而已。

在计划时，宜从大处着眼；如限于经费，不妨从小处着手，方为合理。

施孔怀：

纽约为国际性大商埠，但均采用驳船转达铁路，尚无轮轨连〔联〕系之设备。

卢宾侯：

纽约之铁路运输线很多，可称为一铁路集中点，兼及广大之调车站，仅非直接之轮轨连〔联〕运而已。

汪禧成：

为减轻运输费，必须利用铁路，重要商埠尤不可忽略此点。本人主张，港埠范围必包括广大调车站之设置。

鲍立克：

铁路之调车站须加注意，则公路之调车站、飞机站等均须注意。惟此种题目较小，似已越出基本原则，而成为实施之方法矣。

主席：

在基本原则「第」（24）条内，可加入铁路调车站之意见，而予以修正。

陆谦受：

都市计划委员会之工作，完全根据各组之计划意见为意见。故每组于决定计划时，其责任綦重。深盼从多方面考虑，然后予以决定。设计组同人非但希望各组能将原则见示，更盼兼及实施方法，愈详愈欢迎。

黄伯樵：

小组开会以前，必须将应行讨论各点，提先于五六日前分发，以便出席人员有充分之时间予以研究。否则，极易于开会时凭一时之冲动发表议论。此种结果贻将来之影响甚巨，诚属危险。也并希望于开会前，主持人员与各方多多连〔联〕络，而将各种参考数字源源供给。

赵祖康：

都市计划在我国系属创举，一切进行程序自难尽善尽美，深盼各同人随时指正，使本会有一完善之结果。因都市计划而需要参考之各种调查材料，按照目前上海情形而论，约分五类：①土地调查；②房屋调查；③户口调查；④港务调查；⑤工商调查。在美国支加哥（芝加哥）城则分七类：

（1）Thoroughfare（过境交通）；

（2）Local Transi〔Transit〕（地方公交）；

（3）Transportation（运输，货运为主）；

（4）Utilities（公用事业）；

（5）Private land use（私人用地）；

（6）School Hospital Etc〔Etc.〕（学校、医院等设施）；

（7）Public Bulding（公共建筑）。

如能参考资料完备，则设计组工作必能顺利进行，于二〔两〕个月内得获显著成绩；如资料不充实，则工作即感困难，益且不易正确。

姚世濂：

设计组所拟订之各原则，系属各类之纲要。关于交通一类，因业务广大，仅属几条纲要不易明了。**要求其包括较广起见，可否在大纲下另加说明。**

赵祖康：

请交通组各委员将本日讨论之交通基本原则9条，参照开会通知内之5条融合研究，而在各条下加以说明，以求易于明了。

卢宾侯：

提出对于解决上海交通问题之意见，有关交通、公用两组者有三点：

（1）其范围应包括水陆之客货运输。

（2）其目的须〔需〕求合理与联系，以避免客货运输上不必要之人力浪费。

（3）一环状之铁道或电气铁道，使装卸客货分散于许多中心，以避免过分集中制之拥挤。

交通组第二次会议

时间	1946 年 10 月 28 日下午 2 时			
地点	上海市银行会议室			
出席者	黄伯樵　　吴之翰　　施孔怀　　汪世襄　　赵祖康 李荫扮　　秦志迥　　汪禧成　　江德潜　　陆谦受 赵蓥章　　鲍立克　　杜子邦　　余纲复　　姚世濂 钟耀华　　叶家俊　　赵曾珏　　徐肇霖　　卓敬三 卢宾侯　　关 铎（京沪路）			
主席	赵曾珏		记录	卓敬三

主席：

报告《议案及议案说明》（见专册（附件））。

报告公用局同日上午预备会议「对各项议案」之综合意见：

（1）确定上海为国际商港都市。

（2）请由委员会确定。

（3）视第（4）条而定。

（4）请设计组补充说明后再加详细研究。

（5）挖入式与平行式〈同时〉并用，较属经济。

（6）宋耐行提出水道图表一份，可供参考。

（7）调车场设真茹（真如），客运站迁至京沪、沪杭甬两线间之梵皇渡。

（8）依据现有路线逐渐放出，以连〔联〕系各省。

（9）有两种主张：一主设空运站于浦东陆家嘴，备有 10 000 英尺（约 3.05km）长跑道 3 条，空「运」站四周并须〔需〕预留旷地，以便将来扩充；一主设站宝山区，将来如有必要可在他处另添。

讨论开始

1. 议案第（1）条

决议确定上海为国际商港都市当无问题，且已在第一次会议决议无异议通过，请大会予以确定。

2. 议案第（2）条

施孔怀：

所谓自由港者，乃船只在此港内进出可以不受海关限制，于是外来货物可以在此改装、改造，然后他运，再办手续。其好处在借此吸收国外物资，其坏处则在不易防范，漏税必定猖獗。且我国已有 Bond Warehouse 之制（担保仓库制），凡进出口货在一年内他运者，可以向海关事前报告，不必纳税。

赵祖康：

有人赞成自由港，目的在与香港竞争，以发展附近工业。

鲍立克：

自由港之政治及经济意义重于技术问题。惟可略加说明者，即德国虽行此制（譬如汉堡），其目的在便利国外物资之转运荷、奥、捷等国，亦同时而得繁荣本国城市，故其虽牺牲税收，然亦可得以偿失。至于中国，则情形迥异。因幅员广大，邻国货物无假道上海之必需，故自由港仅将与黑市以滋长之机会耳。

施孔怀：

　　反对自由港者又谓，外国可以先运原料至此港，而后设厂制造成品，则以其资本雄厚、技术优良，我国工业将受严重打击矣。

主席：

　　此问题之政治及经济意义重于技术，恐非短期间所能解决，故拟移至最后讨论。

　　经最后讨论决议，上海不设自由港。

3. 议案第（3）条

主席：

　　在估定港口之运输量以前，我人必需〔须〕先行明了运输量之单位。依鄙人所知，海运单位、海军采「用」排水量制，客船采「用」Gross Tonnage（总运量（总吨位）），货船采「用」Dead Weight Tonnage（载重吨位）即 Displacement（实际容纳重量（满载时的排水量与空船排水量的差额）），海关则采「用」Net Registered Tonnage（净载重量（注册净吨位））。

施孔怀：

　　所谓 Net Registered Tonnage −〔＝〕Gross Tonnage − Machine Space & Staff Quarters. 而 Gross ton −〔＝〕Wt. of 100 Cu. ft. of Space[1]。至于 Dead Weight Tonnage（载重吨位）则为实际可以装载重量。此重量因铁锈等关系，每年必有变更。惟每船未必满载，故设计仓库另须〔需〕乘一 Average Load Factor（平均装载率）。此率依历年海关统计约为 1/3。

卢宾侯：

　　进出口货物有者以重量计，有者以容量计，我人必需〔须〕顾虑此点，即分类估计吨位。

赵祖康：

　　都市计划仅订主要大原则，不必详究细点。

主席：

　　设计海港吞吐可以 Net Registered Tonnage 为准则，至于设计仓库及连〔联〕系之铁路、公路或水道运输量，则须〔需〕另乘 Average Load Factor（平均装载率）。

施孔怀：

　　「议案」说明第（6）点之 10 000 万吨（50 年后之估计），系根据 1921 年海关之统计，谓进出口船只每 30 年依直线增加 1 倍，则 1996 年时，海洋及江轮进出口当各有 4 000 万吨；再加内河及驳船约 1 100 万吨，故总数略为 10 000 万吨。若仅须〔需〕估计至 25 年后，即 1971 年，则海洋及江轮进出口有 6 000 万吨；另加内河及驳船，则总数当在 7 500 万 ~ 8 000 万吨。

鲍立克：

　　适施先生所称，船只进出口依直线增加，不甚可靠，大概平时增加率大于直线。因船只进出通常用复利息线测算，较为适宜。船只之运量不能以往来多少而定。因船只之抵达本市者，未必全数运货，有或不过 25% 为货物，而亦有全为客运，但码头之设施则不得为如许之船量设想。故货量似不能为计划标准，故船只进出口设备必须大于海关统计。因船只不必尽靠码头，一部分可以泊在浮筒；又进出口数量并不一定相等，此点亦须考虑及之。

1. 这句话可译为：所谓注册净吨位（net registered tonnage），即等于总吨位（gross tonnage）扣除机器所占的空间（machine space）及船员居住区（staff quarter）后剩余的容积，而总吨位则以 100 立方英尺（2.83m³）载货容积（100 Cu. ft. of Space）为单位，来代表其所能装载的重量。——编者注

主席：

在电机工程学有所谓 Diversify〔Diversity〕Factor（负荷不同时率）者，吾人亦可有类似率数以备船位之用。

赵祖康：

港口设备必须供最大吨位之用。至于详细资料，应请施先生多多补充。

又鄙意，以后各委员如有缺席或因事早退，可签具意见，提请会议决定。再大会已延迟一星期至 11 月 7 日开会。黄伯樵先生意见，会议议案希望于会前一星期送各委员。故各组提案盼能于本月底以前交到，以便分送。又各组提案，亦请各组负责答复。

议决：

采用分类估计，请施委员供给答案。

4. 议案第（4）条

施孔怀：

海港起卸货物之效率，各地大不相同。譬如，纽约为 100Tons/ft./yr.（每年每英尺 100 吨（每米约 328 吨）），而马赛则为 1 500Tons/ft./yr.（每年每英尺 1 500 吨（每米约 4 921 吨））。推其原因，大概纽约客运甚繁大，邮船、货船占极少数；而马赛则以对菲洲（非洲）法「国」殖民地之货运为主。至于我国以人力起卸，依海关统计，1913 年为 210Tons/ft./yr.（每年每英尺 210 吨（每米约 689 吨）），1924 年为 268Tons/ft〔ft.〕/yr.（每年每英尺 268 吨（每米约 879 吨））。

吴之翰：

「议案」说明第（7）点之 3 000 吨，得自 *Hiitt Engineer Handbook Ed. III*（1936 年版）。

施孔怀：

停泊线之效率，系于管理方法者甚巨。譬如，纽约码头公司多以码头出租；而此间之拥有大码头之各公司，则每供自用，此点甚有分别。

宋耐行：

希望以后货船御〔卸〕2 000 吨货物者，必须在 5 天内卸毕。海洋货船用吊机卸货，「以」每 2 000 吨货物在 3 天内卸毕为目标。如是，对于时间方面、经济方面、货物吞吐量效率多有裨益。

施孔怀：

船只进出口「数量」大致相似，惟货物进出口「数量」则有不同。以上海而言，前者约为后者之 2 倍，而设计仓库须用货吨量之 1.5 倍。

主席：

综合各方意见，可否以 1 500Tons/m./yr.（每年每米 1 500 吨）为计算标准，即 7 500 万吨船只须〔需〕有码头 50 000m，若乘以 1/3，则仅 17 000m 矣。

决议：

请施委员、宋科长供给答案。

5. 议案第（5）条

汪禧成：

照铁路终站（Railway〔Railway〕Terminus）看法，集中比较经济；而以现代化及机械化言，以挖入港口为经济。

主席：

上次港务会议对于造船厂初步条件，Floating Dock（浮船坞）可用 20 年。但上星期开会时，浚浦局及海关以为，吴淞为浦江之喉，修理船只进出妨碍航运，请重予考虑。当「时」曾决定，如造船厂必设于吴淞，则须〔需〕得浚浦局及港务管理委员会工务组同意。资委员〔会〕代表允报告资委会，并催周主任返沪。故此案仅有一种表示，而非决定。各位如有意见，望尽量发表，如认为妨碍都市计划，仍可提出。

鲍立克：

港口应依经济原则分布沿浦，使陆上联运交通不致拥挤于一处。关于中央造船厂所取之地位，如真实践，实属可惜。因蕴藻浜（蕰藻浜）以北之岸线，实全浦江最佳之岸线。都市计划交通组既决定上海为港埠之原则，故其于海港地点之选择，理应占优先权也。

黄伯樵：

照现代战争看法，不宜太集中，而太分散，亦不经济。故本人亦以为应如第（3〔5〕）点之③：按使用性质而分别集中于若干区。

汪禧成：

吾人亦应顾虑已有设备，而充分利用之。

施孔怀：

说明码头现状。

至于码头修建费，若筑沿岸平行码头 4 000 英尺（约 1 220m），约需 117 亿元；若改建挖入式（两边各 2 000 英尺（约 610m））则需 171.34 亿「元」。两者相差约 54 亿元，每年利息照按月息 1 分 4 厘（即 1.4%）为 6.25 亿元。

黄伯樵：

为国家将来计，目前必须先付相当代价。

卢宾侯：

挖入式与平行式可以同时采用。铁路终点以挖入式较宜；至于沿浦码头，亦不全部抛弃，挖入式与平行式〈同时〉比较后，酌量情形采用；港口与铁路连〔联〕系处以挖入式为原则。

主席：

研究结果似应以整个经济为前提，挖入式及平行式可以同时并用。而港口地点，则应依使用性质分别集中于若干区，此为陆上运输着想，亦为国防战时着想，即虽集中而有疏散之意，亦可谓虽然疏散而仍集中。

鲍立克：

关于海港计划之三种意见，余以为，以沿浦分散但集中于数点为原则较为适宜。因大上海计划初稿之设计基于地区种类分区〈为〉原则。例如，每单位区可分为工业区及住宅区，其意在乎工作人员每日从其家至工作地点得最省之路程；而每区亦有其医院、学校、娱乐场所等等，所以节省每区居民各种不需之跋涉也。今若取沿江设港式为原则，则将来货运及民用交通，经每一分区必须全面横过市区，此无形中增加交通湧〔拥〕塞，而必须特别增宽马路，其不经济之处在所皆是。若单集中海港于一点，其不利之点亦与前者同。若沿浦分散而分类集中于数适宜之点，设计上可运用自如，而避免上述不利之点。

议决：

按照使用性质而分别集中于若干区，铁路、港口连接者以采用挖入式为原则。

6. 议案第（6）条

主席：

蕴藻浜（蕰藻浜）与苏州河应使之贯通，既可缩短运程，复可减少浦江负荷。

宋耐行：

与浦江相接水道，在浦东方面有 11 条，浦西 10 条，吴淞口 3 条。

鲍立克:

关于水道之问题，余以为乃上海一重要问题。因水运费实比其他各式运费为廉也。水道可分为两种：①农利；②本市运输用。若河浜可能为本市运输道者，则应尽量疏浚，使能利用；如有利于农产区，则亦宜保留；其他则应填塞。于原则中应能指出此意。

议决:

（1）利用黄浦江。

（2）蕴藻浜（蕰藻浜）与吴淞江连接。

（3）其因局部运输及与农业有关者开发之，其余不必提及。

7. 议案第（7）条

关铎:

依两路局目前计划，客站仍设上北（上海北站），货站西移至真茹（真如）、麦根路间，外洋水陆联运站在吴淞，而日晖港附近亦设一调车场，以与沪杭甬线连〔联〕络。至于议案说明中所谓客货总站移设浦东，则不知有何意义。

徐肇霖:

上北与浦江太近，市内交通嫌太拥挤，可否将客站西迁至市区边缘？如若必需〔须〕设在市区，似亦应建高架线或地下道。

汪禧成:

1934年，本人曾奉派来沪，会同黄伯樵先生及铁路局商洽整理计划。当时有一意见以为，岸边车站及车场设于吴淞，配车场设于麦根路以西，北站为客运站，日晖港为货站，麦根路站则为本地货站，自吴淞经大场至真茹（真如）附近辟一支线。

鲍立克:

关于客站迁移之问题，余意以为，欧美之习例，客运总站皆切近商业中心区。例如最近南京迁移客站使接近市区之议，可为一例。

主席:

时间已晏，改下次继续讨论（散会时已6时余矣）。

初集

二八五

-388-

附件
交通组第二次会议议案及说明

1. 议案

（1）确定上海为国际商港都市（已由本组第一次会议议决）。

（2）确定上海是否设自由港。

（3）分别估定上海港口之外洋沿海及内河每年之运输量（以船舶之吨位计或实际之重量计）。

（4）估定上海总共所需要停舶线之长度（假定用机械设备）。

（5）确定上海港口之地位及方式，是否：①分散沿浦；②集中于一点而用挖入式；③按使用性质而分别集中于若干点（在本组第一次会议中已提出讨论，惟尚未得有结论）。

（6）确定上海河道之系统。

（7）确定上海远程铁道之路线、车站调车场之位置。

（8）确定远程道路网。

（9）确定民用飞机场之数量、地位及大小。

2. 说明

（1）前次及此次所召开之交通组会议，其任务在根据第一次都市计划委员会之议决案，拟定若干与设计上海市都市计划直接有关、且以25年为对象并顾及50年之交通上基本原则，以便请示中央，作最后之决定。此本从权之办法，盖理应由中央颁示原则作为设计之标准也。因此，讨论各议案时，须认明时间之对象，高瞻远瞩，妥慎决定，以期能着手设计。

（2）基本原则可有广义、狭义之分。广义之基本原则乃适用于任何都市之都市计划，偏于学理方面而不需要中央决定者；狭义之基本原则乃专指适合于上海市之都市计划，偏于事实方面，足以影响全国之国民经济，并牵涉邻近之省市以及各机关，而非上海市政府所能独断者。本会议之任务在决定狭义之基本原则，提请中央核定，以期各有关机关共同遵守，作为设计及实施上海市都市计划准则。故凡理论的及上海市本身所能单独决定之问题，皆不在此次讨论范围之内。

（3）交通上之基本原则与经济上以及土地使用上种种原则均有密切之关联，绝不能各个作单独之决定。但各组均不妨各自就其最理想之情形，拟定初步之原则，然后综合各组再加讨论。留其相依，去其相违，而得全部之原则，提请中央核定，庶可事半功倍。本会议之任务「为」，确定交通方面最理想之初步原则，留待综合讨论再加修正，以期能与其他方面相配合。

（4）上述三点实为讨论之前提，须先认清，免生枝节。兹将上列9项议案加以说明，并将以往各方面于研讨时曾发表之意见汇述于下，以供参考而利讨论。如有其他新颖之意见，当可随时提出也。至于议案第（1）条，上次已有结论，不再赘述。而涉及军事、交通者则已在专案请示中。

（5）关于议案第（2）条者，应就港务及经济上之观点加以商讨决定。

（6）关于议案第（3）条者，曾假定，50年后上海港口每年进出口之船舶总吨位为10 000万吨。此数字中已否包括沿海及内河运输在内，或有其他估计之数字可供参考者，应请提出讨论，并须估定通用于25年之数字。

（7）关于议案第（4）条者，曾假定每米之停泊线应用现代之机械设备，每年平均可应付3 000吨位之起卸。此数字有无修正之必要，是否能以此为根据？待此项数字确定后，乃可按议案第（3）条之假定计算上海港口所需要停泊线之长度。

（8）关于议案第（5）条者，该项议案之决定实含有最重大之意义。但叠〔迭〕经商讨尚未能得有结论，综合各方面之意见可有下列三种：

①主张尽量利用黄浦岸线，筑与岸线平行之码头。俟不敷应用时，再就复兴岛、周家嘴至虬江码头扩充。

②主张立即就吴淞之蕴藻浜（蕰藻浜）北岸（但以中央造船厂之拟定地位与港口相抵触，或不得不放弃北岸，而改建港口于南岸）建筑一集中之挖入式港口，而暂时维持现有之沿浦码头，逐渐加以淘汰。

③与②项同，惟港口不集中于一处，而分设于吴淞、日晖港及浦东之陆家嘴三处。且以吴淞为海洋沿海及内河之混合港口，日晖港及陆家嘴为内河港口。

倘口头商讨不易得有结果，则可由公用局、工务局、铁路局、浚浦局等有关机关指定专家若干人，就上海港口之各种可能布置，分别绘成种种平面、断面草图，附港口与铁道、道路之连〔联〕系，以及机械之配备。并须估计建筑费、维持费、管理费以及船舶进入黄浦江口以至驶出黄浦江口所需之时间等等，均以数字列为表格，限期完成，以便根据图表详加讨论，以定取舍。至于沿浦之码头属于各业专用者不必计入。

（9）关于议案之第（6）条者，上海除位于长江之口，并拥有贯通南北之黄浦江外，尚有东西向较大之三河流平行注入黄浦而内通腹地：①蕴藻浜（蕰藻浜）；②吴淞江（即苏州河）；③龙华港。此三者可设法沟通，使互相联运而分散运量。如蕴藻浜（蕰藻浜）可经南翔附近，在纪王庙与吴淞江接通；而龙华港可经蒲汇塘，经七宝向北，利用横沥与吴淞江接通。而蕴藻浜（蕰藻浜）之内河港设于吴淞，吴淞江之内河港设于陆家嘴，龙华港之内河港口设于日晖港，如前节所述。

（10）关于议案之第（7）条者，在第（5）条未决定以前，本条本不能开始讨论，仅可先论概况，俟第（5）条决定后再加以修正。

①关于路线方面之意见，有下列二〔两〕种：

a.除完全保留现有之路线外，由吴淞港口增筑一线，经宝山以达浏河。由此分南、北两线，南线经太仓而达昆山，北线经常熟而往江阴。惟在市区内之铁道须架高或筑入隧道。

b.拆除淞沪线而改由吴淞筑一线至真如，并将现有之京沪、沪杭之接轨线向西移至真如，经北新泾而达梅家弄。

②关于车站方面之意见，有下列三种：

a.北站、南站之地位大体不予变动；

b.大规模之客货总站均移设浦东；

c.保留北站为客运总站，另设货运总站于真如，南站合为客货混合站。

③关于调车场地位之意见，有下列二〔两〕种：

a.调车场设于吴淞港口集中之处；

b.调车场设于真如、南翔之间。

（11）关于议案之第（8）条者，远程道路网则以上海为中心，除京沪、沪杭已定之国道外，再向附近之重要城市四射，以完成中国东南区之道路网。此外，再就本市各分区间加以联系，使彼此间有直接之高速交通。惟尚须有一环形干道以连〔联〕络各四射之道路。对于环形干道之路线有下列二〔两〕种之意见：

①以沿黄浦西岸之道路之〔及〕中山路为环形之东、西两弧，而于南、北两端连通之；

②以浦东大道（今浦东南路）及中山路为环形之东、西两弧，而于南、北两端连通之。

（12）关于议案之第（9）条者，飞机场之地位及大小，各方面交换意见之机会较少，尚未能加以具体之说明。但铁道及道路之布置与此有密切之关系，故亦急待商讨加以决定者。

交通组第三次会议

时间	1946 年 11 月 4 日下午 2 时			
地点	上海市工务局会议室			
出席者	赵曾珏 施孔怀 鲍立克 钟耀华 汪世襄 卢宾侯 胡汇泉 赵銮章 吕季方 余纲复 秦志迥 姚世濂 徐肇霖 江德潜 朱国洗 吴景岩 陈孚华 黄伯樵 汪禧成 赵祖康 卓敬三			
主席	赵曾珏	记录		卓敬三

主席：

报告《议案及议案说明》。

报告南京经济建设学会对于资金、国际贸易及公用事业经营之方针，以作都市计划之参考。

讨论开始

主席：

本席上周末赴南京，出席经济建设学会本年度年会，各委员曾作非正式的意见交换，可作吾人之参考。该会所讨论者，为中国目前最大之困难问题，即国际贸易问题、资金问题及公用事业经营之方法。国际贸易上，对港口之设施曾作热烈讨论。据翁副院长之意见，以为上海港口甚为拥挤，不若在舟山群岛设立自由港，再以对面之镇海敷设沿海铁路，经浙江省而至安徽芜湖。如此，扬子江一带内外之贸易集散地，不致全部拥塞在上海，华中之舟山、华北之大连与华南之香港为鼎立之三大自由港渠，且认为该舟山港口应绝对自由。如此上海港口之拥挤及码头仓库之不足，可由其分担补救之。对于资金方面，决定二〔两〕大原则：对于取得物资，应使尽量增加，并加以充分利用；而对于外资，不可任其轻易逃逸。经济建设第一期，计划为 3 年。据行总霍署长报告，联总可能再供建设物资至少 100 万吨，而物质供应局报告有 80 万吨战时剩余物资运华，且有一部物资，可自日本取得者约 400 万吨。据初步估计，行总物资每吨暂估 300 美元，100 万吨约计 3 亿美元；而物资供应局物资 80 万吨，每吨估 500 美元，共计 4 亿美元；而自日本取得者，因系旧货，每吨估 200 美元，约需 8 亿美元。则 580 万吨物资共需 15 亿美元，而将如许物资装置完竣约需 10 亿美元，共计资金 25 亿美元。对于此计划在 3 年中如何可能完成，亦作初步讨论。

7. 议案第（7）条（续）

施孔怀：

「京沪、沪杭」两路方面始终未曾提及乘客及货运具体数字，故吾人无从估计调车场及车站之面积。

姚世濂：

在交通小组第一次会议，两路管理局曾作其计划之简单报告。以货物列车车场，包括修理机厂约须〔需〕2 000m×500m 之面积，客运总站约须〔需〕1 000m×300m 之面积。至于此数值之根据则未曾阐明。

主席：

车站与调车场之面积当以运货、载客负荷决定。吾人先可讨论得结果，作为假定方针，再与两路管理局商讨，作最后决定。

至于客车站之地位，上次会议曾有两大建议，即设于中区或郊外，希望各委员再作讨论得具体结论。依据上次小组会议鲍立克之意见，以为依欧美之习例，客运站皆切近商业中心区，如南京以迁移车站使接近市区，即其一例。各委员对于此点有无意见？

卢宾侯：

对于火车站设于中心区域之利益，余甚怀疑。市区中心大都为商业集中地点，高厦杂处，店肆林立，其中设置车站甚觉格格不入。而以蒸汽火车之烟灰飞扬，市区甚为不宜。若南京车站自下关迁至新街口者，其情形不能与上海并论。盖南京为中国政治中心，有如美国之华盛顿，将来商业发展有限，居民未必大增；而上海则为商业都市，将来势必更其繁荣。车站之设施当在郊外为良策，且将都市公共汽车站设于火车站附近，则都市运输效率可以大增。

鲍立克：

在原则上，火车乃陆上运输工具中运量最大者。按欧美统计，在同一里程，火车每小时可运 6 万人，电车每小时 30 500 人，公共汽车每小时可运 7 500 人。照以往经验，火车客运总站皆接近便利，最需要火车速运之人，即所谓商业区来往商人也。在欧美各国，火车客运常为亏本事业，而带〔代〕办客运者无非招揽之手段耳，其基本收入全赖货运。目前中国则情形不同，客运实为路局之丰富收入，过去每月皆超过 10 亿元收入。故为便利顾客着想，客运总站应设于最需要之区。最需要火车客运之区，则莫如商业中区。请观上海计划总图，现在北站，地点适中，亦接近将来本市商业中区，其自然条件不与上海计划抵触，不必迁往他处，为理甚明。

主席：

将来本市环绕有高速交通工具，市内亦有充裕干线，则客运总站虽迁离市中心区，亦瞬息可达。请各位随便多发表意见。

卢宾侯：

照目前上海交通拥挤情形，而尤加数条火车道拥入市区，其可能性颇属疑问。在市区之内，非有甚宽街衢势难实现。如纽约之火车，其通过市区者，以敷设地下铁道或将火车电气化，方能实现耳。余以为 Buffalo（布法罗）城之铁路设施可作借镜。该城以铁路环城，外来火车以此为终点，乘客到站以后改搭市区交通，分达市内各区。如此则火车虽不进市区而居民亦得相当便利。

胡汇泉：

车站之价值，依其距市区之远近而增减之。假使某城有二车站，一在近区，一在远郊，则市民必因其习性而舍远就近。故若上海火车总站设在甚远之处，居民将欲改道乘搭航轮或飞机，则铁路之经营必致惨淡。本人以为车站宜接近中区，高架当不适用，蒸汽火车可改用电气火车进入市中区。

鲍立克：

在上海计划初稿中，每一分区单位各有其客站及货站。例如，在德国设计某城市时，除客站及调车站（Shunting Station）外，环城尚有 20 余小货站。在上海，将来每一单位区，亦宜就其工业地带，设独立之货运站。

钟耀华：

北车站地位并不在市中心区，不过接近商业区。商店区及行政区，因该区人口密度最高，并因事业上或职务上之需要，乘车最勤。

徐肇霖：

铁路施设与市民交通之便利息息相关。车站虽以近市区为佳，但亦应以不妨害市内之交通为原则。

二八九

初集

余以为，铁路不应跨越商业区或住宅区。若南京铁路车站之迁移，路轨过处适为政治区与住宅区之划分界，故于市内交通并无多大影响。在上海之北站之地位，与黄浦江湾〔弯〕道适成一狭窄地带。此处业已发展至最「高」高度，理应设法改善。且闸北一向不能发展之原因，即为北站关系，使与市区中心隔离。故将来铁路总站之地点，最好向北移至计划总图住宅区之外缘。

卢宾侯：

中山路外，大西路（今延安西路）处亦可设一车站。

汪禧成：

本人同意北站向北外移，在大西路（今延安西路）添设一站，亦可并行不悖。路局现有北站，面积已不敷发展，故此点对于路局甚有俾〔裨〕益。并本人亦参加车站设计，俟地位决定，即可展开工作。至鲍立克先生所云，工业区置站，本人以为并非货站，而系工业区岔道（Industrial Siding）。

鲍立克：

两路局副局长侯或华刻[1]来电话，请本人代告知主席及各位先生。路局原则上完全同意都市计划设计组关于确定客车站之议拟，即保留现在北站。

陈孚华：

余意以为，无论火车或公共汽车总站，原则上应接近市中心区。惟是否保留现有地点，则待将来详细检讨。

胡汇泉：

原则上，客站自应接近市中区，以便利旅客。现今问题不在迁移车站，而在能否建筑市内地下道。而建筑地下道，则在其将来收入能否应付此工程浩大之建筑。市参议会之提议似不健全，迁移北站虽可解决将来之需要，且为目前财力所许可，然并非长远之计。

鲍立克：

在本市计划中，主要为开建吴淞商港及在其附近筑成工商及居住区，但吴淞之繁荣有赖乎能与本市中心区有直接、高速度交通联络，方可配合其发展。在都市计划中，吴淞至本市及环市路带，拟采「用」电动高速交通办法。

朱国洗：

依照通用习惯，铁路当近市区，则可使市民乘车便利。但以上海情形而论，其先天之发展，已使现有之北站为适当之最近车站。如伦敦总车站适在市中心，并未见有不满。至于京沪铁路隔离闸北区域，则吾人可多建筑公路，用跨越或地下方法穿过铁路与市区联络，使其繁荣，当然不必拆移铁路或搬移现有车站，惟货站则须迁移。至于北站之不够发展一层，似须由市政当局解决之。

施孔怀：

最佳办法，使火车进入市区，而敷设地下铁道。

汪禧成：

车站之应接近中心，实属无疑问。不过现有北站诚不能用作总站，盖其发展已至极限。如有环中区铁路，则移至任何一点，对〔与〕中心距离相等。本人以为，铁路终站首要者为适当之地面。

主席：

为临时改善交通计，现有北站可维持为总站。但为大上海交通计划，北站必须搬移。

施孔怀：

现在市中心以何为根据、在何处，尚未确定。如确定之，本人赞成近中心为原则。

---

1. "刻"即"刚才"。——编者注

主席：

汪先生（禧成）意见，主张移至环形路之外，因北站地面已不够发展。

卢宾侯：

北站迁移至郊外以后，闸北及江湾区可发展为商业区及住宅区，且铁路之迁移经费方面并无问题。

鲍立克：

在都市计划总图中，不独保留北站，沿各铁路及环市铁路满布客站，其规模大小，则视其环境需要而异。按吾人经验，接近居住区之交通比接近商业区之交通需要为少，故北站实为商业区所需要之客站。其应接近本市商业区，理所必然。且都市计划基本原则为，分成市区为若干独立单位，每区自有其工、商、住宅及娱乐、公共、医学设施。故居民日常需要及行动，大致在其区境之内，而不必动则〔辄〕往返市中心区。在都市计划中，每单位区设立其货站，目的在疏散货物集中湧〔拥〕塞；于市区内，即主张总货站设于真茹（真如）以西。

汪禧成：

余认铁路总站定例为，能容纳及转动客运及货运自如之地点。

赵祖康：

余意以为，保留现在之北站，同时在北站以北留出一地带，如将来需要，可作为铁路终站。同时，在大西路（今延安西路）西底，亦留出相当地带，作同样用途。

钟耀华：

余以为，不必在大西路（今延安西路）西底留出地带。因若客站设在该处，则全市交通必横贯西面住宅区，形成更不可收拾之交通问题。

陈孚华：

请问，改进北站是否不久将来实行，若为长久计而改进北站，则又何必预留地面作迁移。

赵祖康：

此乃建议，而采用乃在路局之决定。

鲍立克：

调车站宜设真茹（真如）以西，避免中断绿地带。在市区计划原则中，市区用绿地带环绕；同时绿地带隔离各单位区互相连接，以限制每单位向外越界发展。

决议：

（1）客运总站暂时维持北站，并在中山北路以北保留客运总站充裕基地，以便必要时客运总站可迁往该地。

（2）货运总站及调车场设真茹（真如）以西（真如车站以东）。

（3）货运岔道站设苏州河北及中山北路间。

（4）铁路客运总站，确定地点请交通部组织委员会调查研究，并由交通部与本市会商决定。

区划组第一次会议

时间	1946 年 11 月 1 日下午 3 时				
地点	上海市工务局会议室				
出席者	李熙谋　鲍立克　李剑华　王大闳　程世抚 姚世濂　吴之翰　杨卓膺　陆谦受　赵祖康 钱乃信　余纲复　林安邦				
主席	赵祖康		记录		余纲复　林安邦

主席:

诸位委员、诸位先生,区划组共有委员 7 人。奚委员玉书因另有会议,吴委员蕴初已去南京,今日均不能出席。本人有意见两点:

(1)上海市都市计划委员会下分 8 组,最重要者似为交通、房屋、区划(包括道路)三组。此三组之问题解决,其他各组乃有依据,并可由设计组开始计划。

(2)人口似为计划最重要对象之一,盖土地、人口、文化、经济、交通乃中国地方自治之对象,须先谈到人口及土地使用,而后始谈到教育及其他。此外,本人以为,中国保甲制度与最近外国都市计划单位制颇有相似。

本市都市计划各项问题已由各组开始讨论。本组拟先讨论人口、土地使用及文化等问题。关于土地,土地组讨论者为土地政策;而区划组所讨论者,为土地使用整个具体问题;教育、文化事业与区划问题关系密切。今日李副局长参加,故特提出讨论。

1. 教育、文化事业问题

李熙谋:

解释教育局所拟《上海市区内文化及教育事业之分配与标准草案》,并提出:

(1)关于中等教育部分,希望于四郊建设 4「个」中等教育区,使脱离市中区,环境较好;再「者」以现在市区之产业售出,仅够郊区建设费用。

(2)保国民学校相距最好不超过 2km,国民学校系强迫性教育。

(3)重要图书馆、博物馆、美术馆等设于市区,动、植物园等设于郊区。此外,体育场、体育馆希望于南市、闸北、沪西、浦东均有设立。民众学校系为扫除文盲过渡之需要,补习学校则为完成国民教育后、仅拟补习一二学科者而设。

陆谦受:

此次都市计划设计系用小单位办法,每一单位包括教育、文化、工商业等。具体而微,其最小单位约 5 000 ~ 10 000 人;几个最小单位成一中级单位,约 15 000 ~ 16 000 人;几个中级单位为一市镇单位,以 15 万人为限;再上则为区单位,每单位 30 万 ~ 80 万人。〈都〉机能性联系指设备方面而言,故希望与教育、文化方面能有联系,请予指示,如何配合。

李熙谋:

本市适龄小学生约为人口总数 1/10,故一学校颇适合一最小单位之需要。

鲍立克:

若小学校每级 40 人,6 级则为 240 人。在美国,小学校系作为计算之一最小单位(Neighborhood Unit)。按去年适龄小学生占人口总数 12%,故若以一小学校为计算之基本单位,则现在最小单位之人口照计算为 240÷12%=2 000 人。不过照去年统计,仅有 1/3 适龄小学生入学。

李熙谋：

目前，各小学分上、下午两组，获得小学教育之儿童应为 2/3。

鲍立克：

是则现在最小单位之人口，照计算平均为 4 000 人。

主席：

本人以为，保甲单位、都市计划单位及学校区单位，应有配合。希望设计组将最小、中级、市镇及区单位等，每种均作一对于人口、面积、教育、文化、医药、卫生标准之说明，提供参考。

鲍立克：

若本市建立学校程序能配合都市计划，则小学生均可步行至学校，而不必乘车。盖每一最小单位，约 500m×400m 之中区有小学校。余以为每一最小单位（平均 4 000 人）需有一小学校；每一中级单位（合数个最小单位而成，约 15 000～16 000 人），需有一初中学校；每一市镇单位（由数中级单位合成，约 15 万人），需有一高中学校；而每一区单位（约 30 万～80 万人）应有一职业学校。

至于大学乃国立机构，不能指定数字。

陆谦受：

关于图书馆等，吾人希望将文化带到每个市民身上，拟于四郊采用流动方式。当然还需要有个中心，即一大图书馆设于市中区。此不过仅为设计组方面之初步印象。

鲍立克：

关于图书馆，上次大战后，英美都有用公共汽车定时至某区各户，登记所需阅之书籍，代向市立图书馆借书，此一方法并不实际。余意以为，吾人将来之计划，应以每分区单位之学校为该区之文化中心，附设图书馆、体育馆场等，不独可供学校之用，且可为该地市民公用，如此能普及文化。

王大闳：

并可作为该区市民之公共会场。

主席：

拟请教育局提出都市计划每级单位，除学校外应有之其他文化设备。

2. 人口问题

1）全国之人口政策

吴之翰：

全国之人口政策原须由中央决定，不过在本会第一次大会议决，关于人口问题，由本组拟具答案。惟拟具答案，必须有材料为根据，而材料收集颇为困难。现所提出之议案说明中，材料并不齐全，且亦陈旧，仅略举全国人口数及数省人口数以供参考。请各位指教。

陆谦受：

关于人口问题，「依据」《中国年鉴》（第七版，孙伯文著），1944 年全国人口数为 4.65 亿，农村占 72%，都市占 28%，增加率 11.8‰。估计至 2000 年，中国人口数将达 9 亿人。根据此点来研究，并依照欧美比例（农村 20%，都市 80%）降〔调〕低，估计农村 40%、都市 60%，则至 2000 年时，农村人口为 3.6 亿人，都市 5.4 亿人。现在则农村 3.35 亿人，都市 1.3 亿人，是则都市人口增加 4.16 倍，农村人口增加至 0.74 倍[1]。故设计组所估计至 50 年后时，本市人口为 1 500 万人，可谓颇有根据。

主席：

如何假定中国以后之人口政策。

鲍立克：

依照历史情形，每一国家工业化后，其人口自然增加。中国虽为最后工业化国家，其人口必依自然性增加。

初集

二九四

---

1. 疑为"减少至 0.93 倍"，因 3.35÷3.6＝0.93，推测此处数据有误。——编者注

吴之翰：

有人主张，优生而不加大增加率。

鲍立克：

在吾人之卫生计划中，拟设立各种病院，以减轻死亡率（特别为婴儿之死亡率），则将来人口自然增加，此乃又一证明。

决定：

（1）人口总数：

　　①维持现在人口数，提倡优生，不奖励生育；

　　②提倡人口增加，于 2000 年时至 9 亿人。

（2）将来人口之移动政策（农村与都市之比例）。

（3）将来人口之分配政策（依照地区之分配）。

以上三项请中央决定及指示。

2）海上〔上海〕人口之密度

鲍立克：

说明中之人口密度数字与余上次所拟之报告数字大致相同，惟 5 000 人 /km² 之平均数恐难实现。盖上海之 893km² 中，93km² 为黄浦江及各河浜面积，故实有地面为 800km²，密度增高。余意以为，建成区人口密度为 15 000 人 /km²，未建成区可暂分为三种：①最密区 1 万人 /km²；②次密区 7 500 人 /km²；③郊区 5 000 人 /km²。

决定：

上海市区面积共 893km²，除去黄浦江、苏州河及各河浜面积 93km²，实为 800km²。浦西占 630km²，假定人口密度为 1 万人 /km²，可容 630 万人；浦东 170km²，如大部分为农作区，拟容纳 70 万人（浦东是否大部分为农作区暂不作结论）。

3）上海之人口总数

决定：

依照秘书处联席会议商讨，25 年后达 700 万人。

3. 土地使用问题

1）土地使用之比例

鲍立克：

土地使用比例，设计组拟定为住宅区 40%，工业区 20%，绿地带及「道」路「用」地 40%，较适合本市环境。

吴之翰：

土地使用之比例与人口密度及人口总数之决定有关。如照以上之决定，则比例须〔需〕照鲍立克先生意见。不过，一班〔般〕理想之规定本有略加伸缩之余地。

鲍立克：

因本市人口密度较高，绿地带需缩小，而住宅区则增加。

决定：

土地使用比例，根据秘书处设计组假定，居住区应为 40%，工商业区 20%，绿地带及公用用地 40%。

2）土地使用之分布

决定：

下次会议讨论。

附件
区划组第一次会议议案及说明

1. 人口问题

1）全国之人口政策

按 1933 年《申报年鉴（D）》第 3 页所载，中国人口总数为 4.9 亿，面积为 11 173 600km²，平均密度为 44 人 /km²。各省中，密度最大之江苏省为 322 人 /km²，最小之西藏为 3 人 /km²。此项统计未必精确，且十余年来时过境迁，更难征信，但其相差之悬殊，已可见一班〔斑〕。至于上海目前最密之区，如西藏路、福州路、菜市路、大世界一带则为 20 万人 /km²，较之江苏全省平均密度又增加 600 ~ 700 倍。为增进民族健康计，为加强边陲实力计，为配合平均发展计，为避免战争威胁计，实有确定人口政策之必要，以期能与此后工商业分布之计划相辅而行。而以交通政策为其前导，试观东九省自 1923—1930 年人口与铁道「数据」，其增加率几成比例（参考 1922—1933 年之《满州年鉴》），即其明证。可知人口政策苟有所决定，并不难使之见诸实施。至于决定人口政策之方针，应以国防及资源为依据。而所需参考之资料在中央方面较易齐备，因之亦较易着手。在上海，都市计划委员会仅可向中央呈请从速决定全国之人口政策，而不易提出数字也。

2）上海人口之密度

目前，上海最大之人口密度为 20 万人 /km²。按最近调查所得，全市人口为 350 万人，而建成区之面积为 100km²。其中，居住区为 28km²，则建成区内之人口密度平均为 3.5 万人 /km²，而目前居住区内之人口密度平均为 12.5 万人 /km²。据一班专家所拟最理想之密度，全市平均为每平方公里 5 000 人，而居住区内平均为 2 万人。则目前建成区内之平均人口密度大于理想 7 倍，居住区内之平均人口密度大于理想 6 倍余，而最大密度则大于理想密度 10 倍。至于是否以 5 000 人 /km² 为理想之全市平均密度及以 2 万人 /km² 为理想之居住区内平均密度，尚须研讨加以决定。无论如何，近市区繁盛之处平均密度必较大，而郊区密度必较小。是又有待于设计者之善为布置者。

3）上海之人口总数

关于此项问题答复可由下列两种之观点着手（参考联席会议记录中吴之翰君之口头报告及鲍立克君之书面报告）：

（1）以本市过去之人口变迁为依据，而推测其将来之人口。但须检讨其对于环境上及条件上有无不合理，而须加以适当修正之处。

（2）以他国之经验推测本市将来之人口。但须顾及他国情形对于中国之适合性，「以」及全国各大都市之发展将来是否应有所轩轾。

若按（1）项所得之结果，则 50 年后为 1 280 万 ~ 1 550 万；按（2）项所得之结果为 2 100 万。此等数字似均嫌过大，但究竟如何采用颇难决定。盖人口政策尚未厘订，致无取舍之标准也。在此过渡时期，似可以理想密度及本市实有面积为根据，而计算人口之总数，即：

$$5\ 000\ 人 /km^2 \times 893km^2 = 4\ 465\ 000\ 人$$

依此着手设计以 25 年为对象之上海都市计划，则所得之结果不致离理想过远。都市发展必有其过程，25 年之计划决不能一蹴即就。倘经 5 年之后，人口政策已定，而规定之上海人口总数小于4 465 000，则绿面积（绿地）可较所设计者为多，当无妨碍。倘结果大于此数，则将人口密度略事提高，或将绿面积（绿地）略事减小，甚或将本市面积略事扩充，而将原有计划加以修正，固尚有挽救之余地。

2. 土地使用问题

1）土地使用之比例

按目前建成区内 28% 为居住区，0.67% 为绿面积（绿地），21% 为工商业、仓库等面积，其余则为零星未建及被毁之面积。一班〔般〕理想之规定，则绿面积（绿地）占全市 50%，居住区占 25%，所余之 25% 则用于工商业及仓库等。此项理想数字本有略加伸缩之余地，惟是否应以之为设计标准，是有待于商讨决定者。

2）土地使用之分布

凡土地使用之性质与天然地形有密切关系而不能轻易迁移及有优先选择地点者，应先决定其地位，而后依次布置其他之需要，庶不致杆格不相容[1]，而破坏整个计划。在交通组分组会议中已决定两点：①上海为国际商港都市；②港口应分别集中于若干区。于可是知〔是可知〕，港口面积既与地形有关，且有优先选择地点之必要。其次则工业面积因其一经建成、迁移匪易。且亦有与地形有关者，但应先决定适于上海之工业种类及数量，然后按其特性与于相当之地位及面积。惟确定此项工业种类，须经较深刻之研究，方有把握。至于其余各种使用之所需，均较易配合。故目前急待决定者：

（1）港口应分为几区，集中地点何在，面积若干；

（2）铁道及道路应如何定线，车站位置及大小如何规定；

（3）特别适合于轻重工业之主要地区如何指定；

（4）商业区如何规划；

（5）住宅区与其他各区如何配合；

（6）绿面积（绿地）如何连〔联〕系。

其中（1）（2）（3）三项弹性较少，尤须慎重考虑。而开发浦东之方针，乃尤宜早加确定者。

---

1. "杆格不相容"指格格不入。——编者注

房屋组第一次会议

时间	1946 年 10 月 23 日下午 4 时		
地点	上海市工务局会议室		
出席者	赵祖康　关颂声（朱彬代）　　陆谦受　杨锡镠 黄维燊　郑观宣　鲍立克　王元康　范文照		
主席	关颂声（朱彬代）	记录	费　霍　丁嘉源

主席：

今日关颂声先生因事不克出席，嘱由本人代表。今日会议之目的，在讨论本组应负何种责任及其范围，分别缓急先后，如何谋其实施。兹将本人管见所及先行发表，希各位各抒高见，共同商讨。

（1）解决目前房荒。目前本市房荒甚为严重，故"解决房荒"四字已成为目前盛行之名称，本会应以技术之目光，研究其如何解决之方案。

（2）研究工务局建筑规则。建筑规则影响于房屋之建筑甚巨，本市应用以前工部局之法规，现环境变迁不能适用，正由工务局研究修订中。本会亦应注意及此，参加修订务求完备合用。

（3）本会任务范围之研究。本会任务似应俟区划组决定原则后，始能着手研究，但目前不妨在假定范围内研讨。

（4）设法引导房地产业、营造业投资经营。

（5）其他如卫生、水、电设备亦有讨论之价值。

赵局长祖康：

本月 30 日将举行第二次大会，希望各组于举行大会前均有良好之结果送达秘书处，以便一并提出大会。

各分组目前之工作，应以决定各项基本原则为最紧要。一俟原则由大会确定，其他工作即可顺次推进。在目前规定之 8 组内，当以"区域〔划〕"、"交通"、"房屋"三组之工作范围最广，而有深切研究之价值；其余各组在原则决定后，其工作即较轻快。

目前，房屋可从"家庭组合"（Family Unit）作为研究之出发点，从而推广至于一区域之分配，「即」对于住宅、里弄、公寓三种类别之房屋，应如何利用而作适当之分配。简言之，目前讨论之题材暂分为四项：

（1）"家庭组合"之目前状况，及将来发展之趋势。

（2）房屋分类之式样以采取何种格式最为合理。

（3）从"邻居组合"（Neighborhood Unit）推广至于"段界"（Block），中间经过之如何配合。

（4）公共建筑及市容之管制及支配。

至于主席所提之解决房荒问题，工务局方面已着手办理。已建造平民新村 150 余幢，为数甚鲜。现正继续勘觅基地，并向银行界接洽投资，继续兴建。

建筑规则之修订工作，甚属重要，已由工务局成立修订建筑规则委员会，详细研究修订，务使适合目前之应用。但此项法规与都市计划之基本原则有关，必待乎整个基本原则早日决定后，始可解决。

陆谦受：

本组工作，第一，为决定房屋方面之基本原则，再研究如何执行；第二，将已有之成绩审慎查核；第三，订立一适合时代之建筑标准，此种标准与一般民众之生活积习有关，不能全部移用欧美之办法，必须经过实际考察后始能产生。

初集

二九八

王元康：

不妨先将"段界"（Block）问题先予讨论。

主席：

"段界"大小之决定因素甚多，与土地政策有极大关系，并须〔需〕顾及是否能实施及推行时之阻力。有若干建筑地因辟路后所余不足，建筑房屋时如何处理，此点与土地组发生连〔联〕系，必须研究者。

陆谦受：

计划委员会之使命，并非为改善现状，而系一种创造性之计划，故须〔需〕目光远大，庶能达成其任务。

鲍立克：

吾人在拟本市都市计划初稿时，曾假定居民房屋之组合分为五种区域，由小及大其程〔次〕序如下：

（1）邻居组合（Neighborhood Unit）；

（2）次级区（Sab-City〔Sub-City〕Unit）；

（3）中级区（Intermediate Cty〔City〕Unit）；

（4）大都市区（Metropolitan Region）；

（5）整个区域（Whole Region）。

每邻居组合之人口密度，各国各地均有不同，大约在 2 000 ~ 15 000「人 /km^2」〈左右〉之间。在美国，以小学校为分配每区人口之标准。按教育制度，每校有 6 级，每级 40 人，全校 240 人。假定 6—12 岁学龄儿童占全部人口 12%，则每单位之人数为 2 000，合数单位成一邻居组合。同人等以前所拟之《都市计划初稿》中，每"中级区容纳人口约 6 万 ~ 7 万人"。

本人认为，上海目前盛行之里弄式房屋应使淘汰，而采用住宅式建筑，使每家均有适宜空地及新鲜空气。北欧习惯以"阳光小时"（Sun Hour）为建筑基本标准，旧制每一房屋应有 240 小时阳光，新制已增至 400 小时。在上海为温带，其所受阳光自应更多，是种标准是否可以采用，亦须考虑。但欲实行一新标准，必须配合其他条件，与整个建筑法规均有关联也。

本人意见，似应鼓励每一市民能自有房屋。德国为实行此制之国家，且政府法定，私人所有自用住屋不能作任何经济上之典质或赔偿之用。

范文照：

房屋之计划，须顾及本国民性及习惯。各国盛行之都市计划在吾国未必全部适合，此点值得注意。吾人并须注意疏散现在过密之人口，并防止将来人口过密之弊。

杨锡镠：

上海盛行之里弄式房屋，有其演进之成因。其与社会、经济、生活习惯有莫大之关系，且所受建筑法规之影响，尤值得注意。本人认为，仅须〔需〕按照基本原则，在法规内详细规定，则达到目的极易办到。

陆谦受：

欧美各大都市现已实行居民访问，调查其实际生活情形及其意向，从而研究改善其都市计划。此种工作极属重要，否则易成为闭门造车之弊。可惜目前因受经济及时间之限制，无法仿照实行，为憾。

主席：

归纳各方意见约分为：

（1）房屋建筑基本原则之决定；

（2）建筑标准之确定；

（3）建筑及市容之管制及支配；

（4）住宅区内研究其"邻组"问题；

（5）商业区内研究其"段界"问题；

（6）土地政策与本组之关系。

希望各委员能用书面提出，现决定在星期六下午 3 时举行本组第二次会议。届时，将各位之书面提案予以研讨，所得结论即作为提出 30 日都市计划大会之资料。

房屋组第二次会议

时间	1946 年 10 月 28 日下午 3 时		
地点	上海市工务局会议室		
出席者	陆谦受　范文照　杨锡镠　王元康　郑观宣		
	黄作燊　关颂声（朱彬代）　费霍　赵祖康		
主席	关颂声（朱彬代）	记录	费　霍

主席：

陆委员谦受已有书面提案送到，本人亦已拟就若干条，双方内容大致相同，本日即可逐条讨论，以便得一结论提出大会。

决议：

各条意见修正如下：

（1）所有建筑物应就疏散人口之原则及优良生活水准之需要，分布全市各区，使能达到预定程序之发展。

（2）区域最小单位内之建筑应包括工作、居住、娱乐三大项之适当配备。

（3）在未发展各区，应根据实际需要，推行新市区计划；在已发展各区，应照计划原则，推行改进及取缔办法。

（4）在新计划各阶段之实施，以减少市民之不便利及求得市民之合作为原则。

（5）市容管理应根据各区性质及与环境调和之下达到相当美化水准为原则。

（6）有历史性及美术性之建筑，在可能范围之内应予保存或局部整理。

（7）住宅区域之建设，以鼓励人民各有其家为原则。

（8）市政府应以领导地位参加本市各区域公私住宅、教育、卫生、娱乐等建筑之活动。

（9）所有公私建筑，应就优良生活水准及各区域之需要与全市之福利，分别订定标准。

（10）本市建筑之发展，应充分开辟园林、广场，以求市民享乐及市容之改进。

赵局长祖康：

本日讨论各条均系抽象原则，希望再继续研究其实施标准，得以配合其他各组工作之进行。

主席：

本组即以此次议决之 10 条送请秘书处，作为第二次大会讨论之资料。嗣后各委员仍希继续研究，多作书面报告，以供讨论。

赵局长祖康：

此次各组提出之讨论资料，于举行大会时应请各组召集人在场说明。各委员中如有补充意见可用书面说明，届时附带提出。

杨锡镠：

下届分组会议时，希望多提出若干重要标准，可供工务局修订"建筑法规"之依据。

陆谦受：

一切讨论题材可俟第二次大会举行后，视各组工作之趋势再行决定。

主席：

本组第三次会议日期，俟第二次大会举行后，再予决定召集之。

初集

三〇一

卫生组第一次会议

时间	1946 年 10 月 29 日下午 3 时
地点	上海市卫生局会议室
出席者	赵祖康　刘冠生　陈邦宪　张　维　王世伟 俞焕文　关颂声（朱彬代）　　顾康乐　楼道中 魏建宏　程世抚　江世澄　俞浩鸣　王大闳 朱云达　陆谦受

主席	张　维	记录	刘冠生

主席报告：

　　都市计划最初原系 1936 年中央设计局所拟之计划，分为 5 个 5 年，按步推行，可供参考之处尚多。卫生组方面，首先为普遍成立区卫生机构；尤以区以下，为谋适合市民需要，应如何分布卫生工程的建设，希望与工务局、公用局取得密切连〔联〕系。中小学校「之」学校卫生，根据中央规定甲、乙两种方案，现本市市立中学及中心国民学校为推行甲种学校卫生的对象。至于医院设备标准，经由行政院善后救济总署计划所订各项设备标准，可供参考。若 25 年中能完成沟渠及下水道工程，则一般急性胃肠传染病可能不致发生大流行；若能实施强迫种痘，则天花可能绝迹。本席希望，各位能将计划原则、假定标准，源源「不断」提出宝贵意见，以便卫生组之参考。

赵祖康：

　　现在我们最切要的工作是根据计划原则，先拟就分类的抽象建设纲目，摘其要点，请卫生组配合推进。假定以一小单位为 5 000 ～ 10 000 人，此一小单位即是整个都市的一个细胞；合数个小单位为一小区，再合数个小区为一个自治区，每区人口约 30 万 ～ 80 万人，应如何根据人口和辖区，以建立卫生机构之分配。

陆谦受：

　　都市计划须配合各部门同时并进，若一般建筑物都有卫生设备改善环境卫生，诚然能减少传染病之流行，即其一例。

　　本市若欲发展为一个首善之区、一个示范都市，先要确定一个计划的基本原则。上海市将来究竟趋向为一个港口都市，或金融都市，或工业都市，抑或一个综合性的都市。以往上海行政不统一，交通无系统，港口无设备，根本谈不上都市计划，发现很多的缺点；今后若能使各部门合理的〔地〕发展，不难建设一个国际示范的都市。所以，在计划之初不能不有一个决策，以利各项工作之顺利推行。

主席：

　　今后应根据计划的基本原则，谋卫生机构之合理分配，并检讨工作的进度。

朱工程师：

　　一般工作之推行，多应根据计划原则。在某一阶段，若对于卫生设施不感需要时，似可缓办。我们首当考虑者：

　　（1）全国国际性的卫生机构应设置于上海市者，究有多少？

　　（2）计划之实施，应分全市性及分区性，需否设置医疗中心区？此医疗中心是否应与市中心设于一处？

　　（3）最小单位之卫生机构为何？需若干面积？

初集

三〇二

（4）关于公园、体育场、娱乐等项有关卫生之提示。

（5）对于房屋组，提供必需之卫生设备标准。

（6）卫生区域是否与行政区域合一？

（7）医事政策之决定，是否有私医存在？

（8）园林、广场意见之提示。

总上各项均系提出重要原则及设施，目前尚不需详细项目。

俞浩鸣：

本市饮水水原〔源〕和下水道之总汇，都归纳于黄浦江，是以沟渠污水的处理颇感困难。若将来水源能取给于较远地点，如太湖或长江，上项困难当能改善。此外，垃圾、粪便，亦感无法处置。

江世澄：

本市垃圾数量日有增加，目前处置情形，除一小部分用为填平洼地和死水浜外，大部则堆积于郊区处理场，盖以泥土使其自然发酵。公墓、坟地目前更感无地可容，惟一办法即是提倡火葬，限制墓穴，节省土地面积。

卫生组第二次会议

时 间	1946 年 11 月 14 日下午 3 时		
地 点	上海市卫生局会议室		
出席者	赵祖康　梅贻林　姚世濂　顾康乐　俞浩鸣		
	刘冠生　齐树功（凌叙猷代）　陈邦宪（钱章林代）		
	俞焕文　程世抚		
主席	张　维	记录	刘冠生

1. 报告事项（略）
2. 讨论事项：本组《计划基本原则草案》业经修改，请讨论案

决议：

　　照修正案通过。

　　附修正草案。

附件
卫生组计划基本原则草案

1. 计划准则

遵照国策，以推行公医制度为目标，并尽力扶助社会医事事业之发展。但各项卫生设施应将预防、保健、卫生教育与医疗并重。

2. 环境卫生

（1）市区居民饮用公共自来水者不应少于 90%，家用供应量平均每人每日应以 20 加仑（约 91 升）为标准。在公共自来水未及敷设之区域，应设公共深井，供应安全给水。

（2）清除垃圾，应于最短期内完成机动化之工具设备。垃圾处置应尽「量」先〈填〉填塞洼池〈洼地〉，并采用取热发酵堆肥法。

（3）市区应迅速推广卫生工程设备，以期改善粪便处置。扩展下水道，尤应尽「量」先完成前法租界、南市及闸北等区之污水处理，次第及于郊区。

（4）提倡火葬，逐渐减少公、私墓地，所有殡舍并应移设指定之地区。

（5）本市宰牲场应于最短期间完成现代设备，并指定敷设地点，以集中发展为原则。

（6）本市牛奶棚应于 5 年内一律迁设近郊农业区域。

（7）本市各区应视人口多寡酌留基地，以便增建菜场。

（8）尽量保留园林、广场及空旷地面，分区增设公园及运动场所，应着重于地狭人稠之市区。

（9）各项房屋建筑，游泳池、海滨浴场、监狱、救济院、学校及各项公共之娱乐场所均应适合卫生上之要求。

3. 防疫

（1）法定传染病之疫情查报须力求周密，应不少于全市病案总数 80%。

（2）传染迅速、毒性剧烈之法定传染病患者，住入隔离医院治疗者不得少于本市病案总数 80%。

（3）霍乱预防注射人数，在霍乱未能肃清以前，应达全市人口总数 60%；强迫种痘人数，应达全市人口总数 90%；白喉预防注射人数，应达学龄儿童总数 70%，学龄前儿童总数 50%。

4. 保健

（1）每 10 万人之工商、住宅区域，或每 5 万 ~ 10 万人之农业区域，设卫生事务所一所，主持全区内各项卫生业务。

（2）船户集中之江面，应酌「情」设水上卫生急救站及水上医院。

（3）市区中心应设置卫生陈列馆。

5. 医疗

（1）5 年以内每千市民设病床（包括各类病床计算）一张为目标，15 年内应扩增至每 500 人设病床一张，25 年内每 300 人设病床一张。

（2）于市中心区设置大规模之医事中心一处，其他各地仍应配置各类医院、疗养院、产院等，务期分布合理化，以便利民就医。并逐渐增设免费病床，25 年前后市立医院应达到全部免费之目的。

公用组第一次会议

时　间	1946 年 10 月 22 日下午 3 时			
地　点	上海市政府会议室			
出席者	黄伯樵　赵曾珏　奚玉书　赵祖康　宣铁吾（陆侠代） 黄　洁　许宝骏　吴杭勉　许兴汉　丁得忠 钟耀华　刘盛渠　陈佐钧　白兰德　张俊堃 吴之翰　严智珠　金其武　毛启爽　李荫枌 卢宾侯　章名涛　徐恩第　姚世濂　蔡　仁 陆谦受　周厚坤　江德潜　张钟俊　徐肇霖			
主席	黄伯樵		记录	江德潜

1. 计划准则

遵照国策，以推行公医制度为目标，并尽力扶助社会医事业之发展。但各项卫生设施应将预防、保健、卫生教育与医疗并重。

主席：

今日都市计划委员会公用组第一次会议，承各位光临，深感荣幸。惟公用事业范围甚广，又以时间匆促，本日资料准备不多，故不能作精密的讨论。仅拟先就交通及电话二〔两〕项问题加以讨论。公用局各处主管，对各项公用事业搜集资料一定很多，请提出报告。各位委员及各位专家亦请发表意见。兹先请陆谦受先生，将上海《土地使用及干路系统图》内，关于交通计划部分说明内容。

陆谦受：

《上海市土地使用及干路系统图》系假定 50 年后之计划。关于交通方面可分道路及铁路两部分。

（1）道路系统以功能来分类，即干路、辅助干路及地方路三种：

①干路，专为高速度的行车而设，不让行人行走，以策安全。全线交叉点尽量减少，且均予特别设计，使行车全程继续前进，无需停止，以利畅通。干路有一部「分」连接区域干路，以便远程交通。

②辅助干路，为干路与地方路之联系路线，亦为干路与地方路之缓冲，使干路至地方路之速度逐渐降低，以免行人危险。本市之公共交通工具，除郊区铁路外，均在辅助干路行驶。

③地方路，为完全地方性之道路，只供当地需要之交通而设，凡与当地无关之过往车辆，均设法不使混入，以免拥挤。在这图上面，因地方路不在干路系统之内，暂不绘入。

（2）计划中以中山路为一环形干路，环绕中区；又辟西藏路为南北直通干线，新闸路为东西直通干线；至其他各区均有干路联系，以求交通之迅捷。同时，使郊区之交通绕过中心市区，以免增加拥挤程度。

（3）中区内东西向辅助干路共 7 条，南北向者共 12 条。多循原有路线开辟，两路间之距离从600～1 000m，用意使市民最多步行 300m，即可到达一种公共交通车站，时间约 5 分钟。所有路线交叉各点均予另外设计。

至于各路宽度尚未拟定，拟根据观测运量之结果再行设计之。

（4）铁路可分远程的与当地的两种，故车站拟分总站及分站二〔两〕种。如北站、南站为总站，每间隔 2km 设一分站，并各与干路及辅助干路系统连接，以利交通。并完成郊区铁路系统，沿线各处均酌量保留配车站、货运站及堆栈各项设备，使客货运输便利。

以上所述，均系根据数月来研究结果而拟定者。将来如运量调查等之材料齐集时，拟再加以修正，使成一个完全计划，并请各主管机关及各先生多予协助。

主席：

现请公用局主管水陆交通及电话事宜各先生将现况作一报告，以便讨论。

赵局长曾珏：

公用事业，须根据都市整个大计划而加以配合。譬如，水陆交通是都市的血脉，电话系统是都市的神经，电力是都市的动力。故都市大计划须先行决定，再将各种公用事业详细规划配合。本日因小组意见材料尚未集中，对于水陆交通仅有卢顾问工程师宾侯所提书面意见，现拟先请卢先生加以说明。

卢宾侯：

说明所提书面意见各项内容，并主张干路及铁路系统应扩展至浦东区，使浦东、浦西打成一片（附卢先生所提意见如左〔下〕）：

1）解决上海交通问题意见有关交通、公用两组者

（1）其范围应包括水陆之客货运输。

（2）其目的须求合理与联系，以避免客货运输上不必要之人力浪费。

（3）一环状之铁道或电气铁道使装卸客货分散于许多中心，以避免过分集中制之拥挤。

（4）浦江两岸须平均发展，打成一片。

（5）商业区与仓库区应分开。

（6）铁路须与邻近工业单位密切联系。

2）解决上海交通问题意见有关公用组者

（1）在工厂区中人力需要甚多之区域，必须在该区内配合充分之住宅、商店、教育、娱乐等设备，使客运得大量减少。此一原则亦应适用于其他中心区。

（2）须计划一分散之食物市场、中心储藏及分配中心系统，使各种食物得用船舶、卡车、电车或无轨电车作合理化之运输。

（3）须计划一分散之垃圾收集及处理之系统。

（4）人力车及各种手「推」车实为市区交通之一大妨碍，应逐渐淘汰。

（5）如事实许可，主要繁忙道路之交叉可采用上下层交叉制，地下人行道亦可考虑。

（6）地下停车场或建设特种停车站应加考虑。

（7）公共汽车、电车及无轨电车，应互相联系与扩充，以布满全部市区，使成市区交通之骨干，而配以机动〈街〉车。

（8）地下运输及特种升降机应考量举办。

（9）准备高效率之轮渡，以载送过江之乘客及车辆，次数须多，时间须匀。不但可以减少道路之运输，且可减少现在拥塞河道之许多济渡船[1]。此与环状公路同样配合整个之都市交通系统。

（10）在需要之地点与时期，建筑越江大桥与隧道，以加速运输。

主席：

对于公用事业，局内与局外各专家之意见，拟由江先生（德潜）发通知，请各位专家提出，以便由小组会议集中讨论，拟具整个计划，提请大会研究检讨，加以补充。

章名涛：

现在所研究讨论的问题，还是着重目前，还是计划将来，这一点应先行分清。并须先将整个都市计划总图决定，然后再分几个5年计划，以便公用事业配合，比较适当。

1. 即"小型渡船"。——编者注

主席：

本人于一个月前曾与公用局赵局长（曾珏）及工务局赵局长（祖康）讨论都市区域计划总图，以为大会如将总图审定通过后，最好更能将计划分为 5 年一期加以规划，逐步推进。今日所讨论者，自不能作重要之决定。

李荫粉：

25 年以后，上海市将发展到如何程度，不知大会对此有无决定。

主席：

现在请毛先生将上海市电话计划作一简要报告。

毛启爽：

报告电话计划

1）委员会之组织与工作

上海市内电话现有美商上海电话公司及交通部上海电信局两个机构分别经营，采用根本不同之两种接线制度，产生种种不合理之现象，使市民感觉不便，与都市之发展难以配合。值兹市政统一，中国复兴之际，上海将发展为中国之主要商埠，中外联络之最大海港，市区之电话制度亟予以合理化之必要。爰由上海市公用局，商同上海电信局及上海电话公司，各派技术人员二人，于公用局局长主持之下，组织上海市内电话制度技术委员会，从纯技术观点拟具合理化计划。

本委员会于 1946 年 2 月 12 日成立，先后集议 20 次。其工作包括：搜集资料、预测发展、划分区域、拟具 25 年之基本计划、拟具 5 年计划及其建设程序，并撰具报告，以供各有关方面之参考。

2）目前电话制度概况

（1）营业区域

「美商」上海电话公司之营业区域，包括旧公共租界及法租界与前公共租界工部局及法公董局，约至 1980 年 8 月 5 日满期，并与中国政府订有临时合约，供给沪西越界筑路区之电话。采用旋转自动制及计次付费制。

交通部上海电信局管理区域包括上述地区以外之上海市区，采用步进式自动制及包月杂费制。

（2）局所及机件容量

「美商」上海电话公司有主局 8 所，支局 1 所。其自动机容量为 57 800 线，人接（江苏路局首字为"2"）及半自动（附设汾阳路及泰兴路局内，首字为"62"及"68"）6 110 线，统计 63 910 线；至 4 月底实装 59 800 线。

交通部上海电信局有局所 6「所」，其自动机（虹口、南市及市中心）容量 5 200 线，人接制（龙华、浦东及吴淞）容量 190 线，统计 5 390 线；在 5 月底实装 2 610 线。

（3）外线设备

「美商」上海电话公用〔司〕共有线路 391 890 导线公里。其中，82.7% 为地下电缆，17% 为架空电缆，架空明线不足 0.5%。

「交通部」电信局方面有线路 46 837 导线公里。其中，6.1% 为地下电缆，35.6% 为架空电缆，34% 为架空明线。且因过去政治界线所限，其由南市至闸北之电缆，须经斜土路、中山路及永兴路迂回绕过。再则电信局管理地区辽阔，路线设备并不经济，多有用铁线之处。

（4）互通制度

目前，由「美商」电话公司至「交通部」电信局之互通接法，系先拨或叫"02"，由接线生代拨电信局用户之号码，并在通话单上记录之。

电信局用户拨"0"字即接至电话公司之局所内，可直接拨号，需接线生转接。

（5）目前之缺点

①用户号码重复。电信局用户号码首字"5—7"，电话公司"1—9"，两方均为 5 位数字，以致号码每多雷同。

②互通电话因连〔联〕络之线路常全部占用，且辗转周折，其服务成绩每不能令人满意，且亦不适宜于上海之大都市。

③上海人口激增，而机件并无扩充，以致现有机件不能适应需要，装置乃受限制。

④现有机件皆根据战前话务（每日每线通话 6 ~ 7 次）而设计，目前话务大增（每日每线通话约 10.5 次），以致话务拥塞，接线迟缓。

⑤收费制度两方不同，市民之担负不均。

⑥各局所之交换区域为政治界线，所限未应合理，且有不在外线重心处者。

3）过去记录

根据过去正常时期(1932—1941 年)之记录，上海电话公司方面之用户线，约每年增加 10%(1942 年以后为日伪占据，记录不足为凭)。

以电话密度而言，由 1932—1941 年之平均记录（包括整个上海市区），为每 100 人口话机 2.53 具，每一用户线所接话机不只一具，其平均话机与用户线数之比为 1.45:1。

人口总数依 1946 年 5 月份户口统计，约为 350 万人。

4）预测之发展

（1）电话密度

最近数年来因未能普遍供应，以致发展受有限制。若将来供应无缺，服务周到，在最近 5 年内每 100 人口可有话机 5 具，25 年后可有话机 10 具。此与世界上与上海有相仿情形之城市比较不为过高（ 每百人口罗马 9.69 具，汉堡 10.3 具，维也纳 10 具 ）。至于话机与话线数之比 1.5:1 亦认为正常。

（2）人口

在 25 年后之全市人口假定为 800 万，中心区内为 700 万（ 较现在增加一倍 ）。在 5 年内假定人口无剧大之变更，中心区内约 400 万。

（3）工商业发展

在 5 年中，工商业之发展假定仍在旧租界区、南市、闸北以及沪西与浦东之繁盛区域，且以旧租界区之北面及东面为主。5 年以后，除吴淞区外，郊区始有发展之可能。

并假定以北站为中心，以 10km 之长为半径，画一圆圈，将包括将来上海之中心区域，定名为"电话中心区"；其在中心区以外者，定名为"郊区"。此区域之划分，完全为电话制度之设计而定。

5）基本计划

（1）接线制度之划一

欲上海市内电话之运用灵活，必须采用划一之接线制度。目前，有旋转制 57 800 线，步进制仅 5 200 线，自以旋转替代步进为经济。再者，旋转制之编制富于弹性，容量较大，颇合于上海市将来发展之用。

（2）分区

全上海市分为中心区及郊区二〔两〕大区域。在中心区内，黄浦江及苏州河仍为天然界线，依地域性质再分为中、西、东、北 4 内区；郊区以沪杭、京沪两铁路及黄浦江为界线，分为 5 个郊区，将来亦可扩充至邻近之县镇。

在 5 年计划以内，中心区之范围稍异于其最后形状，其西北部真茹（真如）、大场一带暂被划出，并包括沪西虹桥在内。

（3）号码编制

上海市内电话不久即须超过 10 万号，非采用 6 位数字之号码不可。其号码编制，以第一字代表中心区之各区，第二字代表区内各局，并以"1"字为郊区之首字（表会 -6）。

将来更改号码时，大部分仅须〔需〕将区名首字加于原有 5 位号码之前，务使更改为极少。编排

区域		号码编制	
中心区	中区	首字	2 及 3
	西区		6 及 7
	东区		8 及 9
	北区		4 及 5
郊区	第一	首二字	11
	第二		13
	第三		15
	第四		18
	第五		19

此 6 位号码时，在前二〔两〕字与后四字之间加一短划，如 21-2345，使用户便于记忆。

（4）接线方略

在中心区内，其不属于同一内区各局之联络，大概须经汇转中继线，采 6 步选择；其属于同一内区各局间之联络，均经直达中继线，采 5 步选择。在每一郊区内，指定一局为郊区中心局，凡郊区与中心区间、各郊区间及同一郊区内各局间之话务，均经郊区中心局之转接。其各局所，视用户线多少及话务情形，分别规定其为主局或为支局。

（5）局所容量

对于 25 年后各内区或郊区之单独发展，未加设计。但以整个市区为对象，预测中心区内有 700 万人口，每 100 人口话机 10.2 具，话机与用户线之「比」为 1.5:1，则中心区应备 480 000 号，即每一内区 120 000 线之容量。

郊区内预测有 100 万人口，估计现有各乡镇约需 25 000 号之容量。但鉴于郊区内向无电话设备，将来发展之可能极大。而郊区之号码常不经济，故假定预留 90 000 号之容量，以备将来扩充为 9 个郊区之用。在郊区内似宜先设置小规模之人接局，俾采取记录，观测发展，以为将来设计之张本。

6）5 年计划

5 年计划之对象，仅为现在已有电话设备之中心区。

①用户线：假定 5 年后，中心区有 400 万人口，每 100 人口电话机 5 具，话机与用户线之比为 1.5:1，则应设置 133 300 线之容量。若依各局之个别发展预测，其结果亦同。

②在中心区之东区，即沿黄浦江西岸、杨树浦、市中心一带，若 5 年内无显著之发展时，可暂采「用」北区之首字，使设备较为经济。

③郊区内之吴淞区发展可能较早，应先设置 1 000 号之人接或自动局所。

④局所设置：将两机构之营业区域合并，作统盘之筹划。由 14 局扩充至 18 局，每局最终容量扩充为 2 万号。其最重要者在西区内划出一部，增设胶州路局；虹口局区内增设闸北局；汇山局区内增设平凉局。其交换区域之重予调整者，有云南路局与南市局，虹苏路局与虹桥局西局及汾阳路局，汇山、平凉两局与中心局等。

7）5 年建设程序

5 年建设程序之目的，在解除目前供应之困难、互通之不便、话务之拥塞，并使全市制度趋于划一，且按工程方面之条件分期，规定工作之程序：

① 1946 年 8—12 月，为初期扩充之设计及定购、统一经营机构之协商。

② 1947 年 1—9 月，在电话公司区域内扩充 1 万号之容量。

③ 1947 年 7 月—1948 年 7 月，将电信局区域全部改装旋转制自动设备。自 1948 年 7 月起，

全市实行 6 位号码，将 "02" 制度予以废止。

　　④自 1948 年 9 月起，全市皆用自动，江苏路局之人接制全部废止。

　　⑤自 1949 年 3 月起，全市采用划一自动机件，中央局现有之 24 伏机件全部废止。

　　⑥自 1947 年 7 月—1951 年 3 月间，逐步扩充已有各局，并次第建设闸北、胶州、中山、平凉四新局，全市交换区域次第调整。

　　⑦在此 5 年内，中心区各局之总供应及需要量如表会 -7。

　　根据此建设程序，至 1949 年，设备容量即与社会需要相适合，全市供应可以充裕。

8）经营机构之统一

　　合理化计划之实施及今后上海电话业务之维持、扩充与运用实为一紧要而复杂之问题，所需资金尤为庞大。欲使资金易于筹集，建设工作得早进行，员工雇用可以经济，技术标准趋于划一，其经营之机构必须统一。现在有关当局应进行协商，早日促成立。

　　将来此统一机构再与交通部进行协商，将上海市内电话网与国内或国际长途电话网相连〔联〕系。

　　同时，此统一机构应向国际电报电话公司协商，取获保证，以为优惠之价格供给机件及配件，并将在中国境内制造机件之可能予以研究推进。

9）附言

　　本委员会成立之初，都市计划委员会方在筹划阶段，但鉴于电话制度改进之迫切，不得不即〔及〕早完成初步之计划。关于人口及工商发展之预测，不即〔及〕等候都市计划之最后结果；关于电话密度之预测，亦仅就上海电话公司已有记录，并参酌世界大城之情形予以估计。不过本委员会之计划较富强性，足以应付一切未及预料之将来发展。本委员会同人深感见闻未广，估计未周，谨将工作经过及计划内容扩〔摘〕要抄录，以供都市计划委员会之参考。其是否与将来都市计划相配合之处，尚祈专家予以匡正。

主席：

　　今日讨论时间已久，承各专家发表卓见，甚为感幸。惟各委员公务甚忙，极难在百忙中抽出时间充分研究，端赖各小组先行讨论，提供资料。本人兹贡献意见数点。

　　（1）征集局内外各专家意见，由各小组研讨后拟具方案，提出公用组委员会讨论决定，再提大会。

　　（2）土地使用及区域总图最好加以放大着色，以便就图讨论。

　　（3）电话计划极为完备周详，将来自可见诸实施。惟该项计划在整个都市计划之前，将来为配合整个计划或须〔需〕有若干修改。

　　（4）其他各公用事业，可仿照电话计划，决定 25 年计划之基本原则，并详细草拟第一期 5 年具体计划。

　　散会。

表会 -7　5 年内中心区各局电话线之供需情况表

年份	供应量	需要量
1946 年	69 300	85 050
1947 年	76 990	103 070
1948 年	108 100	112 800
1949 年	130 400	123 050
1950 年	150 800	133 810

财务组第一次会议

时 间	1946 年 10 月 29 日下午 5 时		
地 点	上海市工务局会议室		
出席者	赵棣华　徐国懋　谷春帆　何德奎　陆谦受 赵祖康　黄作燊　鲍立克　林安邦　甘少明 伍康成　姚世濂　王志莘		
主席	谷春帆	记录	饶宗湘

主席致词：

　　今天是上海市都市计划委员会财务组第一次会议，讨论上海市都市计划经济方面基本原则问题。在这一方面我们提出了一个书面意见，供给大家讨论参考。关于这书面意见有几点应该报告的：

　　第一，我们所根据的上海市经济建设原则，是以国防最高委员会通过的第一期经建原则及经济主管当局的意见为根据，也就是行政方面的意见，而不是党的意见；

　　第二，上海都市建设系假定为港口都市，并可能发展轻工业，所有结论均系根据过去事实推测其可能之发展，并非主观论断；

　　第三，都市计划中贸易额之研究，本应以进出口吨数为标准，但因吨数估计在别组中已报告，而财务组所研究者为经济问题，故仍以价值为标准；

　　第四，我们所提出的意见是极粗糙的估计，当然不能十分准确，希望各位批评补充。

伍康成：

　　宣读意见全文。

何德奎：

　　原意见第（23）条提出土地改良问题，内容应该如何？

谷春帆：

　　关于这一点，原意见只是说明土地改良在发展农业上的必要。至于如何改良，这是整个的政策问题。不过，我们可以推想得到的是，这种改良只是经营方式上的改良，而不是一个革命性的改革。

徐国懋：

　　我觉得上海既然是一个商埠，那么上海的经济建设恐以港口问题为最重要，轻工业之发展次之（重工业恐难以发展），渔、农业更在其次。至于交通方面，必须以能够配合上述的发展为目标。现在的问题是，将来的上海究竟是以类分区，还是综合在一起。

赵棣华：

　　交通方面的发展如何？

谷春帆：

　　先定港口地点，然后确定铁路吞吐线。

赵棣华：

　　重要港口地区恐在吴淞。

徐国懋：

　　化学工业如何？

何德奎：

化学工业在上海甚为相宜。

徐国懋：

化学工业用人力，不必一定在上海。

谷春帆：

纺织业将来在内地仍有发展可能。

赵棣华：

根据战时经验，纺织业发展亦甚难，西安即其一例。问题出在熟练工人太少，原料虽便，无用。

何德奎：

我现在提出一个问题，就是造船厂地位不好，可能影响整个港口。最近有专家谈起现在假定的造船厂地点，在技术上是有问题的。

赵棣华：

印刷业发展如何？

何德奎：

当然有可能。

何德奎：

我觉得，将来的都市建设恐怕大烟囱〔囱〕要减少，而要注意利用原子能的问题了。

谷春帆：

鲍立克先生对于经济方面基本原则有何高见？

鲍立克：

上海市将来之工业种类，如经济小组原则中所提出颇为详尽，值得注意。唯余意以为，尚有其他更为重要、更为适宜之轻工业未经提出，如衣着业及皮鞋业。是因此类二业工业有所需之原料不一定须产于附近地区，盖此类原料运费实极廉也，现时上海之衬衫业亦是如此。故余意以为，化〔服〕装及皮鞋业将来实可为上海之基本轻工业。因上海有如欧洲之巴黎，为全国时装之领导者也。

关于钢铁工业，余以为不适合于上海。盖钢铁工业必须接近产煤区，其自异地运煤至产铁区制铁之事甚不合理，此为经济常识，无待说明。例如，瑞典为欧洲产铁区，惟缺乏煤产，故瑞典开采之铁砂多运英德制炼；英美之钢铁区则异是，其地附近皆有产煤区，故英美之钢铁业能发达。

至于汽车及飞机工业，实有设立于本市之可能，因此「类」工业皆不需要接近其原料产区。美国之大汽车制造厂将来可能在上海设立一分厂，如装配厂之类。如此，实较以制成之汽车运至中国为经济也。

在农业方面，余意如此，上海将来既成为一千数百万居民商埠都市，则其近郊不应出产其所需之工业原料，如棉、麦等。因此等原料在交通便利条件下，可取自其产量富丰〔丰富〕区域，如东北、华北等地。上海附近农业应生产者，为本市日常必需上易腐之农产品。此项农产品除供给本市外，并可向邻市销售。但欲实现此种生产情形，必须提高产量；而欲使产量提高，又必须教育农民，使之科学化，能利用机械代替人力。

此外，尚有一工业应请大家注意，即机械化之渔业〈是〉。上海如划一地点为渔业站，在该处尽量设备各种现代之大规模冷藏仓库、冷藏运输火车，则捕得之大量鱼类，得迅速运进内地，供给价廉之鱼类，此与平民生计殊有极大裨益也。

谷春帆：

各位还有什么高见，如果没有我们就散会。

上海市都市计划委员会闸北西区计划委员会会议记录

闸北西区计划委员会组织规程

第一条　上海市政府为规划闸北西区建设，使成本市都市计划示范区域起见，设立闸北西区计划委员会（以下简称"本会"），隶属于上海市都市计划委员会。

第二条　本会委员定额 15 ~ 21 人，由市长聘派之，以工务局局长为主任委员。

第三条　本会之任务如左〔下〕：

　　（一）关于闸北西区建设之统筹规划事项。

　　（二）关于配合都市计划之土地重划等计划审议事项。

　　（三）关于工务、公用、卫生、教育社会实施之审议及协助事项。

　　（四）关于各种公共营造之审定事项。

　　（五）关于建筑管理之计划审议事项。

第四条　本会会议议决事项经由都市计划委员会转呈市长核定后，分交各主管局执行。

第五条　本会整理议案、搜集材料、绘制图表及办理其他事务，得由都市计划委员会酌调员司担任之。

第六条　本会每二星期举行常会一次，于必要时得由主任委员召集临时会议。

第七条　本会委员均无给职。

第八条　本会办事细则另定之。

第九条　本规程由市政府公布之日施行。

闸北西区计划委员会办事细则

第一条　本细则依据本会组织规程第八条订定之。

第二条　主任委员除开会时任主席外，并主持会内一切经常事务。

第三条　开会时主席因事缺席，由到会委员临时推定之。

第四条　本会之办公时间与都市计划委员会同。

第五条　本会办事处附设于都市计划委员会内，会议时间及地点由主任委员先期通告。

第六条　委员提案如须〔需〕书面说明者，应于会期前送交主席。

第七条　会议时，以委员过半之出席为法定人数，以出席委员过半数之通过为可决。

第八条　本会会议时，如有必要，得邀请有关机关团体派员列席。

第九条　本细则经本会通过后施行，如有未尽事宜，由本会议决修正之。

一集

四七五

闸北西区计划委员会委员名单

主席		赵祖康	工务局
委员		奚玉书	参议会
		韦云青	参议会
		王子扬	参议会
		陈则大	民政局
		曾广樑	地政局
		王慕韩	地政局
		吕道元	地政局
		许兴汉	公用局
		沈宝夔	公用局
		陆 侠	警察局
		伍康成	财政局
		张振远	社会局
		黎树仁	卫生局
		陈选善	教育局
		徐以枋	工务局
		吕季方	工务局
		姚世濂	工务局
		汪定曾	工务局
		周书涛	工务局

闸北西区计划委员会第一次会议

日期	1947 年 7 月 23 日下午 4 时		
地点	上海市工务局会议室		
出席者	赵祖康　杨锡龄〔镠〕　陆侠　曾广樑　汪定曾 陈则大　许兴汉　沈宝夔　周书涛　姚世濂		
列席者	张天中　陆筱丹　金经昌　王治平　余纲复		
主席	赵祖康	记录	余纲复

主席致辞（见附件）。

主席介绍出席、列席人员。

1. 讨论事项

1）第一案　本会《办事细则》请讨论案

决议：

修正通过：

第二条"主席除开会时任主席外，并主持会内一切经常事务"，修正为"主任委员除开会时任主席外，并主持会内一切经常事务"。

第五条"本会办事处附设于都市计划委员会内，会议时间及地点由主席先期通知"，修正为"本会办事处附设于都市计划委员会内，会议时间及地点由主任委员先期通知"。

原第八条改为第九条。

增列第八条"本会会议时，如有必要，得请有关机关团体派员列席"。

2）第二案　本会进行事项请讨论案

决议：

与第三案并案讨论。

3）第三案　闸北西区计划草图请讨论案

决议：

关于计划方面：

（1）干路及一等支路通过；二等支路恐详细计划时尚有变动，暂不决定。

（2）划分为 7 个邻里单位，原则通过。

（3）土地使用比例：道路占全区面积 25%（与原有道路系统面积相差无几），绿面积（绿地）及公共建筑以 20% 为度，于土地重划时划出（商店在外）。

（4）以每个邻里单位 5 000 人为对象，请有关各局提出关于工务、公用、卫生、教育、社会、警察、民政、财政之设施、设备方案及有关资料，于一星期内送工务局设计处转本会。

（5）一部分设备、建筑费由土地重划筹划财源。

（6）房屋型式〔制〕请工务局营造处设计。

二集

四五七

关于工作进行方面：

（1）土地重划请曾委员广樑、王委员慕韩拟定计划。

（2）棚户取缔请汪委员定曾、陆委员侠拟定办法。

（3）详细计划由分图设计组参照各方面意见继续进行。

4）第四案　"据勤康、复兴、公记、福森等木行呈请开放铁丝网，返还土地，如何办理"请讨论案

决议：

俟进行土地重划时再办。

5）其他决议

（1）秣陵路18间房屋一案，请工务局查明后，照市府禁建区之决定办理。

（2）闸北西区计划草图晒印后，随同记录分送各委员。

（3）第二次会议于8月6日举行。

2. 附件：主席致辞

今日为本会第一次会议，承各位莅临，深为愉快。本会组织规程已经市政会议通过；委员人选，亦经市府分别聘派，共17位，多为各局有关部分主管。故本会工作之进行，必能确实迅速。至于委员人数，如各位认为尚须〔需〕增加，可以提出呈请聘派。是否须〔需〕增设业主方面委员亦可讨论。计划方面，技术与土地均极重要。财源之筹划，可以用土地重划办法局部解决，如恒丰桥在决定建筑时，闸北西区地价业已上涨。请各位不要以为实施之希望很少，只须大家努力，决〔绝〕可办到。本会计划如经决定，即呈市府转市参议会，经审定后，即将付诸实施。请各位多多提出意见。

闸北西区计划委员会第二次会议

日期	1947 年 8 月 13 日下午 5 时
地点	上海市工务局会议室
出席者	赵祖康　王慕韩　曾广樑　韦云青　姚世濂 周书涛　王子扬　汪定曾　陆　侠（陈华焕代） 许兴汉　沈宝夔
列席者	金经昌　王治平　张天中　余纲复
主席	赵祖康　　记录　　余纲复

主席致词（略）。

宣读第一次会议记录，全体无修正。

工作报告（见附件）。

1. 讨论事项

1）第一案　"闸北西区整理计划业经开始，该区内拟由工务局暂停发给营造执照，并由地政局暂停土地转移及保留土地征收，以便计划实施"请讨论案

决议：

修正通过。

原案修正为"闸北西区整理计划业经开始，该区内拟由工务局暂停发给营业执照至本年年底为止，并由地政局保留土地征收 3 年，以便训划实施，请工务地政两局提市府会议核定。"

2）第二案　"闸北西区共和新路以南铁丝网区域内粮秣仓库，据报业已迁移，该区域内违章建筑，应如何切实取缔"请讨论案

本案临时撤销。原因："以据姚委员世濂报告，该区内粮秣仓库仅部队调防，并未迁移。"

3）第三案　"闸北西区道路系统业经决定，拟请由地政局拟具该区土地重划原则，以利进行"请讨论案

决议：

土地重划原则：

（1）全部征收，发给证书，经扣除土地重划费及受益费或复兴费（包括棚户迁「居」费）重划后，由原业主优先承购。

（2）土地作价以米为标准。

（3）土地分等，由业主比照其原有土地等级，优先承购。

（4）土地重划分大户、中户、小户，惟小户须〔需〕加入地产公司营建，以免妨碍整个建筑计划。

请曾委员广樑、王委员慕韩，拟具土地重划办法，提出下次会议讨论。并由姚委员世濂于会前先行洽商。

4）其他决议

（1）整个计划之实施，以第二、三、四邻里单位为第一期，第一、五、六、七邻里单位为第二期。

（2）第三次会议于8月26日（星期二）下午4时举行。

2. 附件：姚委员世濂报告

（1）干路及一等支路系统前经本会第一次会议通过后，提出市政会议。经市府参事室召开各局处会同审查，认为需要，已提经上星期五市政会议通过，送请市参议会审核矣。

（2）杨锡龄〔镠〕及伍康成两委员因事不能出席本次会议，已有来函请假。

（3）卫生局对于闸北西区卫生设施，已来信提出；民政处来函以为，邻里单位人口5 000人，依据保甲编制，恰为一保，拟请改名"模范保"；警察局闸北分局已来函提出警察机关配备表；工务局第一区工务管理处来函，请保留工段办事处及工场基地5亩（约0.33hm²）以上，各项均已送分图设计组参考。

（4）工务局道路处提出，恒丰桥桥埭路基须提高，请保留基地。拟请工务局第一区工务管理处提出需要之面积。

（5）秣陵路江淮同乡会建筑房屋事，已据工务局来函称，除已动工之18间准发临时执照外，其余已由警察局制止。

闸北西区计划委员会第三次会议

时间	1947 年 8 月 28 日下午 4 时
地点	上海市工务局会议室
出席者	赵祖康　杨锡龄〔镠〕　陆　侠（叶世藩代）　汪定曾 姚世濂　许兴汉　沈宝夔　王慕韩　曾广樑 王子扬　韦云青
列席者	应志春（李立机代）　陆筱丹　金经昌　余纲复

主席	赵祖康	记录		余纲复

宣读第二次会议记录。无修正通过。

1. 报告事项

王委员慕韩：

《闸北西区土地重划办法》尚在起草，须〔需〕下星期内始可完竣。今日提出者，为地政署颁布之《土地重划办法》，拟请各先位[1] 予研究。

姚委员世濂：

《闸北西区计划干路及一等支路并土地重划办法》，业经市参议会都市计划审查委员会于本星期二审查通过。

2. 讨论事项

1）第一案　关于开放闸北铁丝网提请讨论案（上海港口司令部代电及工务局公函）

决议：

照第一次会议第四案决议办理。

2）第二案　关于开放闸北汉中路等处交通提请讨论案（公用局公函）

决议：

（1）请工务局对于干路及一等支路订立路界，于本年 9 月底前完竣。

（2）如工务局测量人员不敷支配，请呈请市府增加。

（3）请工务局于本年 11 月起开办干路及一等支路路基工程。

（4）俟路基工程完成后，即请公用局埋设电杆。

3）第三案　关于铁丝网内业主声请围建竹笆提请讨论案（业主声请）

决议：

暂缓办理。

---

1. 疑为"拟请各位先"之误。——编者注

4）第四案 关于《土地重划办法》请研究讨论案（地政署公布之《土地重划办法》）

决议：

请王委员慕韩、曾委员广樑，参照本次会议讨论结果，拟具《闸北西区土地重划办法》，提出下次会议讨论。

3. 附件：讨论结果

（1）以 2 ~ 3 分（约 133.3 ~ 200m² ）土地为最小面积单位，其以下者，采用"地政局土地共有人"证明书办法。

（2）重划后之道路、公园及其他公共用地与土地总面积之比例，照《都市计划法》办理。

（3）法定地价以米价作参考，每月调整一次。

4. 其他决议

下次会议于 9 月 4 日下午 4 时举行。

闸北西区计划委员会第四次会议

时间	1947 年 9 月 4 日下午 4 时		
地点	上海市工务局会议室		
出席者	王慕韩　伍康成　陆　侠（叶世藩代）　周书涛 奚玉书　杨锡龄〔镠〕　许兴汉　王子扬　曾广樑 姚世濂　沈宝夔（许兴汉代）		
列席者	应志春（李立机代）　陈占祥　陆筱丹　金经昌 余纲复		
主席	赵祖康（姚世濂代）	记录	余纲复

姚世濂：

　　赵局长因赴浦东视察海塘，不及赶回主持本会开会，嘱由本人代理，并向各位表示歉意。今日会议拟请各位讨论者，为曾委员广樑及王委员慕韩拟具之《上海市闸北西区重划办法草案》。此项草案系已经 9 月 3 日地政局第三十一次局务会议修正通过者。在讨论草案之前，各位对于上次会议记录有无修正。

1. 宣读第三次会议记录

　　修正通过。

　　原记录第二案第（4）项决议，修正为"俟路基工程进行至相当程度后，即请公用局埋设电杆"。

2. 讨论《闸北西区土地重划办法草案》

王慕韩：

　　解释草案内容并说明。在政府原已有《土地法》及《土地法施行法》之颁布前，地政署以为关于土地重划部分尚不够详尽，另厘订《土地重划办法》，经行政院通过公布施行。本市《闸北西区土地重划办法草案》，系根据地政署公布之办法，参照本市实际情形编订者。其中：

　　（1）关于最小面积单位，规定为 0.2 市亩（约 133.3m²），上次会议讨论结果为 2 ~ 3 分（约 133.3 ~ 200m²）；

　　（2）关于道路、公园及其他公共用地与土地总面积之比例，上次会议结论照《都市计划法》办理，故草案第九条未规定数字；

　　（3）草案第十三条关于补偿费之计算，上次会议结果系"法定单价以米价作参考，每月调整一次"。惟在政府立场，不能作如是之规定，故仍用法定地价。

奚玉书：

　　（1）草案之第五条系根据地政署办法第九条，此种规定似过于严格，等于绝对限制所有权人异议，本人以为至多规定为 2/10。

　　（2）草案第七条对于本区土地重划之最小面积单位，规定为 0.2 市亩（约 133.3m²）。所谓重划之「最」小面积单位，不知系指重划前抑「或」重划后之最小面积单位？如系指重划以前者，最好规定为 0.3 市亩（200m²）。

（3）草案第八条"废置"两字宜改为"收购"。

（4）草案第十三条关于补偿费之计算一点，吾人均知法定地价远较实在地价为低，在闸北西区约为1:4.5。本人以为，可规定"照法定地价加倍或3倍为计算标准"，以免业主损失太多。

王慕韩：

本人以为，修正政府法令最好由民意机关建议。不如在市府送参议会审查时，由参议会建议修正。

曾广樑：

修正之条文，若仅系由地政署拟订而经行政院通过者，则修正手续尚为简易；若牵涉《土地法》及《土地法施行法》，则须经过立法院，比较困难。

伍康成：

地方公布之办法，不能与中央法令抵触。现地政署已有《土地重划办法》，在地方仅能有实施细则之类，予以补充。若有因实际情形不能实施中央法令之处，而须〔需〕另订办法代替，似可先行请示补救办法，如草案之第五、第九等条。

许兴汉：

关于草案第五条之解释，本人以为，并非指全部重划土地之所有权人而言，而系指与一部分重划土地有共同关系之所有权人而言。

姚世濂：

（1）关于草案第五条，许先生之解释亦属不能，似可向地政署请求解释。

（2）草案第八条"废置"两字恐系土地法内名词，是否可改为"收购"，请曾（广樑）、王（慕韩）两委员考虑之。

（3）按照《都市计划法》，道路至少为全面积20%，公园至少为全面积20%（不包括公共建筑），故闸北西区计划内道路、公园及公用面积，拟定为全面积45%，似尚合理。

（4）草案第十三条，奚先生（玉书）建议补偿费以法定地价1倍或3倍为计算标准。本人以为，照目前法定地价与实在地价之比，自较合理，但将来情形如何，不得而知。故最好能有一兼顾政府立场之合理规定。

王慕韩：

（1）伍先生（康成）提到的实施细则问题，本人很为同意，不过此次《闸北西区土地重划办法草案》之拟订，系为配合计划及本市情形，将来还要有一实施细则。

（2）最小面积单位之规定，系为重划土地时一种标准，不论0.2市亩（约133.3m^2）或0.3市亩（200m^2），只能有一个数字。

（3）"废置"为土地法内之名词，并非"收购"，亦无废止产权之意，在重划土地办法，以发还产权土地为原则，不过不一定分配原有土地。

陈占祥：

（1）草案第二条，仅有重划地之四至界址，最好加入"以详图为准"字样，较切实际。

（2）关于草案第三条，本人以为，土地重划计划书及重划地图，应由都市计划委员会根据地政局《土地重划办法》制订，方可切合都市计划之需要。如南京下关，由地政局计划并在进行之土地重划，即不能与都市计划配合。

（3）草案第四条关于重划土地，并应于事先通知业主。

姚世濂：

陈占祥先生为内政部营建司技术室副主任，此次来沪系由本市都市计划委员会借调，协助策划本市都市计划之进行。陈先生为都市计划专家，所提出关于草案第三条之建议，自有见地。本人以为，草案第三条不妨由地政局与本会会商修订之。再「者」内政部为都市计划主管部，将来本市都市计划须经内政部核定。故土地重划计划书及重划地图，若由市府同时转咨内政部，对于本市都市计划之进行，当可节省辗转手续，并获得帮助。

陆筱丹：

最小面积单位，必须能适应房屋建筑。现闸北西区计划，关于房屋建筑型〔形〕式、长度、宽度，闻尚在商讨，则最小面积单位，尚不能作决定。

许兴汉：

第一次会议时，曾决定公用、卫生等设备建筑费，由土地重划筹划财源。现《土地重划办法草案》，仅提及重划费及赔偿费，且并非全部征收，而系将原有土地经重划后除去道路、公园、公共用地，重行分配与土地所有权人，则将来公用等设备费，如何筹划，亦应讨论。

伍康成：

（1）本人以为地方办法「若」与中央法令抵触，必不能获得通过。《土地重划办法》，在地政署既已有规定，则此次草案名称最好避去沿用"土地重划办法"字样；而草案内容对于在地政署《土地重划办法》内已有规定者，略去不提，以备将来伸缩。至于办法既系为实施都市计划之用，则名称是否可用"实施都市计划重划土地办法"，请各位斟酌。

（2）草案第三条可分为数条，详细规定。

议决：

本案请姚委员、曾委员、王委员归纳今日讨论意见，分别请示赵局长（祖康）、祝局长（平）〈后〉会商修正后，提市府会议或再开会讨论。

本次会议记录，于星期六赶印完成，分送各委员。如有意见，请于下星期二前，通知本会，以便归纳采用。

一集

闸北西区计划委员会第五次会议

时间	1947 年 9 月 11 日下午 4 时
地点	上海市工务局会议室
出席者	赵祖康　杨锡龄〔镠〕　陆　侠（叶世藩代）　王慕韩（陈葆銮代） 曾广樑　周书涛　伍康成　姚世濂　王子扬 许兴汉　沈宝夔（许兴汉代）　奚玉书（顾培恂代）
列席者	陈占祥　王治平（周启平代）　应志春（李宜机代） 陆筱丹　金经昌　顾培恂　余纲复
主席　　　赵祖康	记录　　　余纲复

宣读第四次会议记录。无修正通过。

1. 报告事项

姚世濂：

本人于上次会议后，即将会议情形报告赵局长。经归纳各位讨论《闸北西区土地重划办法草案》意见，在今日会议拟提请讨论者，为下列数项：

（1）为规定各主管机关工作并配合计划进行起见，已由陈占祥君拟具《闸北西区建设实施计划大纲草案》，提请各位讨论。本人拟补充说明者为：大纲草案第四条，仅列举有关实施建设比较重要之工作，其他如社会事业等，未详列；第十条所谓实施程序，系为配合各方面工作，规定实施程序。

（2）上次讨论重划办法草案，未获结论之三点：

　　①关于草案第五条土地所有权人及其所占面积比较之规定；

　　②关于草案第七条最小面积单位之规定；

　　③关于草案第十三条补偿金计算标准之规定。

（3）公用局提出关于公用建设费之财源问题。

2. 讨论事项

1）讨论《闸北西区建设实施计划大纲草案》

议决：

原则通过，详细条文会同地政局修正。

摘录讨论意见：

（1）关于第四条有关各局工作之实施，如系单独进行，其相互连〔联〕系工作，亦极为重要，似应有配合计划。（王子扬）

（2）第十一及「第」十二两条关于非法营造之规定，虽在顾到实在情形「时」，有此需要，但不宜列入实施大纲，可另行规定，以资补救。（王子扬）

（3）第八及第九两条与地政局业务有关，文字方面暂予保留，候请示祝局长（平）后决定。（曾广樑）

（4）第十一及第十二两条，"关于补偿费之财源"，数额似亦应予以考虑。（伍康成）

（5）依照计划,公园及公共建筑用地约300亩(0.2km²)。按目前规定地价计算,已需100亿「元」。应如何筹划补偿,亦须〔需〕顾及。（曾广樑）

（6）闸北西区计划如付实施,地价必增,则土地增值税可以用作建设费。在土地重划时,是否可按增值情形,扣除公用土地后,发还业主,于法是否可行。（王子扬）

（7）除征用公园及公用土地外,在外国有逾额征用办法,但不论若干,均须〔需〕给费。在吾国是否可行,「以」及是否可以逾额征用之土地出售,作为建设费之处,在法律方面,仍须〔需〕请专家研究。（赵祖康）

（8）土地重划费及工程受益费,在法令方面有根据征收;至其余建设费,本人以为在草案第八条之规定下,可以筹划财源。（姚世濂）

2）讨论《土地重划办法草案》上次会议未得结论各点
议决:
（1）姚委员提议修正第三及第十等条暂行保留,候曾委员（广樑）请示祝局长（平）后再行决定。
（2）草案第五条维持原条文。（因地方政府所定办法,不能与中央法令抵触。奚委员（玉书）意见,所有权人数及"其所占面积至多规定为20%"一层,仅可由民意机关建议。）
（3）关于第七条,最小面积单位暂定为0.2市亩（约133.3m²）,请工务局营造处拟定房屋设计,提下次会议讨论。
（4）第十三条修正为"重划土地之相互补偿,一律以地政局重估之法定地价为计算标准,其差额以现金清偿之"。

3. 姚委员提议修正条文

第三条拟修正为"本区内之土地,由地政局依照上海市都市计划委员会闸北西区计划委员会所规定之《分区使用及道路系统制定重划计划书及重划地图》,呈由市政府转咨地政部核定之"。

第十条拟修订为"重划后之土地,除公共用地应按各宗土地原来之面积或地价比例扣除外,应仍分配于原所有权人,但其地位得由地政局按本区详细计划变更之"。

闸北西区计划委员会第六次会议

时间	1947 年 10 月 14 日下午 4 时半
地点	上海市工务局会议室
出席者	赵祖康　陆　侠（何贤弼代）　张振远　周书涛 许兴汉　沈宝麖　韦云青　王慕韩　曾广樑 姚世濂　汪定曾　王子扬
列席者	吕道元　陈占祥　金经昌　周泗安　吕季方 余纲复
主席	赵祖康　　　记录　　　余纲复

宣读第五次会议纪录。无修正通过。

讨论事项

1）继续讨论《土地重划办法草案》

姚世濂：

关于《土地重划办法草案》第三及第十条之修正案，在上次会议时，系决定暂行保留，候曾委员（广樑）请示祝局长后再行决定，拟请曾委员报告。

曾广樑：

《土地重划办法草案》即将提出市政会议，关于姚委员提「出」拟修正之第三及第十两条，业经祝局长重予修正如后：

第三条改为"本区内之土地，由地政局参照上海市都市计划委员会闸北西区计划委员会所规定之《分区使用及道路系统制定重划计划书及重划地图》，呈由市政府转咨地政部核定之"。

第十条改为"重划后之土地，除公共用地应照各宗土地原来之面积或地价比例扣除外，应仍分配于原所有权人，但其地位得由地政局按实际情形变更，其办法另定之"。

2）继续讨论《闸北西区建设实施计划大纲草案》

议决：

修正通过。

3）讨论工务局营造处所拟房屋设计标准图

议决：

仍请工务局营造处会同分图设计组根据下列数点重予研究：

（1）房屋设计以公教人员、店员及小店主为对象。

（2）房屋间之距离可以酌量减少。

（3）联立式房屋宽度可在 4.5 ~ 5.5m 之间，公寓式房屋宽度可在 6 ~ 9.5m 之间。

（4）公寓式房屋考虑采用 Maisonette 式（复式公寓）。

闸北西区计划委员会第七次会议

时间	1948 年 2 月 7 日下午 3 时
地点	工务局会议室
出席者	赵祖康　韦云青　陆侠（蒋忠法代）　周书涛（陆士岩代） 杨锡龄〔镠〕　吕道元（孙图衔代）　王子扬　许兴汉 沈宝夔　姚世濂
列席者	宋学勤（杨谋代）　姚振波　王治平　金经昌 余纲复
主席	赵祖康	记录	余纲复

主席：

今日为闸北西区计划委员会第七次会议，拟报告工作进行情形、困难案件处理经过，「以」及请各位讨论临时提案。查闸北西区计划开始时，各方面均认为可以办到，现计划业已提出，内政部对此亦甚注意。目前困难之处乃铁丝网外已有不少房屋兴建，必须严格禁止；再港口司令部亦催促接收铁丝网内空地。地政局于本月 2 日曾邀请有关机关商定办法三点，已经市政会议修正通过，详细情形拟请姚世濂先生报告。

姚世濂：

闸北西区计划已于去年 12 月 12 日第 105 次市政会议通过分区使用图、修正道路系统及营建区划规则，送市参议会，经特种委员会审查原则通过，并建议改"重划"为"征收"，原业主有优先申请领购之权，俟经该会通知再与地政局洽商进行。

都市计划委员会第八次联席会议决定组织之闸北西区实施研究小组委员会，业已成立，并已开会两次。

第一次会议决议二点：

（1）关于棚户事项，由闸北警察分局会同工务局第一区工务管理处各级人员随时商洽，立「即」施「行」拆禁行动。

（2）基本工作应促早日完成，先择恒丰路及共和路以南铁丝网附近之小区域，在不妨碍整个计划原则下，设法以示范方式逐步实施。

第二次会议决议四点：

（1）各个邻里单位分期、分区实施：第一期第二、四区，第二期第一、三区，第三期第五、六、七区。

（2）凡胜利以后无照之建筑物，一概不予补偿。

（3）公共使用之土地不给价征收，工程受益费亦不向业主征收；所有重划经费，概由市府负担，但建筑物之拆迁补偿费仍照规定发给。

（4）搬迁后不使用之土地，由小组建设〔议〕闸北西区计划委员会函知警察总局，增派部队驻防闸北西区，执行取缔违章建筑及警卫事务。

关于第（3）点，关系市政府政策问题，短期内可望决定，因征收工程受益费系包括工程费、基地费两项。

关于第（4）点，地政局已提请市府会议决定二〔三〕点：

①闸北铁丝网及网内空地，先由警察局派警暂行看守，同时通告各业主凭合法产权证向地政局登记以便清理。

②该处原有之铁丝网及木椿〔桩〕，向军事机关暂为借用。俟闸北西区土地重划工作实施时，再行交还。

③各机关请求保留之房屋系属民产，如需继续使用，应由各该机关提请行政院清理中央机关在沪使用敌伪圈占民地审议委员会核议。

此三点业经市政会议修正通过，通知各有关机关办理。

中央市场一案，赵局长以闸北西区计划委员会之立场，不主张重建。经市府参事室召集审查会讨论后，决定在该场另租土地手续办妥前，准就原址搭盖草棚。

工作方面：

（1）土地重划正由地政局积极进行，拟请孙图衔先生报告。

（2）闸北西区 1:500 道路路线图业已完成，即可订界一、二、三、四区。地形测量亦已完竣，如分期实施，则二、四区或一、三区先可开始。

（3）公共建筑已在设计，将请各机关会同讨论。

孙图衔：

地政局对于闸北西区土地重划工作总计划已完成 80%，希望于本月 15 日前送出。至实施方面，尚须〔需〕待道路中线订定后，始能开始经界测量。

办理接收铁丝网内空地一案，不仅港口司令部部分，尚有联合勤务总司令部部分。故地政局所提出之三条办法，亦同样适用于联合勤务总司令部部分。

讨论临时提案：

工务局移来"闸北共和路、梅园路口违章建筑房屋 20 余幢"一案，据业主呈请，并韦参议员云青来函，请予变通办理，具结于"必要时限期拆迁，准予临时搭盖，暂缓拆迁"一案，请讨论。

议决：

（1）俟本会计划实施时，再行核办。

（2）本会实施工作，应加速进行。

闸北西区计划委员会第八次会议

时间	1948 年 5 月 4 日下午 2 时		
地点	上海市工务局会议室（355 室）		
出席者	赵祖康　韦云青　伍康成　汪定曾（宋学勤代） 许兴汉　徐以枋（郭增望代）　王子扬　姚世濂		
列席者	谈鉴如　孙图衔　陈调甫　林荣向　姚振波 顾正方　陈福海（何家瑚代）　鲍立克　陆筱丹 王治平　李兆林　项本杰　金经昌　余纲复		
主席	赵祖康	记录	余纲复

主席：

今日为闸北西区计划委员会第八次会议，并邀请业主联合会筹备会代表参加，提供意见。查上月 14 日在闸北西区营建问题座谈会所获结论，希望放领地[1]比例能酌增至 50% 以上。但经紧缩计算之结果，如联合车站及客车场用地列入重划，则放领地成数减少；如不列入重划之内，放领地成数可增多。详见印发之土地使用分配表（一）（二），请各位参阅，讨论决定。再关于联合车站计划，交通部俞部长及铁路局陈局长均表示"原则赞同"。本人因须随市长视察体育场工程，请姚处长代为主持并请各位讨论。

姚世濂：

本月内恒丰桥即将通车，故闸北西区计划宜赶速进行。有关各项问题，必须有所决定，以便拟定方案，呈府转送参议会决定。今日会议，拟请讨论者两项：

（1）联合车站及客车场用地，是否列入重划土地；

（2）业主联合会筹备会开会决定，请公告本计划办理经过。

关于第一项，土地使用分配表各项数字均系假定性质，盖因时间关系，尚未能与地政局洽商。表内所列面积均系自 1:2 500 图内量得者，如用 1:500 图，恐数字尚稍有出入。第二、第四两邻里单位各项工程概算，亦仅为拟供各位研究参考者。如工程标准改变，概算当亦可增减。再公用局代表许先生（兴汉）向本人提及路灯等事业费尚未列入，应提出预算，以供研讨。今日会议如对于放领地比例决定，乃可研究制订实施方案，并与金融界接洽投资。

何家瑚：

联合车站详细计划尚未确定，故用地恐尚有增减。至于土地是否征收或并入重划，须俟报告陈局长后，始能提出意见。

王子扬：

本人曾与若干业主交换意见，均希望计划早日实现，能多领回土地。如铁路用地加入重划，则领回成数减少。赵局长今晨电话嘱代邀联合车站基地业主参加，今日会议本人曾与业主数人接洽，均称未悉详情不便参加。本人以为，交通事业原可征用土地，现闸北西区业主希望能多领回土地，

---

1. 即"土地重划后，原业主得以领回的土地"。——编者注

自不希望车站用地加入重划。

许兴汉：

车站基地方面之业主，亦可提出异议，盖同在一个计划内，待遇不能不同。

孙图衔：

行政院核定之办法"公用土地平均由土地所有权人负担"，应先提经市参议会通过，似应先获悉业主方局〔面〕之意见。本人以为，公告计划俟与业主联合会商得结果后，再作决定。

姚世濂：

（1）计划之实施，原可照参议会建议全部征收，照标准地价需款亦只3 000余亿元，但赵局长（祖康）希望能多顾到业主方面利益。

（2）工程受益费系就全部面积分摊，铁路用地亦须摊到。在路局立场，如不加入重划，则原须〔需〕分摊之工程受益费，尽可用以征购用地。

林荣向：

本人以为可以分开。盖联合车站不知何时实施，将来征用土地，地主方面可以要求增给地价。以往铁路筑路，征地亦有此种情形。

王治平：

两处业主利益不同，现闸北西区业主，总希望能多领回土地。

项本杰：

（1）两处情形不同。闸北西区以往受破坏最甚，胜利后政府保障业主法令亦未能切实执行，在业主方面损失甚大，希望车站用地与西区划开，分为两部分。

（2）道路基地可以向业主分摊，但建筑费应由政府发行公债或向银行借款，在将来税收内偿还。

韦云青：

本人对此项意见表示赞同，盖二〔两〕处情形确不相同，而闸北西区业主均希望多领回些土地。

议决：

（1）大部分业主希望增加放领地成数，达到50%以上。至联合车站及客车场用地征收办法，由市府各局会商决定。

（2）请市府公告闸北西区计划经过。

一二集

四七二

闸北西区计划委员会第九次会议

时间	1948 年 6 月 10 日上午 10 时		
地点	市府大厦 355 室		
出席者	赵祖康（王绳善代） 杨锡龄〔镠〕 陆 侠（蒋忠法代） 吕道元（孙图衔代） 徐以枋（刘作霖代） 姚世濂 韦云青		
列席者	孙图衔 鲍立克 金经昌 陆筱丹 章 熥 余纲复		
主席	赵祖康（王绳善代）	记录	余纲复

主席：

赵局长（祖康）患牙疾业已数日，今日不克出席，嘱代为主持会议。本人今晨曾往晤祝局长（平），祝局长因事亦不克出席，但蒙提供意见。现闸北西区计划已进入实施阶段，赵局长对此非常热心，并希望解决有关土地诸问题，用会议方式以资集思广益。都市计划委员会，则系专为设计工作，以供各局之参考。今日会议为请各位讨论第一期实施计划，虽赵局长、祝局长均不克出席，但意见相同，即土地问题宜通盘计划，对于大小地主利益，均予顾到。在此原则下，都市计划委员会设计分图，但拟定之最小建筑单位为 0.12 市亩（$80m^2$）。查闸北西区计划二、四两邻里单位，占地共仅 500 余市亩（约 $0.3km^2$）（如交通大学、圣约翰大学即各占地数百亩），而吾人已屡经开会商讨，尚未完全决定。市民方面，则已鹄候甚久，不能行使产权。故吾人必须从速商讨决定，俾可早付实施。

姚世濂：

今日提出讨论之闸北西区第一期实施计划草案，系根据各方面会商之结果拟定，拟连同实施计划图送请地政局规划土地重划者。本人拟特予说明者，为实施计划草案第四项“户地划分建议”，系根据本会第八次会议决议第（1）点“大部分业主希望增加放领地成数，达到 50% 以上”。查地政局拟订之《土地重划办法》，最小单位面积为 0.2 市亩（约 $133.3m^2$），但亦有人提出“式样须〔需〕要多点”。有若干专家则认为应使「土地面积」0.4「市亩」（$160m^2$）以下之业主亦可领还土地。故实施计划草案内建议四种联立式房屋式样，最小单位面积为 0.12 市亩（$80m^2$）。此点与地政局拟提高对小户地施〔放〕领成数用意相同，惟最小单位面积改小，比较实际。同时，放领成数大、小户地一律，与参议会意见相符，且较公允。此外须〔需〕附带报告，即实施计划图之规划，系随时商洽地政局孙科长办理者。目前闸北西区计划，在设计方面，可谓已至最后阶段，请各位讨论决定，早付实施。

决议：

候孙图衔先生将闸北西区第一期实施计划草案及图带回，请示祝局长后，再行讨论决定。

闸北西区拆除铁丝网及整理路线座谈会

日期	1947 年 4 月 28 日下午 3 时	
地点	上海市工务局会议室（市府大厦 355 室）	
出席者	李立初（上海港口司令部工程处）	徐 静（上海港口司令部工程处）
	赖澄清（联勤总部第七粮库）	叶 坚（上海市政府民政处）
	王治平（上海市闸北区区公所）	陆 侠（上海市警察局）
	赵祖康（上海市工务局）	姚世濂（上海市工务局）
	周书涛（上海市工务局）	金经昌（上海市工务局）
	姚鸿达（上海市工务局）	余纲复（上海市工务局）
	于 觉（联勤总部储运局）	穆士海（闸北区区民代表会）
	张绥禄（业主代表）	李森甫（业主代表）
	胡伯琴（上海市地政局）	
主席	赵祖康	记录 余纲复

主席：

今日请各位来此开会，系为商讨拆除闸北西区铁丝网以后之各项问题。本人于上星期三曾偕同王区长及业主代表，前往该地视察。军事方面物资已在迁移，铁丝网亦开始拆除。除已向市长报告外，并在市政会议提议组设闸北西区计划委员会，主要目的为经过此会与地方民众合作，以完成该地区复兴建设，并保障地主权益。此案业经市政会议决定，在本市都市计划委员会下成立闸北西区计划委员会。惟组织亦须相当时间，兹提前召开座谈会，旨在说明市府方面之用意，并明了民众方面意见及有关各单位之困难。本人以为，最好能先定立路界，清理地权，因希望大家合作，不使再有违章建筑。请各位发表意见。

王治平：

去年 2 月，闸北区区民代表大会曾呈准市府组织拆除铁丝网委员会。当时钱市长曾允拆除铁丝网，惟以后各机关不独未见迁让，且圈用空地反见增加。最近半月以来，各机关物资大部分已运走，空出地方很多。在地方上，则认为房屋虽毁，应有存余砖瓦，业被不肖军人卖去，并有勾结地痞流氓占地搭屋情形，确有切身痛苦。故希望大家集中力量，团结起来，以维护权益。赵局长顷提出市府将组织计划委员会，希望各单位将堆存物资集中，让出空地，以便订立路界，清理产权。如各单位有困难，则请提出商讨，俾可使此一计划能早日实现。

张绥禄：

地主方面，已组织联谊会（已呈请社会局备案），拟暂缓拆除铁丝网，并先办理业主登记，请地政局清丈后，发还原业主管业。

于觉：

该地区最早系由特派员接管，以后移归补给司令部。本处因堆存物资，曾呈准拨用一部分。在共和路部分，曾由人民代表请予开放（代表是否合法不得而知）；金陵路部分开放，则系由警备司令部派员通知。惟本处未奉命令迁让，故动机及处理均不在本处，不能负责。至谓有不肖军人卖出砖瓦及勾结占地搭屋，则在该地单位甚多，究竟如何不得而知。如业主联谊会能指出，自可送请法办。

关于今后设施问题，似与本处无关，本处亦无与地方取得联系之需要。本处于奉到命令准备迁让时，当通知工务局接收空地。

赖澄清：

本库现仅余少数军米未处理，故仅恒丰路一带尚未开放。再在本库铁丝网范围内，并无出卖砖瓦及搭盖房屋之事。本库暂时尚须保留一小范围，此外均可开放。

李立初：

本处奉令结束，拆除铁丝网。除第七粮库者外，储运处非港口司令部直属单位，仅能通知上项命令，限期二星期呈复，现尚余一星期。如赵局长有所决定，当依据呈报。至于业主产权问题，与本处无涉。

主席：

请各位决定如何集中物资，让出空地。

决定：

（1）联勤总部储运处物资尽量集中于共和路以北、广肇路以南、华康路以东、华盛路以西地域内，并设法尽速迁去。

（2）联勤总库第七粮库集中一小范围内，并于一星期内迁去。

（3）善后救济总署，由王区长催促集中，并速迁去。

于觉：

此项决定，本人尚须回处报告，但可尽量设法集中于指定之地点内。迁移时原有铁丝网须一并拆去，因目前物资缺乏，须作重新圈地之用。再让出之空地，仅能交行政机关接收，不能直接交给业主。

主席：

请各位决定空地移交接管办法。在地主方面，希望由联谊会接收，在各单位则希望交行政机关接收。

决定：

（1）各单位移出之空地，由闸北西区计划委员会先行接收。

（2）拆除铁丝网时间，各单位与工务局取得联系。

（3）补围之铁丝网，除由工务局供给外，不足之数，由业主自办。

（4）由警察局加派警察巡回，防止违法建筑。

主席：

请各位决定路线订界及地权清丈办法。

陆侠：

似宜逐步清丈，逐步拆除铁丝网，以减少困难。

胡伯琴：

关于地权之清丈办法，拟由工务、地政两局会商后决定。

主席：

本人对于清丈地权，略有意见。「余」以为该地区内原有土地经界已难订明，且都市计划对于道路系统，已有修正，不若趁此机会，进行土地重划。即于闸北西区计划委员会所拟进行计划之 2 500 亩（约 1.7km²）围地内，除道路、公共建筑占用者外，按照各业主原有土地面积、比例重新划分。未知业主方面有何意见。

张绥禄、李森甫：

赞同土地重划。

决定：

依照闸北西区道路系统计划，进行土地重划。

闸北西区计划营建问题座谈会

时间	1948 年 4 月 14 下午 3 时
地点	九江路 102 号第 207 室
出席者	赵祖康　姚根德（许文达代）　陈明曙　陈调甫 项本杰　王治平（陈苍龙代）　吕道元　孙图衔 周永生　谈鉴如　孙慕德　顾正方　王子扬 金西屋　李兆林　吴芝庭　韦云清（韦麟春代） 张克臣（张永生代）　张继光（王子扬代）　姚世濂 金经昌　陆筱丹　鲍立克　余纲复
主席	赵祖康　　　记录　　　余纲复

主席：

诸位先生今日为闸北西区复兴计划举行座谈会。本市都市计划委员会于 1946 年 8 月成立，由市长兼主任委员，执行秘书则由本人兼任，其重要工作之一，即闸北西区复兴计划。盖闸北西区战时受破坏甚烈，曩时八百孤军困守该处，留有光荣之历史，故选择该区推行都市计划。关于技术设计、土地重划办法及与铁路局商洽设立联合总站（市区高速车与火车之联合总站）计划，已呈送中央并送参议会，参议会业于第五次大会审查，原则通过，并建议改土地重划为征收，原业主应有优先申领之权。内政部于本年 3 月召开审核上海市闸北西区分区使用计划会议，地政部、交通部及本市市政府均派员出席讨论，决议事项兼侧重实施问题。今日请各位讨论者，亦即实施问题。兹先将计划要点报告如后〔下〕：

（1）道路系统包括高速道「路」、干路及支路。

（2）邻里单位系根据人口统计、学龄儿童及实施保甲制度计划，使工程设施与社会制度发生关系。

（3）土地使用问题对于业主利益有关。查闸北西区计划面积共 2 492 亩（约 1.7km^2），除原有道路面积 351 亩（约 0.2km^2）外，共户地 2 141 亩（约 1.4km^2）。「户地」内"增加"道路基路 607 亩（约 0.4km^2），公共建筑地及绿地 327 亩（约 0.2km^2），联合车站及铁路客车场 358 亩（约 0.2km^2），共占 43.7%[1]，拟设法减至 40%。其余 60%，拟由原业主优先「按」比例承领。但公共工程设〔实〕施后，土地可以增值，而工程建筑费之筹措则拟与银行合作，于 60% 土地内划出一部分约 16.3% 作为运用资金，故业主共实领 43.7%。此办法与业主地权有关，中央虽可同意，但须先经参议会通过，故拟与各位商谈后，再提出参议会。

此外，尚须〔需〕声明者为：

（1）在业主优先承领之 4.37%〔43.7%〕土地内，地政局主张土地少者承领之比例须〔需〕略高，其理由拟由地政局吕处长（道元）予以说明。

（2）工程受益费，据工务局之估计，业主尚须〔需〕担任一部分。

（3）拆迁房屋补偿费，工务局估计按全部征收（每亩 3 亿元（每公顷约 45 亿元））地价 20% 计算，约 1 284 亿元，是否可行，亦请各位讨论。

---

1. 此处数据疑有误，(607 + 327 + 358) ÷ 2 141 = 60.3%。——编者注

（4）中央开会决议本计划应分期分区实行。

项本杰：

闸北西区土地被非法营建侵占，政府并无办法取缔，此在地主损失已甚大。今复兴计划仅拟发还 43.7%，尚须〔需〕负担支路工程受益费，拆移房屋补助费，则地主实太吃亏。

主席：

政府对于闸北西区地主产权之维护，已尽很大力量，否则恐情形更为恶劣。至土地使用问题，自可从长讨论，各位如有办法，只要办得通，当可接受。

王子扬：

（1）参议会对于工务局提出之澈底计划，甚为拥护。惟自开始至今已有一年，若不实现，地主之损失更重。参议会之建议，改土地重划为征收，意即简捷手续，希望早日实现计划。

（2）经费方面，在市财政预算很紧缩之际，若希望提早实现计划，地主自须负担一部分。但土地增值税，希望用在建筑上。

（3）在地主方面，总希望能多领回点土地，本人以为路局用地还可多负担些工程受益费。

项本杰：

如闸北西区土地，现值每亩 6 亿元（每公顷约 90 亿元），增值后「以」每亩为 10 亿元（每公顷约 150 亿元）计算，则筑路、阴沟、电灯等费应由市府垫出，将来在增值税内偿还。业主只能承认道路等基地费，须领回 60%。

谈鉴如：

非法建筑物拆迁费，业主不能负担，因政府应根据法令强制迁让。

王子扬：

拆迁费系平均负担，并不限于有非法建筑物之土地。

吕道元：

原办法为土地重划，后改为征收。重划与征收均为整理土地之方法，征收系由政府全部价购，业主并无主权；重划则除去公共用地外，照地价比例分摊发「还」原业主，政府无庸给款。但目前政府财政困难，无力建设，同时该区情形复杂，破坏过甚，恐业主亦难辨别原来经界，再重划因清丈关系，须〔需〕费时甚久。故在南京开会之结果，议决由政府不出价征收，整理后仍分配原业主，公共建筑费亦只有从土地中设法。因此种征收重划办法，于法令无根据，故请各位来此会商。所谓 40% 由业主承领，仅系一种拟议，尚须〔需〕附带申明者：

（1）征收重划办法并非照各业主原有土地面积比例发还，而系照地价比例发还；

（2）邻里单位计划最小建筑面积为 0.2 亩（约 133.3m²），故不足 0.2 亩者，亦须分配 0.2 亩，故大业主比较吃亏。

依本人看法，摆在各位眼前者，有两条路可循，抑「或」希望早点建设，还是等待慢慢实施。如各位认为上项办法不妥，而政府无财力征收，即能征收，照地政局规定价格给价，业主亦太吃亏，则不妨照现在地价，由政府用土地债券征收，业主亦可用土地债券优先承领土地。政府可运用土地以资建设，但政府放领土地时，价值必增。同时土地债券之偿还，为期恐将在 15 ～ 20 年之间，此在业主亦甚吃亏。本人以为该区目前因土地多被非法建筑侵占，以致业主无从行使产权，地价甚低。若能从速拆迁棚户，整个规划建设，土地都可以移转，地价提高，即收回 0.4%，似〈可〉仍合算。以上仅为本人意见，提供各位参考。

李兆林：

以往租界建设系逐步改进，经百年来之努力，始有今日情况。故本人以为，设〔实〕施计划标准不妨减低，以减少业主负担，增加发还成数。

项本杰：

计划方面，实施经费须完全由地主负担，增值税则由政府收入，颇不合理。目前业主困难者甚多，无力建筑，则建造房屋费应由政府贷款。

主席：

如将来有投资银团组织，可向之贷款或以土地参加建设。

陈调甫：

本人以为学校应先建筑，盖不愿迁居该区者，多因子弟入学不便。

孙图衔：

根据地政局之统计，该区0.4亩（约266.7m²）以下之业主，共555丘；0.4~2亩（约266.7~1333.3m²）之业主，共600丘；2~5亩（约1333.3~3333.3m²）之业主，共232丘；5亩（约3333.3m²）以上之业主，共83丘。以上共1461丘。

陈苍龙：

（1）业主来区公所登记者，并不踊跃。

（2）该区已有业主联谊会之组织。

决议：

（1）放领土地比例，酌增自50%~60%，依地值比例计算。

（2）工程受益费之分摊，铁路局须〔需〕比较增多，同时减低工程设施标准。

（3）第二及第四邻里单位先行建设。

（3）拆迁房屋补助费，可发给（符合计划标准之合法房屋不拆）。

（5）请王子扬、韦云青、王治平、项本杰、谈鉴如、陈调甫、李兆林、周永生、顾正方诸位先生筹备组织业主代表会，并请王子扬先生召集。

附录

ㄈㄨˋ ㄌㄨˋ

附录一 "大上海都市计划"编制背景简介

一、新中国成立前上海发展概况

（一）城市发展简史

1. 历史沿革

上海地区的文明史可以上溯到 6 000 年前。春秋战国时期，上海地区先为吴越之地，后属楚。秦汉时分属会稽郡、吴郡。及至两晋，上海或藩属诸侯，或隶属郡府。两晋时期，上海地区以"沪渎"之名，多次作为海防要地出现在史书之中。

唐代以来，上海地区随着水运的发展而逐步繁华。天宝十年（751），析吴郡昆山县南境、嘉兴县东境、海盐县北境之地，置华亭县。今上海市区在华亭县东北。

上海地名在文献上始建于《宋会要辑稿·食货十九·酒曲杂录》，时上海为酒务。北宋熙宁七年（1074），在华亭设官署市舶提举司，管理商船和货物税收。南宋绍兴二年（1132）移两浙市舶提举司于华亭，并置市舶务于青龙镇（今旧青浦）。南宋咸淳间（1265-1274）置上海镇。华亭县境东北 90 里（45km）的高昌乡上海浦一带，财富日增、商贾辐辏，到南宋末期，已经是华亭县东北的大镇。南宋时东门外黄浦江一带也已形成繁荣的商市。元至元二十九年（1292），置上海县，属松江府，区域范围东至大海，南至华亭，西至昆山，北至嘉定，南北 48 里（24km），东西 100 里（50km）[1]。后世上海建城 700 年历史之说即始于此。元代上海松江一带是主要的棉花种植区和手工棉纺织业最发达的地区。明嘉靖三十二年（1553），为防倭寇，上海县筑城墙，城制基本形成，形成三权（工部局、公董局、华界地方政府）并存的特殊政治格局。

鸦片战争后，根据《南京条约》于 1843 年开辟为商埠，从此上海就由一个中等县城迅速发展成为中国甚至远东最大的城市和重要港口。上海开埠后英、美、法租界相继建立，1863 年英美租界合并为"英美租界"，1899 年称"公共租界"。

1926 年，淞沪商埠督办公署成立，所辖区域除上海县外，还包括隶属宝山县的吴淞、江海、殷行、彭浦、真如和高桥等区。1927 年国民政府立上海为特别市，并将原属宝山、松江、南汇、青浦等县的地区划入上海。1930 年国民政府公布组织法，改上海为市，直属行政院。1937 年 8 月日寇启衅，上海沦陷，至 1945 年 9 月国民政府再次接管上海，历经 8 年。1949 年 5 月上海解放。自 1842 年鸦片战争开始至 1949 年中华人民共和国成立，上海已历经百年，人世沧桑。

2. 开埠与特别市成立

1）1843 年开埠通商

道光二十二年七月二十四日（1842 年 8 月 29 日），清廷代表钦差大臣耆英、伊里布，英国代表璞鼎查在英军旗舰"皋华丽号"（HMS Cornwallis，今译"康沃利斯号"）正式签订中英《南京条约》，上海成为"五口通商"之一的口岸（另有宁波、福州、厦门、广州）。道光二十三年六月二十五日（1843 年 7 月 22 日）中英签订《五口通商章程》。1843 年 11 月 17 日，上海开埠。

据条约，"开埠"的主要含义是："自今以后，大皇帝恩准英国人民带同所属家眷，寄居大清沿海之广州、福州、厦门、宁波、上海等五处港口，贸易通商无碍；且大英国君主派设领事、管事等官住该五处城邑，专理商贾事宜。"但开埠的意义不仅限于贸易通商。与大清国闭关锁国相比，中国这几个城市向世界开放，成为东西方新旧文明的撞击与交流的汇聚点。这点对上海尤为明显。

毋庸置疑，这是上海城市发展史中的一个重要事件。理解这个我们需要打开视野，回到百年以前，看看世界发生了什么。

---

1. 此处上海县的区域范围出自初稿第二章历史篇。另有专家提出：此时的区域范围为东至大海，西南至华亭县，北至嘉定县，东西广 160 里（80km），南北袤 90 里（45km）。

图附 -1　上海行政区划变迁系列示意图

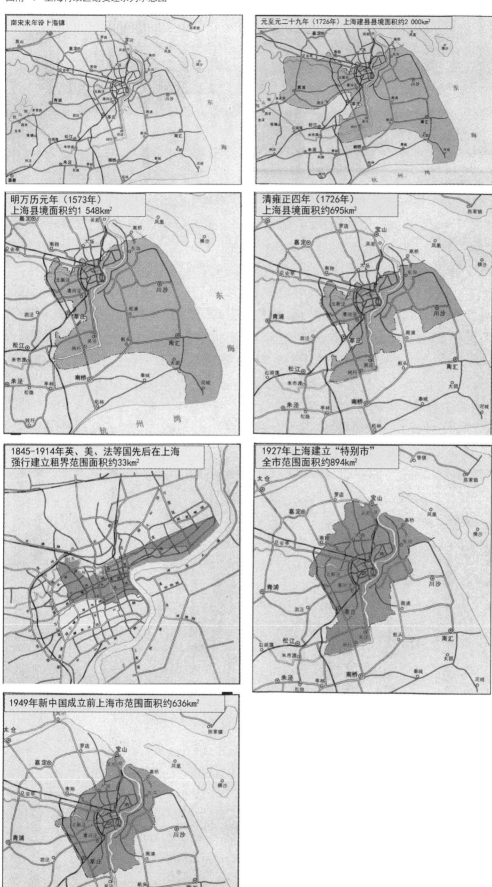

南宋末年设卜海镇

元至元二十九年（1726年）上海建县境面积约2 000km²

明万历元年（1573年）
上海县境面积约1 548km²

清雍正四年（1726年）
上海县境面积约695km²

1845-1914年英、美、法等国先后在上海
强行建立租界范围面积约33km²

1927年上海建立"特别市"
全市范围面积约894km²

1949年新中国成立前上海市范围面积约636km²

图片来源：上海市地图集. 上海：上海科学技术出版社，1997.

18 世纪 60 年代，工业革命在英国发生，不仅带来技术的革新，也引发了社会、经济、政治、文化各方面的变革，其中之一就是强力推动了英国的城市化进程。继英国之后，19 世纪法国、德国、美国等国也相继完成工业革命。进入 20 世纪后，大部分欧洲国家都走上了工业化、近代化、城市化的道路。那是一个农业文明向工业文明转折、传统城市向现代城市发展的时代。而 19 世纪中叶之前的中国仍然是闭关锁国的封建社会，19 世纪中叶之前的上海仍然是围筑在城墙里的小县城。

工业革命的成功，社会产品的极大增长和剩余，必然促使西方国家开拓市场和进行海外扩张。继 15 ~ 16 世纪英国、法国、西班牙、葡萄牙、荷兰的航海远征之后，它们又走向了世界，第二次向外进军。两次的远征都是对外侵略，但第二次与第一次不同的是，西方国家经过近代工业革命的洗礼，拥有了更利于进攻与镇压的坚船利炮，而且还拥有了能够吸引和改造他国的物质文明和先进的科技文化。

在如此冲击下，亚洲国家走上了三条不同的历史道路。一条完全沦为西方国家的殖民地，如印度；一条丧权辱国，变为半殖民地半封建社会，如中国；一条主权受到损害，但仍保持独立，甚至以后还发展为强国，如日本。[1] 西方资本主义的商品和文明撞击了亚洲，催生了其城市化、近代化。正是在这样的历史契机下，亚洲跳出了孤立停滞与闭塞隔绝，加速认识和接受当代先进思想与文明，走向科学进步。

上海开埠通商也是在这样的背景下发生的。至 1843 年开埠前夕，上海已经发展成为中国东南沿海的重要港口和江南最繁荣富庶的县份之一；开埠之后，更是由此处开启了中国通往世界的航道。作为西方国家最重要的贸易口岸，上海获得了特殊的国内和国际地位。这是上海近代化的开始，也催生了上海的城市化。

上海开埠后不久，英、美、法租界相继建立，后英美租界合为公共租界。租界的建立和发展固然是殖民主义者从自身利益出发，并以侵略和掠夺为目的，但它在上海城市发展过程中却充当了"历史不自觉的工具"。

帝国主义、殖民主义对上海的侵略，在经济上，加速了中国自然经济的解体，创造了近代工业发展的环境，使上海逐步融入世界经济格局之中，成为远东地区最重要的经济、金融、贸易中心；在文化上，传播了西方科学知识和各种社会、政治学说，鼓励市民文化和市民社会的形成，促进了上海近代文化和社会的形成与发展；在市政方面，通过严格的市政管理及基础设施的建设，使上海成为世界著名的大城市。[2] 但是，在城市布局上，正如《上海市都市计划总图三稿初期草案说明》（以下简称"三稿"）引言中的评论："码头、仓库、工、商和居住的分配，道路的开辟，全然是没有合理的计划的。"因租界割据形成的公共租界、法租界、华界相互分割的格局，使道路交通、市政设施各成系统；工业废水导致市区河浜水质黑臭；两岸棚户密集，环境恶劣。

2）1927 年成立特别市

1927 年 4 月，南京国民政府成立。同年 7 月 4 日，经南京中央政治会议第 111 次会议决议，修正通过了《上海特别市暂行条例》，正式确定：一、上海"为中华民国特别行政区域，定名为'上海特别市'，不入省、县行政范围"；二、"上海特别市政府直隶中央政府"。

1927 年 7 月 7 日，上海特别市正式成立，隶中央政府行政院。市政府将华界原来相对独立的各个地区置于直接管辖下，并将原属宝山、松江、南汇、青浦等县的地区划入上海，此时上海行政管辖范围 494.67km^2。

蒋介石在上海特别市成立大会上指出："上海特别市，非普通都市可比，上海特别市乃东亚第一特别市，无论中国军事经济交通等问题，无不以上海特别市为根据，若上海特别市不能整理，则中国军事经济交通等，即不能有头绪。……上海不仅成为中国各地之模范，并当依照总理建国方略之计画，一一实行之。……上海特别市，中外观瞻所系，非有完善之建设不可，如照总理所说办理，当比租界内，更为完备，诸如卫生经济土地教育等事业，一切办理极完善，彼时外人对于收回租界，自不会有阻碍，而且亦阻止不了。……上海之进步退步，关系全国盛衰，本党成败，不能不切望全体同志联合起来，协助建设。"[3]

1. 郑祖安. 百年上海城. 上海：学林出版社，1999.
2. 孙施文. 近代上海城市规划史论. 城市规划汇刊，1995（2）：10-17.
3. 国民政府代表蒋总司令训词. 申报，1927-07-08.

图附 -2 上海公共租界和法租界扩展示意图

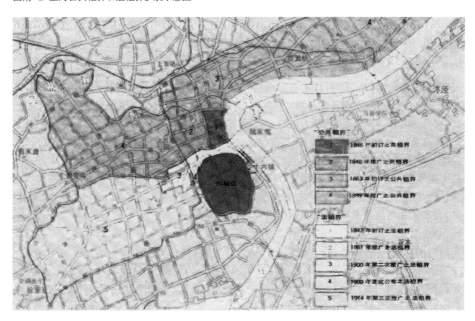

图片来源：上海城市规划志. 上海：上海社会科学院出版社，1999.

上海租界简史：

1845 年，上海道台与英国领事议定《上海租地章程》公布实施，划定给英国人"居留地"的境界东至黄浦江，南至洋泾浜（今延安东路），北至李家庄（今北京东路），翌年划定西界路（今河南路），面积 830 亩（55.3hm²）。

1848 年，根据 1844 年的《中美望厦条约》，美国传教士文惠廉与上海道台口头商定在虹口地区设立美国租界，但未划界域。同年，英国领事馆借口英租界人口增多，不敷居住，要挟上海道麟桂扩充租界，将英租界西面境界扩充至泥城浜（今西藏中路），北面由李家庄扩充到苏州河，面积扩大至 2 820 亩（188 hm²）。

1849 年，根据 1844 年的《中法黄埔条约》，法国领事与上海道台划定上海县城北门外 986 亩（66 hm²）土地作为法租界，范围南起城河（今人民路），北至洋泾浜（今延安东路），西至关帝庙褚家桥（今西藏南路一带），东至广州潮州会馆沿河至洋泾浜东角（今金陵东路东端）。

1861 年，法借口居留人增多，又划进今人民路、方浜东路以至黄浦江间一块土地，面积扩至 1 124 亩（74.9 hm²）。此后，法租界多次通过越界筑路的方式扩大租界范围，至 1914 年 7 月，总面积已达 15 150 亩（1 010 hm²）。

1863 年 6 月 25 日，美国领事与上海道台正式划定虹口地区的美租界地域，西面从护界河（即泥城浜）对岸之点（约西藏北路南端）起，向东沿苏州河及黄浦江到杨树浦，沿杨树浦向北 1.5km 为止，从此向西划一直线回到护界河对岸起点，总面积 8 865 亩（592 hm²）。9 月，英美租界合并，称英美租界。此后英美租界几经扩充，至 1899 年达到 34 333 亩（2 289 hm²）。

租界占据了黄浦江、苏州河交界地带，掌握了航运枢纽，控制了上海甚至长江流域的远洋贸易。它横亘在市中心并日益扩张，压缩了本就四分五裂的华界的生存空间，并逐渐使其边缘化。正如《大上海都市计划总图草案报告书》有言："……租界之特殊地位，于是形成。孔子曰：'唯名与器，不可以假人。'以清廷之昏瞆，又安知影响所及，乃至百岁以后哉。"

上海特别市的第一任市长黄郛在就职演说中强调："革命事业，其目的原在建设，破坏特其手段耳，盖若不图建设，革命为无意义……所谓全国第一巨大之上海埠，其精华悉在租界，界外各地，商业既极萧条，居民又不甚多，以致集款进行，实力有限，故所谓大上海市者，细细分析，实属有名无实。非政府与市民全体动员加倍努力不为功，外则勿使对吾领土主权，欲久假不归者，藉为口实；内则勿使嫉视吾党之成功者，谓吾党种种标语，种种主义，悉属一张不兑现纸币，而资为挑拨。言念及此，不禁凛然于上海市责任之重，关系之巨，影响之大，而有望各方当事之互相策勉者也。"[1]

1. 黄市长就职演说. 申报，1927-07-08.

20世纪20～30年代的上海已经成为远东重要的经济、金融、商贸和文化中心，但在城市繁荣的表象背后，在人口急剧增加、城市范围不断扩大的情况下，已经开始遭遇到严重的问题。上海特别市的成立，目标是在上海建立起统一的近代城市管理机构、终结华界现行分散管理的体制。饱受权力割据和战乱之苦的华界终于暂时获得一个较为安定的环境，为城市发展带来转机。虽然此时的上海仍是租界割据，"三界四方"[1]的政治格局仍没有根本改变，但特别市的设立，使上海成为与省平级的行政单位，使其在城市发展和建设上拥有更大的权力和自由。租界以其强大的经济基础、先进的管理理念，又占据市中心要址，从而从经济上掀起一片自我繁荣。华界却用另外一股力量与之抗衡，市政府实行新的行政体制，统一华界，这种政治上的作用力为整个上海大都市的兴盛创造了基本条件。

（二）地理地位

1. 重要区位

　　正如《大上海都市计划总图草案报告书》（以下简称"初稿"）第三章地理篇所言：

　　"上海市面对太平洋，扼长江入海之咽喉。在交通方面，四通八达，为全国运输之枢纽。长江为世界通航最大河流之一，其流域面积，达200万 km^2，包括人口2亿以上，几及全国人口之半。本市以地理上之优越，全域之精华，供其取用，进出货物，供其吞吐，其为重要，成因有自，非偶然也。本市位置在北纬31°15′，东经121°29′，跨黄浦江与长江合流要点，因浦江横贯而有浦东、浦西之别。城市之地，沿江约8海里（约14.82km）。本市居我国东海岸线之中心，与西欧、东美之航程相等……"（见本书第015页）

　　以全球视野看，上海位于最大大陆（亚欧大陆）上最大河流（长江）进入最大海洋（太平洋）的入海口，这里是全球最强烈的大陆特性与最强烈的海洋特性相交汇之处。上海与西欧通过亚欧大陆相连；与北美隔东海和太平洋相望。以上海为中心，东西分别以海陆方式延及北美和西欧，从而达到一种平衡。地理区位独一无二。

　　由于上海地处西环太平洋航线的要冲，发展同世界各地的航运贸易有着得天独厚的条件。上海至伦敦、安特卫普、鹿特丹、汉堡和纽约的距离都是1万海里左右。如果经太平洋与美国旧金山和西雅图相连，则距离只有5 000海里左右。上海和日本等亚洲地区的海上联系则更加便捷。

　　上海的区域位置，无论对于海洋、沿海或内河之航运，都非常便利，不但成为我国海岸最优良的港口，在世界航运版图中也有重要的枢纽作用。

2. 航运枢纽作用

　　初稿中对大上海区域范围描述如下：

　　"……大上海区域，属于长江三角洲地域之一部，包括江苏之南、浙江之东。其界线为北面及东面均沿长江出口，南面滨海，西面从横泾南行经昆山及滨湖地带而至乍浦，面积总计6 538 km^2。……本区为冲积平原，地势平坦，河流纵错，遍地分布，一舟可达。黄浦江横贯其中，造成上海市东方大港之地位；苏州河直通苏州，接连运河水道，与内河货运打成一片。铁路有京沪、沪杭两路，公路除京沪、沪杭两干道外，尚有其他支线分布联系，是以交通便利，为全国冠。本区附近区域，雨量充足，土壤肥沃，自昔为渔米富庶之乡，桑蚕棉花，亦极重要。常熟、苏州，为江苏产米之中心，南通及上海附近，棉产丰富。江南农家，虽以种稻为主，但冬季亦种小麦与蔬菜，至太湖区域，又为国内最重要之蚕桑地域也。"（见本书第015页）

　　因此，以上海为中心，贸易往来繁盛，城市的工商金融业也因港而兴。

---

1. "三界四方"是对上海租界时期行政割裂的描述。上海市区有公共租界、法租界和华界，合称"三界"；华界被分离为南市、闸北，与两租界在地理上分处四方，行政上受四个地方机关的管理，有"四方"之称。

上海地处我国大陆海岸线的中点，长江出海口。它通过黄浦江和吴淞江同长江三角洲一带的湖泊水网相连，通过长江及运河又可以跟国内的大部分省市进行贸易，同时又是我国沿海南北贸易的中心枢纽。这种以内河和长江、沿海航运为基础的优越水运条件乃是近代以前上海经济发展的基础之一。进入近代以后，沿海和外洋航运发展更为迅速。另外，沪宁、沪杭铁路先后于 1908 年和 1909 年建成通车，1929 年龙华机场、虹桥机场相继作为民用机场通航。对外交通的开发建设，促进了城市的发展。

作为一个港埠，港口的优良与否直接关系到这个城市的对外贸易、工业、商业、金融业等各个方面的发展前途。《大上海都市计划总图草案报告书（二稿）》（以下简称"二稿"）第四章港埠篇中，关于上海港的优点有如下描述：

"在上海筑港，虽然并不是一个最适宜的地点，可是一般而论，却是我国沿海岸平均最好的一个地点，可能为主要的港埠，其优点如下：

（1）和内地交通最为经济，并且合乎自然的条件，因为有广大之腹地面积；

（2）终年畅通无冰结之患；

（3）维持养护费用较小（浚挖等用）；

（4）潮水涨落之差较小；

（5）无南方沿岸台风之弊。

此种天然的特征加以近代技术的应用，补足各种设施缺陷，则无疑可使上海港口成为我国沿海最适宜的港口地位。"（见本书第 071 页）

1843 年开埠通商以后，上海同欧洲、美洲和澳洲及日本、东南亚地区的航线相继开辟。1905 年设立的黄浦河道局（即以后的浚浦局）开始对黄浦江河道进行整治，增加了港口的深水泊位和岸线，兴建了一批近代的码头、仓库和堆栈。在 20 世纪 20 年代末，以进口净吨位数来看，上海港已经跻身伦敦等 14 个世界大港口之列。1930 年，上海的进出口船只数占全国的 1/7，总吨位数占 1/4 左右，是我国最大的港口城市，进而成为中国的对外贸易中心、金融中心、经济中心、文化中心等。

（三）经济地位

自 1853 年起，上海已取代广州，成为中国对外贸易的首要港口……

——《上海租界旧事——鸦片和畸形的繁华》

上海为我国第一大埠，第一银行之成立所在地，独得风气之先，俨然为我国金融之中心，固无论矣。

——中国银行总管理处编《全国银行年鉴（1934 年）》

1843 年上海开埠，因先天地理优势，中国的对外贸易中心很快就从鸦片战争前的唯一对外通商口岸——广州北移至上海，上海取代广州成为近代中国对外贸易第一大港。进出口贸易的迅速扩大，带动了银行支付、信用证、贸易融资等业务的发展，促进了上海金融业的整体繁盛。

至 1930 年代，上海港成为远东航运中心，年货物吞吐量一度高达 1 400 万吨；船舶进口吨位居世界第七位。上海也成为世界上重要的港口城市。

在当时财政和金融政策作用之下，上海已经是全国金融首脑机关、著名大银行的总行和外商银行所在地，集中了巨额社会货币资本，银行吸收的存款占全国银行存款总额的 30% ~ 40%，是金银外汇的总汇，货币发行的枢纽，工商业发展亦受到明显的推动作用。上海成为全国最大的商业金融中心、亚洲最主要的金融中心和远东国际金融中心。

至 1937 年，上海共有 54 家银行的总行，128 家分支行，均占全国各大城市之首。中央、中国、交通、中国农民四家政府银行的总行都在上海，实收资本总额 1.675 亿元，在全国各地有 491 个分支机构。中、央、交、农四行放款总额为 19.139 亿元，占全国各银行放款总额的 55.2%；四行存款总额为 26.764 亿元，占全国各银行存款总额的 58.8%。全国 73 家商业银行中有 36 家总行设于上海，实收资本总额达 6 210 万元，占全国商业银行实收资本总额的74.6%。上海36家商业银行在各地共有278个分支机构，占全国商业银行分支机构总数的68.1%。[1]另外，上海共有27家外商银行，而国内其他重要城市外商银行数为：香港17家、天津14家、北平10家、汉口10家、大连7家、广州7家、青岛6家。国内五家跨地区的储蓄会（局），即中央、四行、四明、万国和邮储，其总会、总局都设在上海。国内12家信托公司，有10家设总公司于上海，如中央、中一、中国、生大等；国内最著名的保险公司的总公司也大多设在上海，如中国、太平、宝丰、安平、泰山、天一、兴华等。[2]

1946年11月7日下午3时，上海市都市计划委员会第二次会议召开，财务组拟定了《对于上海市都市计划经济方面基本原则之意见》，其中关于"上海在国际贸易金融及国内贸易金融上之地位"提到：

"（13）按照战前统计，上海进口洋货总值约占全国进口总值6/10，上海出口总值约占全国出口总值5/10弱，将来国内经济建设虽须平衡发展，但上海在中国国际贸易上恐仍将保持一极重要地位。

（14）中国战后经济建设既以工业化为目标，则国际贸易数额必较战前扩大，因此上海在全国国际贸易中，即使相对的地位降低，而绝对的数字必较战前为高。

（15）上海战前为中国与国际金融接触之中心，将来因国际贸易发展之故，恐仍将保持此种地位。

（16）上海在国内贸易上之地位，虽无详备统计可以说明，惟其为长江区域之国内贸易中心，则可断言，战后上海在国内贸易上之地位恐将更趋重要。因东北为中国重工业区，长江区为中国轻工业区，其产品之交换恐将仍以上海为中心也。

（17）上海在战前为全国金融中心，据战前统计全国银行数字，上海一埠银行总行数约占全国总数4/10，分行约占全国1/4。战后银行分布虽须平均，未必全部集中上海，但上海之银行数字在全国范围内之比例即使减低，而其地位则将更趋重要，因上海为战后国际贸易金融及国内贸易之中心也。"（见本书第230页）

二、抗战胜利后上海的城市状况
（一）城市格局
在行政方面，英美法等国，既以上海为远东商业发展之要点，乃大事经营，不遗余力；并利用不平等条约之掩护，树立管理机构，以确定其统治与经济之势力……

——初稿（见本书第012页）

近代上海在开埠以后近百年的时间里迅速成长为中国的第一大城市，城市的性质、功能和结构发生了巨大的变化，城市规模也随之扩大。至1945年上海市域面积893km[2]，大部分建设用地集中于市中心区（市区建成面积80余平方公里），90%的土地仍属农业地带，人口约400万[3]。

清咸丰四年六月十七日（1854年7月11日），上海英、美、法租界合组成立上海工部局（Shanghai Municipal Council, S.M.C）。同治元年(1862)，法租界退出工部局，自设大法国筹防公局，后改名为"公董局"（Municipalite Francaise）。1863年9月，英、美两租界合并，仍称工部局（Foreign Settlement Council）。工部局与公董局并非只是掌管建设，正如英国领事阿礼国（Rutherford Alcock）在通过1854年土地章程的会议上说的，这是"一种市政机关"。它从修路、造桥、收捐、派警开始，逐步地建立起具有全面功能的，即对外国居留地的建设以及政治、经济、文化、社会等各个方面进行全面掌握的管理机构。工部局与公董局不受清政府管辖，市政上完全独立于中国的政权体系和行政制度。西方人将西方资本主义的立法、行政、司法"三权分立"的政权组建模式引进租界，运用于这两个机关内。

自此上海形成工部局、公董局和华界地方政府并存的特殊政治格局。上海也因此被划分为英美租界（公共租界）、法租界和华界三大地区。特殊的政治格局，铸就了上海社会经济与城市建设的独特发展状况。

1. 中国银行总管理处. 全国银行年鉴（1937年）.
2. 吴景平. 近代中国金融中心的区域变迁. 中国社会科学，1994（6）.
3. 见初稿（本书第048页），另有专家称当时人口已达500万以上（孙施文. 近代上海城市规划史论. 城市规划汇刊，1995（2）：10-17.）。另据上海市都市计划委员会秘书处第二十三次处务会议记录所附关于"总图二稿之修正"的报告，至1948年8月，人口已剧增至600万（见本书第303页）。

一方面，尽管三界在各自管辖范围内，市政建设和公共管理基本上是协调的，并有章可循，各项设施自成系统并不断完善，但从城市整体看，市政面貌及管理大不相同，马路规制不相统一，交通网络混杂。三方的市政建设与公用设施互不配套，互不衔接。

另一方面，西方的市政管理模式和方法首先被引入两租界地区，继而又引起华界地区的改革。这三个地区的市政管理模式和管理方法无疑是对中国传统的封建体制的一种冲击，且具有一定的先进性与科学性，为上海大都市的形成打下基础。

抗战期间，以英、美废除对华不平等条约为先导，百余年来列强强加在中国身上的不平等条约基本废除，大部分租界收回，领事裁判权被废除，1943年上海租界也被收回。1945年8月15日，日本宣布无条件投降。上海从真正意义上结束了"三界四方"的政治格局，政权归于统一，新的秩序尚未完全建立，百废待举。

（二）战后形势

1945年抗战胜利后，日本强占半个世纪的台、澎列岛也将回到中国怀抱，中国在联合国任常任理事国，百年积弱的中国一跃成为"五强"之一。1945年9月10日上海市政府成立后，面对战后留下的财产，组建各种市级接收机关。据统计有60余家接收机构，权限不清，各自行动；甚至以军管之名"接收"各种财富。1946年10月，国民政府行政院在全国性事业接收委员会下分区设立处理敌伪产业审议委员会及敌伪产业处理局；10月27日，成立上海区（后改"苏浙皖区"）的审议委员会和处理局，规定以前各种接收机关都归处理局，该局成为最主要的接收机构。但处理局是总负责的行政性机构，本身不直接办理接收事宜，具体工作委托给专业机构办理。混乱的管理局面，导致经济动荡，物价飞涨。

当时市长吴国桢在回忆这段历史的时候，痛心疾首，"由于事先并未对接收作周密的安排，没有制定一个确保良好和有效管理的计划，以致出现了狂乱的抢夺"，"政府所有的各种机构均受权接收敌产，但却没有作集中监督"。接收大员们"表现得就像是自己人民的征服者"，"正是由于他们的恶劣行径，国民政府开始很快失去威望"。吴国桢认为这和蒋介石当时的特殊处境和国民党的不良体制有密切关系。蒋介石"太专注于共产党问题了"，以至于没有注意到接收中严重的腐败问题。此外，他还反复强调"这正是由于我们政府的整个体制不好"，"一个独裁政府的问题就在于，没有一个人敢于对独裁者直言这些事，除非他们有确凿的证据；即使有，也仍然会犹豫不决，因为害怕可能因此树敌"。[1]

1946年6月，国民党军队开始向解放区大举进攻，全面内战爆发。

受通货膨胀和内战的影响，城市经济面临崩溃的边缘，国民政府是否还有心力进行任何实质性的建设计划？

赵祖康在二稿序言中写道：

"本市都市计划，我人从事愈久，而愈觉其艰难。国家大局未定，地方财力竭蹶，虽有计划，不易即付实施，其难一也；市民谋生未遑，不愿侈言建设，一谈计划，即以为不急之务，其难二也；近代前进的都市计划，常具有崭新的社会政策、土地政策、交通政策等意义在内，值此干戈遍地，市廛萧条之际，本市能否推行，要在视各方之决心与毅力而定，其难三也。"（见本书第003页）

初稿总论有言：

"同人等在开始工作之初，即以种种条件之不足，而感莫大之困难。上而所谓国家计划及区域计划，尚未经政府明令公布；下而至本市之各项基本统计工作，亦多未办理，能获之资料，非欠完备，即已过时，或不可靠。苟欲彻底解决，从头做起，则经费时间，两不容许，用〔于〕是设计工作，几至无法进行。"（见本书第008页）

可知当时国家形势并不乐观，都市计划上缺少应有的国家政策和区域规划等先决条件，再加上基础资料数据的缺乏，使规划编制困难重重。

---

1. 裴斐，韦慕庭. 从上海市长到"台湾省主席"——吴国桢口述回忆. 上海：上海人民出版社，1999.

（三）"大上海"通盘规划的迫切性

如初稿第六章土地使用所言：

"本市现有 400 万以上之人口。此项人口 3/4 完全集中于中区 80km² 之内。此项事实，即说明人口 75% 集中于土地 9.6%；而在另一方面，人口 25% 分布于土地 90.4%。此项畸形之发展，必须加以改正，而疏散政策，乃为必要。"（见本书第 048 页）

中心区 80km² 面积内的人口就有 300 万之多，人口过度拥挤于狭小地域之内，人口密度竟达 20 万人 / km²。尤其在南市、闸北等地区，抗战中破坏甚多，人口集中情形更趋严重。

百年来三界分立格局下，造成了近代上海城市道路网络和市政设施不成系统。道路系统方面，抗日战争期间，上海道路缺乏维护，加上战争破坏，损耗极为严重。据工务局统计，战后损毁最为严重、急需修复的道路就达 35 万 m² 之多。市内各大干路，几乎都集中于中心区，市中心四周道路不通畅。同时租界造成南北向道路难以通畅，东西向道路过少。道路瓶颈问题突出，人行道狭窄、路旁随便停放车辆等造成交通拥堵。

市政方面，公用设施水平及发展严重不平衡。1946 年，上海自来水供水区域内居民达 60 万余户，而用上自来水的用户仅 6 万户。电力发电容量仅 15 万 kW。煤气公司仅有两家，用户只有 1 万余户，每日产量仅 12 万 m³。市区用水厕的人口不到 1/10。污水处理厂 3 座，日处理能力为 4 万 m³。工业废水基本没有处理而就近排放，导致市区内排水沟浜黑臭，如沪西区的法华浜、沪南区的肇嘉浜水质粘稠黑臭，两岸棚户密集，夏季烈日熏蒸，臭气四溢，环境条件十分恶劣。苏州河水流量虽大，但市区河段水质也已变黑发臭。[1]

另有战时的防御工事、防空井、障碍物、堡垒等等，遍布全市，也亟须拆除和清理。工务局只能利用有限的人力和物力，对全市的道路、桥梁、码头等进行了修复，并对战争造成的大量危房进行整理和加固。但对于受过租界割据、抗战洗礼始又一统的大上海，这仅有的修复是不够的。

正如 1946 年 8 月 24 日，上海市都市计划委员会成立时，吴国桢市长作为委员会主席致辞时所言：

"上海在过去并无整个都市计划，有之则仅为上海市中心计划，以前上海市政府因为租界关系，未能通盘计划，并且因为战争关系，没有完全实现。旧公共租界、法租界虽不能不承认其有相当成绩，不过都是为着本身经济利益，没有远大眼光，如目前交通拥挤情形、沪西自来水供给困难、水管沟渠布置不适当致路面积水等等，都是没有计划之结果。主要原因还是以前因为环境关系不能有整个计划。"（见本书第 208 页）

解决一座城市长期积累的居住、交通、市政、工业等问题，必须要有长远的、全局的考虑，全盘的都市计划已刻不容缓。

李德华先生回忆大上海都市计划时，也说道："城市畸形发展积累的许多矛盾，更趋尖锐化。长时间的战争动荡严重影响了城市的建设发展，大量人口涌入上海，城市规模不断扩大。同时，由于租界用地分割以及长期缺乏统筹规划，城市建设面临着严峻压力。如何正确应对上海未来发展对于城市空间扩张的需求，合理布局城市空间，是当时迫切需要解决的问题。"[2]

此时，租界已不再割据，这是建立真正的"大上海"空间格局[3]的基础条件。如初稿第二章历史所言：

"至 1945 年 8 月，日寇战败乞降，黑暗孤岛，乃得光明重见。同年 9 月，市府既经正式接收成立，前此分崩离析之局面，乃得复定于一，租界名辞，遂成过去。溯自鸦片战争以来，人事沧桑，已历百有余岁矣。……总观上海市全部发展历史，以天时、地利、人材三项条件之优越，益以国内财富之集中，故其进展神速，规模广大，徒以过往行政系统上之畸形状态，造成鼎足局面，针锋相对，合作为难；一切建设，缺乏整个计划，以收全部发展之效。时至今日，此项障碍，藉八年抗战及千万人流血牺牲之代价，尽予消除：百年来在外力

1. 上海城市规划志. 上海：上海社会科学院出版社，1999：346.
2. 城市规划学刊编辑部. 李德华教授谈大上海都市计划. 城市规划学刊，2007(3)：1-4.
3. 1926 年 5 月 5 日，孙传芳在上海总商会宣布自任淞沪商埠督办，发表了著名的关于华界发展和"大上海"的演说。而演说稿由丁文江撰写，"大上海"的概念经他率先提出。当时的"大上海"，规模从吴淞到龙华，从浦东到沪西，将各个分散的市政机构统一为一整体。

表附 -1　新中国成立前上海市规划管理机构变更列表

时代	区域	管理机构	成立日期	主要职责	规划编制单位	备注
抗战之前	公共租界	工部局	1854 年 7 月 11 日	公共租界区域的营造管理	未设规划编制单位，有关规划工作由其工务处或公共工程处负责。	1854 年，上海英、美、法租界合组成立上海市工部局；1862 年法租界从工部局分离，另组"公董局"。工部局与公董局不受清政府管辖，市政上完全独立。西方人将西方资本主义"三权分立"的政权组建模式引进租界，运用于这两个机关。
	法租界	公董局	1862 年 5 月 1 日	法租界区域的营造管理		
	华界	上海特别市工务局	1927 年	上海特别市政府管辖区域的营造管理：①规划新街道；②建设及修理道路、桥梁、沟渠；③取缔房屋建筑；④经理公园并各种公共建筑；⑤其它关于土木工程事项。	1929 年 8 月，上海特别市政府成立市中心区域建设委员会，负责编制大上海计划和市中心区域计划等。	市中心区域建设委员会为市政府直属机构，有主席 1 人、委员 9 人，下设建筑师办事处，负责上海市都市计划和中心区域计划、建筑设计、征求及选定市政府建筑图样、协助工程实施等事项。
抗战时期	华界	交通局	1937 年 11 月	/	1938 年 9 月伪上海复兴局成立，负责编制"上海新都市建设计划"，并监督上海恒产股份有限公司（日名上海恒产株式会社）实施。	日军扶持成立伪上海市大道政府，设交通局取代原上海市工务局。
		公用局	1938 年 10 月	兼掌营造管理		日军改组伪上海特别市政府，同时改交通局为公用局。
		伪上海特别市工务局	1941 年 9 月	建筑营造管理		日军成立伪上海特别市工务局。
	法租界	伪上海特别市第八区公署工务处	1943 年 7 月	营造管理		伪市政府接管了法租界公董局，组建了伪上海特别市第八区公署工务处。
	公共租界	伪上海特别市第一区公署工务处	1943 年 8 月	营造管理		伪上海特别市政府接管了公共租界工部局，组建伪上海特别市第一区公署工务处。
	华界	伪上海特别市建设局	1945 年 3 月	营造管理		公用、工务两局又合并成立伪上海特别市建设局。
抗战后新中国成立前	全市	上海市工务局	1945 年 9 月	统一管理市政工程和营造管理	1946 年 3 月，工务局内成立都市计划小组。1946 年 8 月，市政府成立都市计划委员会，主要负责编制"大上海都市计划"。1948 年设立闸北西区计划委员会，负责闸北西区的计划建设事宜。	1945 年 8 月 15 日，日本投降。9 月 12 日，上海市工务局成立，赵祖康任局长。

资料来源：上海城市规划志. 上海：上海社会科学院出版社，1999.

订的《上海特别市暂行建筑规则》对比其他城市的相关法规，无论涉及范围和深度都远远领先，"堪称近代中国由地方政府制定的最完备的建筑法规"。[1]

1938 年，国民政府公布了《建筑法》，这是中国历史上第一部具有现代意义的全国性建筑活动管理法规。此后，《建筑师管理规则》、《管理营造业规则》、《建筑技术规则》等相关的建筑法规陆续制定，建立了相对完整的建筑法规体系。[2]

1939 年 7 月 15 日，国民政府在重庆公布《都市计划法》[3]，这是中国历史上第一部具有现代意义的全国性都市计划的管理法规。《都市计划法》由内政部营建司司长哈雄文执笔。整个法案共 32 条，内容包括都市计划的操作程序，计划区域的划分，道路系统及水陆交通，公用事业及上下水道，土地分区使用，中小学及体育、卫生、防空、消防等公用设施选址，环境生态保护等。条文虽较简略，但却是中国近代城市规划法制化的起点。此后，《都市计划委员会组织规则》、《城镇营建规则须知》等相关的规则陆续制定。1945 年 11 月 1 日，国民政府行政院在南京公布《收复区城镇营建规则》，对城镇规划、土地管理、市政建设管理等作了规定。逐步建立了都市计划的法规体系。

1943 年，行政院公布了《市县道路修筑条例》、《自来水事业管理规则》、《民营公用事业监督条例》等，开始逐步建立市政公用设施的法规体系。[4]

而编制"大上海都市计划"的主要法规依据即为《都市计划法》和《收复区城镇营建规则》。

1-2. 李海清. 中国建筑现代化转型. 南京：东南大学出版社，2004：290-297.
3. 抗战时期，国民政府以国防为中心，确立了战时经济体制，高度重视战时首都建设。随着中国在国际反法西斯阵营中地位的提升，战时首都重庆成为与伦敦、莫斯科、华盛顿齐名的城市。国民政府要求拟定计划，建设新重庆，使之真正成为全国抗战的政治、军事、经济中心，并为了加强对重庆建设的全面开发和管理，在组织、行政、具体规划等方面作了一系列准备工作。其中便有 1939 年立法院公布实施的《都市计划法》。
4. 李海清. 中国建筑现代化转型. 南京：东南大学出版社，2004：290-297.

附录二 "大上海都市计划"编制大事记

1945 年

8 月 15 日，抗战胜利。

9 月 12 日，国民党上海市政府复员。

上海市工务局担任上海市都市计划的筹备事宜并推动设计工作。

10 月 17 日，市工务局举行第一次上海市都市计划技术座谈会。讨论上海市都市计划若干重要原则，同时研究功能分区计划，作为都市计划前导。技术座谈会设顾问委员会，下设"分区计划小组研究会"、"交通小组研究会"及"卫生工程小组研究会"等。

1946 年

1 月 3 日、8 日，举行"上海市都市设计座谈会"，邀请内政部营建司哈雄文司长，美籍专家戈登中尉藉来沪视察上海战后营建工作之便，共同参加。

1 月 26 日，工务局的技术座谈会改组为技术顾问委员会，下设土地、交通、区划、房屋、卫生、公用、市容及财务等八组。

3 月 7 日，区划小组扩充为"都市计划组研究会"。

6 月 20 日，举行第 14 次研究会后，都市计划筹备事宜渐告就绪。

6 月下旬，都市计划小组完成《大上海区域总图草案》及《上海市土地使用及干路系统计划图草案》的初稿。

7 月间，邀请各界权威专家讨论大上海都市计划初稿共四次。

8 月 24 日下午 3 时，上海市政府举行上海市都市计划委员会成立大会暨第一次会议。

11 月 7 日，上海市都市计划委员会召开第二次会议，提出各组对都市计划基本原则的意见。

12 月，《大上海都市计划总图草案报告书》（初稿）由上海市都市计划委员会刊以问世，《上海市都市计划委员会会议记录初集》同步编印。

1947 年

4 月，赵祖康、姚世濂等到闸北西区视察，嗣经市府核准，就西藏北路以西、铁路以南、苏州河以北 2 000 余亩（168.5hm^2）的闸北西区先行计划，由各局派员在都市计划委员会下成立闸北西区计划委员会。

5 月，《大上海都市计划总图草案二稿》及其报告书经都市计划委员会秘书处设计组制定完成，并由委员会呈请市政府送市参议会大会讨论审查。

8 月 5 日，在上海市都市计划委员会秘书处下，成立技术委员会，并举行第一次会议。技术委员会的任务，先针对已完成的都市计划工作，进行批评、审核及专题研究。

1948 年

2 月，上海市都市计划委员会编印《大上海都市计划总图草案二稿报告书》。

3 月，上海市工务局刊印了《上海市工厂设厂地址规则草案》、《上海市建成区营建区划规则草案》、《上海市处理建成区内非工厂区已设工厂办法草案》、《上海市处理建成区内非工厂区已设工厂办法草案修正本》、《上海市建成区干道系统路线表》。

6 月，上海市工务局刊印《上海市建成区干路系统计划说明书》。

9 月，上海市都市计划委员会编印《上海市都市计划委员会会议记录二集》。

10 月，上海市都市计划委员会秘书处刊印了《上海市建成区暂行区划计划说明》、《上海市闸北西区重建计划说明》、《上海市区铁路计划初步研究报告》、《上海港口计划初步研究报告》、《上海市绿地系统计划初步研究报告》。

1949 年

3 月 23 日，赵祖康约见鲍立克、钟耀华、程世抚、金经昌四位举行座谈会，要求从速设计绘制总图三稿。

5 月 24 日，《上海市都市计划总图三稿初期草案说明》完成，为纪念工程师节，特将三稿完成日期定为 1949 年 6 月 6 日。

5 月 27 日，上海解放。

1950 年

7 月，上海市人民政府工务局根据陈毅市长指示，为保存资料，特予刊印《上海市都市计划总图三稿初期草案说明》。

1946

08/24　委员会会议（第一次）

都市计划委员会成立，赵祖康报告筹备经过，议定各组委员名单、会议规程、秘书处办事细则、工作步骤及都市计划基本原则项目

秘书处处务会议（第一次至第三次）

09/05　决定配合基本原则同时修改两种总图初稿；工作安排

09/12　陆谦受说明办公室问题及急需的 10 项统计材料，赵祖康介绍地图及地形图类型

09/19　决定拟定初稿报告书、基本原则、讨论程序，决定举行联席会议讨论经济、交通、人口、土地四项基本原则及总图初稿

09/26　秘书处联席会议（第一次）

拟讨论委员会第一次会议关于基本原则各项问题决议及总图初稿，讨论港口问题、人口问题及土地政策，吴之瀚提出上海市人口预测图，鲍立克报告关于上海人口增加及总图之意见

秘书处处务会议（第四次至第五次）

10/03　陆谦受报告设计组拟定之人口、土地、交通、财务四项基本原则，姚世濂报告工务局所拟《管理工厂设厂地址暂行通则草案》并讨论，确定多数取决的决策方式；讨论核发营造执照问题

10/11　陆谦受报告设计组拟具之基本原则

10/19　**分组之土地组会议（第一次）** 讨论土地使用、重划征收，修正土地组基本原则

10/21　**分组之交通组会议（第一次）** 讨论港口、铁路问题

10/22　**分组之公用组会议（第一次）**

陆谦受说明土地使用及干路系统图内关于交通计划的内容，卢宾侯说明对水陆交通的意见，毛启爽报告电话计划

分组之房屋组会议（第一至第二次）

10/23　讨论邻居组合及段界（Block）问题

10/28　讨论陆谦受提案（房屋建筑基本原则）

10/28　**分组之交通组会议（第二次）**

确定上海为国际商港都市，讨论上海是否设自由港，估定上海港口之运输量、所需停泊线长度，讨论港口地位及方式，讨论河道系统、铁道路线 / 终点站

10/29　**分组之财务组会议（第一次）** 讨论都市计划经济方面基本原则问题

10/29　**分组之卫生组会议（第一次）** 讨论卫生机构之分配、水源及垃圾处理等问题

11/01　**分组之区划组会议（第一次）** 讨论教育文化事业、人口及土地使用问题

11/04　**分组之交通组会议（第三次）**

赵曾珏报告南京经济建设学会对于国际贸易（港口）、资金及公用事业的讨论；讨论铁路车站位置，决定客运总站暂时维持北站，并保留充裕基地

11/07　委员会会议（第二次）

讨论市参议会提案（北火车站上下客拥塞交通、完成整个上海市区交通网设计、确定大上海计划案、倡议市民集资建设浦江大桥），讨论基本原则各项问题草案（经济、教育、交通、区划、土地、卫生、房屋），宣读总图初稿报告书。

11/14　**分组之卫生组会议（第二次）** 讨论卫生组计划基本原则草案

秘书处处务会议（第六至第七次）

11/15　陆谦受报告设计组工作情形（总图改进、详细计划、假定以浦东为工业及港口区研究对于浦西及交通的影响），决定与港务整理委员会工务组取得联络，关于港口作两个计划（永久计划及 20 年不利用中央造船厂地段计划）

11/21　赵祖康报告铁路及机场问题；决定举行联席会议讨论浦东问题

秘书处联席会议（第二至第三次）

11/28　讨论浦东问题，陆谦受报告拟将浦东作为工业区及港口区之计划并说明其缺点

12/05　继续讨论是否将浦东作为工业、港口区，决定将双方理由整理后送各方面研究，召开大会表决

秘书处处务会议（第八至第九次）

12/19　吴之瀚报告对人口问题的四种估计、对土地使用比例的两种建议及土地使用分布问题，决定由鲍立克、钟耀华拟具人口问题报告，由陆谦受、陆筱丹拟具土地使用问题报告

12/26   讨论都市计划内容、方法；陆谦受提出立法行政、公共宣传

1947   秘书处处务会议（第十至第十二次）

01/17   决定各类资料收集方式

02/13   讨论两件与土地使用有关之市府训令（物资供应局拟征用虬江码头附近土地建仓库、地政局拟定第一期放租公地图表），讨论收集资料的重要性

04/01   讨论如何加速收集资料；讨论二稿总图数量

04/28   闸北西区会议（拆除铁丝网及整理路线座谈会）

市政会议决定组设闸北西区计划委员会，与地方民众合作，以完成复兴建设，保障地主权益；提前召开座谈会，说明市府方面之用意，并了解民众方面意见及有关单位之困难；决定军方单位尽速迁去，空地由闸北西区计划委员会先行接收，依照闸北西区道路系统计划进行土地重划

秘书处联席会议（第四至第五次）

05/24   陆谦受说明总图二稿报告书，讨论二稿报告书；讨论浦东问题，决定采用施孔怀所提折中办法（浦江东岸划一段为码头、工业区，其余作为农业、住宅区）

07/11   二稿已完成提出市参议会，决定以闸北西区为试点；关于闸北西区计划：鲍立克说明如何配合都市计划（铁路、水道、道路交通），金经昌说明邻里单位布置，讨论剩余人口迁移问题、房屋种类问题

07/23   闸北西区会议（第一次） 讨论决定办事细则、工作进行事项及闸北西区计划草图

秘书处技术委员会会议（第一至第二次）

08/05   宣读技术委员会简章并修正，讨论修订总图及分图的工作要点，讨论施孔怀关于港口码头仓库区计划大纲的来函，讨论需要市参议会通过的都市计划项目（总图内容及主要原则及道路系统、工厂区、绿地带计划），决定制作闸北西区模型

08/12   施孔怀报告浦江两岸岸线情况及码头布置计划，讨论港口码头问题，吴益铭报告上海市区铁路计划委员会关于扩充北站、西站、南站之决定

08/13   闸北西区会议（第二次）决定土地重划原则及计划实施阶段

08/15   秘书处处务会议（临时会议）

讨论施孔怀拟具之浦江两岸码头布置草图，确定码头仓库区域原则，拟定码头布置具体办法

08/19   秘书处技术委员会会议（第三次）

修正 1947-08-15 秘书处临时处务会议决议（设置永久、临时及专业码头区），陆谦受报告设计组工作（浦东轻工业、大场机场略北移、道路规划），格罗皮乌斯来函提出对初稿的意见

08/28   闸北西区会议（第三次）

王幕韩报告地政署颁布之《土地重划办法》，《闸北西区计划干路及一等之路并土地重划办法》已通过，决定由王慕韩、曾广樑拟具闸北西区土地重划办法

09/02   秘书处技术委员会会议（第四次） 讨论对总图二稿进行修正之具体工作事项

09/04   闸北西区会议（第四次） 讨论曾广樑、王幕韩拟具之闸北西区重划办法草案

09/09   秘书处技术委员会会议（第五次）

讨论非计划工厂区已设工厂之处理，讨论更改计划区名称（浦南区改为塘湾区，松江区改为新桥区）

09/11   闸北西区会议（第五次）

讨论陈占祥拟具之闸北西区建设实施计划大纲草案，继续讨论闸北西区重划办法草案

09/16   秘书处联席会议（第六次）

讨论工厂区分布及非工厂区工厂之管理办法、建成区干道系统、市界问题

10/08   秘书处技术委员会会议（第六次）

陈占祥提出对干道计划的修正意见，韩布葛报告港口布置

10/14   闸北西区会议（第六次）

继续讨论 土地重划办法草案及建设实施计划大纲草案，讨论工务局营造处所拟房屋设计标准图

秘书处技术委员会会议（第七次、座谈会、第八次）

10/16   金经昌报告陈占祥所拟之干道计划

10/21   讨论鲍立克及陈占祥所拟之干道系统计划

10/28   赵祖康提出都市计划法规问题，姚世濂报告征收土地，金经昌报告所拟之道路系统（高速汽车及市政铁路路线），姚世濂报告非计划工厂区中工厂调查概况

秘书处联席会议（第七次）

10/29   韩布葛说明吴淞港口计划初步研究工作，讨论港口、浦江码头问题

11/22-24　秘书处处务会议（业务检讨会议）

第一日：费霍宣读港口问题研究报告，余纲复宣读京沪—沪杭两路局所拟上海市区铁路路点改善计划，金经昌报告干道系统设计概要；第二日：宗少彧宣读所拟建成区区划规则草案，陆筱丹宣读所拟闸北西区营建区划规则草案；第三日，姚世濂说明建成区营建区划暂行规则及区划图，黄洁报告所拟工厂分类表

12/09　秘书处联席会议（第八次）

讨论闸北西区计划联合车站问题，王慕韩报告地政局拟定之《闸北西区土地重划办法》，陆筱丹宣读会务组所拟闸北西区营建区划规则草案，决定闸北西区范围，修正闸北西区营建区划规则草案，讨论棚户迁移等问题，组织闸北西区计划委员会实施研究小组

秘书处技术委员会会议（第九至第十次）

12/18　决定由鲍立克、黄洁拟定第二份建成区营建区划图

12/22　黄洁、宗少彧、鲍立克报告所拟建成区区划草图，拟定关于工厂区、商业区、住宅区设立工厂等问题的决议

1948　闸北西区会议（第七次、计划营建问题座谈会、第八次）

02/07　姚世濂报告闸北西区实施研小组开会决议事项（计划实施阶段、土地政策），孙图衔报告地政局土地重划工作

04/14　讨论闸北西区计划实施问题（放领土地比例、工程受益费、拆迁房屋补助费），决定筹备业组主代表会

05/04　邀请业主代表参加会议，讨论放领土地比例及联合车站及客车场用地是否列入重划土地，决定请市府向业主公告闸北西区计划办理经过

06/05　秘书处处务会议（第十三次）

金经昌报告闸北西区第一步实施计划（第二、第四邻里单位布置），讨论闸北西区土地划分及征用政策；建成区区划各草案已送参议会，赵祖康提出都市计划实施过程中"申诉委员会"机制的必要性

06/10　闸北西区会议（第九次）　讨论闸北西区第一期实施计划草案

秘书处处务会议（第十四至第二十三次）

06/19　建成区道路系统大致确定

07/03　参议会已通过干道系统图，决定拟定闸北西区第二步实施计划、干道系统路线详图及分区区划图，决定设计程序（实地调查、道路断面、区划图、路线图）

07/09　鲍立克报告分区图应示之项目，韩布葛报告总图应修正及增添之项目，赵祖康说明总图应示之七项要素及洛杉矶都市计划之组织，决定由金经昌等拟定道路设计标准，安排现状调查

07/23　鲍立克报告计划工作之制图标准，讨论确定计划工作图纸比例、内容及用途，金经昌说明干路断面之意义

07/30　确定全体人员工作分配表，金经昌说明建成区计划路线之有关问题，决定计划总图内容、建成区计划路线之原则

08/06　顾培恂报告屋状况调查绘图工作概要，翁朝庆报告中区沪南支区计划初步研究工作，讨论沪南支区计划（日晖港、绿地带人口密度、城厢之旧道路系统、第三住宅区）

08/13　金经昌、韩布葛报告闸北西区仓库码头区设计问题，费霍报告房屋调查及整理已有资料工作情况，程世抚报告绿地系统计划初步研究工作；决定由鲍立克、韩布葛、金经昌即日开始总图三稿绘制，由陆筱丹起草说明

08/20　讨论工厂区、仓库区、绿地问题，庞曾漋报告杨浦区及中区虹口支区计划初步研究工作，赵祖康提出都市计划工作方法及步骤

08/26　陆聿贵建议建成区各种准设仓库面积限度，讨论确定仓库营建管理原则

09/02　鲍立克报告总图二稿修正意见（道路系统、铁路、飞机场、区划等），韩布葛说明总图二稿的修正草图（地形与排水、人口与区划），王正本报告人口分布情形，讨论规划棚户区问题，赵祖康提出三稿宜用结论式笔法，道路系统测量工作已完成

附录四　上海市都市计划相关人员名单

1. 上海市都市计划委员会委员名单[1]

市长兼主任委员	吴国桢	/
当然委员兼执行秘书	赵祖康	上海市工务局局长
聘任委员	李庆麟	立法委员
	吴蕴初	天厨味精厂总经理
	黄伯樵	中国纺织机器制造公司总经理
	陈伯庄	京沪区铁路管理局局长
	汪禧成	行政院工程计划团主任工程司
	施孔怀	上海浚浦局副局长
	薛次莘	南京市政府秘书长
	关颂声	建筑师
	范文照	建筑师
	陆谦受	建筑师
	李馥荪	上海浙江实业银行总经理
	卢树森	中央大学建筑科主任教授
	梅贻琳	上海医学院主任医师
	赵棣华	交通银行总经理
	奚玉书	会计师
	王志莘	上海新华银行总经理
	徐国懋	上海金城银行经理
	钱乃信	上海市政府主任参事
当然委员	何德奎	上海市政府秘书长
	祝平	上海市地政局局长
	赵曾珏	上海市公用局局长
	顾毓琇	上海市教育局局长
	张维	上海市卫生局局长
	谷春帆	上海市财政局局长
	宣铁吾	上海市警察局局长
	吴开先	上海市社会局局长

2. 上海市工务局技术顾问委员会都市计划小组研究会人名录

姚世濂	陆谦受	鲍立克	施孔怀	侯彧华
吴之翰	庄俊	卢宾侯	吴锦庆	

3. 上海市都市计划总图草案初稿工作人员名录

陆谦受	鲍立克	甘少明	张俊堃	黄作燊
白兰德	钟耀华	梅国超		

---

1. 参见本书影印版第四二页。——编者注

附录五 主要人物及小传

我国城市规划事业历经曲折，波澜起伏，几代规划人，用心血与汗水，共同书写了中国城市规划事业的鸿篇巨制。

美国建筑学家沙里宁（Eero Saarinen）说："城市是一本打开的书，从中可以看到它的抱负。"而托起这个抱负的，就是规划建设它的人们。他们的思想观念和价值取向决定了城市发展的核心目标与选择。阅读先辈规划思想形成与碰撞的过程，能帮助我们更好地认识历史演变的轨迹、更深刻地理解当今现实的本质、更准确地把握未来发展的趋势。需要传承的不仅是规划理论、方法及技术，更是规划先辈的社会责任感和规划价值理念。

前事不忘，后事之师。通过了解先辈的教育、工作背景，我们能更好地理解他们在"大上海都市计划"中所呈现的思想、理念和目标。

抗战胜利后，百废待兴，都市计划是振兴上海的首要任务，一批充满理性和激情的专家学者被召集在一起，用他们的学识、睿智以及严谨，为这座城市的未来发展描绘新的规划蓝图。

2007年1月，《城市规划学刊》编辑部访问李德华先生，他在回忆"大上海都市计划"时谈到：

"由于参加编制工作的专家都是兼职性质的，因此日常安排大致是每天下午。参加编制工作的专家会在下班后赶到位于汉口路的工务局，然后就前一天的工作成果和进一步的编制工作进行讨论，并确定当天的工作内容，晚餐后继续工作。我和另一位工作人员列席讨论会，由我负责进行英文记录（会议由英文交流），另一位负责中文记录。第二天上午，由我对前一天的讨论内容进行整理。下午，参加协助工作的来自圣约翰大学的高年级工读生会赶到工务局，他们大约有7~8个人。由我带领他们，根据前一天专家讨论的要求，进行具体的绘图等工作，供当天的专家讨论使用。来自圣约翰大学的学生在工作完成后离开工务局，不参加下面的专家讨论。"[1]

据李德华先生回忆，当时工务局办公机构内设上海市都市计划委员会的会务组，主要从事城市规划和建设等方面的会务管理工作。大上海都市计划的编制工作有很多政府部门共同参与，专门成立的上海市都市计划委员会负责召集专业人员和政府有关部门，并组织规划的编制。这个委员会没有全职的工作人员。委员会主任由当时的市长吴国桢担任。工务局局长赵祖康担任当然委员并兼任执行秘书，承担具体的组织工作，为大上海都市计划的编制和最终完成发挥了重要作用。除主任和执行秘书，委员会还包括两类委员，其一是由著名建筑师、立法委员、相关政府部门领导、实业和金融界人士等各界人士出任的聘任委员；其二是由市政府下属地政局、公用局、教育局、卫生局、财政局、警察局、社会局的局长以及市政府秘书长出任的当然委员。[2]

最初参加编制工作的有陆谦受、鲍立克（Richard Paulick）、钟耀华、甘少明（Eric Cumine）、白兰德（A. J. Brandt）、黄作燊、梅国超以及张俊堃。这8人是正式署名的上海市都市计划总图草案初稿工作人员。此外还有未署名的王大闳、郑观宣等人也参与了编制工作。金经昌则是在进入工务局后参加了第二稿的修订和第三稿的编制工作。在这些人中，钟耀华作为工务局工作人员，是编制工作的具体负责人，很多参加编制工作的人员实际上就是由他召集来的。鲍立克在初稿方案中发挥了非常大的作用。此外，工务局专门成立了技术顾问委员会都市计划小组研究会，除了参加具体编制工作的陆谦受、鲍立克以外，这个研究会的成员还有姚世濂、施孔怀、吴之翰、庄俊、侯彧华、卢宾侯和吴锦庆。陆谦受和施孔怀同时还是上海市都市计划委员会的聘任委员。[3]

当被问及"有哪些不同背景的专家参与了这项工作"时，李德华先生的回忆重点谈及两点：

1-3. 城市规划学刊编辑部. 李德华教授谈大上海都市计划. 城市规划学刊，2007（3）：1-4.

一是职业背景。参加初稿编制的、正式署名的8名工作人员几乎都是建筑师。陆谦受为上海开业建筑师；鲍立克，德籍，为圣约翰大学的教授和开业建筑师；甘少明和白兰德为英籍开业建筑师；黄作燊为圣约翰大学建筑系教授；梅国超，美籍华人，为开业建筑师；张俊堃亦为建筑师。

二是教育背景。这些专家们的学术渊源，大都属于现代主义和理性主义流派。鲍立克是包豪斯流派的重要代表人物之一；黄作燊早年在英国建筑协会学院（Architectural Association School of Architecture, 简称 AA 建筑学院）学习，后又追随包豪斯创始人格罗皮乌斯（Walter Gropius）到美国哈佛大学，并在那里完成学业；白兰德是黄作燊的同学，他和甘少明及陆谦受都曾就学于 AA 建筑学院。王大闳、郑观宣、钟耀华及梅国超都曾就学于美国的哈佛大学。格罗皮乌斯离开英国之后，去美国哈佛大学从事建筑教育工作并带去了包豪斯的思想理念。这些有着哈佛教育背景的人实际上同属于包豪斯流派，并且彼此早已相识。

2013 年 6 月，《城市规划学刊》编辑部访问柴锡贤先生，他在回忆"大上海都市计划"时谈到：

"大上海都市计划从初稿到三稿，其规划原则基本不变，而编制人员可谓盛极一时，可堪一绝。赵祖康先生 1922 年毕业于唐山交大，他为人谦和，好学善学，招贤纳才，在大上海都市计划筹备期间，他邀圣约翰大学建筑系主任黄作燊教授、鲍立克博士参加规划。随行的圣约翰大学生，包括李德华等七、八人。……早期留学美国哈佛大学的钟耀华，金经昌先生评论他是在都市计划委员会书读得最多的人；程世抚先生留学英国学园林建筑，任园林处处长，兼任委员会专员，负责大上海都市计划的绿化系统设计……可以说，赵祖康是大上海都市计划的组织者，鲍立克是技术原则的起草人和技术负责人，初稿、二稿说明书的英文撰稿者，李德华是中英文翻译。"[1]

这些对我们理解"大上海都市计划"的思想、理念是很好的注释。

此处重点介绍赵祖康、陆谦受、鲍立克、黄作燊、钟耀华、金经昌、程世抚和李德华8位专家。很多其他专家也在"大上海都市计划"中起了重要作用，编者将继续收集资料，在后续研究中完善补充。

图附 -5 程世抚、钟耀华、金经昌绘制大上海都市计划三稿（金经昌摄影）

图片来源：柴锡贤. 往事"三如". 城市规划学刊, 2013（4）.

1.柴锡贤. 往事"三如". 城市规划学刊, 2013（4）.

赵祖康（1900—1995）

赵祖康，公路工程与市政工程专家，是中国公路建设的泰斗。

1900 年 9 月 1 日，出生于江苏省松江县城厢（今属上海市）一个没落的地主家庭。

1922 年毕业于位于唐山的交通大学[1]市政与道路工程系，后赴美国康奈尔大学研究院进修，1931 年回国。曾任国民政府交通部公路总局副局长、上海市工务局局长、上海市代理市长。

抗战胜利后，赵祖康被任命为上海市工务局局长。面对满目疮痍的上海，他领导上海市政工人修复、翻建、改善道路，领导工务局先后维修和新建了几座重要的桥梁，竭尽全力进行了有限的建设。

1946—1949 年，赵祖康主持制定了整个"大上海都市计划"。1948 年秋，赵祖康邀请鲍立克、程世抚、钟耀华、金经昌四人座谈，讨论如何加速三稿的编制。鲍立克等人在 1949 年 5 月基本完成了上海市都市计划三稿初期草图及说明书。5 月 27 日上海解放，赵祖康在征得市长陈毅的同意后，继续编制三稿，并于 6 月 6 日完成《上海市都市计划总图三稿初期草案说明》。1950 年 7 月陈毅同志批准将其刊印出版。

1949 年，赵祖康参加了迎接上海解放的工作。新中国成立后，历任上海市人民政府工务局局长、市政建设委员会副主任、市规划建筑管理局局长，上海市副市长，民革第五、第六届中央副主席兼上海市委主任委员等。

1995 年 1 月 19 日，逝于上海。

主要论著：《英汉道路工程词汇》

陆谦受[2]（1904—1991）

陆谦受，建筑师。广东省新会人。1904 年 7 月 29 日出生于香港，1923—1927 年于香港建兴事务所（Messrs. Denison, Ram & Gibbs Architects, Civil Engineers & Surveyors）实习。1927 年 3 月在父亲的资助下赴英国伦敦就读于英国建筑协会学院建筑系，1930 年毕业并成为英国皇家建筑师学会（Royal Institute of British Architects，简称 RIBA）会员。

1930 年赴上海。1930—1947 年，应中国银行行长张公权之邀，主持上海中国银行建筑课，任课长。期间设计建成了包括上海外滩中国银行在内的许多银行建筑，遍及上海、南京、苏州、青岛、济南、重庆等城市。

1931 年入中国建筑师学会，1935 年当选为学会副会长，1946 年起担任理事长。

---

1. 创办于 1896 年，曾名"山海关北洋铁路官学堂"、"唐山工业专门学校"等。1921 年，与同属北洋政府交通部的上海工业专门学校、北京邮电学校、北京铁道管理学校合并，组建交通大学。后数易其名，几经搬迁。1964 年迁往四川峨眉，1972 年起名为西南交通大学，1989 年总校迁往成都。素有"中国铁路工程师的摇篮"和"东方康奈尔"之称。
2. 王浩娱. 陆谦受后人香港访谈录——中国近代建筑师个案研究 // 第四届中国建筑史学国际讨论会论文集. 上海：同济大学出版社，2007.

1937 年内迁重庆，1945 年返回上海。曾受黄作燊邀请在圣约翰大学[1]建筑系执教。[2]同年 10 月，联合王大闳、陈占祥、郑观宣、黄作燊组成"五联建筑师事务所"。

1946 年 3 月，陆谦受被聘为上海市工务局都市计划小组研究会成员。同年 8 月任上海市都市计划委员会的聘任委员，开始参与"大上海都市计划"，主要担任房屋组（兼市容组）委员、秘书处技术委员会委员，还负责秘书处设计组的组务工作，如总图草案初稿、二稿的设计与绘制等。

1948 年回香港，并开设自己的事务所（H. S. Luke & Associates），设计建成大量作品。其中包括 50 年代与同来香港的甘少明（Eric Cumine）等合作设计的香港早期大型公屋——苏屋村（So Uk Estate）。

1968 年赴美国纽约，1973 年回香港。

1991 年 1 月逝于香港。

主要设计作品：上海中国银行（现中国银行上海分行）、上海华商证券交易所证券大楼、南京珠宝廊中国银行分行、青岛金城银行、青岛中国银行行员宿舍

主要著作：《我们的主张》（与吴景奇合撰）、《未来的建筑师》

图附 -6 上海中国银行

图片来源：蔡育天. 回眸——上海优秀近代保护建筑. 上海：上海人民出版社，2001.
注：位于上海外滩中山东一路 23 号，陶桂记营造厂负责施工；于 1934 年设计，1936 年建成，1937 年投入使用。

图附 -7 青岛金城银行

图片来源：DENISON E，REN GUANG YU. Luke Him Sau，Architect：China's Missing Modern. Chichester，West Sussex：Wiley，2014.
注：现为青岛市商业银行，位于河南路 17 号，施工图设计者为梁华生；建成于 1935 年 9 月 17 日，是青岛银行建筑中的重要代表作品。

理查德·鲍立克[3]（Richard Paulick，1903—1979）

图片来源：德国联邦档案馆（Bundesarchiv，Bild 183-19204-4033 / CC-BY-SA）

鲍立克，建筑师，德籍犹太人，德国社会民主党人。

1903 年 11 月，生于德国罗思劳（Rosslau）。

1923 年，在德累斯顿工程高等学院（Dresden Technical University）学习，之后追随老师汉斯·珀尔齐格（Hans Poelzig）到了柏林工业大学（TU Berlin），获工学硕士学位。

1927 年，从柏林工大毕业后，正式受雇于格罗比乌斯（Walter Gropius）的个人事务所。1929 年 6 月，鲍立克追随格罗比乌斯到了柏林，担任他的研究助理。

---

1. 现代主义建筑思想在上海真正大规模传播，始于圣约翰大学建筑系的创办。圣约翰大学是一所美国人创办的教会大学。1942 年，黄作燊应圣约翰大学工学院院长、著名土木工程师杨宽麟教授之邀，筹办建筑系。他一开始就尝试引进包豪斯式的现代建筑教学体系，强调实用、技术、经济和现代美学思想，使圣约翰大学建筑系成为中国现代主义建筑的摇篮，开创了中国现代主义建筑教育的先河。据同济大学教授李德华先生回忆，圣约翰大学建筑系将包豪斯的现代主义建筑教学体系移植到中国。1951 年，圣约翰大学解散，各个系科分别并入各有关院校。1952 年，全国高等院校系科调整，原圣约翰大学建筑系与原之江大学建筑系、杭州艺术专科学校建筑系、同济大学土木系等合并，组成同济大学建筑系，圣约翰大学建筑系的部分学术思想在这里得到延续。
2-3. 侯丽. 理查德·鲍立克与现代城市规划在中国的传播. 城市规划学刊，2014（2）.

1930 年 8 月，鲍立克开设自己的事务所，直至他离开德国为止，主要是从事住宅设计。

1933 年 6 月鲍立克来到上海，1943 年受聘为圣约翰大学建筑工程系的"都市计划教授"。

1945 年 10 月应赵祖康之邀，鲍立克与陆谦受、吴之翰、庄俊等专家和市府部门工作人员，如施孔怀（时为上海浚浦局副局长）、姚世濂（工务局设计处处长）等，参加都市计划的"技术座谈会"，讨论筹备开展都市计划工作的具体事项。1946 年 1 月，鲍立克在技术座谈会上做了《大上海之改建》的发言。1946 年 3 月，鲍立克受聘参加上海市工务局都市计划小组工作，同年 8 月受聘参加上海市都市计划委员会工作。他全程参与编制"大上海都市计划"，应用了区域规划、功能分区、有机疏散理论，提出新市区、新市镇的概念，以及土地使用划分与道路交通密切结合、道路按功能分类、高速干道等交通规划理论。

1949 年 3 月，上海解放初期，当时的一些编制人员因政治原因离开了上海。上海市都市计划委员会执行秘书赵祖康邀请鲍立克、程世抚、钟耀华、金经昌四人座谈，要求他们从速编制上海市都市计划总图三稿。鲍立克等人在 5 月基本完成了上海市都市计划三稿初期草图及说明书，同年 6 月编制完成。

新中国成立之后，1949 年 10 月，鲍立克回到东德，继续在德国建筑与规划领域工作，参与了柏林的战后重建和东德城市建设，长期担任东德建筑研究院副院长，并获得各种国家荣誉。

1979 年逝于柏林。

图片来源：同济大学建筑与城市规划学院院网. 历任院长. http://www.tongji-caup.org/intro.php?cid=21.

黄作燊（1915—1975）

黄作燊，建筑师和建筑教育家。上海圣约翰大学建筑系创始人。

1930 年代赴英国学习建筑，多次游览欧洲大陆，曾在巴黎结识著名建筑师勒·柯布西耶（Le Corbusier）。

1939 年，于英国建筑协会学院毕业后，进入美国哈佛大学设计研究院，成为格罗皮乌斯教授的第一个中国籍研究生。

1941 年回中国，两年后在上海圣约翰大学建立建筑系，担任系主任、教授，时年 28 岁。当时，美国宾夕法尼亚大学的巴黎美术学院学派（Beaux-Art）是中国建筑教育界的主流，作为一个新来的年轻学者，他把崭新的包豪斯设计思想介绍给中国学生。[1]

1946 年开始参与编制"大上海都市计划"。

1952 年院系调整后任教于上海同济大学。1952—1966 年，担任上海同济大学建筑系副主任、教授。

1975 年去世。

1. "那时约大建筑系对选择什么人担任教学很挑剔。所以自 1942 年成立后的前几年大概只有黄作燊一位专职老师。但他请了很多老师来上课。基本是他在英、美留学时的志同道合者，其中不少外国人像理查得·鲍立克（Richard Paulick），还有教构造的白兰特（A. J. Brandt）等。他们和王大闳、郑观宣、钟耀华等都是黄在英国 AA 与美国哈佛的同学，大多是格罗皮厄斯的学生。"参见：卢永毅. 同济外国建筑史教学的路程——访罗小未教授. 时代建筑，2004（6）：27-29.

钟耀华（1911—1997）

钟耀华，1911 年 11 月生于天津。

1930—1935 年留学美国哈佛大学，在建筑、艺术、工程、园林四个学院攻读 5 年。

回国后，钟耀华先生曾在几所高等院校工作，教授多种专业。其中包括国立北洋大学（今天津大学）工学院、天津达仁学院[1]、之江大学、上海沪江书院[2]。历任浙江兴业银行建筑师、上海工务局设计处工程师、上海都市计划委员会专员。1946—1949 年，全程参与"大上海都市计划"。

1949 年后，钟耀华先生历任上海市人民政府工务局委员、会务组长、都市计划研究委员会设计专员、上海市政建设委员会工程师、上海同济大学建筑系教授、上海圣约翰大学建筑系教授、上海市城市规划管理局规划处副处长、上海市城市规划勘测设计院总工程师、上海市城市规划研究所副主任、上海市城市建设局城市规划设计院总工程师。

1949—1961 年，钟耀华先生曾是全国第一个住宅小区的主要设计人；参与了上海市总体规划的设计；参加过上海市发展方向图设计、上海市工人住宅地盘设计。

钟耀华先生也是同济大学城市规划专业的创始人之一。

1960 年代初，为支援内地建设，前往安徽省淮南市城市建设局，出任总工程师。

1970 年代初，钟耀华先生退休回到上海家中。1970 年代末，受聘于同济大学建筑系，出任顾问，担任教学、实习论文辅导、答辩等多种工作。

1983 年，钟耀华先生受聘为上海市经济学会城市建设经济技术咨询部部务委员。1980 年代，参与了《中华人民共和国建筑法》起草小组的编选工作；也是《土木建筑工程词典》编辑委员会委员。

1997 年 12 月，逝于上海。

金经昌（1910—2000）

金经昌，笔名金石声，1910 年出生于武昌，后迁居扬州。

1931 年考入上海同济大学土木系。1936 年在上海主编摄影杂志《飞鹰》。1937 年毕业。

1938 年赴德国达姆斯塔特工业大学学习道路及城市工程学、城市规划学专业，1940 年毕业。

1946 年回国，次年于上海市工务局都市计划委员会担任工程师。1946—1949 年参加"大上海都市计划"，承担调查研究及画图工作，是修改并完成"大

---

1. 天津达仁学院创建于 1939 年。1951 年，天津达仁学院、天津土木工程学校并入国立津沽大学。同年，国立津沽大学（工学院）并入天津大学。1952 年，国立津沽大学（商学院）并入南开大学。

2. 为沪江大学在抗日战争期间由校友所设的教学机构。"1942 年初，为避免投敌嫌疑，沪江大学决定无限期停办，部分校友则另办'沪江书院'作为过渡。"（上海档案史料研究（第九辑）：沪江大学档案流存略考. 上海三联书店. ）1952 年，全国高校院系调整，沪江大学所属各系分别并入复旦大学、华东师范大学、上海交通大学、华东政法大学和上海财经大学。

上海都市计划三稿"的主要工作人员。据李德华回忆，金经昌是在进入工务局后参加了第二稿的修订和第三稿的编制工作；同时任同济大学工学院土木系教授，开讲"都市计划"课程。

　　1949 年起，担任上海市建设委员会及规划管理局顾问等职务。

　　1952 年，与冯纪忠在同济大学建筑系开设 1949 年新中国成立后国内第一个城市规划专业。

　　"文革"期间，被下放到宝山罗南公社劳动，在皖南同济大学"五七干校"学习。1973 年，参加编撰《德汉词典》。

　　1987 年退休。1995 年，"金经昌城市规划教育基金会"成立。

　　金经昌先生还是著名的摄影艺术家，他的摄影生涯开始于 1925 年，是我国第一代摄影艺术家。

　　2000 年 1 月 28 日，逝于上海。

图片来源：百度百科. 程世抚.
http://baike.baidu.com/link?url=gV
NcedmpA5WT7Ms9yH6JyQhkF4IC7
VvcD5F2yAa7tWp0qmKbbAuCuq0y
rq7z0uWC.

程世抚（1907—1988）

　　程世抚，1907 年 7 月 12 日生于黑龙江省。

　　1929 年毕业于金陵大学园艺系。1932 年获美国康奈尔大学风景建筑及观赏园艺硕士学位。同年回国。

　　1933—1937 年，任浙江大学园艺系副教授、教授、系主任。

　　1938—1939 年，任广西省建设厅技正。

　　1940—1942 年，任福建省农学院和省研究院教授、教务主任、研究员。

　　1942—1944 年，任广西大学园艺系教授。

　　1944—1945 年，任成都金陵大学园艺系和园艺研究部教授、研究部主任。

　　1945—1951 年，任上海市工务局园场管理处处长、总技师，上海市都市计划委员会、南京市都市计划委员会技术委员，上海市两路局沿线造林绿化顾问，南京金陵大学兼任教授。

　　抗日战争胜利后，在上海从事城市公园、广场的规划设计，编制了上海市、南京市绿地系统规划，为中华人民共和国成立后上海、南京两大城市的建设打下了基础。

　　1946—1949 年，全程参与编制"大上海都市计划"，主要负责绿地系统设计。

　　1951—1954 年，任上海市建设委员会委员兼规划处处长。

　　1954—1965 年，任国家建设工程部洛阳规划组组长，城市设计院工程室、技术室、研究室主任。1965 年，任国家建设工程部城市建设局副总工程师。

　　1972—1979 年，任国家建设委员会建研院顾问、总工程师。1979 年，任国家城市建设总局城市规划设计所顾问、总工程师。

　　1988 年 8 月 6 日，逝于北京。

图片来源：同济大学建筑与城市规划学院院网. http://www.tongji-caup.org/intro.php?cid=21.

李德华（1924— ）

李德华，1924 年 2 月出生于上海。

1945 年毕业于圣约翰大学，获土木工程及建筑工程理学学士学位。

1946 年起参加"大上海都市计划"的编制工作。

1981—1985 年，担任同济大学建筑城市规划学院建筑系主任。1986—1988 年，担任建筑城规学院院长。

1993 年起任中国城市规划学会第一届理事会副理事长，1999 年起任中国城市规划学会顾问。1979 年李德华着手编著《城市规划原理》，1980 年正式出版。

曾到丹麦皇家艺术学院、美国耶鲁大学、日本京都大学等地访问讲学。参与波兰华沙人民英雄纪念碑设计、莫斯科西南区规划、同济大学教工俱乐部建筑设计。

李德华先生曾这样回忆他在"上海都市计划"里的角色："我是作为技士参加这项工作的，相当于现在的技术员，在工作中主要承担助手职责。工务局里具体参与大上海都市计划工作的只有我一名技士。……我和另一位工作人员列席讨论会，由我负责进行英文记录，另一位负责中文记录。第二天上午，由我对前一天的讨论内容进行整理。下午，参加协助工作的来自圣约翰大学的高年级工读生会赶到工务局，他们大约有 7 ~ 8 个人。由我带领他们，根据前一天专家讨论的要求，进行具体的绘图等工作，供当天的专家讨论使用。"关于自己的学术背景，他这样说道："从开始，我接触的就是现代主义的教育，从未有过形式主义的理念。还在圣约翰大学学习的时候，我们就接触了现代城市规划的理论教育。1942 年创建的圣约翰大学建筑系，将包豪斯的现代主义建筑教学体系移植到中国。1944 年，鲍立克在圣约翰大学开设了现代城市规划的理论课程，主要讲授现代城市规划的原理和理论。"

附录六　道路名称对照表

"大上海都市计划"路名	现用路名	备注
爱多亚路	延安东路	/
安和寺路	新华路	/
百老汇路	大名路	书中也指东百老汇路（今东大名路）
百绿路	百禄路	/
宝山路	宝山路	/
宝兴路	西宝兴路	/
	东宝兴路	北段
北宝兴路	北宝兴路	/
北护塘路	银城中路	世纪大道以北路段
北京东路	北京东路	/
北京西路	北京西路	/
北翟路	北翟路	/
贝当路	衡山路	/
曹溪路	漕溪路	/
曹杨路	曹杨路	/
曹真路	曹杨路	/
长安路	长安路	/
长乐路	长乐路	/
长宁路	长宁路	/
长寿路	长寿路	/
长阳路	长阳路	/
长治路	长治路	/
常德路	常德路	/
常熟路	常熟路	/
车站后路	瞿溪路	南车站路以东路段
成都北路	成都北路	/
成都路	成都北路	/
重庆北路	重庆北路	/
大连路	大连路	
大统路	大统路	/
大西路	延安西路	/
定海路	定海路	/
东长治路	东长治路	/
东体育会路	东体育会路	/
梵皇渡路	万航渡路	/
焚王渡路	万航渡路	/
风林路	枫林路	/
福州路	福州路	/
复兴东路	复兴东路	/
公平路	公平路	/
公兴路	公兴路	/
共和新路	共和新路	/

"大上海都市计划"路名	现用路名	备注
广肇路	天目西路	/
	长安路	/
	长安西路	/
广中路	广中路	/
海昌路	海昌路	/
海格路	华山路	/
海门路	海门路	/
海宁路	海宁路	/
汉口路	汉口路	/
杭州路	杭州路	/
和平路	复兴东路	西段
河间路	河间路	/
河南北路	河南北路	/
河南南路	河南南路	/
横浜路	横浜路	另有西横浜路、东横浜路在用
衡山路	衡山路	/
虹桥路	广元西路	/
	虹桥路	/
沪杭公路	沪杭公路	/
沪杭国道	沪杭公路	上海境内大致沿今沪闵路走向
沪军营路	/	世博会场地建设时注销,走向大致沿今半淞园路
沪太汽车路	沪太路	另有老沪太路、沪太公路在用,与沪太路同线
华成路	华盛路	/
华山路	华山路	/
华盛路	华盛路	/
淮安路	淮安路	/
环龙路	南昌路	/
黄兴路	黄兴路	/
惠民路	惠民路	/
济南路	济南路	/
建国西路	建国西路	/
江宁路	江宁路	/
江苏路	江苏路	另有江苏北路在用
江湾路	东江湾路	/
江阴路	江阴路	/
胶州路	胶州路	/
谨记路	宛平南路	/
荆州路	荆州路	/
军工路	军工路	/
凯旋路	凯旋路	/
康定路	康定路	/
库伦路	海伦路	/
烂泥路新街	/	陆家嘴附近,又名烂泥渡路,乃言传之名,推测在今银城中路的世纪大道以南路段
老白渡街	白渡路	/
老太平街	老太平弄	/

"大上海都市计划"路名	现用路名	备注
梨平路	黎平路	/
林森路	淮海路	/
林森西路	淮海西路	/
林森中路	淮海中路	/
林荫路	林荫路	原为方斜路至陆家浜路一段
临平路	临平路	/
柳营路	柳营路	/
龙华路	龙华东路	/
	中山南二路	/
隆昌路	隆昌路	/
陆家浜路	陆家浜路	/
陆家渡路	/	走向大致沿今商城路
陆家嘴路	陆家嘴西路	/
	世纪大道	/
	陆家嘴东路	/
吕班路	重庆南路	/
马霍路	黄陂北路	/
麦根路	石门二路	原苏州河南岸自西向东一条曲折的路，后被分为数段命名。起自石门二路北端，沿康定东路、泰兴路、西苏州路、淮安路，至江宁路，以后循苏州河向西，最终至万航渡路。
	康定东路	
	泰兴路	
	西苏州路	
	淮安路	
眉州路	眉州路	/
民国路	人民路	/
南京路	南京东路	/
	南京西路	/
南通路	淡水路	/
宁国路	宁国路	/
欧阳路	欧阳路	/
平定路	平定路	/
平凉路	平凉路	/
浦东路	/	疑为"蒲东路"，即漕溪北路
浦东大道	浦东大道	/
	浦东南路	
普陀路	普陀路	/
其美路	四平路	/
虬江路	虬江路	/
全家庵路	临平北路	/
三官堂路	西藏南路	陆家浜路以南路段
三角街	/	已注销，推测在陆家浜路、中山南路路口附近
桑园街	桑园街	/
陕西北路	陕西北路	/
陕西南路	陕西南路	/
善钟路	常熟路	/
商丘路	商丘路	/
上南汽车路	上南路	/

"大上海都市计划"路名	现用路名	备注
石皮弄	/	推测在复兴东路、河南南路口附近
水电路	水电路	/
四川北路	四川北路	/
松潘路	松潘路	/
宋公园路	和田路	曾名西和田路
	西藏北路	西藏北路隧道以北、中山北路以南路段，曾名和田路
苏州路	南苏州路	东段
溧阳路	溧阳路	/
塘沽路	塘沽路	/
体育会路	东体育会路	分成东西两条道路
	西体育会路	
天目路	天目西路	分成东、西、中方向道路
	天目中路	
	天目东路	
天通庵路	天通庵路	/
天钥桥路	天钥桥路	/
外马路	外马路	/
宛平路	宛南平路	/
威海卫路	威海路	/
吴淞路	吴淞路	/
五权路	民星路	/
武进路	武进路	/
西仓路	/	后名西仓桥街，部分并入今河南南路
西藏北路	西藏北路	西藏北路隧道以南路段
西藏南路	西藏南路	/
西藏中路	西藏中路	/
西林路	西林后街	部分并入今西藏南路
	西林横路	
翔殷路	翔殷路	/
	邯郸路	/
斜土路	斜土路	/
斜徐路	肇嘉浜路	/
新村路	新村路	/
新建路	新建路	/
新疆路	新疆路	可能包括海宁路在甘肃路以西路段
新民路	天目中路	/
新桥路	蒙自路	/
新闸路	新闸路	/
兴国路	兴国路	/
邢家桥路	邢家桥北路	分成南北方向道路
	邢家桥南路	
徐家汇路	肇嘉浜路	/
	徐家汇路	/
许昌路	许昌路	/
鸭绿江路	海宁路	乍浦路以东路段
	周家嘴路	商丘路以西路段

"大上海都市计划"路名	现用路名	备注
烟厂路	陆家嘴环路	曾名烟台路、银城北路
延平路	延平路	/
严家阁路	芷江中路	推测包括芷江中路向东的延长线（大致为芷江支路、天通庵路走向）
晏海街	/	并入今河南南路
杨家渡路	张扬路	浦东南路以西路段
杨树浦路	杨树浦路	/
姚家弄	东姚家弄	/
	西姚家弄	
宜昌路	宜昌路	/
阴山路	未详	/
殷行路	殷行路	/
英士路	淡水路	/
永安街	新永安路	/
永兴路	永兴路	/
油车码头街	油车码头街	/
愚园路	愚园路	/
岳阳路	岳阳路	/
闸殷路	闸殷路	/
张家浜路	张家浜路	/
肇嘉路	复兴东路	书中疑为"肇嘉浜"之误
肇周路	肇周路	/
浙江北路	浙江北路	/
真北路	真北路	/
制造局路	制造局路	/
中华路	中华路	/
中华新路	中华新路	/
中山北路	中山北路	/
中山东路	中山东一路	/
	中山东二路	/
	中山南路	
中山路	中山北路	
	中山西路	
	中山南路	
中山南路	中山南一路	/
	中山南二路	/
中山西路	中山西路	/
中正北二路	石门二路	/
中正东路	延安东路	/
中正路	延安路	/
中正南路	瑞金一路	另有瑞金南路在用；书中疑为"中山南路"之误
	瑞金二路	
中正西路	延安西路	/
中正中路	延安中路	/
周家嘴路	周家嘴路	/

附录七 名词索引

附录八　表格索引

附录九　图片索引

附录十　参考文献

[1]　郑祖安. 百年上海城. 上海：学林出版社，1999.

[2]　张仲礼. 近代上海城市研究. 上海：上海人民出版社，1990.

[3]　上海市城市规划设计研究院. 循迹·启新——上海城市规划演进. 上海：同济大学出版社，2007.

[4]　裴斐，韦慕庭. 从上海市长到"台湾省主席"——吴国桢口述回忆. 上海：上海人民出版社，1999.

[5]　孙中山. 建国方略. 北京：华夏出版社，2002.

[6]　李百浩. 日本在中国的占领地的城市规划历史研究. 南京：东南大学，2003.

[7]　李海清. 中国建筑现代化转型. 南京：东南大学出版社，2004.

[8]　张京祥. 西方城市规划思想史纲. 南京：东南大学出版社，2005.

[9]　魏枢. "大上海计划"启示录——近代上海市中心区域的规划变迁与空间演进. 南京：东南大学出版社，2011.

[10]　孙施文. 近代上海城市规划史论. 城市规划汇刊，1995（2）：10-17.

[11]　赵津. "大上海计划"与近代中国的城市规划. 城市，1999（1）：24-26.

[12]　城市规划学刊编辑部. 李德华教授谈大上海都市计划. 城市规划学刊，2007（3）：1-4.

[13]　柴锡贤. 往事"三如". 城市规划学刊，2013（4）.

[14]　卢永毅. 同济外国建筑史教学的路程——访罗小未教授. 时代建筑，2004（6）：27-29.

[15]　王浩娱. 陆谦受后人香港访谈录——中国近代建筑师个案研究 // 第四届中国建筑史学国际讨论会论文集.
　　　上海：同济大学出版社，2007.

[16]　吴景平. 近代中国金融中心的区域变迁. 中国社会科学，1994（6）.

[17]　姚凯. 近代上海城市规划管理思想的形成及其影响. 城市规划，2007（31）：77-83.

[18]　李百浩，郭建，黄亚平. 上海近代城市规划历史及其范型研究（1843—1949）. 城市规划学刊，2006（6）：83-91.

[19]　朱金，王颖，王超. 简论西方城市规划理论与实践对上海近代城市发展与规划的影响. 现代城市研究，
　　　2011（2）：49-56.

[20]　张庭伟. 记"文革"后同济第一届城市规划研究生答辩会. 城市规划学刊，2012（1）.

[21]　中国银行总管理处. 全国银行年鉴（1937年）.

[22]　上海城市规划志编撰委员会. 上海城市规划志. 上海：上海社会科学院出版社，1999.

[23]　张伟等. 老上海地图. 上海：上海画报出版社，2001.

[24]　国民政府代表蒋总司令训词. 申报，1927-07-08.

[25]　黄市长就职演说. 申报，1927-07-08.

[26]　上海市政府. Scheme for Greater Shanghai Development. 1933.

[27]　上海通：上海地方志办公室网站. http://www.shtong.gov.cn/.

[28]　上海档案信息网. http://www.archives.sh.cn/.

[29]　同济大学建筑与城市规划学院院网. http://www.tongji-caup.org/intro.php?cid=21.

[30]　百度百科. 赵祖康. http://baike.baidu.com/link?url=Nn95zU50cLP2PIlFFrIbQHDlQgB_lnvwDM-
　　　wcgCbqpzamtPks2mVae_3kKL65j6_.

[31]　百度百科. 陆谦受. http://baike.baidu.com/view/2175599.htm.

[32]　百度百科. 程世抚. http://baike.baidu.com/link?url=gVNcedmpA5WT7Ms9yH6JyQhkF4IC7Vv
　　　cD5F2yAa7tWp0qmKbbAuCuq0yrq7z0uWC.

[33]　百度百科. 金经昌. http://baike.baidu.com/view/1057980.htm.

[34]　侯丽. 理查德·鲍立克与现代城市规划在中国的传播. 城市规划学刊，2014（2）.

[35]　DENISON E, REN GUANG YU. Luke Him Sau, Architect: China's Missing Modern. Chichester, West Sussex:
　　　Wiley, 2014.

后 记

　　历史是一条奔腾不息的长河。掩卷回首上海城市发展历史，从肇始于 1843 年开埠的近代化起步，到 1949 年新中国成立、1978 年改革开放所走过的现代化道路，我们深深感到上海的城市发展历经了艰难曲折、波澜壮阔的历程。在这过程中，我们的先辈用辛勤的汗水，为上海的城市发展和规划事业进步奠定了重要基础。

　　（1）历史文献整理、编辑的过程，是一个不断认识历史、学习历史的过程。

　　历史是一份宝贵的精神财富，引导我们开启未来。"大上海都市计划"初稿总论中提出：都市计划之范围，分为物质和精神；都市计划之目标，又分为两类，一为"使都市居民各得安居乐业"，二为"使居民之生活和文化水准得以提高"。在当时艰难环境下，"大上海都市计划"的编制者称："都市计划是一桩何等重大的工作……民众的力量是伟大无比的，要是民众需要都市计划，都市计划一定能够成功。"规划先辈们"以协助市政建设为每个市民之天职"。这些都是"大上海都市计划"超越时代的光芒所在。

　　历史是一本厚重的教科书，启发我们如何思考。"大上海都市计划"借鉴引进了当时国际先进的规划理论与实践。规划借鉴了当时的大伦敦规划，提出了有机疏散、郊区建设卫星城、中心城区构建多心开敞布局和绿环系统的规划思想，体现了城市规划尊重自然生态环境、追求与协调发展的理念；规划借鉴了 1916 年美国纽约公布的区划（Zoning）法规，在三个规划稿和"上海市建成区暂行区划计划"、"上海市闸北西区重建计划"等专题中应用了土地区划规则和指标控制等方法，体现了城市规划法规的重要性；规划践行了道路按功能分类分级的规划思路，提高城市交通运输的效率，体现了城市规划的科学性。

　　"大上海都市计划"体现了区域的思想。在规划范围上，不囿于彼时行政区划的限制，而服从于城市客观的区域发展趋势和规律；在道路交通上，将城区高速铁道纳入市镇铁路网进行通盘考虑，将铁路作为城区和周边卫星市镇之间的主要客运联系通道……这些都对今天的上海有深刻的启发。

　　"大上海都市计划"对 50 年后上海城市人口规模预判的精准，体现了规划对国家发展大势的宏观把握，对中国即将进入工业化时代以及由此带来的城市化必然进程的准确预判，令我们深为感叹。初稿从全国人口变化趋势，国外工业化城市发展经验和规律，上海的区位、经济、政治和交通等条件，多方面对上海人口增长趋势和发展规模予以判断，并"从区域计划入手"，从"卫星市镇的布置"，提出人口疏散与分布对策。

　　历史是继往开来的征程，需要我们传承、延续。通过对"大上海都市计划"的研读，我们感受到其对于我国当今城市规划理念与方法的影响之广：它提出了都市计划是科学和艺术的综合，把城市规划从单纯的空间艺术构图中解脱出来，置于科学的基础上；它谨慎地推敲新区开发节奏、以人为本考虑城市客运站的选址和低收入群体住宅的布局；它提出了调查统计、全盘设计和分期实施为规划编制过程中缺一不可的三个步骤；它明确指出都市计划有两个先决条件，"以国策为归依……有区域计划为之联系，方得一气呵成"；它厘清了总规和详规的关系，指出总图与详图，即如航线图与船长号令之关系，总体规划要具有弹性和前瞻性，应是确定发展范围、发展途径和目标原则；它以真实实践示范了总体规划编制的技术方法，以历史检讨、现状评估为基础，结合经验借鉴和趋势判断而后制订规划；它规划通过对"区划（Zoning）规则"的借鉴，尝试了法规、政策与规划实施的结合。

　　令人印象深刻的还有其规划编制机构严谨的工作组织和透明的决策过程。通过会议记录可以看到，上海市都市计划委员会为"大上海都市计划"的最高决策层，除了政府局长作为当然委员外，还有人数更多、且发挥主要作用的来自社会各界的聘任委员，既包括建筑师，也包括大企业总经理、银行经理和主任医师等各方人士。历次会议记录真实反映了不同规划理念的交锋和规划核心思想形成的过程，会议的讨论十分激烈，体现了发扬学术民主、广开言路、集思广益的决策思路和做法。

（2）历史文献的整理、编辑工作是集体智慧的结晶。

本次对"大上海都市计划"的整理编辑工作从 2010 年 6 月开始，历时近四年。所有参与此项工作的人员始终怀着尊重、保护和展现历史文献的使命感，怀着对规划先辈的敬仰之情，以真诚的工作态度，在诸多前辈、专家、学者、同行等各方面力量的支持与帮助下，丝毫不敢懈怠地一路走来，最终完成此项整编工作。

在此，向始终参与整编工作的上海规划界、史学界等方面的前辈、专家、学者们奉上我们真挚的感激之情，他们是：李德华、柴锡贤、史玉雪、夏丽卿、董鉴泓、陶松龄、张绍樑、毛佳樑、冯经明、庄少勤、郑时龄、耿毓修、赵天佐、赵民、伍江、徐毅松、俞斯佳、郑祖安、薛理勇等。是他们的指导、支持、鼓励，进一步坚定了工作组的信心。专家指出，"大上海都市计划"在中国规划学科发展中有着不可比拟的历史地位，是上海首次编制的完整的城市总体规划，是上海这座城市的宝贵财富，也是上海市城市规划设计研究院的"镇院之宝"；对"大上海都市计划"历史文献加以整理、分析和研究，对于我国城市规划学科发展、上海规划历史研究和城市发展具有重要的历史意义。

对整编出版工作的目标与框架，专家给予了充分、具体的指导。在工作目标的确定上，专家提出"先及时出版'大上海都市计划'文献，在此基础上对一些焦点问题，再开展深入研究"；在工作原则上，明确"客观、真实、尽可能保持文献原貌"的要求。在整编框架结构上，董鉴泓、史玉雪、夏丽卿、耿毓修等专家提出，"三个规划稿各有侧重，是一个整体，建议做一个整合版，以更好地把握三个规划稿的关系与规划思想"；在整编会议记录上，史玉雪、俞斯佳等专家提出，要对会议记录做一个主题概括，以使读者更容易了解会议的内容，并要突出"严谨、开放、集思广益的编制方法"。

对出版书名和具体内容，专家提出要尊重历史、敬畏历史、展现历史。郑祖安、薛理勇等专家对编制背景、路名和地名等历史事件和背景以及 20 世纪 40 年代的行文和措词习惯，作了具体的考证与指导；毛佳樑等专家建议制作历史和当前路名对照表；董鉴泓、冯经明、赵天佐、赵民等专家提出，"前辈们的规划理念、科学态度、工作方法具有普遍的意义，要学习老一辈的科学精神及国际视野"，增加对"大上海都市计划"主要参编人员的客观介绍；伍江、徐毅松、俞斯佳等专家提醒工作组，所用的资料要经得起考证。凡此种种，不胜枚举。

需要特别提及的是，当年参与"大上海都市计划"编制的同济大学李德华教授，十分重视此项工作，不顾年事已高、身体欠安，依然怀着深厚的感情为本书作序，并认真细致地提出了宝贵的意见和建议；同样90 岁高龄的柴锡贤先生以其深厚的功底，亲力亲为，帮助工作组完成了英文翻译，编写了"大上海都市计划"编制大事记，并具体介绍了大伦敦规划的主要思想是怎样引进上海的："20 世纪 40 年代，大伦敦规划在艾伯克隆比（Patrick Abercrombie）领衔下完成。参与过大伦敦规划的陈占祥参加了'大上海都市计划'的初稿、二稿工作，并将大伦敦规划的主要思想引进'大上海都市计划'"。

同时我们还要深深感谢此项工作最初的倡议者、组织者，时任上海市城市规划设计研究院院长的俞斯佳先生，感谢他给予工作组持续、有力的支持和帮助。

特别感谢与工作组一起并肩工作的同济出版社的江岱、罗璇、张微等编辑，他们的专业素养以及勤奋、细致、周到的工作态度与作风，为本书质量的提高起到了重要作用。我们在工作中收获了快乐与友谊。同时感谢上海理工大学陈达凯教授、上海交通大学讲师王浩娱博士的真知灼见，为本书的体例和内容提出宝贵的修改建议。感谢钟耀华先生的家人钟非女士和孙令宜先生，在收集整理钟耀华先生的资料时，为工作组提供了热诚的帮助。感谢同济大学侯丽副教授，为工作组提供了理查德鲍立克（Richard Paulick）生平的研究材料。感谢上海市城市规划设计研究院石崧先生在本书编撰过程中所提供的帮助。

最后，工作组要感谢协助文献基础整理工作的上海市城市规划设计研究院的同事，他们是：夏仁敏、李凤、吴蒙凡、王伟、侯嘉庆、倪军、张欢。

（3）在历史的传承与未来的开拓中，创造更加美好的城市，更加美好的生活。

美国建筑学家沙里宁说："城市是一本打开的书，从中可以看到它的抱负。"中国的改革开放进入到一个新的历史时期，上海迎来了创新驱动发展、经济转型升级的关键时刻。此时重读这份都市计划，是学习、回顾，更是思考、谋划。她将有助于我们从历史的高度，进一步探究上海这座城市可持续发展的未来。我们深信，上海的明天将更加美好！

编者

2014 年 3 月

图书在版编目（CIP）数据

大上海都市计划：整编版．上册／上海市城市规划
设计研究院编．-- 上海：同济大学出版社，2014.5
　ISBN 978-7-5608-5363-5

Ⅰ．①大… Ⅱ．①上… Ⅲ．①城市规划 – 史料 – 上海市 –
1946~1950 Ⅳ．① TU984.251

中国版本图书馆 CIP 数据核字（2014）第 031324 号

GREATER SHANGHAI PLAN
(COMPILING EDITION)

上海市城市规划设计研究院　编
Shanghai Urban Planning & Design Research Institute

出 品 人　支文军
策　　划　江　岱
责任编辑　江　岱　　助理编辑　罗　璇
责任校对　徐春莲　　装帧设计　张　微

出版发行　同济大学出版社 www.tongjipress.com.cn
　　　　　（地址：上海四平路 1239 号　邮编：200092　电话：021–65985622）
经　　销　全国各地新华书店
印　　刷　上海雅昌彩色印刷有限公司
开　　本　889mm×1194mm　1/16
印　　张　33.5
印　　数　1—4 100
字　　数　1 072 000
版　　次　2014 年 5 月第 1 版　　2014 年 5 月第 1 次印刷
书　　号　978-7-5608-5363-5
定　　价　960.00 元（上、下册）